Nebel im Alpenraum

BONNER GEOGRAPHISCHE ABHANDLUNGEN

ISSN 0373-0468

Herausgegeben von

W. Lauer P. Höllermann K.A. Boesler E. Ehlers J. Grunert M. Winiger

Schriftleitung: H.-J. Ruckert

Heft 86

Matthias Bachmann und Jörg Bendix

Nebel im Alpenraum

Eine Untersuchung mit Hilfe digitaler Wettersatellitendaten

1993

In Kommission bei

FERD. DÜMMLERS VERLAG · BONN

— Dümmlerbuch 7636 —

Nebel im Alpenraum

Eine Untersuchung mit Hilfe digitaler
Wettersatellitendaten

von

Matthias Bachmann und Jörg Bendix

mit 142 Abbildungen und 35 Tabellen im Text
sowie 6 Tafeln und einer mehrfarbigen Karte als Beilagen

In Kommission bei
FERD. DÜMMLERS VERLAG · BONN

Dümmlerbuch 7636

Alle Rechte vorbehalten

ISBN 3-427-76361-7

© 1993 Ferd. Dümmlers Verlag, 5300 Bonn 1
Herstellung: Druckerei Plump, 5342 Rheinbreitbach

Vorwort

Die vorliegenden Arbeiten sind im Rahmen eines vom Schweizerischen Nationalfonds und der Flughafen Frankfurt Main Stiftung geförderten Forschungsprojektes an den Universitäten Bonn und Bern unter Leitung von Prof. Dr. M. Winiger entstanden. Sie wollen einen Beitrag zur operationellen Auswertung von Satellitenbilddaten und zu deren Verwendbarkeit im Rahmen regionalklimatologischer Studien leisten.

Die Durchführung und Fertigstellung der Arbeiten wäre ohne die Unterstützung der nachfolgend genannten Personen nicht möglich gewesen, denen an dieser Stelle herzlich gedankt wird:

- Herrn Prof. Dr. M. Winiger, Geographischen Institut der Universität Bonn für die gewährte Unterstützung und die kritischen Diskussionsbeiträge.
- Herrn Prof. Dr. W. Lauer, Akademie der Wissenschaften und der Literatur Mainz für die gewährte Unterstützung
- Herrn Prof. Dr. H. Wanner, Geographisches Institut der Universität Bern für die Betreuung der klimatologischen Arbeitsschritte und wertvollen Anregungen.
- Herrn Dr. M. Baumgartner und Herrn M. Fuhrer, Universität Bern für die Bereitstellung der NOAA/AVHRR-Satellitenbilddaten.
- Herrn Dr. F. Schubiger und Herrn G. de Morsier, Schweizerische Meteorologische Anstalt, Zürich für die Überlassung der Programmkette SHWAMEX und die Betreuung bei den Strömungsanalysen.
- Herrn Magg. Gen. GArf. F. Fantauzzo, ITAV Rom für die Beschaffung des meteorologischen Datenmaterials für die Poebene.
- Herrn Dr. G. Frustaci und Herrn N. Castano, Centro Meteorologico Regionale, Milano Linate für die Hilfe bei der Datenbeschaffung.
- Herrn G. Santomauro, Observatorio Meteorologico di Brera, Milano, Piazza Duomo für die Bereitstellung des Cartello Meteorologico und des Datenmaterials von Mailand Innenstadt.
- Herrn Dr. W. Wobrock, Zentrum für Umweltforschung der Universität Frankfurt für die Finanzierung der Satellitenbilder der EUROTRAC-Kampagne.

Die Autoren danken insbesondere den Herausgebern der Bonner Geographischen Abhandlungen für die Aufnahme der Arbeiten in die Schriftenreihe sowie der Stiftung Marchese Francesco Medici del Vascello, Bern für die finanzielle Unterstützung beim Druck der beiliegenden Farbkarte.

Bonn, im Juni 1993

Jörg Bendix
Matthias Bachmann

Inhalt

Seite

Zielsetzung des Gesamtprojekts..8-9

MATTHIAS BACHMANN & JÖRG BENDIX:
Operationell einsetzbare Verfahren zur Nebelkartierung, Nebel-
höhenbestimmung und Bildentzerrung auf der Basis digitaler
NOAA/AVHRR-Daten... 11-112

MATTHIAS BACHMANN:
Nebelverteilung und -dynamik im schweizerischen Alpenvorland.
Eine Auswertung digitaler Wettersatellitendaten. 113-186

JÖRG BENDIX:
Nebelbildung, -verteilung und -dynamik in der Poebene - Eine
Bearbeitung digitaler Wettersatellitendaten unter besonderer
Berücksichtigung anwendungsorientierter Aspekte..187-301

ZIELSETZUNG DES GESAMTPROJEKTES

Das Gesamtprojekt trägt den Titel "Nebelstudien im Alpenraum" und will einen Beitrag zur Erforschung der Nebelverbreitung und Nebeldynamik in den alpinen Vorlandsenken mit Hilfe digitaler Wettersatellitendaten leisten.

Nebeldecken stellen im Alpenvorland besonders im Winterhalbjahr eine häufig zu beobachtende Erscheinung mit vielfältigen regionalklimatischen und lufthygienischen Konsequenzen dar:

- Innerhalb der Nebelschicht wird die Sichtweite stark herabgesetzt, die Sonnenscheindauer drastisch vermindert und es herrscht trübe, feuchte Witterung. Die darüberliegenden Gebiete zeichnen sich durch gute Sicht, eine hohe Sonnenscheindauer sowie warme, trockene Witterung aus.

- Durch die Nebeldecke wird in der Regel eine markante Temperaturinversion angezeigt, die zu einer weitgehenden Entkoppelung der stabil bis neutral geschichteten und turbulenzarmen Grenzschicht von den darüberliegenden Luftschichten führt. Da die Beckenregionen gleichzeitig bevorzugte Standorte für Siedlungen, Industrie- und Verkehrsanlagen darstellen, ergeben sich erhebliche lufthygienische Konsequenzen. Bleibt die Nebeldecke während windschwachen Hochdrucklagen über mehrere Tage bestehen, akkumulieren sich die Luftschadstoffe unterhalb der Inversion und der Nebel wird zum Träger konzentrierter Schadstoffe. Dies kann eine Gesundheitsgefährdung des Menschen bewirken und lässt Langzeitschäden der Vegetation erwarten.

Zur Erfassung des Nebels wurden bislang in erster Linie Stationsbeobachtungen eingesetzt. Diese stellen aufgrund der räumlichen Verteilung besonders in komplexer Topographie ein nur unzureichendes Datenmaterial dar. Andererseits liefern uns Wettersatelliten täglich hervorragendes Bildmaterial und ermöglichen einen umfassenden Überblick über die räumliche Nebelstruktur eines Gebietes. Es ist deshalb naheliegend, die winterlichen Nebelfelder mit Hilfe dieser Multispektraldaten eingehend zu untersuchen. Notwendige Voraussetzung für die Verarbeitung der grossen Datenmengen und die tägliche Wetterbeobachtung sind jedoch weitgehend automatisch einsetzbare Verfahren. Für die vorliegende Fragestellung sind folgende Bereiche von zentraler Bedeutung:

- Kartierung der Nebelverteilung im Satellitenbild
- Entzerrung der Satellitenbilder
- Bestimmung der Nebelobergrenze

Die hier präsentierten Arbeiten stellen einen Beitrag zur Lösung dieser methodischen Probleme dar und schliessen die Anwendung auf zwei Teilregionen des Alpenraumes mit ein. Dies ergibt eine Dreiteilung der Gesamtthematik mit den folgenden Zielsetzungen (siehe auch Figur I):

Teil I: Methodik:

- Separierung des Nebels von der übrigen Bildinformation.
- Geometrische Korrekturen, Entzerrung auf Kartenprojektionen.
- Bestimmung der Höhenlage der Nebelobergrenze.

- Verifikation der entwickelten Methoden.

Teile II und III: Klimatologische Anwendung im ausgewählten Gebieten des Alpenraumes (Schweizer Alpenvorland, Poebene)

- Erstellung von Karten der Nebelhäufigkeit
- Studium wetterlagenabhängiger Verteilungsmuster
- Häufigkeit der Höhenlage bestimmter Nebelobergrenzen
- Nebeldynamik im Tages- und Wochenverlauf
- Abschätzung der durch die Nebeldecke begrenzten Luftvolumina für lufthygienische Fragestellungen.

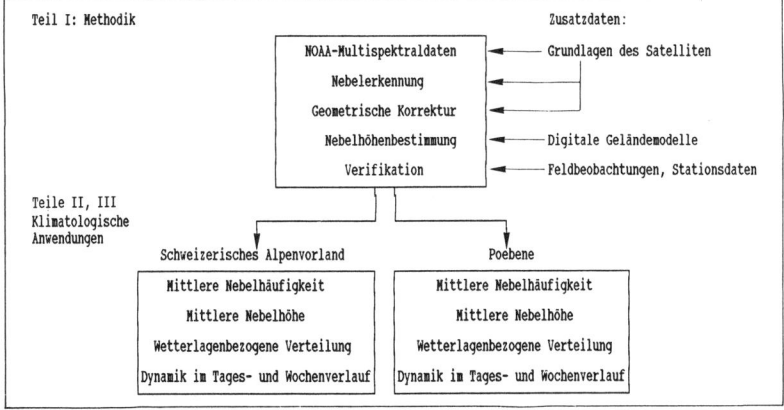

Fig. I: Die generelle Gliederung des Gesamtprojektes in mehrere Teilbereiche.

Die Methodik wurde von den zwei Autoren gemeinsam erarbeitet, die klimatologische Anwendung fand anschliessend durch jeweils einen Bearbeiter statt (Schweizer Alpenvorland: M. Bachmann, Poebene: J. Bendix).

Im ersten Teil werden die für die Auswertung von digitalen NOAA/AVHRR-Daten entwickelten Methoden vorgestellt. Der zweite bzw. dritte Teil hat die Nebelverteilung und Nebeldynamik im Schweizer Alpenvorland bzw. in der Poebene zum Gegenstand. Die einzelnen Teile sind als eigenständige Abschnitte konzipiert, d.h. mit Einleitung und Literaturverzeichnissen.

TEIL I

Operationell einsetzbares Verfahren zur Nebelkartierung, Nebelhöhenbestimmung und Bildentzerrung auf der Basis digitaler NOAA/AVHRR-Daten

mit 39 Figuren und 17 Tabellen

Matthias Bachmann und Jörg Bendix

TEIL I

OPERATIONELL EINSETZBARE VERFAHREN ZUR NEBELKARTIERUNG, NEBELHÖHENBESTIMMUNG UND BILDENTZERRUNG AUF DER BASIS DIGITALER NOAA/AVHRR-DATEN

Inhaltsverzeichnis Teil I 13
Figurenverzeichnis Teil I 15
Tabellenverzeichnis Teil I 17
Zusammenfassung Teil I 18
Summary 21

1. EINLEITUNG 23
   1.1 Einleitung und Problemstellung Methodik 23
   1.2 Zielsetzung und Arbeitskonzept 24

2. SATELLITENDATEN, VORVERARBEITUNG, DIGITALE HÖHENMODELLE 26
   2.1 NOAA/AVHRR-Daten 26
      2.1.1 Grundlagen der NOAA-Plattform und des AVHRR/2-Sensors 26
      2.1.2 Datenmaterial und Vorverarbeitung 28
         2.1.2.1 Verwendetes Datenmaterial 28
         2.1.2.2 Datenstruktur 29
         2.1.2.3 Interpretation der Grauwerte 30
      2.2. Behandlung des Bildrauschens im Kanal 3 31
         2.2.1 Charakteristiken und Ursachen des Rauschens im Kanal 3 31
         2.2.2 Möglichkeiten der Rauschkorrektur 33
         2.2.3 Angewendetes Verfahren 33
         2.2.4 Automatisierte Rauschkorrektur 36
      2.3 Digitale Höhenmodelle 37
         2.3.1 Das Digitale Höhenmodell der Poebene 37
         2.3.2 Das Digitale Höhenmodell der Schweiz 39

3. GEOMETRISCHE KORREKTUR DER NOAA/AVHRR-DATEN 40
   3.1 Einleitung 40
   3.2 Möglichkeiten der geometrischen Korrektur und ausgewähltes Verfahren 40
   3.3 Das Passpunkt/Bahnparameterverfahren in Anlehnung an Ho & ASEM (1986) 42
      3.3.1 Das Orbitalmodell von Ho & ASEM (1986) 42
         3.3.1.1 Die Satellitenbahn 42
         3.3.1.2 Der Scanner 43
         3.3.1.3 Die Erde 44
      3.3.2 Zeitbestimmung und Nachkorrektur mit einem Passpunkt 45
         3.3.2.1 Prozedur zur Zeitkorrektur 45
         3.3.2.2 Korrektur der Länge des Äquatorüberflugs 46
      3.3.3 Kombination mit dem Passpunktverfahren zur Rechenzeitoptimierung 46
         3.3.3.1 Bilinearer Ansatz 46

       3.3.3.2 Korrektur nichtlinearer Fehler (panoramische Verzerrung)..................47
       3.3.3.3 Resamplingmethode 48
   3.3.4 Umrechnung der geographischen Koordinaten in ein rechtwinklig
   Koordinatensystem 48
       3.3.4.1 Das Schweizer Landeskoordinatensystem 49
       3.3.4.2 Das UTM-System für die Poebene...49
3.4 Resultate der Geokorrektur..50
3.5 Schlussbemerkungen 52
3.6 Symbole und Konstanten 52

4. KLASSIFIKATION 54

4.1 Einleitung..54
4.2 Möglichkeiten der operationellen Wolken- und Nebelerkennung......................54
4.3 Trennung von Nebel und Landoberflächen einschliesslich Schnee mittels der
AVHRR-Kanäle 3
   und 4 56
   4.3.1 Spektrale Eigenschaften von Nebel, Wolken und Schnee als Grundlage eines
       Trennungsverfahrens 57
   4.3.2 Nebelerkennung bei Nacht 59
   4.3.3 Nebelerkennung bei Tag 60
4.4 Methodik und Ergebnisse..61
4.5. Probleme der Morgen- und Abendbilder 63
   4.5.1 Theoretische Überlegungen..63
       4.5.1.1 Effekt der Sonnenhöhe auf T_4-T_3-Bilder..63
       4.5.1.2 Abschätzung des Reflexanteils im Kanal 3 bei Tag für Nebel.............64
   4.5.2 Sonnenstandskorrektur 67
   4.5.3 Ergebnisse der Korrektur 70
4.6 Zusammenfassung 70
4.7 Verifikation der Klassifikation mit Hilfe von Feldbeobachtungen.....................71
   4.7.1 Messkampagnen Schweiz 72
       4.7.1.1 Methodik 72
       4.7.1.2 Auswertung 72
   4.7.2 Messkampagne Poebene 73
   4.7.3 Zusammenfassung 75

5. NEBELHÖHENBESTIMMUNG MIT DIGITALEN SATELLITENDATEN 76

5.1 Möglichkeiten der Nebelhöhenbestimmung...76
5.2 Anwendung im schweizerischen Alpenvorland..77
   5.2.1 Verwendetes Datenmaterial 77
   5.2.2 Nebelhöhenbestimmung mittels Nebelrand und Digitalem Höhenmodell........77
       5.2.2.1 Prinzipielles Vorgehen und Ergebnisse...77
       5.2.2.2 Verfeinerte Behandlung des Nebelrandes..79
       5.2.2.3 Behandlung des Reliefeinflusses..81
   5.2.4 Nebelhöhenbestimmung mit Hilfe topographischer Merkmale....................81
   5.2.5 Verifikation der Nebelhöhenbestimmung mit Feldbeobachtungen...............82

5.2.6 Der Zusammenhang zwischen Nebelhöhe und Nebelfläche 83
5.2.7 Der Zusammenhang zwischen Nebelobergrenze und Inversionsuntergrenze 84
5.2.8 Zusammenfassung 85

5.3 Nebelhöhenbestimmung für die Poebene 86
    5.3.1 Einleitung 86
    5.3.2 Zusammenhang von Inversion und Nebelobergrenze 86
    5.3.3 Berechnung der Nebelhöhe und -volumen aus dem Satellitenbild 87
        5.3.3.1 Meteorologisches Datenmaterial 87
        5.3.3.1 Berechnung der Grenzlinien- und Nebelhöhenliniendatei 88
        5.3.3.2 Ergebnisse und Verifikation 90
        5.3.3.3 Berechnung der Nebelhöhenfläche 93
        5.3.3.4 Beziehung von Nebelhöhe und Nebelfläche 94
        5.3.3.5 Nebelvolumen 95
        5.3.3.6 Beziehung von Nebelfläche und Nebelvolumen 96
    5.3.3 Zusammenfassung 97

6. AUSBLICK 98

LITERATURVERZEICHNIS Methodischer Teil 100

ANHANG
Radiometrische Korrektur der NOAA VIS-Kanäle 1 und 2 104
Kalibrierung der thermischen Kanäle des NOAA/AVHRR 109

Figurenverzeichnis Teil I

Fig. 1.1: Die Arbeitsschritte im methodischen Bereich 25
Fig. 2.1: Die NOAA-Plattform mit den wichtigsten Bahndaten und ausgewählten
    Instrumenten 26
Fig. 2.2: Das elektromagnetische Spektrum von 0.2-13μm und die Lage der AVHRR-
    Kanäle 1-5. 27
Fig. 2.3: Typische Grauwertintervalle für die NOAA-AVHRR Kanäle 1-4 für die Winter-
    halbjahre 1988-1991 im Untersuchungsgebiet. 29
Fig. 2.4: Reflexions-Faktoren und Strahlungstemperaturen (für NOAA 11, 11.12.1989,
    12:50 UT) in Abhängigkeit der 10-Bit Grauwerte für die Kanäle AVHRR 1-4. 30
Fig. 2.5: Strahldichten für den 11.12.1989, NOAA 11, 12:50 UT. Bildausschnitt 512*512,
    Alpenraum. 31
Fig. 2.6: Histogramme der Inflight-Kalibrierung vom 12.01.90, NOAA-10 (rechts) und
    vom 4.12.89, NOAA-11 (links) von 500 Werten 32

Fig. 2.7: Summiertes Amplitudenspektrum eines ungestörten Kanal 3-Bildes (10.02.89, NOAA-10). Das Amplitudenspektrum stellt die Summierung des Spektrums jeder Zeile der 512*512 Szene dar. 34
Fig. 2.8: Summiertes Amplitudenspektrum eines gestörten Bildes (12.01.90, NOAA-10, Kanal 3). Deutlich erkennbar sind die zum Bildrauschen gehörenden Spitzen. 34
Fig. 2.9 Prinzipielles Vorgehen bei der hier vorgeschlagenen Rauschkorrektur 35
Fig. 2.10: Blattschnitt der topographischen Karte 1: 100000 38
Fig. 2.11: Basisdatensatz mit unbearbeiteten Teilregionen (schraffiert) 39
Fig. 3.1: Identifikation der Winkel und Orbitalbeziehungen 43
Fig. 3.2: Relative Position eines 512*512-Ausschnitts im gesamten NOAA-Bild 44
Fig. 3.3: Projektion, Gitternetz und gewähltes Gebiet für das Gebiet der Schweiz 49
Fig. 4.1: Überschneidungsbereich der spektralen Signaturen von Nebel und Schnee bei einer Klassifikation mittels AVHRR Kanal 2 (NIR) und Kanal 4 (IR), NOAA 11, 9.2.1989, 12:45 UTC. 54
Fig. 4.2: Grauwertunterschiede des Nebels durch unterschiedliche Ausleuchtung der Szene. NOAA 10, 3.2.1990, 7:53 UT, Zeile 45, AVHRR Kanal 2 55
Fig. 4.3: Histogramm des T_4-T_3 Bildes, NOAA 11, 29.1.1991, 1:30 UTC. 56
Fig. 4.4: Emissionsgrad und Differenzen im Spektralbereich der AVHRR Kanäle 3 und 4 in Abhängigkeit der optischen Tiefe für (a) Eiswolken (Radius=16μm), (b) Wasserwolken (Radius=10μm) (c) Nebel und niedriger Stratus (Radius=4μm) berechnet nach Hunt (1973). 58
Fig. 4.5: Reflexionsgrad verschiedener Wolkentypen für den Spektralbereich des Kanals 3 AVHRR, berechnet nach Hunt (1973) 59
Fig. 4.6: Histogramm des 512*512 Temperaturdifferenz-Bildes T_4-T_3 vom 13.11.1989, 12:49 UT, NOAA 11. 62
Fig. 4.7: Sonnenhöhen der Monate Oktober bis März für die Station Mailand 45°25' Breite 9°12' Länge. 64
Fig. 4.8 :(a) Spektraler Reflexionsgrad (3.8 μm) einer typischen Nebeldecke mit 200 m Mächtigkeit, berechnet nach Hunt 1973. (b) Spektrale Bestrahlungsstärke (3.8 μm) nach Thekaekara 1974. (c) Korrespondierender Reflexionsgrad im Kanal 3 AVHRR bei Tag umgerechnet in Helligkeits-Temperaturen. 66
Fig. 4.9: Korrekturfunktion f_{cor} 68
Fig. 4.10: Histogramme des T_4-T_3-Bildes vom 30.12.1988, (a) unkorrigiert und (b) korrigiert. 70
Fig. 4.11: Fahrtroute der Meßfahrt vom 30.11.1990, Beginn 12:18 UT 74
Fig. 5.1: Prinzipielles Vorgehen bei der Nebelhöhenbestimmung. 78
Fig. 5.2: Effekt unterschiedlicher Behandlungen des Nebelrandes bei der Bestimmung der Nebelhöhe. 79
Fig. 5.3: Zusammenhang zwischen SMA-Beobachtungen und Nebelhöhen aus dem digitalen Satellitenbild (verfeinerte Randbestimmung). 80
Fig. 5.4: Hypsographische Kurve des nördlichen Alpenvorlandes der Schweiz 83
Fig. 5.5: Zusammenhang zwischen Nebelhöhe und Nebelfläche, ermittelt aus 129 Satellitenbildern. 84
Fig. 5.6: Zusammenhang von Nebelobergrenze und Inversions-Untergrenze. 85
Fig. 5.7: Typen der thermischen Begrenzung der Nebelobergrenze (NOG) 87
Fig. 5.8: Ablaufschema zur Bestimmung von Nebelhöhe und -volumen 89
Fig. 5.9: Abweichung von IUG und berechneter Nebelhöhe (a) Milano Linate (104 gpm) (b) Udine Rivolto (94 gpm) (c) St. Pietro Capofiume (10 gpm). 91

Fig. 5.10: Relative Häufigkeit der Abweichung von IUG und Nebelhöhe für Milano-Linate 91
Fig. 5.11: Sondierung 12:00 UT, S. Pietro Capofiume abgeleitet aus der Nebelhöhenliniendatei, NOAA 11 11:45 UT 92
Fig. 5.12: Berechnung des Nebelvolumens aus DGM und Trendfläche der Nebelhöhe.....95
Fig. 5.13: Zusammenhang von Nebelfläche und Nebelvolumen..................96

Tabellenverzeichnis Teil I

Tab. 2.1: Die AVHRR-Kanäle, ihre Charakteristika und Anwendungsbereiche (nach SCHWALB 1978, NEJEDLY 1986). 28
Tab. 2.2: Perioden des Bildrauschens vier unterschiedlicher Aufnahmezeitpunkte. Kanal 3, NOAA-10..................36
Tab. 3.1 Vor- und Nachteile unterschiedlicher Methoden zur Entzerrung von Satellitenbilddaten 41
Tab. 3.2: Mittlerer Fehler der Entzerrung, getestet an unabhängigen Passpunkten..........50
Tab. 3.3: Fehleranteil bei Verwendung nominaler Satellitenhöhe und Inklination gegenüber genauen Werten..................51
Tab. 3.4 Nachkorrektur des Äquatorüberflugs. Vergleich der alten und neuen Werte. 51
Tab. 4.1: Temperaturdifferenzen T_4-T_3 [K] für verschiedene 512*512 Szenen des Alpenraums für Nebel und Land- bzw. Wasser-flächen (Minimum, Modalwert und Maximum) und Anteil der fehlklassifizierten Pixel [%]. 61
Tab. 4.2: Korrekturfunktion f_{cor} 69
Tab. 4.3: Meßkampagnen im Schweizer Mittelland 72
Tab. 4.4: Meßprotokoll 73
Tab. 5.1: Mittlere Abweichung der über den Nebelrand ermittelten Nebelobergrenzen von Stationsbeobachtungen. 78
Tab. 5.2: Mittlere Abweichung der Nebelhöhe über die verfeinerte Randbestimmung von Stationsbeobachtungen 80
Tab. 5.3: Resultate unterschiedlicher Nebelhöhenbestimmungsmethoden im Vergleich mit Stationsbeobachtungen (Rand: Randmethode, Topo: Topographische Merkmale, SMA: Stationsbeobachtungen). 82
Tab. 5.4: Verifikation der Nebelhöhenbestimmung mit Feldbeobachtungen und Stationsdaten. 82
Tab. 5.5: Vergleich von berechneter Nebelhöhe und IUG..................90
Tab. 5.6: Vergleich von IUG und NOG für Milano Linate bei 5 Trendflächen 1. Ordnung (r > 0.8)..................94
Tab. 5.7: Genauigkeit der Trendflächen 1. und 3. Ordnung für den 9.1.1989, NOAA 11 11:55 UT. 94

ZUSAMMENFASSUNG METHODISCHER TEIL (J. Bendix)

Der erste Teil der vorliegenden Arbeit präsentiert die entwickelten Verfahren zur Auswertung der digitalen NOAA-AVHRR Satellitenbilder hinsichtlich ihrer Verwendbarkeit für Zwecke der Nebelklimatologie. Ziel dieses Abschnitts war es, basierend auf bestehenden Ansätzen ein neues Methodenkonzept zu entwickeln und auf seine operationelle Anwendbarkeit hin zu untersuchen, da die Reihenauswertung von Satellitenbildern aufgrund der großen zu verarbeitenden Datenmenge eine nahezu operationell arbeitende Methodik erfordert, die mit geringem Zeitaufwand und möglichst wenig Zusatzinformation gute Ergebnisse liefert. Vorgestellt werden die entwickelten Verfahren zur Geokorrektur, zur Bildklassifikation einschließlich Rausch- und Beleuchtungskorrektur sowie zur Nebelhöhen- und Nebelvolumenbestimmung und die Ergebnisse anhand von Verifikationsbeispielen diskutiert.

In einem ersten Schritt wurde ein schnelles Verfahren zur Geokorrektur entwickelt, das eine für topoklimatologische Studien notwendige Lagegenauigkeit von ± 1 Pixel in der rektifizierten Bildmatrix garantiert und weitgehend unabhängig von satellitenspezifischen Daten bei einer möglichst geringen Rechenzeit auf einem Personal Computern arbeitet.
Dieses Verfahren stellt eine Kombination der Orbital- und Paßpunktmethode dar. Die Grundlage des Korrekturverfahrens bildet ein Orbitalmodell, das über die Bahnparameter des Satelliten, scanspezifische Winkelbeziehungen, die Erdkrümmung und Erdrotation für jedes Bildpixel geographische Koordinaten berechnet. Die Modellergebnisse werden durch die Kontrolle der Berechnung mittels eines GCP's (Ground Control Point) überprüft. Aufgrund von größeren Ungenauigkeiten der im Satelliten eingebauten Uhr mußte das Orbitalmodell über eine Satellitenbahn-Simulation korrigiert werden. Die Zeit, die der Satellit vom Äquator zum betrachteten Pixel zurücklegt, kann über den bekannten GCP exakt berechnet werden. Eine Rückrechnung der Satellitenbahn vom GCP zum Äquator ergibt das dieser Zeitspanne entsprechende Äquatorcrossing. Aufgrund dieser Korrekturen kann die geforderte Genauigkeit von ± 1 Pixel (ca. ± 1km) auch unter Verwendung der von NOAA publizierten Nominalwerte für die Höhe des Satelliten und die Inklination der Satellitenbahn erreicht werden.
Zur Zeitoptimierung der Korrekturrechnung werden geographische Koordinaten lediglich für zwanzig über die Bildmatrix gut verteilte Pixel mit Hilfe des Orbitalmodells berechnet und nach einer panoramischen Korrektur der Spaltenposition in ein bilineares Regressionsmodell eingegeben. Die entzerrten Szenen des Schweizer Mittellands werden nach erfolgter Korrektur im Schweizer Landeskoordinatensystem und die der Poebene im UTM-System abgebildet.

Ein zweiter Schwerpunkt der Methodenentwicklung lag in der Ausarbeitung eines Klassifikationsalgorithmus, der es erlaubt, ohne Zusatzdaten und mit möglichst einheitlichen Kriterien Nebel im Satellitenbild auf der Basis der internationalen Nebeldefinition (Sichtweite ≤ 1000 m) zu erkennen.
Im vorliegenden Fall wird ein physikalisch begründetes, eindimensionales Histogrammverfahren angewendet, das mit einem Temperaturdifferenzbild (T_4-T_3) der Helligkeits-Temperaturen der Kanäle AVHRR 3 und 4 arbeitet. Es wird gezeigt, daß der Nebel in Bildern von Tagesüberflügen aufgrund seiner hohen Reflexion und in der Nacht aufgrund seiner herabgesetzten Emission gegenüber anderen Oberflächen abgegrenzt werden kann. Für das gesamte Verfahren der Nebelerkennung werden nur zwei Schwellenwerte benötigt. In der Nacht werden alle Pixel mit $T_4-T_3 \geq 2.5$ K als Nebel klassifiziert, während der Schwellenwert am Tag $T_4-T_3 \leq -12$ K beträgt. Wie in den VIS-Kanälen ist aber auch der

Reflexanteil im Kanal 3 AVHRR in gewisser Weise vom Sonnenstand abhängig. Es kann gezeigt werden, daß der Reflexanteil bis zu Sonnenhöhen von > 9° stabil ist und der Schwellenwert von -12 K bei größeren Sonnenhöhen konstant bleibt. Für operationelle Zwecke muß bei niedrigen Sonnenhöhen, die gerade im Winter während der Hauptnebelperiode häufiger vorliegen, eine Sonnenstandskorrektur vorgenommen werden. Die vorgestellte Korrekturfunktion, erlaubt es, Kanal 3 Bilder so zu korrigieren, daß für Nebel der einheitliche Schwellenwert von T_4-T_3 von -12 K bis zu Sonnenhöhen > 1.5° erhalten bleibt. Im Sonnenhöhenintervall von 1.5° bis ca. 0.5° ist die Nebelerkennung nicht möglich, da hier im Kanal 3 das Emissionsdefizit des Nebels den schwachen Reflexionsüberschuß kompensiert.

Die Ergebnisse der Klassifikation wurden in mehreren Meßkampagnen sowohl im Schweizer Mittelland als auch in der Poebene untersucht. Während der Meßkampagnen wurden genau zum Satellitenüberflug Photos von Nebelmeeren, Kartierungen des Nebelrandes im Gelände wie auch Meßfahrten durchgeführt. Unter Berücksichtigung der durch Bildvor- und Bildnachverarbeitung (Geokorrektur etc.) induzierten Lageunsicherheit von ±1 Pixel zeigen die Feldbeobachtungen eine sehr gute Übereinstimmung mit den Klassifikationsergebnissen.

Seit Mitte 1989 weist der Kanal 3 des Satelliten NOAA 10 ein periodisches Rauschen verschiedener Frequenzen auf, so daß die Klassifikation vor allem für Bilder geringer Signalintensität (Nacht), behindert ist. Es wird daher ein Verfahren zur Rauschkorrektur entwickelt, das mittels einer zeilenorientierten, eindimensionalen Fouriertransformation die verrauschten Frequenzen eliminiert. Da die Rauschfrequenzen nicht in allen Bildern und auch nicht über alle Zeilen eines Bildes identisch sind, müssen sie prinzipiell für jede Bildzeile bestimmt werden. Zur Rechenzeitoptimierung werden für typische Bilder die Rauschfrequenzen bestimmt und über die ungestörten Spektralwerte für jede Zeile eine lineare Interpolation vorgenommen. Liegt die Differenz von berechnetem und interpolierten Frequenzwert über einem definierten Grenzwert (0.5), wird die als gestört erkannte Frequenz bei der Rücktransformation des Bildes über die inverse Fouriertransformation nicht mehr berücksichtigt.

Eine zentrale Anwendung der vorliegenden Arbeit stellt die Berechnung der Nebelhöhe und des Nebelvolumens mit Hilfe digitaler Satellitenbilder dar. Neben der Ermittlung dieser Größen ist vor allem im Kontext der lufthygienischen Forschung die Frage von Bedeutung, wie Inversionsuntergrenze und Nebelhöhe zusammenhängen. Aufgrund der differenten Physiognomie der Untersuchungsräume Schweizer Mittelland und Poebene wurden verschiedene Ansätze praktiziert. Grundlegend werden die Nebelrandhöhen durch die Überlagerung einer Nebelranddatei mit einem digitalen Geländemodell gleicher Projektion und Bodenauflösung ermittelt. Dabei wird über einen speziell entwickelten 3*3 Umgebungsfilter aus der binären Nebelkarte der Nebelrand extrahiert und eine Nebelrandliniendatei erzeugt. Diese Nebelrandliniendatei ergibt einem digitalen Geländemodell überlagert die Nebelgrenzhöhendatei. Dabei hat es sich als zweckmäßig erwiesen, in flach reliefiertem Gebiet (Poebene) das direkte Nebelrandpixel und im Gebiet mit starkem Gefälle innerhalb eines Pixels (Schweizer Mittelland) das dem Nebelrand folgende Pixel zur Höhenbestimmung zu verwenden. Für den Vergleich von Nebelhöhe und Inversionsuntergrenze wird vorausgesetzt, daß in den meisten Fällen Inversionsuntergrenze und Nebelobergrenze weitgehend übereinstimmen und der Nebel außerdem direkt auf dem Geländerand aufliegt. Im Schweizer Mittelland werden vor allem die Nebelhöhenmessungen der SMA sowie Beobachtungen aus eigenen Feldkampagnen zur Verifikation der Nebelhöhenberechnung beigezogen. Die geschätzten Höhenangaben werden jeweils auf die nächsten 100 Meter aufgerundet, so daß die gemeldeten Werte generell überschätzte Nebelhöhen wiedergeben. Trotzdem ist die Korrelation mit einem Korrelationskoeffizienten von 0.86 und einem mittleren Fehler von 94 Metern ausgesprochen gut. Bei tiefliegenden Nebelmeeren (800-1000 m) stimmen berechnete und beobachtete Nebelmeerhöhe besser überein als dies im Höhenintervall von 1100-1200 Metern der Fall ist. Eine Analyse im Subpixelbereich mit 500 Metern Kantenauflösung brachte demgegenüber keinen deutlichen Informationsgewinn gegenüber der Höhenbestimmung aus der 1 km Bildmatrix. Die Höhenbestimmung über topographische Merkmale direkt aus dem Satellitenbild liefert im Vergleich mit berechneter Nebelhöhe und den Beobachtungen der SMA gute Ergebnisse. Die Nebelhöhe kann damit allerdings nur als Höhenintervall zwischen höchstem nebelbedecktem Punkt und niedrigstem nebelfreien topographischen Merkmal angegeben werden. Insgesamt unterstützen auch die eigenen Feldbeobachtungen über die Nebelgrenzziehung in der topographischen Karte die Validität der Methodik zur Nebelhöhenbestimmung für das Schweizer Mittelland.

Für die Poebene werden zur Verifikation hauptsächlich Sondierungen des 12:00 UT Beobachtungstermins und Bilder der Mittagsüberflüge von NOAA-11 (11:55 bis 12:05) verwendet, so daß der verfälschende Effekt von großen Zeitabweichungen zwischen Sondierung und Satellitenüberflug weitgehend vermieden wird. Als Radiosonden stehen Milano Linate, Udine Rivolto und für einige Termine S. Pietro Capofiume zur Verfügung; für das Schweizer Mittelland werden über die Sonde von Payerne ebenfalls Verifikationen vorgenommen. Zwischen Inversionsuntergrenze und berechneter Nebelhöhe ergibt sich für Payerne ein signifikanter Zusammenhang mit r=0.91. Die Korrelation von Inversionsuntergrenze und Nebelobergrenze ist im Fall der Poebene mit r=0.88 bis 0.96 ebenfalls als gut zu bewerten. Die Abweichungen zwischen Inversionsunter- und Nebelobergrenze liegen für die Poebene im allgemeinen bei Werten $< \pm 50$ m. Allerdings zeigt sich in der Poebene, daß die Inversionsuntergrenze mittels der Nebelhöhe eher etwas unterschätzt wird. Im Schweizer Mittelland zeigt sich eine Unterschätzung hauptsächlich bei flachen Nebelmeeren, während bei Staulagen oder Hochnebeldecken die Inversion eher überschätzt wird. Über die jeweiligen Regressionsgleichungen kann aus der Nebelhöhe die Inversionsuntergrenze direkt berechnet werden.

Schwierigkeiten bei der Nebelhöhenbestimmung ergeben sich an Stellen, an denen der Nebel aufgrund von energetischen bzw. orographischen Gegebenheiten bereits aufgelöst ist oder in andere Höhenniveaus verlagert wurde.

In der Poebene tritt dieser Effekt beispielsweise im Bereich Mailand auf, da sich der Nebel bis zum Mittag im Stadtbereich häufig aufgelöst hat und die Nebelhöhenliniendatei daher für diesen Bereich zu niedrige Höhen ausgibt, obwohl Inversionsuntergrenze und Nebelhöhe im weiteren Umland noch übereinstimmen. Dieses Problem läßt sich über eine Trendflächenanalyse lösen, die für jeden Bildpunkt der Nebelmaske über die Nebelhöhenliniendatei einen Nebelhöhenwert berechnet. Räumliche Schwankungen der Nebelhöhe in der beschriebenen Dimension werden dabei ausgeglichen, so daß die Beziehung von berechneter Nebelobergrenze und Inversionsuntergrenze verbessert werden kann. Für die meisten Situationen sind Trendflächen erster Ordnung ausreichend. Bei hochliegenden Nebelereignissen kommt es demgegenüber häufig zu komplizierteren Mustern der Nebelhöhe, die eine höhere Ordnung der Trendfläche verlangen.

Die Trendfläche der Nebelhöhe stellt für die Poebene auch die Grundlage der Untersuchung des Nebelvolumens dar. Über die Trendfläche der Nebelhöhe und das digitale Geländemodell kann für jeden nebelbedeckten Bildpunkt die Nebelmächtigkeit und das resultierende Volumen der Nebelluft berechnet werden.

Für ausgewählte, verifizierte Trendflächen aller Höhenlagen wurde daher das Gesamtvolumen der Poebene im Zusammenhang zur nebelbedeckten Fläche untersucht. Für die Poebene ergibt sich ein enger Zusammenhang (r=0.96), so daß das Gesamtvolumen der Nebelluft direkt aus der Anzahl der Pixel der binären Nebelmaske mit Hilfe der Regressionsbeziehung berechnet werden kann. Eine lineare Beziehung von nebelbedeckter Fläche und regionaler Nebelhöhe wird exemplarisch für die Stationen Milano Linate und S. Pietro Capofiume vorgestellt.

Für das Schweizer Mittelland zeigt sich, daß die mittlere Nebelhöhe ebenfalls in Beziehung zur Fläche steht (r=0.91) und somit direkt aus der binären Nebelmaske errechnet werden kann. Dieser Zusammenhang ist allerdings nur bis zu 600 Metern ü. NN linear. Wie die hypsometrische Kurve zeigt, nimmt die Fläche ab Höhen von 600 m ü. NN exponentiell zu. Diese Zunahme manifestiert sich dementsprechend in dem Verhältnis von Nebelfläche und Nebelhöhe. Insgesamt lassen sich über die mit Hilfe von binärer Nebelmaske, DGM und den vorgestellten Verfahren zur Nebelhöhenbestimmung gewonnenen Regressionsbeziehungen sehr schnell und einfach Nebelhöhen, Höhen der Inversionsuntergrenze, sowie Nebelvolumina berechnen.

Summary, methodological aspects

The presented research study is aiming in the development of operational algorithms for the detection of fog layers based on regularly collected AVHRR-data from the NOAA weather satellites.

New methods with as few input parameters as possible were introduced and tested in respect of their use for time series analysis and the ability to process large data sets. This part outlines the new procedures for preprocessing steps (such as noise reduction and illumination correction), geocorrection, fog classification as well as the determination of fog boundaries and fog altitudes. Verification is made on the basis of field campaigns.

In a first step a fast and easy-to-use method for geocorrection was developed. The algorithm is based on a combination of a simple orbital model with nominal inputs and one ground control point (GCP). Due to deviations of the internal satellite clock, the orbital model has to be readjusted as follows: The satellites' flight and scanning characteristics are simulated stepwise from the equator crossing until it exactly scans the GCP. The time difference is recalculated and the nodal longitude adjusted. By using these inputs and the orbital model, the entire image can be geocorrected with an average accuracy of $\pm$ 1 pixel.

In order to reduce processing time only 20 selected and well distributed points are geocorrected by using the orbital model and transferred to a geodetic reference grid. The obtained coordinate pairs are then imported in a bilinear regressions analysis which leads to two equations for resampling the entire image.

The second step was the development of an independent and automatic classification scheme for nighttime and daytime fog considering the international definition (horizontal visibility < 1000 m).

The method is based on a one-dimensional histogram of the difference of brightness temperatures from NOAA/AVHRR channel 4 and channel 3 (T_4-T_3).

It is shown that fog can be detected due to its lower emissivity in the spectral range of AVHRR channel 3 compared to channel 4 which is not the case for other surfaces such as snow or other clouds. Two typical threshold values were recognized: During nighttime all foggy pixels show a T_4-T_3 value of $\geq$ +2.5 K whereas during daytime the T_4-T_3 value for fog is $\leq$ -12K.

The daytime value holds true up to sun elevations $> 9°$. For lower sun elevations an illumination correction has to be applied which is based on correction function especially derived for fog surfaces. For sun elevations ranging from $0.5°$ to $1.5°$ an automatic determination of fog based on threshold techniques is not possible.

The results were verified by using data from field campaigns in the Swiss Middleland and the Po Valley. Generally there was a very good agreement between classification and field results.

Problems during fog detection occured using the poor illuminated morning and evening overpasses of the NOAA-10 satellite. Due to the low intensity of incoming radiation and cooling problems of the radiometer the channel 3 images for this observing times are contaminated by a periodical noise since 1989. The elimination of the noisy frequencies could be performed by means of a linewise one-dimensional Fourier transformation. For every disturbed line the noisy frequencies are determined by comparing the values to an undisturbed function. The inverse Fourier transformation of the corrected function values then restores the image line.

One important step especially for air quality studies was the determination of fog top heigths. Based on the assumption that fog top altitudes correspond with the base of a temperature inversion air volume below this temperature inversion can be derived combining the classified and geocorrected T_4-T_3 image and a digital terrain model (DTM). At first a fog rim line has to be extracted from the binary fog mask using a 3 by 3 edge enhancement filter. Overlaying this rim line file to the DTM provides the exact altitudes of the fog rim either using the direct rim pixel in the case of slight slopes (Po Valley) or the neighboured one for larger slopes (Swiss Middleland). Applying a first-, second or third order trend surface analysis to the line file fog top altitudes can be calculated over the whole area covered with fog. The comparison between calculated and observed inversion altitudes (e.g. radiosondes) shows good agreement (r= 0.88 to 0.96). Neglecting the slight underestimation in calculated inversion altitudes several regression equations could be derived obtaining the air volume below the inversion as well as fog top and inversion base altitudes for distinct places directly from the amount of fog covered pixels contained in the binary fog mask.

1. EINLEITUNG METHODISCHER TEIL (M. Bachmann)

1.1 Einleitung und Problemstellung Methodik

Zur Bestimmung der Nebelverbreitung und -höhe wurden in bisherigen Untersuchungen als Datengrundlage vorwiegend Stationsbeobachtungen eingesetzt (Schirmer 1976, Wanner 1979). Gemäss Definition spricht man an einer Station von Nebel, falls die horizontale Sichtweite infolge schwebender Wassertröpfchen und Eiskristalle weniger als 1000m beträgt (Liljequist 1979: 134). Die Erhebung basiert auf Augenbeobachtungen, wobei gemäss einer international vereinbarten Skala die Schätzung der Sichtbarkeit von Objekten in unterschiedlichen Abständen vorgenommen wird (Weber 1975: 11). Auf die dabei entstehenden Probleme wird u.a. bei Schirmer (1970), Schüepp (1974) und Weber (1975) eingegangen.

Hauptvorteil der Stationsdaten sind die bereits vorliegenden langen Datenreihen. Sie eignen sich in besonderem Masse für die klimatologische Bearbeitung der mittleren Nebelhäufigkeit und für die Ableitung jahres- und tageszeitlicher Verteilungsmuster. Streng genommen gelten die abgeleiteten klimatologischen Grössen allerdings nur für die Umgebung der jeweiligen Beobachtungsstation. Eine flächendeckende Nebelkartierung mittels dieser Daten ist aufgrund der unzureichenden Messnetzdichte jedoch kaum möglich und die Interpolation zwischen den einzelnen Stationen ist besonders in komplexer Topographie mit grossen Unsicherheiten behaftet.

Einen umfassenden Überblick über die räumliche Nebelstruktur eines Gebietes bietet dagegen die Bildinformation der hochauflösenden Wettersatelliten. Zu Beginn stützte man sich vor allem auf analoges Bildmaterial (Wanner & Kunz 1983, Wiesner & Fezer 1979), während mit der Verbreitung der digitalen Bildverarbeitung zunehmend Auswertungen digitaler Multispektraldaten durchgeführt werden (Paul 1987, Flückiger 1990). Aus verschiedenen Gründen eignen sich die AVHRR-Daten des NOAA-Wettersatelliten besonders für eine raumzeitliche Beobachtung der Nebeldecke.

- Das räumliche Auflösungsvermögen von 1.1 km im Nadirbereich lässt genügend Details der Nebelstruktur erkennen.
- Der Multispektralscanner ist mit fünf Kanälen ausgestattet und bietet gute Voraussetzungen für eine eindeutige Separierung verschiedener Objekte.
- Jedes Gebiet wird täglich viermal überflogen, so dass sich eine zeitlich enge Abfolge von Bildszenen ergibt.
- Seit den frühen achtziger Jahren werden die Daten an mehreren europäischen Empfangsstationen operationell aufgenommen und in Archiven gespeichert.

Die ersten Auswertungen digitaler NOAA-Daten beschränken sich weitgehend auf Einzelfallanalysen, welche deren Tauglichkeit für Nebeluntersuchungen unter Beweis stellen sollten (Roesselet 1988). Bislang gibt es nur ansatzweise automatisierte Nebelerkennungsverfahren (Flückiger 1990). Für eine Bearbeitung grösserer Datensätze und als Instrument der täglichen Wetterbeobachtung sind operationell einsetzbare Algorithmen allerdings grundlegende Voraussetzung. Der methodische Teil der vorliegenden Arbeiten soll dazu die notwendigen Voraussetzungen schaffen.

1.2 Zielsetzung und Arbeitskonzept

Grundlage der methodischen Arbeit bildet die folgende Zielsetzung:

> Die Entwicklung operationell einsetzbarer Verfahren zur
> -Nebelerkennung
> -Nebelhöhenbestimmung und
> -Bildentzerrung
> auf der Basis multispektraler NOAA/AVHRR-Daten.

Die im Einzelnen zu lösenden Teilprobleme sind im Arbeitskonzept (Figur 1.1) dargestellt und werden nachfolgend kurz erläutert:

(1) Datenvorverarbeitung
Zur Vorverarbeitung der Satellitendaten zählen Arbeitsschritte wie:
-Das Lesen der auf Magnetband oder Diskette gelieferten Daten und die Übertragung in darstellbare Bildinformation.
-Die Kalibrierung und Eichung. Darunter versteht man die Umrechnung der Rohdaten in physikalisch interpretierbare Grössen wie Reflexionsgrade oder Strahlungstemperaturen.
-Die Behandlung von Bildstörungen, z.B. des Bildrauschens im Kanal 3.

(2) Automatische Nebelerkennung
Das zentrale Problem stellt die eindeutige Trennung von Nebel, höherliegender Bewölkung und Schnee dar. Unter Einbezug physikalischer Grundlagen soll ein operationell einsetzbares Verfahren entwickelt werden, wobei die Strahlungsinformation des NOAA/AVHRR-Kanals 3 im mittleren Infrarot eine zentrale Rolle spielt (GROSS 1984). Das Verfahren soll möglichst unabhängig von der Tageszeit, der Jahreszeit und den beteiligten Luftmassen einsetzbar sein und keine weiteren Zusatzinformationen benötigen.

(3) Geometrische Korrekturen
Sowohl für Einzelkartierungen wie für die Reihenbearbeitung ist die geometrische Anpassung der Satellitendaten an eine Kartenprojektion unumgänglich. Es soll ein einfaches und präzises Verfahren mit möglichst wenigen Inputparametern entwickelt werden. Vielversprechend erscheint der Ansatz von HO & ASEM (1986), der eine Entzerrung über die Bahnparameter des Satelliten unter Einbezug eines Referenzpunktes durchführt.

(4) Bestimmung der Nebelhöhe
Die vertikale Erstreckung des Nebels ist ebenso wesentlich wie seine laterale Ausdehnung. Bisher bediente man sich zur Abschätzung der Nebelobergrenze topographischer Karten und eines visuellen Vergleichs mit Geländemerkmalen. PAUL (1987) entwickelte ein Verfahren, mit dem man über den Nebelrand und ein Digitales Höhenmodell die Nebelgrenzhöhe kleinräumig bestimmen kann. Die Anwendung auf grössere Gebiete und die Auswertung längerer Datenreihen steht noch aus. Probleme können sich insbesondere in Gebieten hoher Reliefenergie und bei aufgelockerter Nebeldecke ergeben.

(5) Verifikation
Die ermittelte laterale und vertikale Nebelverteilung soll mit Hilfe von Feldbeobachtungen verifiziert werden. Dazu stehen Ergebnisse aus mehreren Feldkampagnen (Winter 89/90, 90/91) zur Verfügung.

Bevor zur eigentlichen Methodendiskussion übergegangen wird, findet eine kurze Einführung in das NOAA-Satellitensystem mit dem AVHRR-Radiometer, die Datenstruktur sowie eine Erläuterung der für einige Fragestellungen wichtigen Digitalen Höhenmodelle statt.

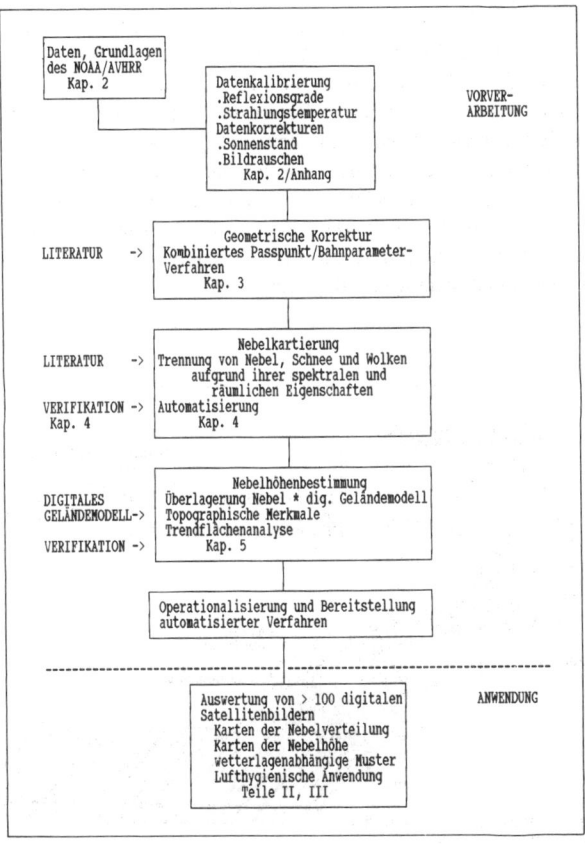

Fig. 1.1: Die Arbeitschritte im methodischen Bereich

2. SATELLITENDATEN, VORVERARBEITUNG, DIGITALE HÖHENMODELLE

2.1 Die NOAA/AVHRR-Daten

2.1.1 Grundlagen der NOAA-Plattform und des AVHRR/2-Sensors   (M. BACHMANN)

Die polarumlaufenden Plattformen der NOAA-Serie gehören zum TIROS-N-Programm, das den operationellen Einsatz von Wettersatelliten zur täglichen Beobachtung der Erde in meteorologischer und ozeanographischer Sicht umfasst (NASA o.J.: 1).

Das Programm wurde 1978 mit TIROS-N als Prototyp gestartet und besteht jeweils aus zwei Satelliten, die in der Folge mit NOAA-6,-8,-10 resp. NOAA-7,-9,-11 benannt wurden. Die Plattformen (Fig. 2.1) umkreisen die Erde in einer sonnensynchronen, praktisch kreisförmigen Bahn, wobei ein bestimmtes Gebiet im Abstand von etwa 6 Stunden von jeweils einem Satelliten überflogen wird. Zur Zeit sind NOAA-11 und NOAA-12 im operationellen Einsatz, der erste überfliegt den Äquator um 14:30 Uhr Lokalzeit (aufsteigende Bahn) und um 02:30 (absteigend), während der zweite den Äquator um 07:30 (absteigend) und um 19:30 (aufsteigend) überfliegt. Dazu können die nicht mehr im operationellen Einsatz stehenden NOAA-9 und NOAA-10 noch immer empfangen werden, so dass jedes Gebiet der Erde pro Tag mindestens 4 mal abgedeckt wird.

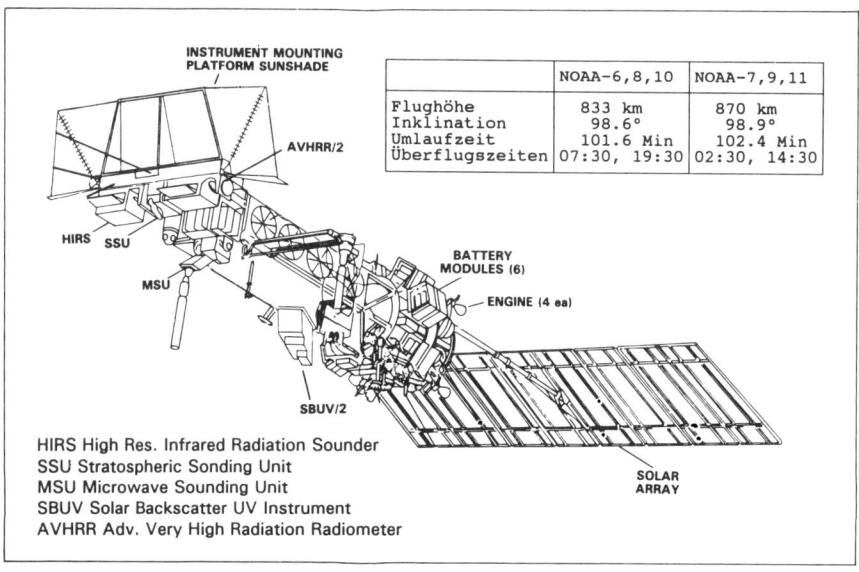

Fig. 2.1: Die NOAA-Plattform mit den wichtigsten Bahndaten und ausgewählten Instrumenten

Die Satelliten befinden sich in einer Höhe von ca. 833 km resp. 870 km auf einer gegenüber der Äquatorebene um ca. 98° geneigten polarumlaufenden Bahn. Daraus ergibt sich eine Umlaufzeit von etwa 102 Minuten, was 14.1 Umläufen pro Tag entspricht. Aufgrund der ungeraden Anzahl an Umläufen wird die Subsatellitenbahn eines Tages am darauffolgenden Tag nicht genau wiederholt; ein Umstand, der sich vor allem bei die Geokorrektur nachteilig auswirkt (KIDWELL, 1986: 1-5).

Die NOAA-Plattform ist mit verschiedenen Instrumenten z.B. zur Messung vertikaler Temperaturprofile (HIRS/MSU), Untersuchung der Stratosphäre (SSU) sowie der Solarstrahlung (SBUV/2) bestückt. Die dieser Arbeit zugrundeliegenden Daten werden durch ein als AVHRR/2 (**A**dvanced **V**ery **H**igh **R**esolution **R**adiometer) bezeichnetes Radiometer gemessen. Der als Zeilenabtaster konzipierte Multispektralscanner besteht aus einem rotierenden Spiegel, der die einfallende elektromagnetische Strahlung über ein Prisma auf fünf Detektoren lenkt. Der Spiegel dreht sich in einer Sekunde 6 mal um die eigene Achse, wobei bei jeder Umdrehung eine Bildzeile mit insgesamt 2048 Bildelementen sowie Kalibrierungsgrössen aufgenommen werden. Das momentane Gesichtsfeld des Scanners (IFOV) beträgt 1.3 mrad, das gesamte Gesichtsfeld (FOV) +/- 55.4°. Dies ergibt eine Bodenauflösung von ca. 1.1 x 1.1 km im Nadirbereich, sowie eine Gesamtbreite des Aufnahmestreifens von ca. 2700 km. Die Empfindlichkeitsbereiche und Anwendungsgebiete der fünf einzelnen Kanäle sind in Figur 2.2 und Tabelle 2.1 dargestellt.

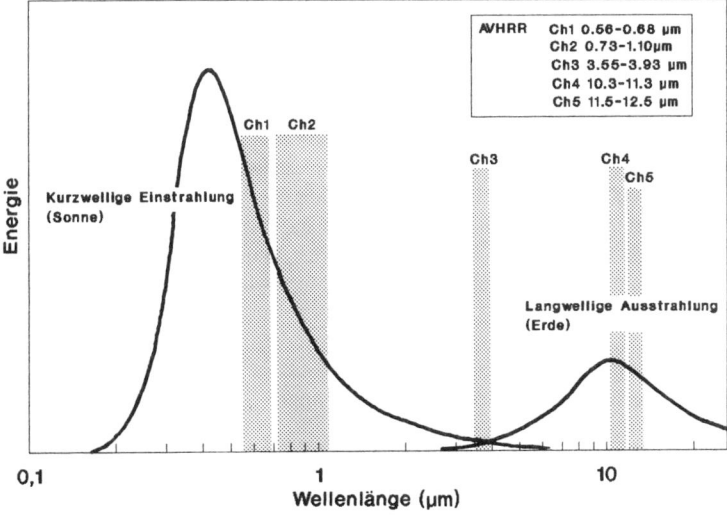

Fig. 2.2: Das elektromagnetische Spektrum von 0.1-20μm und die Lage der AVHRR-Kanäle 1-5.

Kanalbezeich- nung, Nummer		Wellenlänge [μm]	Detektor	Anwendungsgebiete
Ch 1	VIS	0.56- 0.68	Silicon	Aerosolverteilung, Vegetations-
Ch 2	NIR	0.73- 1.10	Silicon	index, Land-/Wasserverteilung
Ch 3	MIR	3.55- 3.93	InSb	Wasser-/Eisverteilung, Schnee
Ch 4	IR	10.3 -11.3	(HgCd)Te	Oberflächentemperaturen
Ch 5	IR	11.5 -12.5[1]	(HgCd)Te	Atmosphärische Korrektur (Split-Window)

[1] nur NOAA-9,11   VIS Visible, NIR near-infrared, MIR middle infrared, IR infrared

Tab. 2.1: Die AVHRR-Kanäle, ihre Charakteristika und Anwendungsbereiche (nach SCHWALB 1978, NEJEDLY 1986).

Die Kanäle 1 und 2 registrieren reflektierte Solarstrahlung. Die Kanäle 3 bis 5 empfangen emittierte Infrarotstrahlung, wobei im Kanal 3 tagsüber ein Mischsignal aus reflektierter Solarstrahlung und Wärmestrahlung gemessen wird. Die Satelliten NOAA-6,8,10 sind nur mit den Kanälen 1-4 ausgerüstet, NOAA-7,9,11 mit allen 5 Kanälen.

Die gemessenen Strahlungswerte werden als 10-bit Daten kodiert und im sogenannten HRPT-Format (High Resolution Picture Transmission) vom Satelliten zur Erde übertragen (PLANET, 1988: 11ff). Die Übertragungsrate beträgt 66540 10-bit Worte pro Sekunde und umfasst jeweils sechs gleichartige Datenblöcke. Ein Datenblock wiederum besteht aus einer vollständige Scanzeile, die sich aus Synchronisationszeichen, Referenzwerten für die Eichung und den 5 AVHRR-Kanälen mit jeweils 2048 Bildpunkten zusammensetzt.

Zur Echtzeitübertragung von niedrigaufgelösten Daten (4 * 4 km) wird zusätzlich das APT-Format (Automatic Picture Transmission) verwendet. Nach panoramischer Entzerrung findet eine analoge Übertragung der Kanäle 2 und 4 zur Erde statt. Zum Empfang der HRPT-Daten verwendet man ein Antennensystem, welches dem Satelliten während seines Überfluges nachgeführt werden muss. Für eine Aufnahmestation ergibt sich ein Abdeckungsbereich von etwa 5000 Zeilen, was im Falle der Station des Geographischen Instituts der Universität Bern einem Ausschnitt von der Sahara bis nach Spitzbergen entspricht (BAUMGARTNER & FUHRER 1990). Der Datenvertrieb findet über CCT (Magnetband) und Diskette statt. Eine volle Szene umfasst etwa 70 Megabyte, ein 512*512-Ausschnitt ungefähr 3 Megabyte.

2.1.2 Datenmaterial und Vorverarbeitung (J. BENDIX)

2.1.2.1 Verwendetes Datenmaterial

Für die vorliegende Arbeit wurden außschließlich HRPT-Originaldaten der Satelliten NOAA-10 und NOAA-11 verwendet. Der Großteil des Datenmaterials wurde uns freundlicherweise vom Geographischen Institut der Universität Bern zur Verfügung gestellt (Dr. M. Baumgartner), während ergänzende Datensätze von der DLR in Oberpfaffenhofen bezogen wurden. Bei den Daten handelt es sich vorwiegend um Ausschnitte der Grösse 512*512 Bildpunkte, die in Bern direkt aus den Gesamtszenen extrahiert wurden und in Form von vier (NOAA 10) bzw. fünf (NOAA 11) Bilddateien sowie einer Headerdatei vorliegen.

2.1.2.2 Datenstruktur

Die Bilddaten werden im 10-Bit Format vom Satelliten gesendet, das Grauwerte von 0 bis 1023 zuläßt. Die 10-Bit Werte werden im Computer als 16-Bit Daten gespeichert. Je nach Strahldichte, die den jeweiligen Kanal erreicht, zeigen die Rohdaten unterschiedliche Grauwertintervalle. In den folgenden Figuren sind typische Grauwertintervalle für die Kanäle 1-4 in Abhängigkeit verschiedener Beleuchtungssituationen aufgeführt (Fig. 2.3).

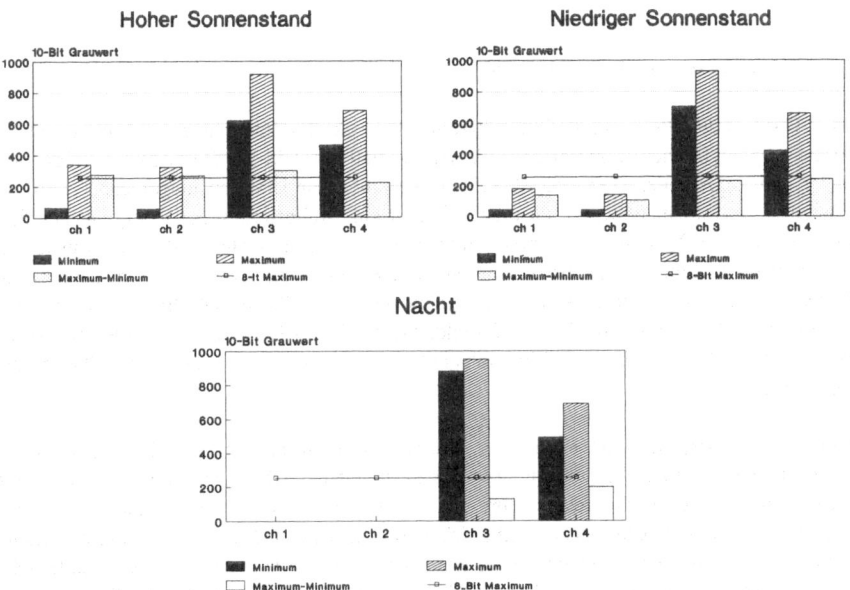

Fig. 2.3: Typische Grauwertintervalle für die NOAA-AVHRR Kanäle 1-4 für die Winterhalbjahre 1988-1991 im Untersuchungsgebiet.

Man kann deutlich zwischen Nacht- und Tagbildern unterscheiden. In der Nacht enthalten die Kanäle 1 und 2 keine Zahlenwerte, der Kanal 3 zeigt im Mittel ein sehr enges Grauwertintervall von 822-952 (= 130 Grauwerte). Der Kanal 4 zeigt dagegen ein größeres Intervall von 492-691 (= 199 Grauwerte), das auch tagsüber etwa gleichbleibt. Am Tag ist der Kanal 3 im Mittel durch das größte Grauwertintervall (616-914 = 298 Grauwerte) gekennzeichnet, das sich aufgrund des hohen Anteils an reflektierter Solarstrahlung ergibt. Dementsprechend reagieren auch die VIS-Kanäle 1 und 2 auf die erhöhte Reflexion der Erdoberfläche mit unterschiedlichen Grauwertintervallen von 138 (43-181, ch 1) und 102 (41-143, ch 2) bei niedrigem Sonnenstand gegenüber 276 (65-341, ch1) und 267 (56-323, ch2) bei hohem Sonnenstand.

Für verschiedene Probleme ist es erforderlich, die 10-Bit Originaldaten auf ein 8-Bit Format, also auf den Grauwertbereich von 0-255, umzurechnen. Aus Figur 2.3 läßt sich entnehmen, daß die Grauwertintervalle in den meisten Fällen 255 nur wenig übersteigen (siehe 255-Linie), die Werteskala als solche aber bei allen IR-Kanälen weit über dem Grauwert 255 beginnt. Um die Werteskala unter der Voraussetzung des geringsten Informationsverlustes auf 8-Bit umzurechnen, wurde ein spezielles Histogrammverfahren angewendet (FREI 1984; 52 ff.). Zuerst werden Minimum und Maximum des umzurechnenden 10-Bit Bildes bestimmt. Minimum und Maximum werden dann um jeweils 1 % eingeschränkt und der neue Grauwert berechnet sich dann aus:

$$pix8 = \frac{pix10 - Minimum}{Maximum - Minimum} \times 255 \qquad \begin{array}{ll} pix8 & \text{8-Bit Grauwert} \\ pix10 & \text{10-Bit Grauwert} \end{array}$$

2.1.2.3 Interpretation der Grauwerte

Die 10-Bit Grauwerte repräsentieren Strahldichten, die das Radiometer von der Erdoberfläche empfängt. Diese Strahldichten können im Fall der VIS-Kanäle (1,2) in Reflexionswerte und im Fall der IR-Kanäle (3,4,5) in Strahlungstemperaturen umgerechnet werden. Für genauere Informationen zu diesen Größen ist eine Kalibrierung notwendig, wobei sich die Verfahren im VIS und im IR grundsätzlich unterscheiden. Während die VIS Kanäle des Radiometers im Labor vorkalibriert wurden und die Grauwerte über die entsprechenden Parameter umgerechnet werden können, findet für die IR-Kanäle für jede Bildzeile eine sogenannte Inflight-Kalibrierung über die Strahldichte des Weltalls und eines internen Schwarzkörpers statt. Die Verfahren sind im Anhang beschrieben und sollen hier nicht näher erläutert werden.

Die Figur 2.4 zeigt die Information, die die VIS und IR Kanäle erreicht. Im VIS wird der sogenannte Reflexionsfaktor bestimmen, der nicht mit der Oberflächenalbedo verwechselt werden darf. Niedrige Grauwerte repräsentieren eine niedrige Reflexion, hohe Grauwerte eine hohe Reflexion. Die Sensoren sind dabei so ausgelegt, daß auch noch extreme Strahldichten bei maximaler Reflexion erfasst werden können. Es ist daher nicht verwunderlich, daß in unserer Breitenlage im Winterhalbjahr die typischen Grauwertintervalle nur einen Reflexionsfaktor bis ca. 30% abdecken.

Die IR Kanäle 3 und 4 (auch 5) sind gegenüber den VIS-Kanälen invertiert sind. Hohe Grauwerte entsprechen hier niedrigen Strahldichten und niedrige Grauwerte hohen Strahldichten bzw. Strahlungstemperaturen.

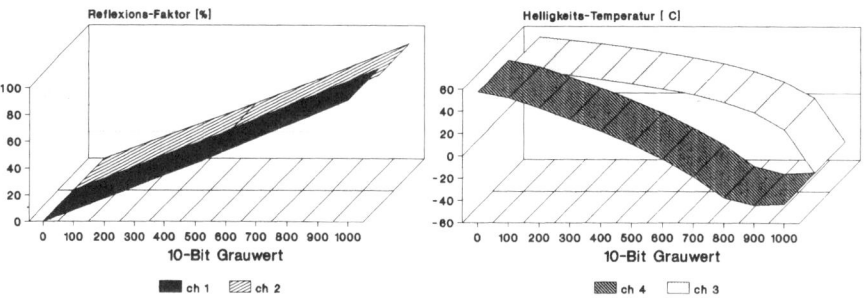

Fig. 2.4: Reflexions-Faktoren und Strahlungstemperaturen (für NOAA-11, 11.12.1989, 12:50 UT) in Abhängigkeit der 10-Bit Grauwerte für die Kanäle AVHRR 1-4.

Während über die Kalibrierungsprozedur für alle IR-Kanäle pro 10-Bit Grauwert eine in etwa identische Strahlungstemperatur berechnet wird, sind die am Radiometer ankommenden Strahldichten vor allem im Kanal 3 sehr viel schwächer als in den Kanälen 4 bzw. 5. Die Maxima liegen für den 11.12.1989, 12:50 UT bei 1.5 W/m²/sr/cm-1 (= 10-Bit Grauwert 1) im Kanal 3 gegenüber 185 W/m²/sr/cm-1 (= 10-Bit Grauwert 1) im Kanal 4 (s. Fig. 2.5).

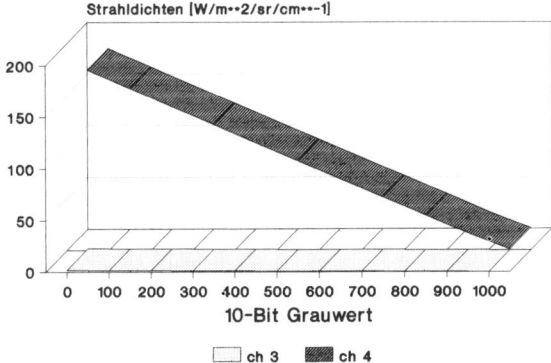

Fig. 2.5: Strahldichten für den 11.12.1989, NOAA 11, 12:50 UT. Bildausschnitt 512*512, Alpenraum.

2.2 Behandlung des Bildrauschens im Kanal 3 (M. BACHMANN)

Die geringen Strahldichten im Kanal 3 verursachen teilweise ein markantes Bildrauschen, das die Bildanalyse und Klassifikationen erheblich stören kann (LILJAS 1990: 78). Aufgrund der zentralen Bedeutung von Kanal 3 zur Unterscheidung von tiefen Wasserwolken und Schnee ist eine Korrektur für die vorliegende Fragestellung unumgänglich. Das angewendete Verfahren wird nachfolgend vorgestellt.

2.2.1 Charakteristiken und Ursachen des Rauschens im Kanal 3

Die Messgenauigkeit eines Detektors wird im thermischen Infrarot mit der sogenannten NEdT angegeben (Noise Equivalent Temperature Change, KRAUS 1988: 144). Diese ist Ausdruck des Signal/Rauschverhältnisses und wird auch als rauschäquivalente Temperaturauflösung bezeichnet. Die NEdT beträgt beim Kanal 3 des AVHRR-Sensors gemäss Herstellerangaben weniger als 0.12 K bei 300 K (KIDWELL 1986: 3-2), was einer Unsicherheit von etwa einem Grauwert entspricht. Durch WARREN (1989) wurden aber Streuungen von bis zu 25 Grauwerten festgestellt, d.h. der Rauschanteil liegt deutlich höher. Es handelt sich dabei nicht um ein zufälliges, sondern um ein periodisches Phänomen, das Bildstörungen mit einer Wiederholrate von ca. 10-12 Pixeln verursacht (DUDHIA 1989: 641), siehe Tafel I.

Als Ursachen der Störung kommen unter anderem Spannungsschwankungen sowie Kühlungsprobleme des Detektors in Frage. Die am Sensor ankommende Strahlungsintensität ist bei 3.7µm deutlich geringer als in den VIS/NIR- oder thermischen IR-Kanälen (siehe Kap. 2.1.2.3). Zur Messung bedarf es deshalb eines sehr empfindlichen InSb-Detektors, der vor allem nachts bei geringer Strahldichte gestört werden kann. Diese Vermutung wird bestätigt durch eine Verminderung des Rauschens bei ausreichender Beleuchtung am Tag (erhöhter Strahlungsanteil durch reflektierte Solarstrahlung). Nach KRAUS (1988: 143) ist das Rauschen auch ein thermisch bedingtes Phänomen. Zur Störungsverringerung müssen insbesondere Infrarot-Detektoren gekühlt und temperaturstabilisiert werden. Es ist denkbar, dass der erhöhte Rauschanteil des AVHRR-Kanals 3 durch Schwankungen im Kühlungssystem begünstigt wird (SLATER 1980: 407). Für diese Vermutung spricht die Tatsache, dass der zuvor stark gestörte NOAA-10 von Januar - März 1991 wieder einwandfrei funktionierte. Dagegen spricht, dass die ebenfalls gekühlten Detektoren der Kanäle 4 und 5 ein ungestörtes Signal liefern. Es handelt sich hier allerdings um andere Sensoren und die ankommende Strahlungsintensität ist bedeutend grösser.

Das Rauschen im Kanal 3 konnte bisher bei den Satelliten NOAA-6 bis -10 beobachtet werden und äussert sich in den Bildern als sog. "Fischgräten"-, oder "Zickzack"-Muster (SCORER 1986), siehe Tafel I. Am stärksten ist die Ausprägung in der Nacht und um den Sonnenaufgang; bei ausreichender Beleuchtung (höherer Sonnenstand) geht sie zurück. Bei NOAA-9 erscheint das Rauschen als regelmässige vertikale Bandstruktur, was eine Störung synchron zur Abtastrate vermuten lässt (DUDHIA 1989: 641).

Die Störung verfälscht die Grauwerte in Richtung höhere Digitalwerte. Da die Werte des Kanals 3 invertiert sind, entspricht dies geringerer Strahlungsleistung. Von diesen Schwankungen ist sowohl die Erdabtastung als auch die Inflight-Kalibrierung betroffen (WARREN 1989). Figur 2.6 zeigt eine Gegenüberstellung der Eichgrössen (Weltall, interner Schwarzkörper) bei einer Aufnahme ohne (links) und mit Sensorrauschen (rechts). Deutlich ist die stark erhöhte Streuung der Kanal-3-Werte des an sich stabilen internen Schwarzkörpers und des Weltalls bei der gestörten Aufnahme zu sehen.

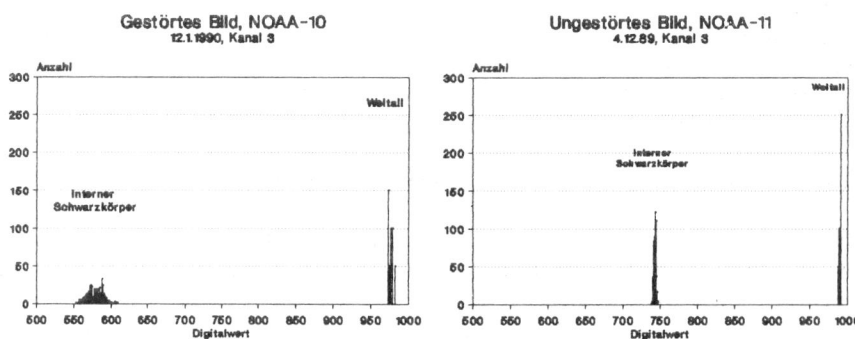

Fig. 2.6: Histogramme der Inflight-Kalibrierung vom 12.01.90, NOAA-10 (rechts) und vom 4.12.89, NOAA-11 (links) von 500 Werten.

Angesichts der grossen Streuung muss gefragt werden, ob für den Kanal 3 eine Umrechnung der Rohdaten in Temperaturen noch sinnvolle Werte ergibt. Unter der Annahme, dass sowohl Kalibrierungswerte wie Erdabtastung in gleicher Weise verfälscht werden, kann eine Umrechnung erfolgen, insbesondere deshalb, weil die Kalibrierung für den Kanal 3 linear ist.

2.2.2 Möglichkeiten der Rauschkorrektur

In der Literatur werden unterschiedliche Verfahren zur Korrektur empfohlen. Räumliche Filtermethoden wie z.B. Tiefpassfilterung bewirken eine Dämpfung des hochfrequenten Rauschens und sind in der Bildverarbeitung gebräuchlich (SLATER 1980: 116). Zur Eliminierung periodischer und zufälliger Störungen sind die Operationen im sog. Ortsbereich allerdings schlecht geeignet und man bedient sich Fouriertransformationen, um den Orts- in den Frequenzbereich überzuführen (siehe dazu CRACKNELL 1982, HABERÄCKER 1987, KRAUS 1990). Durch Filterungen im Frequenzbereich können bestimmte Rauschfrequenzen eliminiert und durch Rücktransformation ein korrigiertes Bild erzeugt werden.

Für NOAA/AVHRR-Daten wurden bisher nur wenige Verfahren vorgestellt. DUDHIA (1989) beschreibt die Rauschcharakteristika über einen statistischen Ansatz und empfiehlt eine Korrektur mittels räumlicher Mittelwertsbildung. WARREN (1989) verwendet Fouriertransformationen und versucht die Korrektur über Rücktransformation und Nachbarschaftsbeziehungen. MANSCHKE (1991) folgt dem Ansatz von WARREN (1989), verzichtet aber auf die räumliche Mittelung zur Wahrung der vollen räumlichen Auflösung.

2.2.3 Angewendetes Verfahren

Das Hauptproblem bei der Entwicklung eines geeigneten Korrekturverfahrens stellt die Erhaltung der räumlichen Auflösung, die Wahrung des Wertebereiches sowie die Reduktion der Rechenzeit dar. Die nachfolgend beschriebene Methode zur Behandlung der Störungen erfolgt in Anlehnung an WARREN (1989) mit einer eindimensionalen Fourieranalyse. Die genauen Rechenformeln finden sich in KRAUS (1990: 513ff).

Durch die Fouriertransformation wird die Grauwertabfolge einer Scanzeile als eine Summe von Sinus- und Cosinus-Funktionen unterschiedlicher Frequenz dargestellt. Für jede Frequenz werden zwei Koeffizienten a_i und b_i berechnet, wobei die maximale Anzahl Frequenzen gleich der halben Zeilenlänge ist; bei 512 Pixel pro Zeile also 256. Mittels der 256 Frequenzen kann die Grauwertabfolge einer Scanzeile exakt wiedergegeben werden.

Aus den Koeffizienten a_i und b_i einer bestimmten Frequenz errechnet sich die Amplitude zu $c_i = \sqrt{(a_i^2 + b_i^2)}$, deren Gesamtheit das Amplitudenspektrum ergibt. Das Amplitudenspektrum kann sowohl als Funktion der Frequenz als auch der Wellenlänge dargestellt werden. Zwischen Frequenz f und Wellenlänge l (auch Periode genannt) besteht folgender Zusammenhang: $f = 1/l$.

Aus dem Amplitudenspektrum kann man ersehen, mit welcher Intensität welche Frequenz (bzw. Wellenlänge) in der Scanzeile vorkommt. In der Regel werden die Amplitudenspektren der einzelnen Zeilen eines Bildes aufsummiert und ein gemitteltes Spektrum gebildet. Bei ungestörten Bildern ergibt sich eine abfallende Kurve ohne nennenswerte Spitzen, d.h. dass keine der Frequenzen übermässig oft vertreten ist. Figur 2.7 zeigt das über alle Bildzeilen summierte Amplitudenspektrum eines ungestörten Bildes.

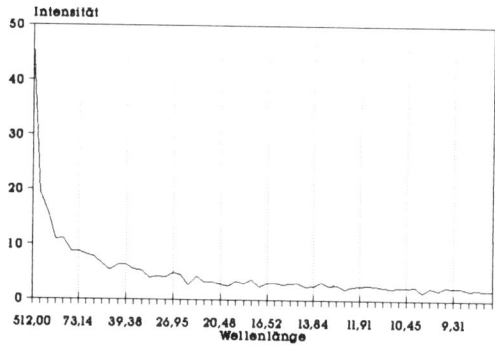

Fig. 2.7: Summiertes Amplitudenspektrum eines ungestörten Kanal 3-Bildes (10.02.89, NOAA-10). Das Amplitudenspektrum stellt die Summierung des Spektrums jeder Zeile der 512*512 Szene dar.

Falls bestimmte Frequenzen/Wellenlängen gehäuft auftreten, ergeben sich Spitzen im Spektrum. Fig. 2.8 zeigt das summierte Amplitudenspektrum eines verrauschten Bildes. Deutlich sind die Rauschfrequenzen bei den Wellenlängen 42, 36, 25, 16 und 12 zu erkennen. Das Rauschen ist demnach aus mehreren, sich überlagernden Frequenzen zusammengesetzt (WARREN 1989: 648).

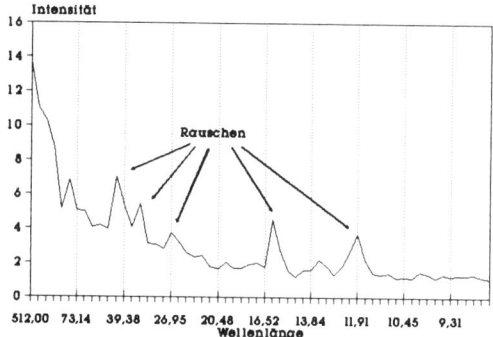

Fig. 2.8: Summiertes Amplitudenspektrum eines gestörten Bildes (12.01.90, NOAA-10, Kanal 3). Deutlich erkennbar sind die zum Bildrauschen gehörenden Spitzen.

Sind die Frequenzen/Wellenlängen des Rauschens bekannt, so kann man diese vor einer Rücktransformation weitgehend eliminieren. WARREN (1989) und MANSCHKE (1991) verwenden dazu eine Glättung des Amplitudenspektrums mit anschliessender Rücktransformation aller Frequenzen.

Zur Erhaltung des Wertebereiches werden bei der hier entwickelten Methode jedoch lediglich die Rauschfrequenzen rücktransformiert und als Korrekturwerte für die Rohdaten verwendet. Das prinzipielle Vorgehen ist in Figur 2.9 dargestellt. Nach Bestimmung des summierten Amplitudenspektrums und Feststellung der Rauschfrequenzen (Schritt 1) werden zeilenweise nur für diese Frequenzen die Koeffizienten a,b ermittelt (Schritt 2). Über die

Rücktransformation errechnen sich die Korrekturwerte, die mit den Originalgrauwerten zusammen die korrigierte Zeile ergeben. Durch die zeilenweise Durchführung ergibt sich eine gute Anpassung der Methode an die Schwankungen des Zeilenabtasters.

Das Ergebnis der Rauschkorrektur sowie der eliminierte Rauschanteil sind in der Tafel I für ein Bildbeispiel dargestellt. Folgende Bemerkungen sind dazu zu machen:

1. Im summierten Amplitudenspektrum nicht erkannte, in einzelnen Zeilen jedoch zusätzlich enthaltene Rauschfrequenzen werden nicht eliminiert, oder teils 'überkorrigiert'. Zur Vermeidung dieses Fehlers könnten auch für jede Zeile einzeln die Rauschfrequenzen berechnet werden. Dies führt einerseits zu wesentlich erhöhten Rechenzeiten sowie Fehlern im Gebirgsbereich, da dort effektive Grauwertschwankungen (Täler/Hügel in regelmässiger Abfolge) als Rauschen erkannt und eliminiert würden.

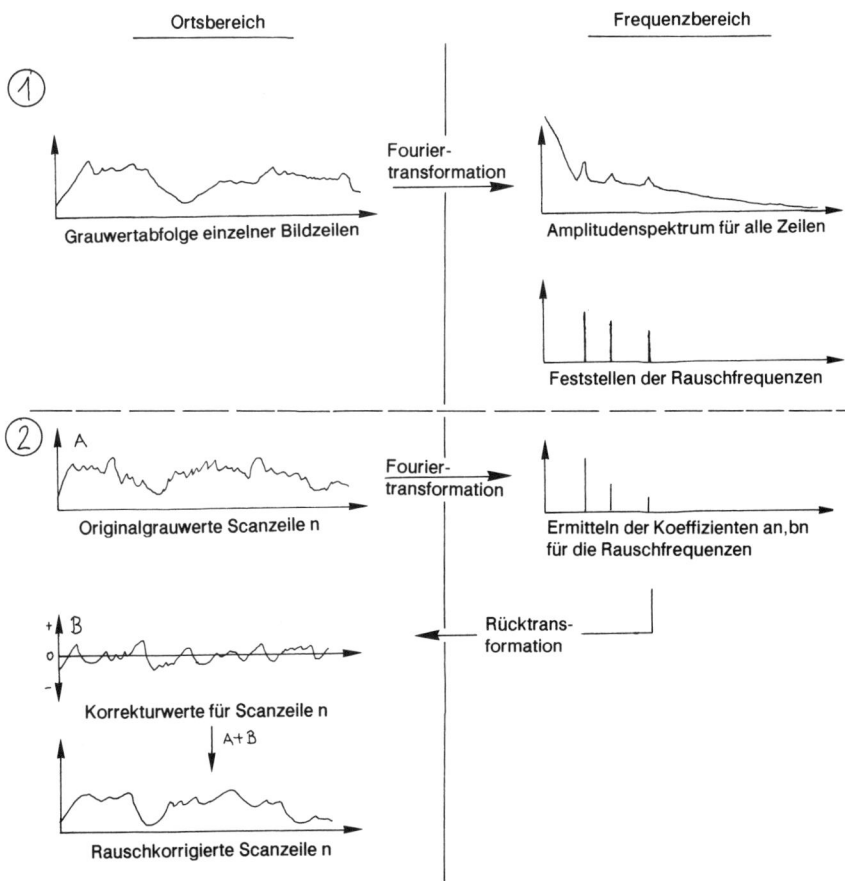

Fig. 2.9 Prinzipielles Vorgehen bei der hier vorgeschlagenen Rauschkorrektur.

2. Der Kontrast des korrigierten Bildes ist gegenüber einer ungestörten Szene vermindert. Durch die Überlagerung des Detektorsignals mit der Störung ist der Anteil der Information aus der Erdabtastung wesentlich geringer. Nach der Korrektur erscheint nur noch der verminderte Anteil. Bei sehr stark gestörten Bildern geht der Restinformationsgehalt gegen Null, d.h. dass praktisch keine erdoberflächenbezogene Information mehr im Signal vorhanden ist.

2.2.4 Automatisierte Rauschkorrektur

Im Hinblick auf eine Operationalisierung der Methode kann das Verfahren folgendermassen automatisiert und rechenzeitoptimiert werden. Man bildet für 15 über das Bild verteilte Zeilen ein summiertes Amplitudenspektrum und vergleicht die Werte mit einer der Idealkurve angenäherten Funktion.

Für die bei NOAA relevanten Frequenzen 5 bis 65 wird nun die Differenz zwischen Summenspektrum und der Funktion gebildet. Übersteigt diese Differenz einen bestimmten Wert (hier 0.5), so handelt es sich um eine Rauschfrequenz, die später zu eliminieren ist.

Sind die Rauschfrequenzen ermittelt, kann das Bild in der oben beschriebenen Weise durch Rücktransformation korrigiert werden. Die Rechenzeit beträgt je nach Anzahl der Rauschfrequenzen zwischen 5 und 8 Minuten auf einer VAX, auf einem PC entsprechend länger.

Für eine Testserie von vier NOAA-10 Bildern wurden Rauschfrequenzen mit folgender Wellenlänge festgestellt:

Datum	Aufnahmezeit	Wellenlängen des Bildrauschens
28.11.89	17:50	42.6 39.4 36.6 34.1 16.0 12.2 11.9 11.6
31.12.89	07:21	42.6 39.4 36.6 34.1 26.9 25.6 19.7 17.1 16.0 15.5 13.5 12.2 11.9 11.6
12.01.90	07:50	42.6 39.4 34.1 16.0 12.2 11.9
31.03.90	06:43	51.2 42.6 34.1 16.0

Tab. 2.2: Perioden des Bildrauschens vier unterschiedlicher Aufnahmezeitpunkte. Kanal 3, NOAA-10.

In jedem Fall erkannte das automatisierte Verfahren die manuell festgestellten Rauschfrequenzen. Das beschriebene Verfahren eignet sich demnach gut für die Eliminierung des Bildrauschens im Kanal 3. Einschränkend wirken sich vor allem der hohe Rechenaufwand sowie die Tatsache aus, dass je nach Stärke der Störung nach der Korrektur relativ wenig Restinformation übrig bleibt. Bei Reihenauswertungen hat es sich ferner als sinnvoll erwiesen, die Daten vor der Korrektur in Helligkeitstemperaturen umzurechnen und, falls erforderlich, eine Beleuchtungskorrektur vorzunehmen.

2.3 Digitale Höhenmodelle

Für alle Punkte der vorliegenden Arbeit, die sich mit der digitalen Höhen- bzw. Volumenbestimmung von Nebelmeeren beschäftigen, war die Verfügbarkeit von Digitalen Höhenmodellen für die Untersuchungsgebiete grundlegende Voraussetzung. Als Digitale Höhenmodelle verstehen wir hier die auf Datenträger vorliegende Höheninformation, sei dies in Raster- oder Vektorform. Neben der Analyse dienen sie auch Darstellungszwecken, z.B. zur Überlagerung entzerrter Nebelkarten und der Erzeugung dreidimensionaler Schaubilder. Die Höhenmodelle mußten drei Anforderungen entsprechen:

- In einer Kartenprojektion vorliegen, auf die die Satellitenbilder umgerechnet werden können
- Räumliche Auflösung nicht schlechter als die des korrigierten Satellitenbildes
- Für die Zwecke der Nebelhöhenbestimmung mit einer Höhenauflösung von mindestens 10 Meter vorliegen

2.3.1 Das Digitale Höhenmodell der Poebene (J. Bendix)

Da den Autoren kein Digitales Höhenmodell der Poebene zur Verfügung stand, mußte ein solches am Lehrstuhl von Prof. Winiger erstellt werden.

Prinzipiell können hinsichtlich ihrer Datenorganisation zwei Typen von Höhenmodellen unterschieden werden:

- Bei Rastermodellen muß für jeden Bildpunkt einer definierten Raummatrix ein Höhenwert vorhanden sein, der je nach räumlicher Auflösung des Modells ein Mittelwert der konkreten Höheninformation darstellt.
- Vektormodelle zeichnen sich als eine digitale Form von Isohypsen aus. Höheninformationen für Punkte zwischen den Isohypsen müssen durch Interpolationsrechnungen ermittelt werden.

Vor- und Nachteile von raster- oder vektorbasierten Systemen sollen hier nicht diskutiert werden. Ansätze dazu liefern z.B. Riegger, K. (1989) oder Bätz & Dürrstein (1989).

Im Fall der NOAA Sensoren bietet sich für ein großes Gebiet wie die Poebene ein rasterorientiertes System an:

- Die Geokorrektur der NOAA Bilder liefert quadratische Bildelemente von 1*1 km. Dies garantiert die problemlose Verwendbarkeit von quadratischen Kartenprojektionen wie UTM oder Gauß-Krüger, die den meisten topographischen Kartenwerken zugrunde liegen.
- Das Extraktionsverfahren für die Nebelhöhen arbeitet rasterorientiert, so daß auf jeden Fall für alle 1*1 km Bildpunkte der Poebene Höhenwerte zur Verfügung stehen müssen.
- Der Zeitaufwand hält sich gegenüber der vektoriellen Digitalisierung ungefähr die Waage, da sich bei dieser Vorgehensweise die schlechte Qualität der Karten und die Interpolation an den Maschengrenzen nachteilig auswirken.

Dem Höhenmodell der Poebene wurde das vom Istituto Geografico Militare herausgegebenes topographisches Kartenwerk im Maßstab 1: 100000 zugrundegelegt. Die Projektion dieses Kartenwerks entspricht dem international verbreiteten UTM-System, wobei die

Kartenblätter 1 (Passo del Brennero) bis 101 (Rimini) den gesamten italienischen Alpenraum sowie die Poebene abdecken (s. Fig. 2.10).

Die Aufnahme des Höhenmodells benötigte ca. vier Monate und wurde wie folgt durchgeführt:

Ein vorgefertigtes Raster mit 100 1*1 km Kästchen wird als Digitalisierschablone über die topographische Karte gelegt und für jeden Kartenpunkt das Höhenmittel im jeweiligen Quadrat ausgelesen. Dieser Wert wird dann an die Position einer vorgefertigten Bildmatrix in Dekametern eingesetzt. Da die verwendbaren Höhenwerte auf einen 8-Bit Umfang (0-255) begrenzt werden mussten, wurde allen Höhenpunkten über 2550 Metern der Wert 255 zugewiesen. Weiterhin erhielten auch alle nicht digitalisierten Höhen im Randbereich des Modells den Wert 255. Um Land- und Meerflächen unterscheiden zu können, wurden die Landflächen der östlichen Poebene mit Höhen unter 10 Meter über NN oder sogar unter NN auf den Wert 1 gesetzt.

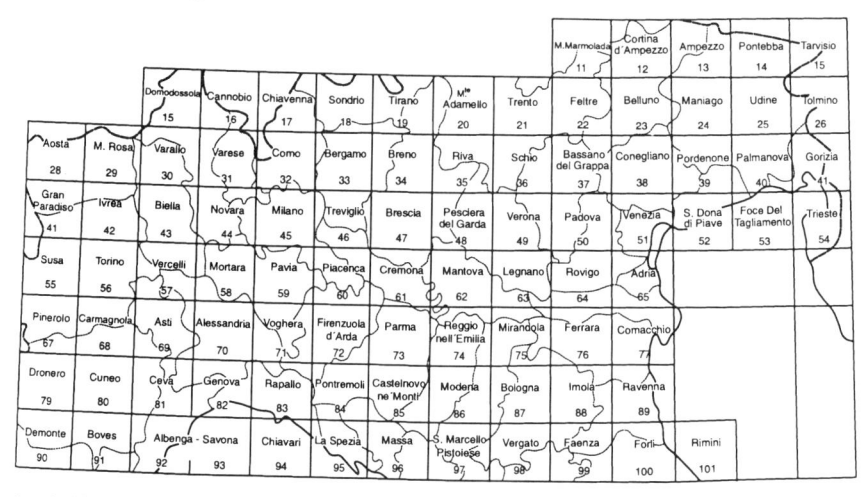

Fig. 2.10: Blattschnitt der topographischen Karte 1: 100000

Die Verwendung rechteckiger Projektionen für größere Gebiete birgt das Problem der Meridiankonvergenz im Übergangsbereich von der einen in die andere Großzone. Für die Poebene tritt dieses Problem im Bereich der Adriaküste beim Übergang von der UTM-Zone 32 nach Zone 33 auf. Da die Geokorrekturrechnung für die Satellitenbilder allerdings linear erfolgt und die Meridiankonvergenz aus Gründen der Vereinfachung des Rechenablaufs nicht beachtet wird, mußte dies bei der Aufnahme des Höhenmodells berücksichtigt werden. Deshalb wurden die UTM Längen- und Breitengrade der Karten aus der UTM-Zone 33 auf die Ausrichtung des Gradnetzes der zentralen UTM-Zone 32 umgezeichnet. Hiermit ergibt sich für die adriatische Küstenprovinz eine leichte Abweichung in der Darstellung zwischen Original UTM-Abbildungen und dem linearisierten Satellitenbild bzw. Höhenmodell, die Deckungsgleichheit von entzerrtem Satellitenbild und Höhenmodell bleibt aber pixelgenau gewahrt. Das Ergebnis ist als Schummerungsmodell zum Teil auf der beiliegenden Farbkarte zu sehen.

2.3.2 Das Digitale Höhenmodell der Schweiz (M. BACHMANN)

Grundlage des verwendeten Digitalen Höhenmodells bildet das sogenannte RIMINI-Raster der Schweizer Landestopographie (ITTEN ET AL. 1991: 12). Dabei handelt es sich um ein Rastermodell mit einer Kantenauflösung von 250m und einer Höhenauflösung von 1m. Der Basisdatensatz umfasst 958 Zeilen x 1400 Spalten mit den Begrenzungskoordinaten 62 500 bis 301 750 in Zeilenrichtung und 480 000 bis 829 750 in Spaltenrichtung (Fig. 2.11). Das Gebiet innerhalb der Schweiz wird damit vollständig abgedeckt, ausserhalb der Landesgrenzen bleiben einige Teilregionen offen.

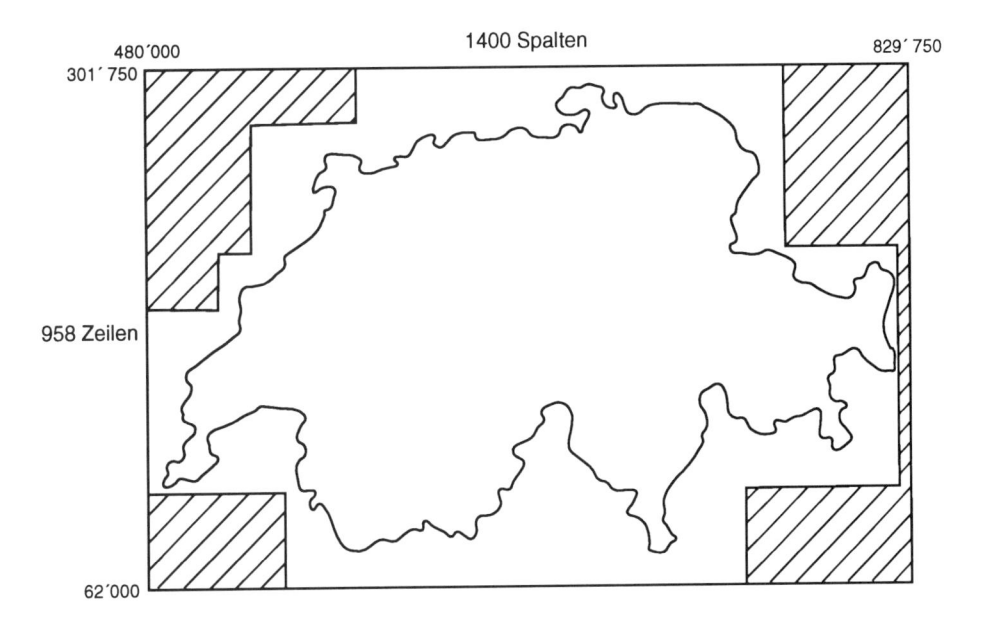

Fig. 2.11: Basisdatensatz mit unbearbeiteten Teilregionen (schraffiert)

Die Entzerrung der Satellitendaten erfolgt auf eine Matrix von 240 Zeilen * 360 Spalten mit einer Kantenlänge von 1 km, die gleichzeitig das Untersuchungsgebiet darstellt. Für direkte Überlagerungen wurde das Höhenmodell deshalb durch Mittelbildung auf dieselbe Matrixgrösse, eine Kantenlänge von 1 km und eine Höhenauflösung von 10m hochgerechnet. Der Datenumfang wurde dabei gleichzeitig auf 8-Bit (0-255) begrenzt, indem jeder Höhenwert in Dekameter umgerechnet wird (z.B. 340m in 34) und die Höhen über 2550m auf 255 gesetzt werden.

Die offenen Bereiche ausserhalb der schweizerischen Landesgrenzen (schraffierte Flächen in Fig. 2.11) wurden analog zu dem vorgängig beschriebenen Verfahren als Rasterdaten erhoben und in die Datenmatrix übertragen. Das Ergebnis ist ebenfalls als Schummerung in der Farbkarte zu sehen.

3. GEOMETRISCHE KORREKTUR DER NOAA/AVHRR-DATEN (M. Bachmann)

3.1 Einleitung

Sämtliche Satellitenaufnahmen weisen Verzerrungen auf, die einen direkten Vergleich mit topographischen Karten erschweren. Für verschiedene Zwecke wie z. B. Reihenauswertungen, Vergleiche mit Geländeinformationen und als Eingangsgrösse für geographische Informationssysteme ist eine Korrektur auf eine bestimmte Kartenprojektion unumgänglich. Bei diesen Verfahren hat man die Aufgabe zu lösen, die von den Aufnahmesystemen gelieferten Bildelemente so umzuordnen, dass diese in einem bekannten Koordinatensystem (Landeskoordinaten, Kartenprojektion) angeordnet sind (KRAUS 1990: 422).

Bei den durch NOAA/AVHRR gelieferten Bilddaten treten unterschiedliche Verzerrungen auf, die aufgrund des breiten Aufnahmestreifens (2700km) beträchtliche Ausmasse annehmen können (FREI 1984: 31ff):

- Objektbedingte Fehler: Erdrotation, Erdkrümmung, Abplattung der Erde, Relief.
- Plattformbedingte Fehler: Lageveränderungen um die Roll-, Nick- und Gierachse, Änderungen der Flughöhe und -geschwindigkeit.
- Sensorbedingte Fehler: Panoramische Verzerrung, variable Scangeschwindigkeit, Vorwärtsbewegung während der Aufnahme einer Zeile (Zeilenschiefe).

Im Hinblick auf die Reihenbearbeitung und anwendungsorientierte Zwecke wurde das Schwergewicht auf die Entwicklung eines möglichst einfachen Verfahrens mit wenig Zusatzinformationen. Die Grundlage dazu bildet der Ansatz von Ho & ASEM (1986), die ein Orbitalmodell unter Einbezug eines Passpunktes vorgestellt haben.

3.2 Möglichkeiten der geometrischen Korrektur und ausgewähltes Verfahren

Grundsätzlich gibt es zwei Methoden zur Rektifizierung digitaler Satellitenbilder (CRACKNELL & PAITHOONWATTANAKIJ 1989):

A. Passpunktmethode: Der Zusammenhang zwischen dem entzerrten Bild und dem Originalbild wird mit Hilfe eines zweidimensionalen Interpolationsansatzes hergestellt, dessen Koeffizienten aus sog. Passpunkten ermittelt werden (KRAUS 1990: 431). Bei den Passpunkten handelt es sich um gut identifizierbare Bildpunkte im Originalbild (z.B. Seeufer), deren Ausgangs- und Zielkoordinaten bekannt sind. Mittels des durch Ausgleichsrechnung bestimmten Systems aus zwei Gleichungen kann das Bild entzerrt werden.

B. Bahnparametermethode: Über die Bahnparameter ist die Position und Geschwindigkeit des Satelliten an jeder beliebigen Stelle bekannt. Aus der Position und den Abtasteigenschaften des Scanners können direkt geographische Koordinaten für jedes Bildelement berechnet werden. Dazu ist ein System von über 20 trigonometrischen und bahnbestimmenden Gleichungen notwendig. Die Beziehung zwischen geographischen Koordinaten und Landeskoordinaten kann dann über bestehende Rechenformeln hergestellt werden.

In der nachfolgenden Tabelle 3.1 sind die wichtigsten Vorteile und Probleme der Bahnparameter-, der Passpunktmethode und eines kombinierten Ansatzes zusammengestellt.

Methode	Vorteile	Nachteile
Passpunkte: Bilineare Beziehung zwischen verzerrtem und entzerrtem Bild	-Sehr genau (Fehler < Pixel, falls genügend Passpunkte vorhanden) -Schnelles Resampling (2 Gleichungen pro Bildelement)	-Bestimmung der Passpunkte geschieht manuell und ist zeitaufwendig -Probleme bei hohem Wolkenbedeckungsgrad -Reagiert empfindlich auf nichtlineare Fehler -Einsetzbarkeit für operationelle Zwecke eingeschränkt
Bahnparameter: Direkte Berechnung geogr. Koordinaten für jeden Bildpunkt	-Keine Passpunkte erforderlich -Korrektur nichtlinearer Fehler über Orbitalbeziehungen möglich -Einsetzbar für operationelle Zwecke	-Reagiert empfindl auf ungenaue Inputparameter (Äquatorüberflug, Zeit-, Positionsbestimmung) -Wegen unsicherer Parameter Fehlerrate > 5-10 Bildpunkte -Langsames Resampling (15-22 Gleichungen pro Pixel)
Kombinierte Methode: Orbitalmodell, ein Passpunkt und bilineares Gleichungssystem	-Hohe Genauigkeit, Fehler ~ 1 Pixel -Nur ein Passpunkt erforderlich -Automatische Nachkorrektur ungenauer Bahnparameter -Nichtlineare Fehler berücksichtigt -Schnelles Resampling durch automatisch bestimmte Referenzpunkte und Polynomansatz	-Manuelle Ermittlung eines Passpunktes -Operationelle Einsetzbarkeit erfordert automatische Passpunktbestimmung -Leicht erhöhte Fehler bei grossen Bildausschnitten

Tab. 3.1 Vor- und Nachteile unterschiedlicher Methoden zur Entzerrung von Satellitenbilddaten

Orbitalmodelle für die NOAA-Satelliten finden sich bei DUCK & KING (1983), BRUSH (1982, 1985), ELLICKSON ET AL. (1988), BRUNEL & MARSOUIN (1986 und 1989), KLOSTER (1989) sowie HO & ASEM (1986). Die meisten dieser Modelle verwenden die im sogenannten TBUS-Bulletin von NOAA laufend aktualisierten Orbitalparameter. Trotz genauer Bahninformation wird bei der Navigation in der Regel ein Fehler von mehreren Zeilen und Spalten festgestellt. Zum Erreichen einer Genauigkeit von +/- 1 Pixel wird deshalb versucht, unter Einbezug von Bodeninformation die Satellitennavigation zu verbessern. HO & ASEM (1986) z. B. verwenden einen Bodenkontrollpunkt zur Nachkorrektur der Flughöhe und Inklination und erreichen damit eine verbesserte Genauigkeit.

In jüngster Zeit wird versucht, Passpunkte automatisch zu bestimmen (EALES 1989, KAHN ET AL. 1990, BRUNEL 1991, SHARMAN 1991). Dazu wird die Satellitenszene über Bahnparameter vorentzerrt und anschliessend durch Mustererkennung ausgewählte Küstenlinien im Zwischenbild automatisch gesucht und als Passpunkte weiterverwendet. Die bisherigen Erfahrungen sind vielversprechend. Probleme ergeben sich in erster Linie bei starker Bewölkung, kleinen Ausschnitten und der Rechenzeitintensität der Verfahren.

Für die Reihenbearbeitung von NOAA-Szenen des Alpenraumes mit hohem Nebelbedeckunggrad erscheint die kombinierte Methode nach HO & ASEM (1986) am sinnvollsten. Sie erlaubt die direkte Berechnung einer Beziehung zwischen geographischen Koordinaten und verzerrter Originalmatrix unter Verwendung eines Passpunktes und benötigt nur wenig Zusatzdaten.

Nach HO & ASEM entstehen die Fehler bei der Navigation in erster Linie aufgrund unpräziser Werte der Flughöhe und Inklination. Sie beobachteten Abweichungen der Höhe um

33km und der Inklination von 0.194°. Der entwickelte Algorithmus korrigiert diese zwei Grössen mit Hilfe eines Passpunktes. Feste Eingangsparameter sind durch die Bahn von NOAA vorgegeben, variable Parameter sind die Zeit der ersten Scanzeile (tf), die Zeit und Länge des Äquatorüberflugs (tnod, lnod) und der Passpunkt.

Bei der Implementierung dieser Methode auf einem PC-System ergaben sich einige Schwierigkeiten:

- Genaue Eingangswerte für tf und tnod waren auf herkömmlichem Wege nicht zu beschaffen. Sind diese zwei Eingangsgrössen nicht genau bekannt, so ist eine Nachkorrektur der Satellitenhöhe und -inklination über die Methode nicht möglich.
- Aufgrund von Unstimmigkeiten in den Gleichungssystemen ergaben sich Probleme bei der Behandlung aufsteigender und absteigender Satellitenbahnen.
- Die Berechnung geographischer Koordinaten für einen 512*512-Ausschnitt erfordert über 20 Gleichungen und dauert auf einem PC (AT 286) mehrere Stunden. Dies ist für Reihenauswertungen und Anwendungszwecke nicht akzeptabel.

Unser Ziel war deshalb die Verbesserung und Vereinfachung der Methode von HO & ASEM hinsichtlich Eingangsparameter und Rechenzeit. Das nachfolgend vorgestellte Modell arbeitet mit Nominalwerten für die Höhe und Inklination. Die Notation der Symbole, Konstanten, Parameter und Gleichungen orientiert sich an HO & ASEM (1986), DUCK & KING (1983), PLANET (1988). Symbole, Abkürzungen und Nominalwerte sind am Schluss des Kapitels aufgelistet.

3.3 Das kombinierte Passpunkt/Bahnparameterverfahren in Anlehnung an HO & ASEM (1986)

3.3.1 Das Orbitalmodell von HO & ASEM (1986)

3.3.1.1 Die Satellitenbahn

Fig. 3.1 veranschaulicht die Satellitenbahn und dient der Indentifikation nachfolgend genannter Winkel.

Unter Annahme der Kugelgestalt der Erde und eines kreisförmigen Orbits berechnet sich die Winkelgeschwindigkeit des Satelliten wie folgt (Gleichheit zentripetaler und zentrifugaler Kräfte):

$$\Theta^\circ = \sqrt{\mu/r} \qquad [3.1]$$
$$r = R_e + h_s \qquad [3.2]$$

Der Winkel vom aufsteigenden Knoten bis zu einem beliebigen Punkt auf der Subsatellitenbahn (SSP) ist eine Funktion der Winkelgeschwindigkeit und der Zeitdifferenz zwischen dem Äquatorüberflug und SSP:

$$\Theta = dt * \Theta^\circ \qquad [3.3]$$

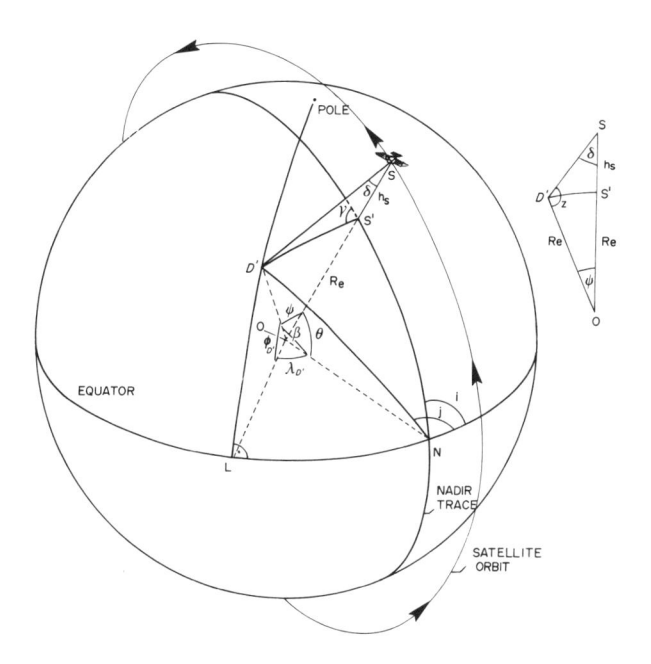

Fig. 3.1: Identifikation der Winkel und Orbitalbeziehungen

3.3.1.2 Der Scanner

Der seitliche Blickwinkel zwischen dem Nadir und einem Pixelpunkt p ist definiert als:

$$\delta = pn * \delta_i \qquad [3.4]$$

Der Scanschrittwinkel δ_i ist der Winkel, den der Scanner von Pixel zu Pixel zurücklegt und beträgt 0.000942 rad. Pn bedeutet die Anzahl Pixel vom Nadir. Bei der Behandlung von Bildausschnitten (512*512) wird pn folgendermassen berechnet:

$$pn = xoff - 1024 + p \qquad [3.5]$$

Der x-offset bezieht sich auf die Position des Startpixels des Ausschnittes in der ursprünglichen Szene (Fig. 3.2)

Der Satellitenzenithwinkel z und der Winkel zwischen S, dem Erdmittelpunkt und einem Pixel ist wie folgt definiert (Dreieck SOD, Fig. 3.1):

$$z = \operatorname{asin}(r/R_e * \sin\delta) \qquad [3.6]$$
$$\psi = z - \delta \qquad [3.7]$$

Pn muss in Flugrichtung links vom Nadir negativ sein. δ wird dadurch automatisch negativ, während ψ negativ gesetzt werden muss. In Flugrichtung rechts des Nadirs sind sämtliche Grössen positiv.

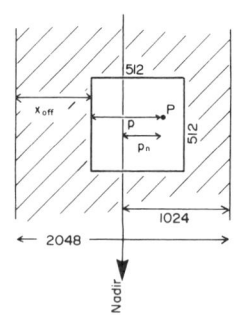

Fig. 3.2: Relative Position eines 512*512-Ausschnitts im gesamten NOAA-Bild

3.3.1.3 Die Erde

Die Winkelgeschwindigkeit der Erde relativ zur Satellitenbahn hängt u.a. von der Abplattung der Erde ab und ergibt sich aus dem Trägheitsmoment der Erde und deren Präzessionsrate.

$$\overset{\circ}{n} = (2*\pi/D_s) - \Omega \qquad [3.8]$$

Ω ist die Verzögerungsrate durch die Präzession relativ zur Satellitenbahn (siehe 3.6). Die Zeilenschiefe (scanscew) entsteht bei der Vorwärtsbewegung des Satelliten während der Erdabtastung und kann wie folgt festgesetzt werden:

$$\tau = \mathrm{acos}(\overset{\circ}{\Theta} * t_{\frac{1}{2}} / \mathrm{max}) \qquad [3.9]$$

Die Verzerrung ist relativ gering, da sich der Satellit während des Abtastvorgangs einer Zeile um nur 335 m fortbewegt.

Die geographische Breite einer nicht rotierenden Erde wird über die folgenden Gleichungen der sphärischen Trigonometrie berechnet (Fig. 3.1):

$$\cos\beta = \cos * \cos\Theta + \sin * \sin\Theta * \cos\tau \qquad [3.10]$$
$$\sin(i-j) = \sin * \sin\tau / \sin\beta \qquad [3.11]$$
$$\sin\phi_{D'} = \sin\beta * \sin j \qquad [3.12]$$
$$\cos_{D'} = \cos\beta / \cos\phi_{D'} \qquad [3.13]$$

Für eine aufsteigende Bahn ist $\phi_{D'}$ gleich der geographischen Breite ϕ_D. Für eine absteigende Bahn wird $\phi_{D'}$ grösser als 90° und die Breite berechnet sich nach

$$\phi_D = 180° - \phi_{D'} \qquad [3.14]$$

Die statische Länge $_{D'}$ ergibt sich aus [3.13] und muss entsprechend der Breitenberechnung je nach Bahn gesetzt werden. Die geographische Länge für eine rotierende Erde ergibt sich dann aus:

$$D = D' + (\overset{\circ}{n} * dt) + \text{nod} \qquad [3.15]$$

Die Zeitdifferenz dt zwischen dem Äquatorüberflug und einer bestimmten Scanzeile kann aus der Zeit der ersten Scanzeile tf und der Zeit des Äquatorüberflugs tnod wie folgt berechnet werden.

$$dt = (tf-tnod)+(l-1)/lr \qquad [3.16]$$

L bedeutet die Zeilennummer und lr die Scanrate (6 Linien pro sec). Durch Einsetzen in [3.15] ergibt sich die geographische Länge in Grad West.

Es ist zu beachten, dass Werte in rad durch Multiplikaton mit $180/\pi$ in Grad konvertiert werden können und umgekehrt.

3.3.2 Zeitbestimmung und Nachkorrektur mit einem Passpunkt

Ho & Asem benutzten die vorbestimmte Zeit des Äquatorüberflugs tnod und die aus dem Header abgeleitete Zeit der ersten Scanlinie tf zur Berechnung von Zeitunterschieden. Probleme entstanden in erster Linie durch die Unsicherheit von tf. Die im NOAA-Satelliten eingebaute Uhr unterliegt kleineren Störungen, die 10-15 Sekunden ausmachen können. Dies bedeutet einen Fehler von 60-90 Linien und ist nicht akzeptabel.

Unter Zuhilfenahme des einen Passpunktes wurde deshalb der folgende Simulationsprozess eingeführt, mit dem relative Zeitunterschiede exakt berechnet werden können:

-Eine erste Prozedur simuliert den Satellitenflug und den Abtastvorgang vom Äquator aus, bis die Zeilenposition des Passpunktes genau erreicht ist. Die Zeit wird angehalten und entspricht exakt dem gesuchten Wert dt.
-Eine zweite Prozedur korrigiert die Länge des Äquatorüberflugs anhand der Pixelposition des Passpunktes.

Für die Satellitenbahn können dabei die Nominalparameter verwendet werden. Die Intention dieser Korrekturrechnungen ist nicht eine exakte Navigation des Satelliten, sondern das Erreichen der besten Übereinstimmung mit dem zu entzerrenden Bildausschnitt.

3.3.2.1 Prozedur zur Zeitkorrektur

Gegeben ist ein Passpunkt D mit bekannter Linien-, Spaltenposition (l/p) und geographischen Koordinaten (Breite/Länge).

Dt wird von 0 ausgehend schrittweise erhöht, bis ϕ_D mit der Breite übereinstimmt:
```
    -Berechne   Θ, δ, z,           aus 3.3, resp. 3.4, 3.6, 3.7
    -Berechne   τ, ß, j            aus 3.9, resp. 3.10, 3.11
    -Berechne  φD' aus 12 und setze φD je nach Bahn:
       aufsteigend: φD = φD'    absteigend: φD = 180° - φD'
    -Vergleiche φD mit der Breite des Passpunktes D
```

Sobald ϕ_D den Wert der Breite erreicht hat, wird die Simulation gestoppt und die Zeit dt entspricht der Zeitdifferenz dtgcp vom Äquatorüberflug bis zum Passpunkt. Die für die Entzerrung benötigte Zeit dt zur ersten Scanlinie des Bildausschnitts wird dann wie folgt berechnet:

```
dt = dtgcp - (l/lr)
```

3.3.2.2 Korrektur der Länge des Äquatorüberflugs

```
-Berechne    °n        aus 3.8
-Berechne    D'        aus 3.13 und setze den Wert je nach Bahn:
  aufsteigend:  D' =  D'      absteigend:  D' = 180° -  D'

-Setze  nod um 4° ostwärts und erhöhe den Wert schrittweise       bis  D
 gleich der Länge wird:
-Berechne   D  aus 3.15 und vergleiche mit der Länge des Passpunktes D
```

Sobald die beiden Grössen gleich gross sind, erhält man einen korrigierten Wert für die Länge des Äquatorüberflugs.

3.3.3 Kombination mit dem Passpunktverfahren zur Rechenzeitoptimierung

Mit den korrigierten Werten für Zeitunterschiede und der Länge des Äquatorüberflugs kann das oben beschriebene Modell eingesetzt werden, um für jedes Bildelement geographische Koordinaten in Linien-/Spaltenpositionen umzurechnen und umgekehrt.

Für ein Bildelement mit gegebenen Werten Linie/Spalte (l,p) berechnet sich dabei die Zeit bis zum Scanbeginn der Linie nach Gleichung [3.16]. Anschliessend wird wie unter 3.3.2.1 und 3.3.2.2 verfahren, so dass sich insgesamt ein System von 22 Gleichungen ergibt. Zur vollständigen Entzerrung müssen die geographischen Koordinaten noch in eine gewünschte Gittermatrix (z. B. Landeskoordinaten, siehe unten) überführt werden.

3.3.3.1 Bilinearer Ansatz

Die gesamten Rechenschritte führen auf PC-Systemen (AT 286) bereits bei der Entzerrung kleiner Bildausschnitte wie 512*512 zu einem hohen Zeitaufwand von mehreren Stunden. Das Resampling der normalen Passpunktmethode mit zwei Gleichungen ist demgegenüber wesentlich schneller, weshalb folgende Kombination entwickelt wurde:

(1) Für 20 über das Originalbild verteilte Bildelemente mit bekannten Linien-/Spaltenpositionen werden geographische Koordinaten und daraus Gitterkoordinaten bestimmt.
(2) Zur Vermeidung von Ungenauigkeiten bei der Affintransformation werden nichtlineare Fehler der Originalpixel in Spaltenrichtung (panoramische Verzerrung) korrigiert.
(3) Mittels dieser "Referenz"-Punkte erhält man ein Set von 20 Koordinatenpaaren für eine Polynombestimmung ähnlich dem Passpunktverfahren.

```
l  = a0 + a1*x + a2*y
p' = b0 + b1*x + b2*y                    [3.17]

l   Linienposition im verzerrten Bild
p'  panoramisch korrigierte Spaltenposition im verzerrten Bild
x,y Linien-/Spaltenpositionen im entzerrten Gitter
```

Die Koeffizienten a0, a1, a2, b0, b1, b2 können über ein Ausgleichsverfahren bestimmt werden. Im vorliegenden Fall fand eine Householder-Transformation aus HABERÄCKER (1987: 186ff) Anwendung. Das Ausgleichsverfahren liefert zusätzlich den Rotationswinkel und das Maßstabsverhältnis zwischen den beiden Koordinatensystemen sowie die Restfehlervektoren der Referenzpunkte. Durch die Gleichung 3.17 erhält man eine direkte Beziehung zwischen Ziel- und Ausgangsmatrix.

3.3.3.2 Korrektur nichtlinearer Fehler (panoramische Verzerrung)

Da die Affintransformation empfindlich auf nichtlineare Fehler reagiert, müssen diese vorgehend eliminiert werden. Systematische nichtlineare Fehler entstehen in erster Linie aufgrund der panoramischen Verzerrung bei der Erdabtastung. Die Panoramaverzerrung ist bei allen Scanneraufnahmen mit konstantem Öffnungswinkel zu beobachten und ergibt sich durch die abnehmende Bodenauflösung bei zunehmendem Scanwinkel, d. h. Entfernung vom Nadir (FREI 1984: 45).

Die Kantenlänge eines Pixels bei NOAA beträgt im Nadirbereich 1.1 km, bei 40° Auslenkung ca. 2.2 km und bei der maximalen Auslenkung 4.4 km. Unter Annahme einer Bildmatrix mit konstanter Auflösung von 1.1 km müsste ein randliches Pixel seiner Auflösung entsprechend wesentlich randlicher liegt.

Bei der Passpunktmethode wird in der Regel eine Panoramakorrektur vor der Passpunktbestimmung vorgenommen (FREI 1984). Dazu wird eine neue Bildmatrix aufgebaut, die die Bildelemente an eine der Auflösung entsprechende Position schreibt (KRAUS 1990: 429). Die nachfolgende Affintransformation wird dadurch wesentlich genauer.

Bei der hier vorgestellten Methode wird aus Rechenzeitgründen auf die Bestimmung einer neuen Bildmatrix verzichtet, und eine Lookup-Tabelle (LUT) mit den panoramisch korrigierten Positionen erstellt. Die LUT wurde für NOAA-10 und NOAA-11 nach FREI (1984: 40) berechnet, als Datei abgelegt und enthält für jede Spaltenposition den entsprechenden korrigierten Wert. Damit können die Grössen sowohl bei der Berechnung der Polynomparameter als auch beim Resampling sehr schnell ausgetauscht werden.

In Zeilenrichtung ergibt sich bei sehr randlichen Bildausschnitten ebenfalls eine panoramische Verzerrung, die Zeilenkonvergenz (FREI 1984). Die Korrektur erfolgt über das Einfügen einzelner Zeilen. Da sich diese Verzerrung vor allem bei grossen Bildausschnitten auswirkt, wurde auf eine Korrektur verzichtet.

3.3.3.3 Resamplingmethode

Zur Neuordnung der Bildmatrix (resampling) kann zwischen der direkten und der indirekten Methode gewählt werden (GÖPFERT 1987: 128). Beim direkten Ansatz, auch direct referencing genannt, wird für jedes Pixel des Originalbildes die Position im Zielbild bestimmt und der Grauwert an die entsprechende Stelle geschrieben. Ein gewichtiger Nachteil dieser Methode ist, dass gewisse Stellen im Zielbild nicht besetzt werden. Beim hier verwendeten indirekten Ansatz wird für jedes Bildelement des entzerrten Bildes (x/y) über das bilineare Gleichungssystem (3.17) die entsprechende Position (l/p) im Originalbild berechnet. Dabei ist zu beachten, dass man über die Gleichungen (3.17) den panoramisch korrigierten Wert p' erhält und die Originalspaltenposition über die oben erwähnte LUT bestimmt werden muss.

Da die berechnete Position in der Regel zwischen die Mittelpunkte des Ausgangsbildes fällt, muss ein zweckmässiges Verfahren zur Zuordnung des Grauwertes gefunden werden. Bei der hier verwendeten nearest-neighbour-Methode wird der Grauwert jenes Pixels genommen, dessen Mittelpunkt dem berechneten Punkt am nächsten liegt. Diese Zuordnung erfordert nur geringe Rechenzeiten und hat den Vorteil, dass die ursprünglichen Grauwerte erhalten bleiben.

Das rechenzeitoptimierte Verfahren über den kombinierten Passpunktansatz ist gegenüber der ursprünglichen Methode um etwa einen Faktor sechs schneller und hängt wesentlich vom verwendeten Rechnertyp ab. Eine VAX erledigt die gleiche Aufgabe in wenigen Minuten.

3.3.4 Umrechnung der geographischen Koordinaten in ein rechtwinkliges Koordinatensystem

Für die Neuordnung der Satellitenszene benötigt man ein Referenzsystem, das den Vergleich von Aufnahmen unterschiedlichen Datums und die Überlagerung mit topographischer Zusatzinformation wie z.B. Digitalen Höhenmodellen erlaubt (KRAUS 1990: 422). Für Darstellungszwecke grosser Bildbereiche sind stereographische Projektionen gebräuchlich (z. B. Berliner Wetterkarte). Zur Bearbeitung kleinerer Bildausschnitte werden als Referenzsystem jedoch bevorzugt rechtwinklige Koordinatensysteme verwendet:

- Die Topographie (Landeskarten, digitale Höhenmodelle) liegt in der Regel in rechtwinkligen, geodätischen Koordinaten vor. Neben den Koordinatensystemen einzelner Länder (z.B. Gauss-Krüger in Deutschland) gibt es weltumspannend das UTM-System.
- Das Koordinatensystem ist durch ein regelmässiges Gitter mit gleichbleibenden Abständen in alle Richtungen gekennzeichnet. Für die Entzerrung der NOAA-Bilder wird in der Regel ein Gitter mit einer Kantenlänge von 1km verwendet. Dadurch werden Flächen- und Volumenberechnungen stark vereinfacht.
- Die Affintransformation erfordert zur Vermeidung grösserer Fehler ein lineares System.
- Die Beziehung zwischen den wichtigsten rechtwinkligen Koordinatensystemen und geographischen Koordinaten ist bekannt und kann über Formeln hergeleitet werden.

Zur Abbildung der geographischen Koordinaten in die Ebene und der Erzeugung rechtwinkliger Koordinaten werden hauptsächlich die Gaußschen Abbildungsgesetze angewendet.

Dabei handelt es sich um Zylinderprojektionen, aus denen z.B. das Gauß-Krüger System und das UTM-System hergeleitet werden. Zur Vermeidung grösserer Verzerrungen begrenzt man das abzubildende Gebiet auf einzelne Meridianstreifen, für die eine Umrechnung der geographischen Koordinaten ohne grosse Fehler mit Hilfe einer Reihenentwicklung möglich ist.

Für unsere Fragestellung wird eine Zweiteilung vorgenommen. Zur Bearbeitung des Schweizer Alpenvorlandes kommt das Schweizer Landeskoordinatensystem in Frage, für die Poebene das UTM-System.

3.3.4.1 Das Schweizer Landeskoordinatensystem

Das Landeskartenwerk der Schweiz ist auf einer schiefachsigen, winkeltreuen Zylinderprojektion aufgebaut (MÄDER 1988). Die Achsen werden durch den Mittelmeridian und den Berührungskreis des Zylinders mit Schnittpunkt in Bern gebildet (Fig. 3.3). Auf dieser Abbildung wird ein Netz rechtwinkliger Koordinaten entworfen, dessen Mittelpunkt Bern die Kilometerwerte y=600 und x=200 zugeordnet bekommt. Eine Verwechslung der W/E- und der N/S- Koordinaten wird dadurch vermieden.

Das Untersuchungsgebiet für die Schweiz wurde mit den Koordinaten 480/302 und 840/62 festgelegt, so dass sich eine Bildmatrix von 240*360 Bildpunkten (Kantenlänge 1km) für die Entzerrung ergibt (Fig. 3.3).

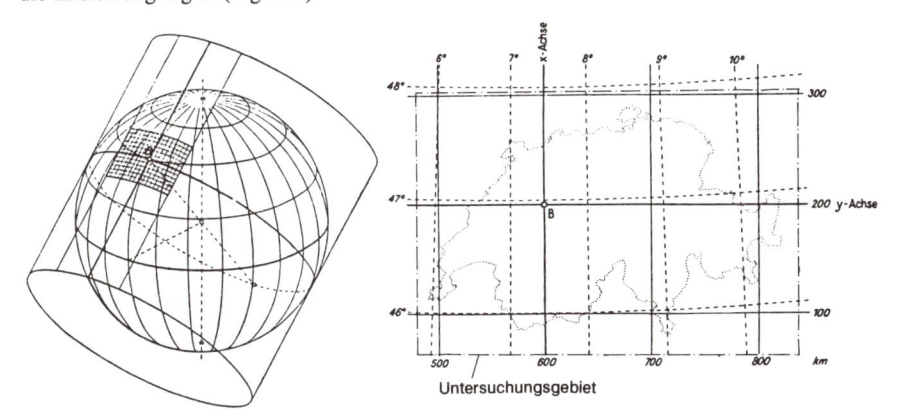

Fig. 3.3: Projektion, Gitternetz und gewähltes Gebiet für das Gebiet der Schweiz

Eine direkte Umrechnung geographischer Koordinaten in Schweizer Netzkoordinaten kann über Rechenformeln vorgenommen werden, die auf Polynomen höheren Grades und einer Reihenentwicklung basieren (genaue Rechenformeln in BOLLIGER 1967, Beilage S.8-9)

3.3.4.2 Das UTM-System für die Poebene (J. BENDIX)

Das UTM-System ist in einzelne Streifen, UTM-Zonen aufgeteilt. Eine UTM-Zone umfasst dabei sechs Meridiane, wobei der Mittelmeridian nicht längentreu, sondern mit einem Verkleinerungsmaßstab von 0.9996 abgebildet wird, um Verzerrungen im Grenzbereich zu minimieren (HEISSLER & HAKE 1970: 137). Insgesamt wird die Welt in 60 UTM-Zonen aufgeteilt, wobei der Alpenbereich vorwiegend in der UTM-Zone 32 mit dem Mittelmeridian 9° liegt.

Um negative y-Werte beim Koordinatennetz zu vermeiden, wird der Mittelmeridian auf 500 km gesetzt, der x-Wert ergibt sich als Abstand vom Äquator. Für die Poebene wurde ein Gebiet der Grösse 250*560 km ausgewählt. Das Gebiet östlich der Adria-Küstenlinie fällt bereits in die nächste UTM-Zone (33), wurde aber im gleichen Gittersystem belassen. Erstens sind die Verzerrungen bei geringfügiger Ausdehnung einer Zone klein und zweitens können Schwierigkeiten bei der Konvergenz benachbarter Gitterstreifen umgangen werden.

Die Umrechnungsformeln zwischen geographischen Koordinaten und UTM-Koordinaten sind aus SNYDER 1987 entnommen, deren Reihenentwicklung auf dem Clark Ellipsoid (von 1866) basiert.

3.4 Resultate der Geokorrektur

An einer Auswahl von 7 Bildausschnitten (512*512) wurden die oben beschriebenen Verfahren getestet. Sie sind repräsentativ für verschiedene Aufnahmesituationen wie aufsteigende/absteigende Bahn und zentrale/randliche Position des Ausschnittes im Originalbild (2048 Spalten).

Zur Überprüfung der Genauigkeit wurden in jedem Bild mehrere Passpunkte lokalisiert, deren Linien-/Spaltenposition sowie rechtwinklige Koordinaten ermittelt. Ein Vergleich dieser Sollkoordinaten mit den nach der Entzerrung festgestellten Positionen ergibt den Fehler in Linien- bzw. Spaltenrichtung. Die Tabelle 3.2 zeigt die Resultate der Entzerrung:

Nr.	Datum	Satellit	X-Offset	Passpunkte	Mittl. Linie	Fehler Spalte
1	4.JAN.89	NOAA-11	210	3	0.47	1.0
2	10.JAN.90	NOAA-11	874	3	1.43	1.33
3	27.OKT.89	NOAA-11	1050	10	1.40	1.10
4	19.JAN.89	NOAA-11	1300	2	1.15	1.00
5	15.AUG.89	NOAA-10	550	10	0.69	2.30
6	1.FEB.89	NOAA-10	985	2	0.95	4.50
7	3.FEB.90	NOAA-10	1300	2	0.65	1.00
				Mittel	0.96	1.74

Tab. 3.2: Mittlerer Fehler der Entzerrung, getestet an unabhängigen Passpunkten.

Der mittlere Fehler beträgt in Linienrichtung ungefähr 1, in Spaltenrichtung ist er etwas grösser. Einzig bei Bild Nr. 6 ergibt sich eine starke Abweichung in Spaltenrichtung, die auf die ungenaue Passpunktbestimmung wegen hoher Nebelbedeckungsrate zurückgeführt werden kann.

Der mittlere Gesamtfehler beträgt 0.96 in Linien- resp. 1.74 in Spaltenrichtung, was eine Verbesserung von 50% bzw. 20% gegenüber den Werten von Ho & ASEM bedeutet. Unter Ausklammerung des Bildes Nr. 6 reduziert sich der Spaltenfehler auf 1.29.

Das verwendete Orbitalmodell benutzt Nominalwerte der Satellitenflughöhe und Inklination. Diese sind jedoch leichten Schwankungen unterworfen, die sich nachteilig auf die Entzerrung auswirken können. An einem Beispiel wurde getestet, wie gross der Fehleranteil bei der Verwendung der Nominalwerte ist (Tab. 3.3). Die korrigierten Grössen wurden uns von der Empfangsstation des Geographischen Instituts in Bern zur Verfügung gestellt.

Es zeigt sich, dass der Fehler vor allem in Spaltenrichtung reduziert wird (um 0.6). Da die Gesamtreduktion deutlich weniger als ein Bildelement beträgt, ist eine Verwendung der Nominalwerte möglich.

	Höhe [km]	Inklination [°]	Mittlerer Fehler Linie	Spalte
Nominalwert	833.00	98.60	0.5	2.4
Genauer Wert	828.87	98.63	0.4	1.8
		Differenz	0.1	0.6

Tab. 3.3: Fehleranteil bei Verwendung nominaler Satellitenhöhe und Inklination gegenüber genauen Werten.

Bei den beschriebenen Prozeduren wird neben den Zeitdifferenzen auch die Länge des Äquatorüberflugs mit Hilfe des Passpunktes nachkorrigiert. In Tabelle 3.4 sind die korrigierten Werte für die 7 Testbilder zusammengestellt.

Nr.	Datum	λnod	korr. λnod
1	4.JAN.89	344.62	344.65
2	10.JAN.90	337.62	337.53
3	27.OKT.89	335.99	336.51
4	19.JAN.89	331.87	331.81
5	15.AUG.89	170.40	169.16
6	1.FEB.89	174.11	174.10
7	3.FEB.90	179.26	179.03

Tabelle 3.4 Nachkorrektur des Äquatorüberflugs. Vergleich der alten und neuen Werte.

Der Unterschied erscheint auf den ersten Blick klein. Da am Äquator jedoch ein Grad 111 km entspricht, macht die Abweichung bedeutend mehr als 1 Pixel aus.

In Tafel I ist das Resultat der Geokorrektur einer wolkenfreien Szene auf Schweizer Landeskoordinaten dargestellt. Dem Originalbild (oben) ist das verzerrte Gitternetz überlagert. Die Genauigkeit des rektifizierten Bildes (Mitte) kann mit der Karte (unten) überprüft werden. Insbesondere anhand der Seen kann eine sehr gute Übereinstimmung festgestellt werden.

Das Verfahren wurde in der beschriebenen Weise zur Entzerrung aller verfügbaren NOAA-Szenen eingesetzt. Bei der Reihenbearbeitung hat es sich als sinnvoll erwiesen, die entzerrten Szenen zur Genauigkeitsprüfung dem digitalen Höhenmodell zu überlagern. In vielen Fällen war es notwendig, eine leichte Nachkorrektur durch Verschieben der gesamten Bildmatrix um eine Zeile oder Spalte vorzunehmen. Bei sehr randlichen Bildausschnitten und absteigender Satellitenbahn erhöht sich der Betrag teilweise auf mehrere Zeilen/Spalten.

3.5 Schlussbemerkungen

Die Resultate zeigen, dass die schnelle und direkte Entzerrung von Satellitenbildern auf Landeskoordinaten mit Orbitalmodellen möglich ist, falls gewisse Eingangsparameter über einen Passpunkt nachkorrigiert werden. Das Modell von Ho & ASEM kann auch mit Nominalwerten der Satellitenhöhe und Inklination verwendet werden, wenn unter Einbezug eines Passpunktes eine Nachkorrektur der Flugzeit und der Länge des Äquatorüberflugs vorgenommen wird. Durch einen Simulationsprozess kann eine weitgehende Unabhängigkeit von hochpräzisen Bahnparametern erreicht werden.

Über die Berechnung von 20 Referenzpunkten und einen bilinearen Interpolationsansatz wird die Verarbeitungszeit beim Resampling wesentlich verkürzt. Das Verfahren hat seine Tauglichkeit bei der Entzerrung der nebelbedeckten Szenen unter Beweis gestellt. In Einzelfällen waren leichte Nachkorrekturen über Verschiebung in Zeilen- oder Spaltenrichtung erforderlich. Eine automatisierte Geokorrektur ist möglich, falls Mustererkennungsverfahren zur Bestimmung des Passpunktes eingesetzt werden (z. B. KAHN, HAYES & CRACKNELL 1990).

3.6 Symbole und Konstanten

$\overset{o}{\Theta}$	Winkelgeschwindigkeit (NOAA-10: 0.00103165 rad/s, NOAA-11: 0.00102313 rad/s)
Θ	Winkel vom Äquator zu einem bestimmten Subsatellitenpunkt
μ	Gravitationskonstante ($3.98603 * 10^{14}$ m^3 s^{-2})
hs	Nominale Flughöhe (NOAA-10: 833'000 m, NOAA-11: 870'000 m)
i	Nominale Inklination (NOAA-10: 98.739, NOAA-11: 98.899)
j	Winkel zwischen der Strecke Bildelement-aufsteigender Knoten und der Äquatorebene
Re	Erdradius (6'378'160 m)
tf	Zeit der ersten Scanlinie (s)
tnod	Zeit des Äquatorüberflugs (s)
dt	Zeit zwischen tnod und einer bestimmten Zeile (s)
t½	Zeit einer halben Scanlinie (0.0289335 s)
ß	Winkel zwischen dem aufsteigenden Knoten und einem Bildpunkt
τ	Zeilenschiefe
δ_i	Scan-Schrittwinkel (0.000942 rad)
δ	Auslenkung (rad)
xoff	Relative Position eines 512*512 Ausschnittes in der gesamten Szene
p	Spaltenposition im 512*512 Ausschnitt
pn	Anzahl Pixel Off-Nadir - 0.5
	Winkel zwischen dem Pixel und dem Subsatellitenpunkt (rad)
	Erdwinkel bei maximaler Auslenkung (rad)
z	Satellitenzenitwinkel (rad)

lr	Abtastrate (6 Linien s^{-1})
Ds	Siderischer Tag (86164.09 s)
Ω	Präzession
	$\Omega = -1.5\ J_2\ Re^2\ \sqrt{\mu}\ r^{-3.5}\ \cos i$ (rad/s)
J_2	Abplattungskoeffizient der Erde (0.00108263)
$\overset{\circ}{n}$	Rotationsgeschwindigkeit der Erde
D	Geogr. Länge
D'	Statische geogr. Länge
nod	Länge des Äquatorüberflugs (in Grad, resp. rad West)
ϕ_D	Geogr. Breite
$\phi_{D'}$	Statische geogr. Breite

4. NEBELKLASSIFIKATION (J. Bendix)

4.1 Einleitung

Im folgenden Abschnitt wird das entwickelte Verfahren zur Nebelerkennung aus digitalen NOAA-AVHRR Daten vorgestellt. Ein Ziel der Entwicklung war es, einen möglichst einfachen und schnellen Algorithmus zu finden, der für den operationellen Einsatz tauglich ist. Das Verfahren soll weitgehend unabhängig von Zusatzinformationen (z.B. meteorologische Daten) arbeiten und auf verbreiteten Computern (PC-AT/Workstation) lauffähig sein.

Im ersten Abschnitt dieses Kapitels wird die Problematik der Nebelerkennung für operationelle Anwendungen diskutiert. Der zweite Abschnitt erläutert die physikalischen Grundlagen des verwendeten Verfahrens. Im dritten Teil werden dann die Ergebnisse sowie eine Fallstudie vorgestellt. Der vierte Teil befaßt sich mit dem Problem der Nebelerkennung bei niedrigen Sonnenhöhen.

4.2. Möglichkeiten der operationellen Wolken- und Nebelerkennung

Verfahren zur operationellen Nebelerkennung müssen zwei Anforderungen genügen:

a: Nebel muß eindeutig von anderen im Bild vorhandenen Oberflächen getrennt werden können. Das Hauptproblem besteht dabei in der Unterscheidung von Nebel, Schnee und niedrigen Wolken.
b: Diese Trennung sollte für alle vorkommenden Situationen nach einem einheitlichen Schema durchgeführt werden können.

Die konventionellen statistischen Klassifikationsmethoden mit vorher bestimmten spektralen Signaturen sind dabei aufgrund verschiedener Probleme für operationelle Anwendungen im Bereich der Nebelklimatologie meist wenig geeignet:

- Im VIS/NIR (NOAA-Kanal 1,2) sowie im IR-Bereich (NOAA-Kanal 4,5) lassen sich Schnee und Nebel aufgrund ihres ähnlichen Reflexions- und Emissionsverhalten nicht automatisch trennen (Kidder & Wu 1984:2346) (Fig. 4.1).

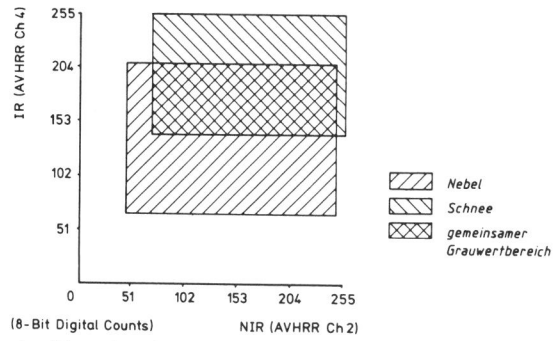

Fig. 4.1: Überschneidungsbereich der spektralen Signaturen von Nebel und Schnee bei einer Klassifikation mittels AVHRR Kanal 2 (NIR) und Kanal 4 (IR), NOAA 11, 9.2.1989, 12:45 UTC.

Zur Trennung von Schnee und Nebel ist eine dreidimensionale Klassifikation von Kanal 2, 3 und 4 notwendig.

- Eine konventionelle, statistische Klassifikation wirft eklatante Zeitprobleme auf, da die VIS-Kanäle vorher auf einen einheitlichen Sonnenstand (Panoramaeffekt) korrigiert werden müssen. Aufgrund unterschiedlicher Beleuchtungsverhältnisse zwischen dem Ost- und Westteil einer Szene treten vor allem bei Morgen- und Abendbildern große Grauwertgradienten auch innerhalb einer Oberfläche auf (Fig. 4.2).

Im Ergebnis überlagern sich häufig die Grauwertbereiche einer Oberfläche im Osten mit denen einer anderen Oberfläche im Westen: Der schlecht beleuchtete Nebel kann kaum von der gut beleuchteten Erdoberfläche getrennt werden.

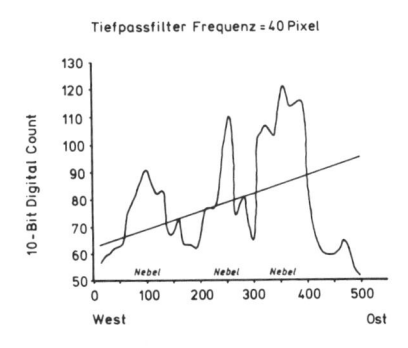

Fig. 4.2: Grauwertunterschiede des Nebels durch unterschiedliche Ausleuchtung der Szene. NOAA 10, 3.2.1990, 7:53 UT, Zeile 45, AVHRR Kanal 2.

Im Tages- bzw. Jahresverlauf ändern sich die Grauwerte entsprechend, so daß eine Korrektur aller Pixel auf gleichmäßige Beleuchtung (senkrechter Sonneneinfall) und eine mittlere Entfernung Erde-Sonne notwendig ist (GUTMAN 1988). Dazu benötigt man für jedes Pixel den Sonnenstand, der über den Aufnahmezeitpunkt der Bildzeile und die geographischen Koordinaten des jeweiligen Pixels berechnet werden muß

- In den IR-Kanälen verursachen Unterschiede in den Luftmasseneigenschaften (Temperatur, Feuchte) Grauwertunterschiede zwischen verschiedenen Szenen bei sonst gleichen Beleuchtungsverhältnissen.
- In Tagesbildern des Kanals 3 (3.55-3.93 μm) treten für den Anteil der reflektierten Solarstrahlung die Probleme der Sonnenhöhe und für den thermischen Anteil der Einfluß der Luftmasse gemeinsam auf.

Um die zeitaufwendigen Korrekturrechnungen umgehen zu können, ist es möglich, Datenbanken mit Grauwertsignaturen anzulegen, die nur für verschiedene Tages- bzw. Jahreszeitenintervalle gültig sind. Mit Hilfe dieser Signatursätze kann in den meisten Fällen eine automatische Wolkenklassifikation durchgeführt werden; aber auch bei diesem aufwendigen Verfahren treten Fehlklassifikationen auf (KARLSSON 1989:690). Nachteile dieser Methode sind der hohe Zeitaufwand, der zur Erstellung eines solchen Signatursets benötigt wird, die eingeschränkte Übertragbarkeit auf andere Regionen und ein hoher Speicherplatzbedarf für die Signatur-Datenbank.

Ein anderes Verfahren, das auch Homogenitätsmaße der Oberflächen in die Klassifikation einbezieht, wurde kürzlich von FLÜCKIGER (1990) vorgestellt. Erste Ergebnisse zeigen, daß Nebel über die spektrale Information und verschiedene Homogenitätsmaße gut abgegrenzt werden kann, wobei die Genauigkeit vor allem im Nebelrandbereich sowie Einsatzmöglichkeiten für operationelle Zwecke noch genauer untersucht werden müssen. Besonders bei stärkeren Höhenwinden über der Nebeldecke nimmt die Homogenität der Nebeloberfläche ab, vor allem dann, wenn die Wellenlänge der Strömungswellen in der Oberfläche die Auflösung eines Pixels (1 km) übersteigt. Die aussichtsreichste Möglichkeit eines operationellen Verfahrens zur Nebelerkennung beruht daher auf der Tatsache, daß sich die im Bild vorhandenen Oberflächen anhand unterschiedlicher optischer Eigenschaften mittels verschiedener Schwellenwerttests physikalisch begründet trennen lassen (SAUNDERS & KRIEBEL 1988). Der Kanal 3 spielt dabei eine wesentliche Rolle.

4.3 Trennung von Nebel und Landoberflächen einschließlich Schnee mittels der AVHRR-Kanäle 3 und 4

Der Kanal 3 des NOAA/AVHRR-Radiometers ist ursprünglich zur Beobachtung der Nachtseite der Erde im mittleren Infrarot (3.55-3.93μm) konzipiert worden. Nachts wird nur emittierte Strahlung, tagsüber ein Mischsignal aus terrestrischer Wärmestrahlung und reflektierter Solarstrahlung empfangen (GROSS 1982:131). Das Signal am Tag setzt sich je nach Sonnenstand und Oberfläche aus bis zu zwei Dritteln reflektierter Solarstrahlung und einem Drittel emittierter Wärmestrahlung zusammen (GROSS 1984:34). Die Trennung der beiden Strahlungsanteile bedarf aufwendiger Strahlungstransferberechnungen und kommt für ein operationell einsetzbares Verfahren nicht in Betracht (s.a. BELL & WONG 1981). Eine Erkennung von Oberflächen aufgrund ihrer optischen Eigenschaften im Kanal 3 resultiert somit aus Unterschieden hinsichtlich ihres Emissions- und Reflexionsverhaltens in Abhängigkeit der Beobachtungsgeometrie. Für Nachtüberflüge kann eine Trennung von Nebel und Schnee durch die Temperaturdifferenz von Kanal 4 und Kanal 3 (T_4-T_3) automatisch durchgeführt werden (EYRE, BROWNSCOMBE & ALLAM 1984:266). Figur 4.3 zeigt ein typisches Nachthistogramm eines T_4-T_3 Bildes.

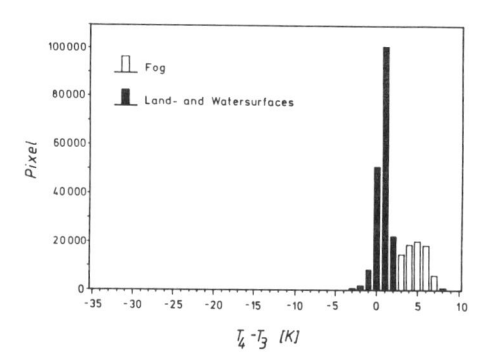

Fig. 4.3: Histogramm des T_4-T_3 Bildes, NOAA 11, 29.1.1991, 1:30 UTC.

Auch die Möglichkeit der visuellen Trennung von Nebel und Schnee mit Hilfe von analogen Tagbildern des Kanals 3 ist für Einzelfälle angesprochen worden (PAULUS 1983:221).

4.3.1 Spektrale Eigenschaften von Nebel, Wolken und Schnee als Grundlage eines Trennungsverfahrens

Die physikalische Begründung eines Verfahrens zur Nebelerkennung orientiert sich an den spektralen Eigenschaften von Nebel, Wolken und Schnee. Die Wellenlängenabhängigkeit der Emissions- bzw. Reflexionsgrade spielt dabei eine zentrale Rolle und soll nachfolgend für die genannten Oberflächentypen genauer untersucht werden. Betrachtet man in einem ersten Schritt nur die emittierte Strahlung, so lassen sich Oberflächen gleicher Temperatur in einem Kanal dann trennen, wenn sie unterschiedliche Emissionsgrade aufweisen.

Die am Sensor ankommende Strahldichte wird unter der Annahme, daß sich die emittierenden Oberflächen wie Schwarzkörper verhalten, in Temperaturwerte umgesetzt. Bei gleicher Oberflächentemperatur ist die "Helligkeits-Temperatur" (Brightness Temperature = effektive Emissionstemperatur) eines Graukörpers (Emissionsgrad < 1) geringer als diejenige eines Schwarzkörpers. Der Emissionsgrad eines Körpers (oder einer Oberfläche) ist von seinen Materialeigenschaften, vom Wassergehalt und von der Oberflächenbeschaffenheit abhängig. Das im Satelliten empfangene Signal hängt zudem von den Beleuchtungsverhältnissen, dem Zustand der Atmosphäre und der spektralen Weite des Sensors ab.

Es gilt prinzipiell (KRAUS & SCHNEIDER 1988:53):

$$\epsilon = \alpha \qquad [4.1]$$

wobei: ϵ: Emissionsgrad
         α: Absorptionsgrad

Für Schwarzkörper gilt

$$\epsilon = \alpha = 1 \qquad [4.2]$$

Eine Abweichung von Gleichung [4.2] ergibt sich dann, wenn ein Teil der absorbierten Strahlung nicht emittiert, sondern reflektiert wird. Dieses Verhältnis ist wellenlängenabhängig, so daß ein Körper, der im thermischen Infrarot als Schwarzkörper reagiert, im mittleren Infrarot durchaus von den Eigenschaften eines Schwarzkörpers abweichen kann. Wird bei einer bestimmten Wellenlänge Energie überwiegend reflektiert, findet diese Reflexion folgerichtig nicht nur an der Oberfläche, sondern auch im Körper statt. Vom Inneren des emittierenden Körpers ausgestrahlte Energie wird demnach auch wieder nach innen zurückreflektiert (KRAUS & SCHNEIDER 1988:52).

Für Nebel beispielsweise liegt die Wellenlänge des Kanals 3 (3.8μm) sehr nahe an der Teilchengrösse (4-10μm), so daß ein Teil der Energie durch Mie-Scattering reflektiert wird. Sowohl der Absorptions- als auch der Emissionsgrad werden wesentlich kleiner als eins. Wolken zeigen demgegenüber im Wellenlängenbereich des Kanals 3 Emissionsgrade zwischen 0.9 und 1 (s. Fig. 4.4 a,b). Erst bei Wellenlängen > 4μm wirkt Nebel zunehmend als Schwarzkörper, die Emissionsgrade liegt nahe bei 1.

Die Figuren (4.4 a-c) verdeutlichen die unterschiedliche Wellenlängenabhängigkeit der Emissionsgrade sowie in Fig. 4.5. die spektralen Reflexionsgrade im Bereich des Kanals 3 AVHRR für verschiedene Wolkentypen und optische Tiefen (=Dichtemaß der Wolken).

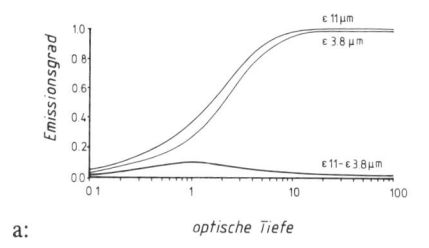

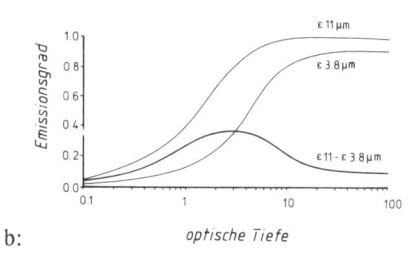

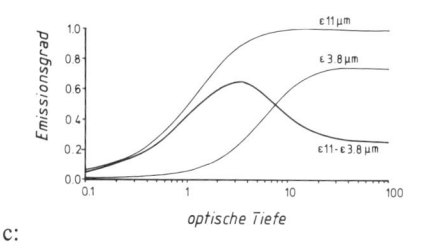

a:

b:

c:

Fig. 4.4: Emissionsgrad und Differenzen im Spektralbereich der AVHRR Kanäle 3 und 4 in Abhängigkeit der optischen Tiefe für (a) Eiswolken (Radius=16μm),(b) Wasserwolken (Radius=10μm) (c) Nebel und niedriger Stratus (Radius=4μm) berechnet nach HUNT (1973).

Bei einem Gehalt von 100 Kondensationskernen pro cm^3 erreichen Eiswolken (Fig. 4.4-a) mit einem mittleren Kristallradius von 16μm bereits bei einer Dicke von 35 m sowohl im Kanal 4 als auch im Kanal 3 einen Emissionsgrad von annähernd 1 (s. a. COAKLEY 1983:10823). Die Differenz der spektralen Emissionsgrade liegt unter 10%. Für Wasserwolken mit einem mittleren Tropfenradius $\leq$ 10μm wird im Kanal 3 in keinem Fall ein Emissionsgrad von 1 erreicht, jedoch ist die Differenz für Nebel (Fig. 3c) mit einer durchschnittlichen Tropfengrösse von 4μm (D'ENTREMONT 1986) durchweg größer als diejenige von Wasserwolken mit einem Tropfenradius von 10μm (Fig. 4.4-b). Unter der Voraussetzung einer Teilchenkonzentration von 100/cm^3 (COAKLEY 1983:10823) treten die größten Differenzen (40-60%) bei einer Nebeldicke von 100-350 m auf. Für Eis und Schnee mit einem mittleren Kristallradius von 50-100μm gilt sowohl für Kanal 3 und Kanal 4 entsprechend optisch dicken Eiswolken ein Emissionsgrad von > 0.97 (WISCOMBE & WARREN 1980). Optisch dichter Nebel zeigt aufgrund des Mie-Scatterings im Wellenlängenbereich des Kanals 3 einen Reflexionsgrad von ca. 0.3. Dieser liegt wesentlich höher als derjenige von Wasser- und Eiswolken (Fig. 4.5). Schnee reflektiert im Kanal 3 weniger als 3% der

Solarstrahlung (WISCOMBE & WARREN 1980), Land- und Wasserflächen zeigen kaum nennenswerte Reflexion, mit Ausnahme von unbedecktem Boden.

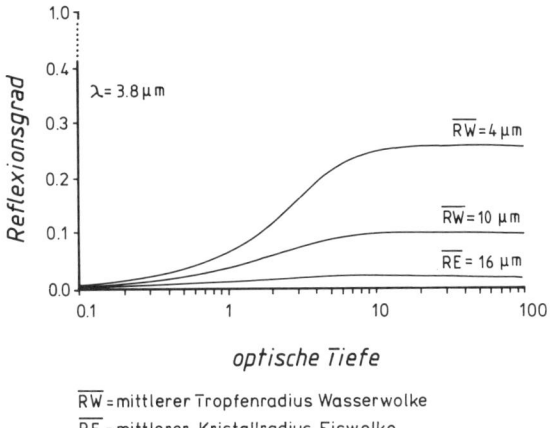

[Diagramm: Reflexionsgrad (y-Achse, 0.0 bis 1.0) gegen optische Tiefe (x-Achse, 0.1 bis 100), $\lambda = 3.8\,\mu m$; Kurven: $\overline{RW} = 4\,\mu m$, $\overline{RW} = 10\,\mu m$, $\overline{RE} = 16\,\mu m$]

$\overline{RW}$ = mittlerer Tropfenradius Wasserwolke
$\overline{RE}$ = mittlerer Kristallradius Eiswolke

Fig. 4.5: Reflexionsgrad verschiedener Wolkentypen für den Spektralbereich des Kanals 3 AVHRR, berechnet nach HUNT (1973)

4.3.2 Nebelerkennung bei Nacht

Da in der Nacht am Sensor nur emittierte Wärmestrahlung empfangen wird, kann man die Betrachtung auf die Emissionsgrade der zu trennenden Oberflächen beschränken. Oberflächen, für die nun die Emissionsgrade unabhängig von der Wellenlänge sind (z.B. Eiswolken), sollten nach der Umrechnung in Helligkeits-Temperaturen über alle Infrarot-Kanäle (AVHRR: 3,4,5) einen identischen Wert liefern. Differenzen der Temperaturen zweier Kanäle liefern Werte um Null.
Ist eine Abhängigkeit von der Wellenlänge vorhanden (z.B. Nebel), so ergeben sich unterschiedliche Helligkeitstemperaturen. Differenzen zweier Kanäle liefern von Null verschiedene Werte. Nebel beispielsweise hat im Kanal 4 einen höheren Emissionsgrad als im Kanal 3. Da die Umrechnung der Grauwerte in Helligkeitstemperaturen unter der Annahme von Schwarzkörpern geschieht, ist die berechnete Temperatur für nebelbedeckte Bildelemente (Pixel) im Kanal 3 kleiner als diejenige im Kanal 4 und es ergibt sich in Abhängigkeit von Gleichung [4.3] eine positive Differenz T_4-T_3.

Für optisch dichten Nebel und Wolken sowie andere Oberflächen gilt somit:

```
    Nebel:                       Andere Oberflächen:

    ε3.8 < ε11                   ε3.8 ≈ ε11

 -> ε11-ε3.8 > 0              -> ε11-ε3.8 ≈ 0
 -> T4 - T3  > 0              -> T4 - T3  ≈ 0            [4.3]

 wobei:
```

$\epsilon_{3.8}$: Spektraler Emissionsgrad (%) bei 3.8 μm (Kanal 3, AVHRR)
ϵ_{11} : Spektraler Emissionsgrad (%) bei 11.0 μm (Kanal 4, AVHRR)
T_3, T_4: Helligkeitstemperatur Kanal 3 und 4 AVHRR

Die folgenden, empirisch ermittelten (EYRE, BROWNSCOMBE & ALLAM 1984:267) Temperaturdifferenzen (T_4-T_3) erwiesen sich für ein operationell einsetzbares Erkennungsverfahren bei Nacht nach der Analyse von 40 Nachtbildern als gültig:

```
Nebel                                    T₄-T₃    > 2.5 K
Land- und Wasserflächen inkl. Schnee und Eis  T₄-T₃    0 - 0.5 K
```

4.3.3 Nebelerkennung am Tag

Im Kanal 3 registriert der Sensor am Tag zusätzlich zur emittierten Wärmestrahlung die von der jeweiligen Oberfläche reflektierte Solarstrahlung. Aufgrund der in Abschnitt 4.3.2 betrachteten optischen Eigenschaften der verschiedenen Oberflächen gilt unter Vernachlässigung atmosphärischer Einflüsse für optisch dichte Körper:

Nebel: Andere Oberflächen:

$$MS_{3.8} = L_{3.8}^{(T)} + (1/\pi \, p_{3.8} * E_{3.8}) \qquad MS_{3.8} \approx L_{3.8}^{(T)}$$
$$MS_{11} \approx L_{11}^{(T)} \qquad\qquad\qquad\qquad MS_{11} \approx L_{11}^{(T)} \qquad [4.4]$$

wobei:

$MS_{3.8}$: Meßsignal bei 3.8 μm (Kanal 3, AVHRR)
MS_{11} : Meßsignal bei 11 μm (Kanal 4, AVHRR)
$L_{3.8}^{(T)}$: Spektrale Strahldichte einer Oberfläche der Temperatur$^{(T)}$ bei 3.8 μm (Kanal 3, AVHRR) [W m^{-2} sr^{-1} μm^{-1}]
$L_{11}^{(T)}$: Spektrale Strahldichte einer Oberfläche der Temperatur$^{(T)}$ bei 11 μm (Kanal 4, AVHRR) [W m^{-2} sr^{-1} μm^{-1}]
$E_{3.8}$: Spektrale Bestrahlungsstärke einer horizontalen Oberfläche durch die Sonne bei 3.8 μm (Kanal 3, AVHRR) [W m^{-2} μm^{-1}]
$p_{3.8}$: Spektraler Reflexionsgrad (%) bei 3.8 μm (Kanal 3, AVHRR)

Da der solare Strahlungsanteil im Kanal 3 am Tag überwiegt, empfängt der Sensor für Nebel hohe Strahldichten, während sich das Signal der anderen Oberflächen von den Nachtverhältnissen kaum unterscheidet. Berechnet man die Helligkeitstemperaturen ohne vorhergehende Trennung der Strahlungsanteile, so tritt im Kanal 3 aufgrund der reflektierten Strahlung ein temperaturverfälschender Effekt ein, der sich vor allem für optisch dichten Nebel auswirkt. Die Differenz der Helligkeitstemperaturen (T_4-T_3) erreicht für Nebel nun stark negative Werte, während sich die Differenzen für die anderen Oberflächen nur unwesentlich von denjenigen der Nacht unterscheiden. Damit ist ein Ansatz zur Nebelerkennung bei Tag gegeben.

Schwierigkeiten können sich dadurch ergeben, daß in ungünstigen Fällen wie z.B. herabgesetzter optischer Dichte im Nebelrandbereich der trennende Effekt des Reflexionsüberschusses (negative Differenz T_4-T_3) durch das Emissionsdefizit (positive Differenz) teilweise oder ganz kompensiert werden kann. Im folgenden soll nun anhand einer Bildsequenz die Möglichkeit der Nebelmaskierung am Tag mittels der Temperaturdifferenzbilder T_4-T_3 untersucht werden.

4.4 Methodik und Ergebnisse

Im folgenden Abschnitt wird exemplarisch für 17 Tagesbilder mit einer Größe von 512*512 Bildelementen der Satelliten NOAA 10 und NOAA 11 (AVHRR) die Differenztemperatur T_4-T_3 hinsichtlich ihrer Klassifikationseigenschaften für Nebel untersucht. Bei den ausgesuchten Bildbeispielen handelt es sich überwiegend um Szenen mit Strahlungsnebel, die ansonsten wolkenfrei sind. Es ist denkbar, daß bei advektiven Lagen niedrige bis mittelhohe stratiforme Bewölkung bei nebelähnlicher Tropfengrößenverteilung die Klassifikation stören könnte. Für operationelle Zwecke ist es daher sinnvoll, wolkenkontaminierte Pixel mit Tests, wie sie in der Literatur (SAUNDERS & KRIEBEL 1988) beschrieben werden, vor der Klassifikation zu eliminieren.

Die Berechnung der Helligkeits-Temperatur erfolgte nach den Angaben von LAURITSON (1988) (s. Anhang II).

NOAA 11	UT	Nebel			Land-Wasser (+ Schnee)			Fehlpixel
		Min	Mod	Max	Min	Mod	Max	%
9.01.89	11:55	-43	-16	- 9	- 8	-2	3	0.15
19.01.89	11:55	-45	-24	-12	-11	-3	4	0.02
31.01.89	11:35	-43	-21	-12	-11	-3	4	0.001
1.02.89	13:06	-39	-28	-12	-11	-3	4	0.11
9.02.89	11:45	-39	-29	-12	-11	-2	4	0.02
27.10.89	12:22	-29	-19	-12	-11	-2	3	0.005
13.11.89	12:49	-45	-19	-12	-11	-2	5	0.002
16.11.89	12:13	-41	-28	-12	-11	-2	4	0.001
27.11.89	11:57	-36	-16	-12	-11	-3	4	0.07
1.12.89	12:55	-28	-21	-13	-12	-2	5	0.3
4.12.89	12:23	-49	-13	-12	-11	-2	5	0.02
6.12.89	11:56	-48	-26	- 9	- 8	-3	4	0.6
4.01.90	11:56	-49	-29	-12	-11	-2	5	0.08
8.01.90	12:53	-46	-13	-12	-11	-1	6	0.004
22.01.90	12:04	-36	-24	-12	-11	-2	4	0.02
7.02.90	12:34	-34	-27	-12	-11	-4	4	0.05
Mittel		-41	-22	-12	-11	-2	4	0.09
NOAA 10								
30.12.88	8:05	-34	- 1	0	-12	-11	9	11.0

Tab. 4.1: Temperaturdifferenzen T_4-T_3 [K] für verschiedene 512*512 Szenen des Alpenraums für Nebel und Land- bzw. Wasserflächen (Minimum, Modalwert und Maximum) und Anteil der fehlklassifizierten Pixel [%].

Berechnet werden Temperaturdifferenzbilder (T_4-T_3) für alle Oberflächentypen, Differenzbilder nur für Nebel oder eine binären Nebelmaske. Um im Falle der Temperaturdifferenz ein 8-Bit tiefes Bild zu erhalten (Grauwertbereich 0-255), wird zu jeder berechneten Differenz der Wert 100 addiert. In der binären Nebelmaske weisen alle Nebelpixel einen Grauwert von 1 und alle anderen Pixel 0 auf. Die Ergebnisse finden sich in Tabelle 4.1 für Nebel sowie für Land- und Wasseroberflächen einschließlich Schnee und Eis. Fehlpixel sind meist Einzelpixel, die als Nebelpixel klassifiziert werden, aufgrund ihrer Lage im Bild aber sehr wahrscheinlich keinen Nebel repräsentieren. Das Ergebnis zeigt, daß die Erkennung von Strahlungsnebel bei Tag über einen Schwellenwert der Differenz T_4-T_3 von -12 K möglich ist. Insgesamt hat das Verfahren gegenüber den eingangs besprochenen, konventionellen Klassifikationsalgorithmen folgende Vorteile:

- Auf einem PC-AT kann die Nebelmaskierung für eine 512*512 Szene innerhalb von 5 Minuten durchgeführt werden, so daß das Verfahren für eine operationelle Anwendung optimal geeignet ist.
- Es müssen keine spektralen Signaturen für verschiedene Oberflächentypen entwickelt werden.
- Durch die Berechnung von Differenztemperaturen wird das Problem des Luftmasseneinflusses in den IR-Kanälen weitgehend unterdrückt, so daß Nebel generell mit nur einem Schwellenwert klassifiziert werden kann.
- Eine zeitaufwendige Korrektur auf den Sonnenstand muß nur in wenigen Fällen erfolgen (s. Kap. 4.5).
- Als Zusatzinformation wird lediglich der Zeilen-Header zur Temperaturkalibrierung benötigt.

Anhand des folgenden Fallbeispiels wird eine typische Situationen vorgestellt.

Die Szene vom 13.11.1989 ist charakteristisch für 80% des verwerteten Bildmaterials (s. Tafel II). Die Berliner Wetterkarte vom 13.11.1989, 12:00 UT zeigt bei einer Hochdruckbrücke über Mitteleuropa Nebelfelder im Oberrheintal, dem nördlichen Alpenvorland und der Poebene.

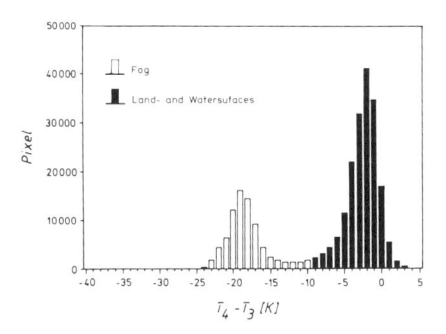

Fig. 4.6: Histogramm des 512*512 Temperaturdifferenz-Bildes T4-T3 vom 13.11.1989, 12:49 UT, NOAA 11.

Es handelt sich um eine Herbstsituation mit persistentem Strahlungsnebel, der aufgrund der im November schon schwächeren Einstrahlung bis zum Mittag nicht mehr aufgelöst wird. Für die sonst wolkenfreie Szene ergibt sich ein typisches, für den Großteil des Bildmaterials (ca. 100 Tag-Bilder) repräsentatives Histogramm mit Maxima für Strahlungsnebel

(Modalwert -22 K) und Land- bzw. Wasseroberflächen (Modalwert von -2 K) (Fig. 4.6). Klassifiziert werden mit dem Schwellenwert < -12 K sowohl die Nebelfelder im Oberrheinbereich als nördlich und südlich der Alpen. Der Schwellenwert ist für die Mittagsbilder von NOAA 11 ziemlich konstant und unabhängig vom Datum und Zeitpunkt der Bildaufnahme. Eine Überlagerung mit Schnee-, Eis-, Land- oder Wasserflächen findet im allgemeinen nicht oder nur für wenige Pixel statt. Die Rate der falsch klassifizierten Pixel liegt im Durchschnitt bei 0.09 %, wobei neben Bildstörungen fast ausschließlich Pixel im Talbereich der Alpen betroffen sind. Problematisch sind besonders die Sonnenhänge (Reflexion auf blankem Fels bzw. Eis), die aufgrund ihre exponierten Lage scheinbar einen gewissen Anteil an solarer Strahlung im Spektralbereich von Kanal 3 reflektieren und somit negative Temperaturdifferenzen (T_4-T_3) liefern.

4.5 Probleme der Morgen- und Abendbilder

Morgen- und Abendbilder des Satelliten NOAA 10 sind bei niedriger Sonnenhöhe auch im Kanal 3 durch einen ausgesprochenen Panoramaeffekt gekennzeichnet, der die Klassifikation von Nebel mittels eines Temperaturdifferenzbildes der Kanäle 3 und 4 erschwert.

Die gängige Methode für die VIS-Kanäle, den Reflexionsgrad durch den Kosinus des Sonnenzenitwinkels zu dividieren, kann nur angewendet werden, wenn bei der Kalibrierung des Radiometers ein senkrechter Sonneneinfall bezogen auf den Einheitskreis 2π berücksichtigt wurde. Das trifft für den Kanal 3 (AVHRR) nicht zu, so daß besonders bei kleinen Sonnenhöhen die Temperaturwerte unter Anwendung der genannten Berechnung stark überschätzt werden. Es muß vielmehr eine auf den spezifischen Wertebereich zugeschnittene Korrekturfunktion entwickelt werden. Im vorliegenden Fall ist das Ziel einer Korrekturrechnung, die Temperaturbilder des Kanals 3 so zu verändern, daß möglichst der einheitliche Schwellenwert für die Klassifikation von Nebel von <= -12 K, der für Mittagsbilder von NOAA 11 ermittelt wurde, erhalten bleibt.

4.5.1 Theoretische Überlegungen

Zu diesem Zweck wurde eine weitere Untersuchung für Morgenüberflüge von NOAA 10 durchgeführt. Um die Abhängigkeit von Beleuchtung und Sonnenhöhe im Bildausschnitt der Alpen zu untersuchen, ist die erste Voraussetzung die Berechnung der Sonnenhöhe für jedes Pixel der Bildmatrix. Danach wird die Auswirkung des Panoramaeffekts auf nicht korrigierte Bilder untersucht, um schließlich aus den Erkenntnissen eine Korrekturmöglichkeit abzuleiten. Dabei erfolgt die Berechnung der Sonnenhöhe in Anlehnung an ein Verfahren von KUNZ (1983:24 ff.). Über das Orbitalmodell werden für jedes Pixel geographische Breite und Länge sowie die Scanzeit berechnet und die daraus abgeleitete Sonnenhöhe als Grauwert in einer Bilddatei abgelegt werden (s. BENDIX & BACHMANN 1991:309).

4.5.1.1 Effekt der Sonnenhöhe auf T_4-T_3 Bilder

Bilder im Übergangsbereich von Tag zu Nacht zeigen deutliche Effekte im Temperaturdifferenzbild (T_4-T_3) (s. BENDIX & BACHMANN 1991:309). Die Nebeloberflächen weisen von

Ost nach West bis zu einer Sonnenhöhe von ca. 1.5° gegenüber den umgebenden Landflächen (Differenz von ca. 0), eine negative Temperaturdifferenz auf, die ganz klar aus dem Reflexionsüberschuß der Nebeldecke im Kanal 3 resultiert. Ausnahmen bilden nach Osten abgeschattete Alpentäler, in denen der Nebel noch nicht beleuchtet wird. Hier reagiert der Nebel im Temperaturdifferenzbild wie bei Sonnenhöhen < 0.5° mit zunehmend positiven Temperaturdifferenzen, die sich aus dem Emissionsdefizit des Nebels im Kanal 3 ergeben. Zwischen Sonnenhöhen 0.5-1.5° sind Bereiche zu erkennen, in denen der Nebel die gleiche Temperaturdifferenz wie die umgebenden Landflächen aufweist. In diesem Fall heben sich das Emissionsdefizit und der noch schwache Reflexionsüberschuß an der Nebeloberfläche im Kanal 3 auf, so daß die Nebelerkennung über den T_4-T_3 Wert nicht möglich ist. Da Bilder im Übergangsbereich vom Tag zur Nacht allerdings selten vorkommen und das Sonnenhöhenintervall von 0.5-1.0° außerdem im Satellitenbild in der Regel wenig Raum einnimmt, stört dieser Effekt die operationelle Anwendbarkeit des vorgestellten Verfahrens nur in Einzelfällen.

4.5.1.2 Abschätzung des Reflexanteils im Kanal 3 bei Tag für Nebel

Vor der Entwicklung eines Korrekturverfahrens müssen einige theoretische Überlegungen hinsichtlich der reflektierten Solarstrahlung im Spektralbereich 3.8 μm für Nebeloberflächen vorangestellt werden.

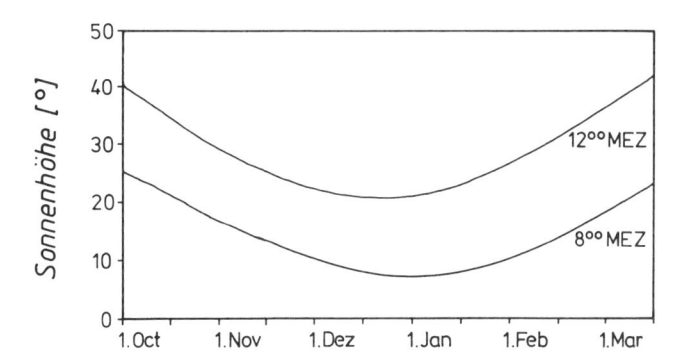

Fig. 4.7: Sonnenhöhen der Monate Oktober bis März für die Station Mailand 45°25' Breite 9°12' Länge.

Figur 4.7 stellt für die in der Mitte des südlichen Bilddrittels gelegene Station Mailand den Jahresgang der Sonnenhöhe für die typischen Überflugszeiten von NOAA 11 (11:00 UTC) und NOAA 10 (7:00 UTC) vor. Das Diagramm zeigt, daß für die Mittagsüberflüge in keinem Fall die Sonnenhöhe 40 Grad über- bzw. 20 Grad unterschritten wird. Die Morgenüberflüge weisen demgegenüber ein Minimum von ca. 9 Grad auf. Allerdings schwankt die Überflugzeit von NOAA 10 um ± 1 Stunde, so daß vor allem für das nördlich gelegene Untersuchungsgebiet des Schweizer Mittellands Sonnenhöhen bis 0° auftreten.

Wie im vorherigen Abschnitt festgestellt wurde, ist der Schwellenwert von -12 K ab einer Sonnenhöhe von < 11° zur Klassifikation von Nebel nicht mehr gültig. Es ist also anzustreben, eine Korrektur der Bilder auf eine einheitliche, den Mittagsbildern in etwa entsprechenden Sonnenhöhe vorzunehmen. Vorteilhaft ist hier die relative Unempfindlichkeit des

Schwellenwertes im Intervall der Sonnenhöhen von 11-40 Grad. Die durchgeführten theoretischen Berechnungen dienen der Abschätzung des Einflußes von optischer Dicke und der Reflexionsfunktion von Nebel auf den Panoramaeffekt der Beleuchtung und basieren auf den nachfolgenden Prämissen:

- Untersucht wird eine Nebeldecke mit 200 m vertikaler Mächtigkeit
- Es liegt eine typische Tropfengrößenverteilung mit 4 μm als Modalwert vor (HUNT 1973:349).
- Die Teilchenkonzentration wird auf 100 cm^{-3} festgesetzt (HUNT 1973:361).
- Nebel mit diesen Eigenschaften besitzt einen Extinktionskoeffizienten β_{ext} von 1.98 km^{-1} im Bereich von 3.8 μm (=Kanal 3 AVHRR) (HUNT 1973:355)
- Die mittlere solare spektrale Bestrahlungsstärke der Erde (E) außerhalb der Atmosphäre beträgt im Spektralbereich von Kanal 3 (3.5-4.0 μm) 11.88 W m^{-2} (THEKAEKARA 1974:520).
- Die Transmission durch die urbane Atmosphäre für einfallende Solarstrahlung beträgt im Spektralbereich von Kanal 3 im Mittel 80% (SAUNDERS 1989:251).
- Es werden keine Korrekturen hinsichtlich der Empfindlichkeit des Kanal 3-Radiometers (Spectral response function) berücksichtigt.
- Nebel reflektiert im Kanal 3 nahezu isotrop.
- 1 K entspricht im Kanal 3 ca. 20 Digitalwerten

Die Strecke, die ein Lichtstrahl durch eine Nebelschicht zurücklegen muß, nimmt mit abnehmender Sonnenhöhe (Θ) zu. Die geometrische Dicke (D) berechnet sich dementsprechend für eine Nebeldecke mit einer typischen vertikalen Mächtigkeit von 200 m (=0.2 km):

$$D = 0.2/\sin(\Theta) \qquad [4.10]$$

Die isotrope optische Dicke τ steht zur geometrischen Dicke in folgendem Zusammenhang (HUNT 1973:361):

$$\tau = D * \beta_{ext} \qquad [4.11]$$

Der Zusammenhang zwischen optischer Dicke und Reflexionsvermögen (r) einer Nebeldecke beschreibt sich nach der isotropen Reflexionsfunktion für Kanal 3 (berechnet nach HUNT 1973:355) für den Bereich $\tau = 0$ bis 7 km:

$$r = -0.00523198 * \tau**2 + 0.0712912 * \tau + 0.001491512 \qquad [4.12]$$

Figur 4.8-a verdeutlicht den Anstieg der Reflexionsfunktion in Abhängigkeit der Sonnenhöhe. Der Anstieg ist exponentiell, wobei die Reflexion lange konstant bleibt (bei 4-6 %) und erst ab ca. 25 Grad Sonnenhöhe stärker zunimmt. Dies würde bedeuten, daß im Kanal 3 besonders im Bereich der Sonnenhöhen < 25 Grad ein starker Strahlungsfluß das Radiometer erreichen würde, wenn die solare Bestrahlungsstärke (En) des Nebels unabhängig vom Einfallswinkel wäre. Diese Abhängigkeit läßt sich berechnen (SCHERHAG & LAUER 1982:44):

$$En = E * \sin(\Theta) \qquad [4.13]$$

und vermindert sich um die atmosphärische Absorption bezogen auf den betrachteten Raumwinkel (s. SAUNDERS 1989:251):

$$En = 1/\pi * En*0.8 \quad [W\ m^{-2}\ str^{-1}\ \mu m^{-1}] \quad\quad\quad [4.14]$$

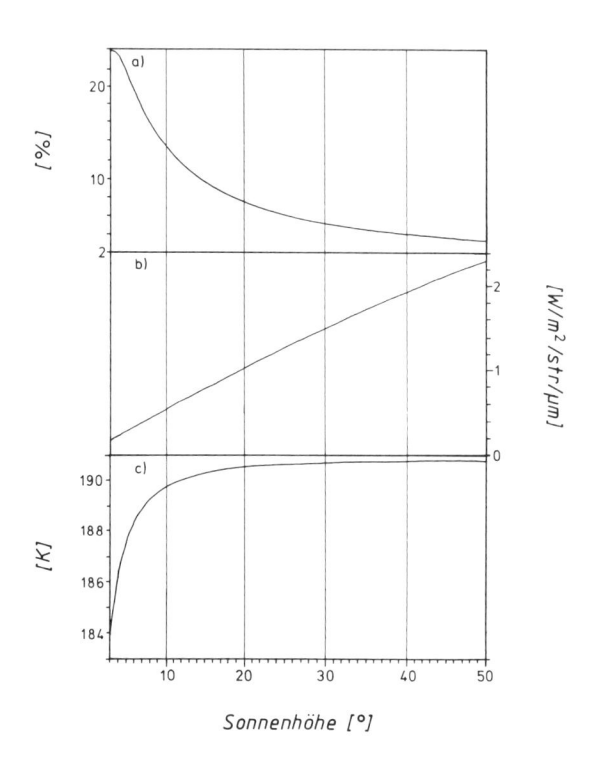

Fig. 4.8 :(a) Spektraler Reflexionsgrad (3.8 μm) einer typischen Nebeldecke mit 200 m Mächtigkeit, berechnet nach HUNT 1973. (b) Spektrale Bestrahlungsstärke (3.8 μm) nach THEKAEKARA 1974. (c) Korrespondierender Reflexionsgrad im Kanal 3 AVHRR bei Tag umgerechnet in Helligkeits-Temperaturen.

Figur 4.8-b zeigt als Ergebnis eine fast lineare Abnahme der spektralen Bestrahlungsstärke des Nebels.
Die effektive Strahldichte des Reflexanteils von Nebel (L) in Abhängigkeit der optischen Dicke und der Einstrahlung berechnet sich nun aus der spektralen Bestrahlungsstärke und der Reflexionsfunktion.

$$L = En*r \quad\quad\quad [4.15]$$

Es zeigt sich (Fig. 4.8-c), daß aufgrund der Interaktion von sonnenstandsabhängiger Reflexionsfunktion und Bestrahlungsstärke bis zu einer Sonnenhöhe von 11° die spektrale

Strahldichte des Reflexanteils von Kanal 3 nahezu linear verläuft und bei Sonnenhöhen < 9° steil abfällt.
Diese Konstanz ist typisch für Nebel und eng mit der spektralen Isotropie von Nebel im Bereich von Kanal 3 verknüpft. Für andere Oberflächen (Wolken, Land etc.) ist eine solche Konstanz des Reflexanteils im Kanal 3 selten so gut ausgeprägt, wie dies für Nebel und abgeschwächt für homogenen, niedrigen Stratus der Fall ist (LILJAS 1991).

Das theoretisch berechnete Temperaturgefälle ist allerdings gegenüber den aus dem Bildmaterial empirisch ermittelten Gefällewerten etwas zu niedrig, so daß der spektrale Reflexanteil leicht unterschätzt wird.

Bei einer Analyse der Temperaturabnahme von Nebel innerhalb des Sonnenhöhenintervalls von 20-14° zeigt sich ein Temperaturgefälle im Kanal 3 (AVHRR) von 5 K, während die berechnete Temperaturfunktion lediglich 3 K, also nur 60% erklärt. Letztlich muß also die Strahldichte, die das AVHRR-Kanal 3-Radiometer erreicht, größer sein als es die theoretische Temperaturfunktion anzeigt. Das hängt von HUNTS Prämissen ab, die hinsichtlich der optischen Eigenschaften von niedrigem Stratus nicht uneingeschränkt auf Strahlungsnebel übertragbar sind. Im Gegensatz zu HUNT gehen z.B. andere Autoren von geringeren Modalwerten des Tropfenspektrums von Nebel aus. Typische Größen liegen unter 1 μm (MASON 1982:491) bzw. 2-3μm (WANNER 1979:57). Auch die Anzahl der Tropfen kann > 100 cm^{-3} liegen (bis 200) (WANNER 1979:58). Diese typischen Eigenschaften für Strahlungsnebel erhöhen aufgrund des Zusammenhangs von Tropfenspektrum, Wellenlänge der Strahlung und Mie-Theorie die optische Dicke und resultierend das Reflexionsvermögen des Nebelkörpers gegenüber den auf HUNT basierten Annahmen.

Weiterhin verändert sich mit abnehmendem Tropfenspektrum auch der Reflexionstyp. Da die Mikro-Struktur der Nebelmeeroberfläche wesentlich kleinere Lücken aufweist als die Wellenlänge im Bereich 3.8 μm, wird die Reflexion zunehmend spiegelnder (LENGGENHAGER 1982:194). HUNTS Prämissen beziehen sich dagegen nur auf niedrigen Stratus, der zwar ein ähnliches Tropfenspektrum wie Strahlungsnebel, aber normalerweise eine wesentlich rauhere Oberfläche aufweist. Bei einer mittleren Sonnenhöhe (Θ) von 30° tritt in der Winterperiode bezogen auf die Mittagsüberflüge gerade bei randlichen Bildern ein Beobachtungswinkel (α, Minimum bei 34.6°) auf, der der Sonnenhöhe (Θ) in etwa entspricht.

Die Kombination von richtungsunabhängiger und spiegelnder Reflexion verursacht also die hohen spektralen Strahldichten von Strahlungsnebel im Bereich des Kanals 3.

Es bleibt anzumerken, daß die hier berechneten Strahlungstemperaturen nicht direkt mit denen des Radiometers vergleichbar sind, da die gesamte Geometrie des Scanners, dessen spektrale Empfindlichkeit sowie Atmosphärenverluste/-gewinne auf dem Weg zum Sensor nicht in Betracht gezogen wurden.

4.5.2 Sonnenstandskorrektur

Für die Korrektur der Temperaturdifferenzbilder auf einen einheitlichen Sonnenstand muß eine spezielle Korrekturfunktion angewendet werden. Hierbei soll nicht das Differenzbild selber, sondern das zur Differenzbildung benötigte Temperaturbild des Kanals 3 (AVHRR) korrigiert werden, da dieses am Tag letztlich den zu korrigierenden Reflexanteil beinhaltet. Im vorliegenden Fall muß die Korrekturfunktion daher den Helligkeits-Temperaturen von Kanal 3 (in Kelvin) angepasst werden. Da die Korrektur speziell auf den Alpenbereich bezogen sein sollte, wurde im Hinblick auf die Konstanz des Reflexsignals im Kanal 3 bei größeren Sonnenhöhen eine Korrektur auf einen einheitlichen Sonnenstand von 30° angestrebt. Diese Sonnenhöhe liegt im Mittel für die NOAA 11 Mittagsüberflüge vor. Weil die berechnete theoretische Funktion zu geringe Temperaturgradienten lieferte, wurden die Korrekturwerte empirisch ermittelt. Für verschiedene Testbilder wurden Temperaturdifferenzen für den Bereich von 15°-1.5° Sonnenhöhe für $^1/_{10}$ Grad-Schritte aus den Temperaturdifferenzbildern ausgelesen. Die empirisch ermittelten Temperaturgradienten zeigten für Nebel ein der theoretisch berechneten Funktion ähnliches Verhalten und liefern daher gewichtet mit den relativen Temperaturgradienten (Fig. 4.8-c) die Funktion f, die bezogen auf eine Sonnenhöhe von 30° wie folgt in die eigentliche Korrekturfunktion (f_{cor}, s. Fig. 4.9) umgesetzt wird:

$$f_{cor} = ((\cos(\Theta_{pix}) - \cos(30°))/f) + 1)$$
$$T_3 = T_3 * f_{cor} \qquad [4.16]$$

wobei: Θ_{pix}: Sonnenhöhe des Pixels n [°]
           T_3 : Helligkeitstemperatur des Pixels n [K]
           f_{cor}: Korrekturwert bezogen auf 30° Sonnenhöhe

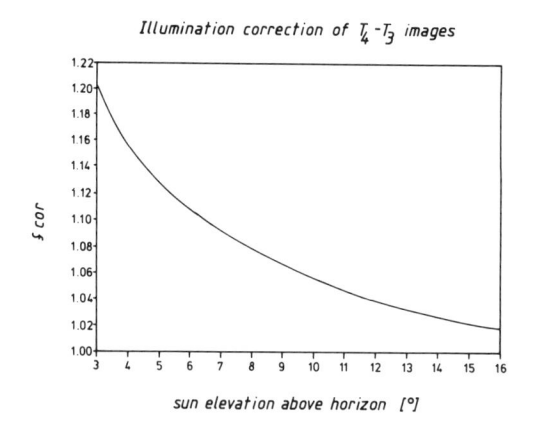

Fig. 4.9: Korrekturfunktion f_{cor}

Θ(°)	fcor	Θ(°)	fcor	Θ(°)	fcor
1.5	1.0887499	6.6	1.0317000	11.7	1.0082902
1.6	1.0875000	6.7	1.0311000	11.8	1.0080236
1.7	1.0862499	6.8	1.0301999	11.9	1.0077740
1.8	1.0850000	6.9	1.0292998	12.0	1.0076083
1.9	1.0831248	7.0	1.0287000	12.1	1.0074541
2.0	1.0812499	7.1	1.0281000	12.2	1.0072964
2.1	1.0800000	7.2	1.0275000	12.3	1.0070743
2.2	1.0787500	7.3	1.0269000	12.4	1.0068527
2.3	1.0774998	7.4	1.0260349	12.5	1.0067157
2.4	1.0756698	7.5	1.0252399	12.6	1.0065759
2.5	1.0738400	7.6	1.0247100	12.7	1.0064450
2.6	1.0726200	7.7	1.0241800	12.8	1.0063115
2.7	1.0714000	7.8	1.0236500	12.9	1.0061223
2.8	1.0701800	7.9	1.0228999	13.0	1.0059382
2.9	1.0689599	8.0	1.0220600	13.1	1.0058157
3.0	1.0671298	8.1	1.0215300	13.2	1.0057006
3.1	1.0652998	8.2	1.0209999	13.3	1.0055830
3.2	1.0642699	8.3	1.0207035	13.4	1.0054534
3.3	1.0632400	8.4	1.0204075	13.5	1.0053255
3.4	1.0622098	8.5	1.0199630	13.6	1.0052444
3.5	1.0606650	8.6	1.0195185	13.7	1.0051596
3.6	1.0591200	8.7	1.0192221	13.8	1.0050757
3.7	1.0580898	8.8	1.0189260	13.9	1.0049966
3.8	1.0570599	8.9	1.0186298	14.0	1.0048754
3.9	1.0560300	9.0	1.0181852	14.1	1.0047557
4.0	1.0549999	9.1	1.0175470	14.2	1.0046757
4.1	1.0536874	9.2	1.0170774	14.3	1.0045999
4.2	1.0523749	9.3	1.0166275	14.4	1.0045212
4.3	1.0514998	9.4	1.0161957	14.5	1.0044082
4.4	1.0506248	9.5	1.0157813	14.6	1.0042931
4.5	1.0497500	9.6	1.0151538	14.7	1.0042203
4.6	1.0484375	9.7	1.0145373	14.8	1.0041451
4.7	1.0471250	9.8	1.0141633	14.9	1.0040738
4.8	1.0462500	9.9	1.0138042	15.0	1.0039999
4.9	1.0454750	10.0	1.0134582	15.1	1.0039246
5.0	1.0446999	10.1	1.0129556	15.2	1.0038486
5.1	1.0439250	10.2	1.0124774	15.3	1.0037980
5.2	1.0427623	10.3	1.0121794	15.4	1.0037468
5.3	1.0415998	10.4	1.0118754	15.5	1.0036958
5.4	1.0408250	10.5	1.0115667	15.6	1.0036186
5.5	1.0400500	10.6	1.0112849	15.7	1.0035409
5.6	1.0392750	10.7	1.0108673	15.8	1.0034890
5.7	1.0381899	10.8	1.0104825	15.9	1.0034368
5.8	1.0372600	10.9	1.0102374	16.0	1.0033843
5.9	1.0366400	11.0	1.0099879	16.1	1.0033051
6.0	1.0360200	11.1	1.0097471	16.2	1.0032258
6.1	1.0354000	11.2	1.0094124	16.3	1.0031726
6.2	1.0347799	11.3	1.0090811	16.4	1.0031191
6.3	1.0338499	11.4	1.0088695	16.5	1.0030653
6.4	1.0329200	11.5	1.0086645	16.6	1.0030116
6.5	1.0322998	11.6	1.0084656	16.7	1.0029574
6.6	1.0317000	11.7	1.0082902		
6.7	1.0311000	11.8	1.0080236		

Tab. 4.2: Korrekturfunktion f_{cor}

Zur Korrektur auf einen einheitlichen Sonnenstand muß also für jedes Pixel des Kanal 3-Temperaturbildes die Sonnenhöhe errechnet und der zugehörige f_{cor}-Wert zugeordnet werden (s. Tab. 4.2). Erst dann kann die Temperaturdifferenz T_4-T_3 berechnet werden.

Ab Sonnenhöhen > 15° werden die Pixel nicht mehr korrigiert. Aufgrund der Stabilität des Reflexsignals im Kanal 3 für Nebel sind die Abweichungen für Sonnenhöhen > 15° kleiner als 0.5 K.

4.5.3 Ergebnisse der Korrektur

Figur 4.10 zeigt das Ergebnis der Sonnenkorrektur anhand der Histogramme des T_4-T_3 Bildes vom 30. Dezember 1988 mit einer Sonnenhöhe von 11.5°-3.5°. Das linke Histogramm entspricht dem Temperaturdifferenzbild ohne Korrektur, das rechte dem Ergebnis nach der Sonnenstandskorrektur.

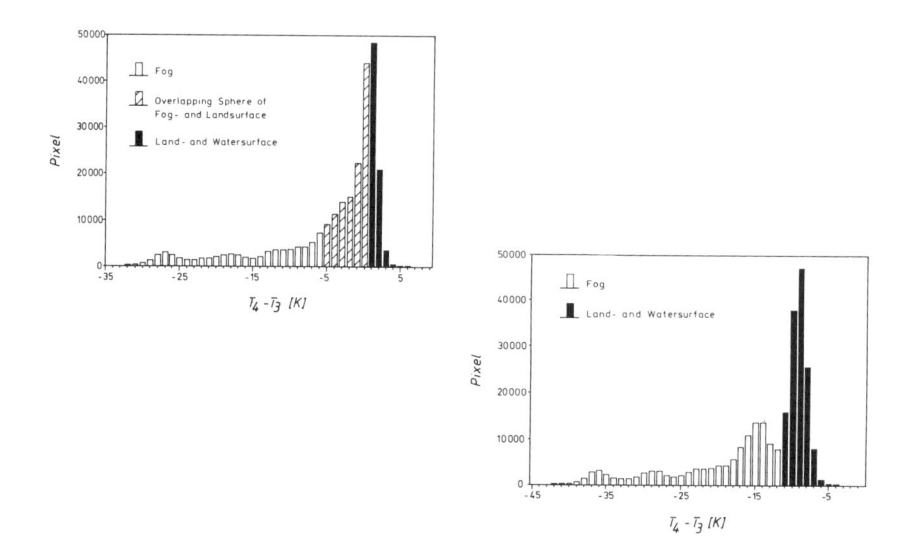

Fig. 4.10: Histogramme des T_4-T_3-Bildes vom 30.12.1988, (a) unkorrigiert und (b) korrigiert.

Sie zeigen, daß neben der Anpassung an einen einheitlichen Schwellenwert -12 K auch die Trennschärfe zwischen Nebel und Nicht-Nebel durch die Korrekturfunktion verbessert wird. So können im unkorrigierten Fall die Nebelfelder in der Bildmitte sowie westlich der Vogesen nicht mehr eindeutig von den Landflächen der Poebene getrennt werden, während dies im zweiten Fall auch für die Nebelpixel im äußersten Westen (Sonnenhöhe 3.5°) noch möglich ist (s. a. BENDIX & BACHMANN 1992:310).

4.6 Zusammenfassung

Mit Hilfe von Temperaturdifferenzbildern (T_4-T_3) der Kanäle 3 und 4 der Wettersatelliten der NOAA-Serie (AVHRR) ist eine operationelle Erkennung von Strahlungsnebel bei Nacht aufgrund der unterschiedlichen Emissivität von Nebel in den Spektralbereichen der Kanäle 3 und 4 möglich. Die Untersuchung zeigt, daß die Nebelerkennung aufgrund der Reflexionseigenschaften von Nebel im Spektralbereich des Kanals 3 auch bei Tag mit einem einheitlichen Schwellenwert von $\leq$ -12 K möglich ist. Der Schwellenwert bleibt zwischen September und März unabhängig vom Aufnahmezeitpunkt der Bilder konstant, wenn die Sonnenhöhe (über Horizont) einen Wert von 11° nicht unterschreitet. Die Fehlerrate liegt im Mittel unter 0.1%. Ein leicht erhöhter Anteil von Fehlpixeln ergibt sich bei Änderungen der optischen Eigenschaften des Nebels (Frontalnebel). Die notwendigen Berechnungen dauern auf einem PC-AT für eine 512*512 Szene etwa fünf Minuten und benötigen keine meteorologischen Zusatzinformationen. Für Bilder mit Sonnenhöhen unter $11°$ kann die Klassifikation nur bei vorgeschalteter Korrektur auf einen einheitlichen Sonnenstand von 30° gelingen. Eine zu diesem Zweck entwickelte Korrekturfunktion erlaubt eine Beleuchtungskorrektur bis 1.5° Sonnenhöhe. Die Berechnung der Sonnenhöhe ist auf einem PC-AT für operationelle Zwecke aber noch zu langsam. Erfahrungen auf einer VAX-Workstation zeigen eine deutliche Reduktion der Rechenzeit von 0.5 Stunden auf ca. 3 Minuten.

Im Bereich von 0.5-1.0° Sonnenhöhe ist eine Klassifikation nicht möglich, da sich im Temperaturdifferenzbild der aus der beginnenden Reflexion resultierende Strahlungsüberschuß und das nächtliche Emissionsdefizit ausgleichen.

Das entwickelte Verfahren kann insgesamt den 1D-Schwellenwertverfahren zugeordnet werden, das physikalisch begründbar, mit einem synthetischen Kanal (Temperaturdifferenz Kanal 3 - Kanal 4 AVHRR) arbeitet.

4.7 Verifikation der Klassifikation mit Hilfe von Feldbeobachtungen

Die Verifikation der Nebelerkennung und der Klassifikation ist prinzipiell auf verschiedene Weise durchführbar. Möglich sind Verifikationen über (1) Daten des meteorologischen Beobachtungsnetzes und (2) über eigene Meßkampagnen.

zu (1) Für eine Überprüfung der binären Nebelmaske mit Daten des meteorologischen Meßnetzes werden Sichtweitedaten eingesetzt, die im Stundenintervall von den jeweiligen Wetterdiensten gemeldet und archiviert werden. Da der Satellit ein Gebiet äußerst selten zur vollen Stunde überfliegt, weichen Zeitpunkt der Sichtweitebeobachtungen und Bildaufnahme immer voneinander ab. Für die einstündigen SYNOP-Stationen der Poebene ergab sich eine minimale Zeitabweichung von 5 und einen maximale von 30 Minuten.

zu (2) Aus diesem Grund wurden in den Winterperioden 1990 und 1990/91 verschiedene Meßkampagnen sowohl im Schweizer Mittelland als auch in der Poebene durchgeführt. Dabei konnten alle Feldbeobachtungen genau zum Satellitenüberflug durchgeführt werden. Für die entsprechenden Tage standen den Autoren jeweils die Orbitalprognosen der Empfangsstation der Universität Bern zur Verfügung, so daß die Routen während der Meßkampagnen im Voraus geplant werden konnten.

Während der Meßkampagnen wurden zwei Verfahren angewendet:

-Schweizer Mittelland: Photographieren und kartieren der Nebeldecke von erhöhten Standorten während des Satellitenüberflugs.

-Poebene: Meßfahrten während des Satellitenüberflugs mittels eines auf einem PKW montierten Flugmeteorographen in den Nebel und Sichtweiteschätzungen anhand von festen Sichtmarken der italienischen Autobahn.

Im folgenden sollen nun exemplarisch einige Ergebnisse vorgestellt werden.

4.7.1 Meßkampagnen Schweiz

Im Schweizer Mittelland wurden insgesamt drei Meßkampagnen durchgeführt. Die Meßkampagnen fanden sowohl in der Umgebung von Bern (z.B. Längenberg) als auch im Schweizer Jura im Bereich von Solothurn statt. Tabelle 4.3 zeigt die durchgeführten Meßkampagnen im Schweizer Mittelland.

Zeitraum	Gebiet
27.11.-03.12.1989	Luzern Weissenstein (Röti 1396 ü. NN)
20.01.-07.02.1990	Längenberg (Bern) Weissenstein (Röti 1396 ü. NN) Payerne
03.12.-08.12.1990	Chasseral (1607 ü. NN)

Tab. 4.3: Meßkampagnen im Schweizer Mittelland

4.7.1.1 Methodik

Während der Feldkampagnen wurden erhöhte Standorte, die zum Satellitenüberflug über dem Nebel lagen, aufgesucht. Von diesem Standort wurden genau zum Zeitpunkt des Satellitenüberflugs Panoramaphotographien aufgenommen sowie die Nebelgrenze in der topographischen Karte eingezeichnet. Die Beobachtungen wurden häufig auch über einen ganzen Tag durchgeführt, um die Nebeldynamik, das Auflösungsverhalten sowie die Verlagerung der Nebelmeere zu studieren.

4.7.1.2 Auswertung

Zur Kontrolle der Klassifikation sollen im folgenden zwei Nebelereignisse mit unterschiedlichen Nebelhöhen aufgeführt werden. Es handelt sich um die Tage vom 2.12.1989 und 30.12.1989, an denen das Schweizer Mittelland nebelbedeckt war. Tafel III zeigt die Panoramaphotographien, die in die topographische Karte eingezeichneten Nebellinien und den jeweiligen Ausschnitt der binären Nebelmaske mit eingezeichneten Nebelgrenzen. Die binären Nebelmasken sind jeweils über den Schwellenwert $T_4-T_3=-12$ klassifiziert. Beide Photographien zeigen das Nebelmeer aufgenommen vom Gipfel (Röti, 1396 ü. NN) des Weissensteins, nordöstlich von Solothurn. Der aus dem Nebel herausragende Bergrücken gehört zur Lebern (1232 m ü. NN) und ist jeweils gut sichtbar.

Die Situation vom 2.12.1989, 12:45 (Tafel III oben) zeigt eine hochliegende Nebeldecke mit einer Obergrenze bei ca. 980 m. Der Nebel liegt dem Gelände auf, so daß die Nebelgrenze sehr gut verfolgt werden kann. Es ist deutlich zu erkennen, daß der aus dem Nebel herausragende Bergrücken trotz seiner Breite von lediglich 1 km auch in der binären Nebelmaske identifiziert werden kann und diese, limitiert auf die Pixelauflösung von 1*1 km, die Nebelgrenze gut widerspiegelt.

Die Panoramaaufnahme vom 30.12.1989, 12:50 (Tafel III unten) zeigt einen größeren Gebietsausschnitt, wiederum aufgenommen von der Röti. Gut zu erkennen sind zwei niedrigere Nebelmeere im Süden und Norden des Lebern-Rückens. Im Bereich von Welschenrohr nördlich des Weissensteins sieht man eine Engstelle des Nebelmeers mit einer Breite von ca. 1 km. Auch in diesem Fall wird der Nebelrand trotz dieser Engstellen gut durch die binäre Nebelmaske repräsentiert, obwohl die Nebelverbreitung im Osten der Ausbuchtung sowohl im südlichen als auch im nördlichen Bereich leicht überschätzt wird. Dieses Phänomen zeigt die mögliche Genauigkeit und Limitierung bei der Nebelrandklassifikation mit NOAA-Bildern und ist sicherlich auf Mischpixeleffekte im 1*1 km Rasterbild zurückzuführen. Insgesamt wird sowohl die Klassifikation als auch die Geokorrektur durch die Geländebeobachtungen in hervorragender Weise bestätigt.

4.7.2 Meßkampagne Poebene

Vom 16.11.1990 bis zum 30.11.1990 wurde eine Meßkampagne in der Poebene durchgeführt. Die Meßfahrten fanden mit Hilfe eines auf dem Autodach montierten Flugmeteorographen (s.a. GÄB 1976:94 ff.) auf der Autobahn von Como in Richtung Mailand (E35) statt. Die Autobahn hat gegenüber den Landstraßen den Vorteil, daß aufgrund des hohen Nebelaufkommens auf dem Seitenstreifen Sichtmarken in Form von großen roten Punkten im Abstand von 50 Metern aufgemalt sind, durch die Sichtweitebeobachtungen während der Meßfahrt vorgenommen werden konnten. Als Beispiel dient hier die Meßfahrt vom 30.11.1991. Die Route auf der E35 kann der Figur 4.11 entnommen werden. Die Markierungen (Tafel III) im Schreibstreifen geben die lokalisierbaren, signifikanten Meßpunkte auf der Meßstrecke wie zum Beispiel den Beginn des Nebels und alle Autobahnausfahrten wieder. Die Punkte sind ihrer Reihenfolge nach mit Nummern markiert; der Ablauf der Meßfahrt wird in Tabelle 4.4 protokolliert.

Meßpunkt	Ort	Strecken-km	Zeit [UT]
1.	Uscita Como-Süd	0	12:20
2.	Uscita Fino Mornasco	4.5	12:25
3.	Uscita Lomazzo	9	12:28
4.	Nebelrand	10.8	12:30
5.	Nebelverdichtung	14.0	12:32
6.	Uscita Turate	16.0	12:33
7.	Uscita Saronno	19.0	12:35
8.	Uscita Varese/Sesto	23.0	12:38

Tab. 4.4: Meßprotokoll

Zum Vergleich mit den Ergebnissen der Meßfahrt stand das Satellitenbild vom 30.11.1990 12:23 UT zur Verfügung. Das Satellitenbild wurde nach dem Klassifikationsverfahren T_4-T_3 klassifiziert (Schwellenwert -12) und in horizontale Sichtweiten umgerechnet (zum Verfahren siehe Teil III der vorliegenden Arbeit). Tafel III zeigt im linken kleinen Ausschnitt die Sichtweite im Westen der Poebene, im mittleren Ausschnitt die über das Programmpaket IDRISI digitalisierte Autobahn E35 und im rechten Ausschnitt die für die jeweiligen Meßpunkte repräsentativen Pixel.

Der Vergleich mit dem Meßprofil und den beobachteten Sichtweiten (Tafel III) zeigt, daß die Klassifikation den Nebelrand gut repräsentiert (Meßpunkt 4). Die Abweichung um ein

Pixel rührt daher, daß der km 10.8 auf das 11. Autobahnpixel bezogen wurde. Während am Meßpunkt 4 die Sichtweite noch auf 800 Meter geschätzt wird, zeigt das lokalisierte 11. Autobahnpixel schon Sichtweiten < 200 Meter an, wobei für das darüberliegende 10. Autobahnpixel Sichtweiten < 800 Meter berechnet wurden. Es ist daher anzunehmen, daß der Meßpunkt aufgrund von Ungenauigkeiten des Kilometerzählers im Meßfahrzeug oder wegen Fehlern bei der Geokorrektur des Bildes oder durch Abweichungen beim Resampling des Autobahnvektors auf das 10. Autobahnpixel gelegt werden muß.

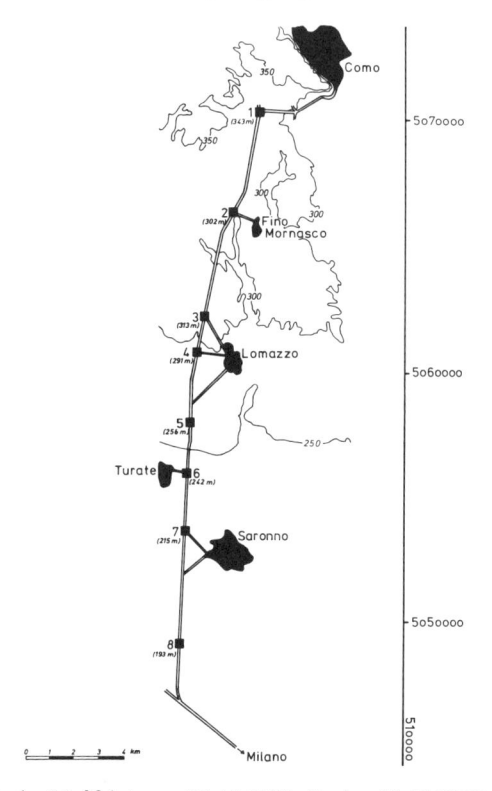

Fig. 4.11: Fahrtroute der Meßfahrt vom 30.11.1990, Beginn 12:18 UTC

Besonders im Hinblick auf die Nebelhöhenbestimmung ist zu erwähnen, daß der Nebel am Nebelrand mit wenigen Metern Höhe (ca. 5-10 m) auf dem Gelände auflag. Am Meßpunkt 3 zeigen auch die aufgenommenen Klimaelemente eine abrupte Änderung. Die relative Feuchte steigt auf 96%, während die Sichtweite unter 1000 Meter absinkt. Durch die sprunghaft geänderten Strahlungsverhältnisse nimmt auch die potentielle Äquivalenttemperatur um ca. 2 K ab. Die starke Druckschwankung am Nebelrand um ca. 3 hPa ist ein interessantes Phänomen und soll in einem späteren Kapitel im Kontext der Nebelklimatologie diskutiert werden. Insgesamt wird der bei ca. 300 m Höhe liegende Nebelrand gut durch die Klassifikation repäsentiert. Daß ein Fehler von ±1 Pixel in Spalten- und/oder Zeilenrichtung anzunehmen ist, zeigt auch der Meßpunkt 5. Hier berechnet sich eine Sichtweite von < 100 Metern bei einer Zunahme der relative Feuchte auf 97%, während die Sichtweitebeobachtung bei 300 Meter liegt. Das rechts neben dem 14.

Autobahnpixel liegende Pixel berechnet ebenfalls Sichtweiten um 300 Meter. Auch am Meßpunkt 6 bleibt die relative Feuchte etwa bei 97%. Die Beobachtung zeigt eine Sichtweite von 150 Meter, die dem Wert des Sichtweitepixels entspricht. Ab Meßpunkt 7 steigt dann die relative Feuchte auf nahezu 100%, was Sichtweiten kleiner 100 Meter sowohl bei der Beobachtung als auch bei der Berechnung im Satellitenbild zur Folge hat.

4.7.3 Zusammenfassung

Zusammenfassend kann die Nebelerkennung aus NOAA-AVHRR Daten über das gewählte Schwellenwertverfahren mittels Geländebeobachtungen und Meßfahrten, die genau zum Zeitpunkt des Satellitenüberflug durchgeführt wurden, bestätigt werden. Der Schwellenwert von $T_4-T_3=-12$ beweist auch im Nebelrandbereich sowohl für die flachere Poebene als auch für das stärker reliefierte Gebiet des Schweizer Mittellands seine Gültigkeit. Weiterhin werden die berechneten Sichtweiten durch die angeführte Meßfahrt bestätigt, so daß der Grenzwert $T_4-T_3=-12$ ungefähr die Sichtweitenmarke 1000 m, die zur Abgrenzung von Nebel und Dunst benutzt wird, anzeigt.

Zu bedenken ist, daß alle aufgetretenen Abweichungen von ± 1 Pixel in Zeilen- und/oder Spaltenrichtung nicht unbedingt dem Klassifikationsverfahren zugeordnet werden können. Besonders die Abweichungen durch geometrische Arbeiten wie Geokorrektur oder ähnlichen Operationen, aber auch der Mischpixeleffekt zeigen deutlich die Genauigkeitsgrenzen des verwendeten Bildmaterials. Es bleibt weiterhin anzumerken, daß alle Vergleiche von binären Nebelmasken mit Bodendaten der Sichtweite erfolgreich waren und übereinstimmend gute Ergebnisse lieferten, Ergebnisse dieser Vergleiche aber aufgrund der größeren Zeitabweichung von Beobachtungstermin und Satellitenüberflug im vorliegenden Abschnitt nicht präsentiert werden.

Trotz der genannten Fehler belegen die Verifikationsmessungen in hervorragender Weise die Anwendungsmöglichkeiten der NOAA/AVHRR-Daten selbst für regionalklimatologische Untersuchungen.

5. NEBELHÖHENBESTIMMUNG MIT DIGITALEN SATELLITENDATEN

Neben der Ausdehnung des Nebels stellt die Nebelobergrenze in vielerlei Hinsicht einen wichtigen Parameter dar. Im Bereich der Nebelobergrenze kommt es innerhalb eines kurzen Höhenintervalls zu einem sprunghaften Anstieg der Sichtweite und einer grundlegenden Änderung der Strahlungs- und Temperaturverhältnisse. Es wird zudem angenommen, dass durch die Nebelobergrenze in der Regel eine Temperaturinversion mit darunterliegendem Kaltluftsee angezeigt wird (WANNER 1979, WINIGER 1986, HEEB 1989). Die Höhenlage dieser Sperrschicht liefert dann einen Hinweis auf das zur Verdünnung von Luftschadstoffen zur Verfügung stehende Luftvolumen.

5.1 Möglichkeiten der Nebelhöhenbestimmung (M. BACHMANN)

Grundsätzlich bestehen mehrere Möglichkeiten zur Nebelhöhenbestimmung mit digitalen Satellitendaten:

(1) Überlagerung der Nebelbedeckung mit einem Digitalen Höhenmodell: Aus der Nebelbedeckung werden in einem ersten Schritt die Nebelkonturen abgeleitet. Unter der Annahme, dass der Nebel dem Gelände aufliegt, kann dann durch Überlagerung der Nebelkonturen mit dem Digitalen Höhenmodell die Höhenlage direkt bestimmt werden.

(2) Geländemerkmale: Unter Zuhilfenahme topographischer Merkmale wie z. B. markanter Höhenzüge wird die Höhenlage des Nebelmeeres visuell abgeschätzt (WINIGER 1986: 47). Für das Schweizer Mittelland sind dazu etwa 20-25 Punkte unterschiedlicher Höhenlage erforderlich (GFELLER 1985). Je nach Zahl erkennbarer Geländepunkte kann eine Genauigkeit von 100-150m erreicht werden (HEEB 1989: 9), wobei die Nebelhöhe nach Angaben von GFELLER (1985: 15) tendenziell unterschätzt wird.

(3) Trendflächenanalyse (siehe auch Kap. 5.3 Poebene): Bei diesem Vorgehen werden für die Nebelkonturen die Höhenwerte bestimmt und eine Trendfläche der Randhöhen berechnet. Dadurch findet ein Ausgleich kleinräumiger Schwankungen statt und man erhält einen verlässlichen Mittelwert sowie grossräumige Kippungs- und Staueffekte. Das Verfahren erfordert die Bearbeitung abgeschlossener Becken, da sonst Niveauunterschiede benachbarter Bereiche zu starken Verfälschungen der Trendfläche führen können.

(4) Radiometrische Verfahren: Die Lufttemperatur der freien Atmosphäre nimmt mit zunehmender Höhe ab. Bei Kenntnis des vertikalen Profils der Lufttemperatur kann aus der Oberflächentemperatur der Nebeldecke unter Umständen auf dessen Höhenlage geschlossen werden. Diese Methode hat noch wenig Anwendung gefunden, was u.a. darauf zurückzuführen ist, dass
-Nebel aus unterschiedlich stark unterkühlten Wassertröpfchen besteht und die Strahlungstemperatur von der Lufttemperatur deutlich abweichen kann, ferner dass
-Temperaturmuster in der Nebeldecke vor allem einen Hinweis auf Windströmungen liefern (WINIGER 1986: 57).
Andererseits ist es für wolkenfreie Szenen gelungen, aus der Strahlungstemperatur von Wald in verschiedenen Höhenlagen die Obergrenze der Temperaturinversion und damit die Mächtigkeit des Kaltluftsees zu bestimmen (NEJEDLY 1986).

(5) Statistische Verfahren: Durch die enge Bindung des Kaltluftsees an die Topographie ist eine Abhängigkeit der Nebelhöhe von der Nebelfläche zu erwarten. Voraussetzung zur statistischen Überprüfung dieses Zusammenhanges ist die Auswertung eines grösseren Datensatzes.

Die Methode (1), also die Überlagerung der Nebelkonturen mit dem Höhenmodell, erscheint für die vorliegende Fragestellung am sinnvollsten, da sie eine direkte Bestimmung der Nebelhöhe sowohl für grössere Gebiete als auch einzelne Regionen erlaubt. Zur Überprüfung der Resultate werden Stationsbeobachtungen und Felderhebungen herangezogen, wobei eine Übereinstimmung von +/- 50m angestrebt wird.

5.2 Anwendung im schweizerischen Alpenvorland (M. BACHMANN)

5.2.1 Verwendetes Datenmaterial

Zur Methodenentwicklung und Überprüfung steht folgendes Material zur Verfügung:

- Datenkollektiv von 137 digitalen Satellitenbildern unterschiedlicher Aufnahmezeitpunkte und daraus abgeleitete binäre Nebelkarten
- Das unter 2.3.1 beschriebene Höhenmodell mit einer Kantenauflösung von 500m und 1km.
- Terminbeobachtungen der Nebeldecke von den SMA-Stationen La Dole, Pilatus und Säntis
- Eigene Feldbeobachtungen

Die im SMA-Bulletin veröffentlichten Höhenwerte werden durch Augenbeobachtungen des Nebelmeeres gewonnen. Zu den üblichen Terminen (7h, 13h, 19h) wird die Obergrenze des Nebelmeeres geschätzt und mit einer Genauigkeit von 100m festgehalten. Diese Beobachtungen stellen allerdings kein ideales Datenmaterial zur Verifikation dar. Der Überflugszeitpunkt des Satelliten kann bis zu einer Stunde vom Beobachtungstermin abweichen. Ferner ist zu beachten, dass die SMA-Werte immer auf die nächsthöheren 100m gerundet werden, bei einer Nebelobergrenze von 730m also auf 800m (mündliche Mitteilung von F. SCHACHER, SMA Zürich). Dies ergibt in der Tendenz zu hohe Werte.

Zur Überprüfung des Zusammenhangs zwischen Nebelobergrenze und Inversionsuntergrenze stehen ferner die im SMA-Bulletin publizierten Sondierungen zur Verfügung.

5.2.2 Nebelhöhenbestimmung mittels Nebelrand und Digitalem Höhenmodell

5.2.2.1 Prinzipielles Vorgehen und Ergebnisse

Bei der von PAUL (1987) entwickelten Methode wird folgendes Vorgehen empfohlen (Fig. 5.1):

- Aus dem Satellitenbild wird eine binäre Nebelkarte erzeugt und auf die Projektion des Höhenmodells entzerrt.

- Für die entzerrte Nebelkarte werden die Nebelkonturen über einen 3*3 Filter durch Abfragen der Umgebung bestimmt. Als Rand wird dabei das letzte Nebelpixel angenommen.
- Durch Überlagerung der Konturen mit dem Höhenmodell können Höhenwerte sowohl für einzelne Bildelemente, bestimmte Gebiete, als auch das Gesamtgebiet ermittelt werden. Da die Höhenwerte von Pixel zu Pixel relativ stark schwanken können, ergibt sich ein verlässlicher Höhenwert nur durch Mittelbildung über einen grösseren Bereich. Im vorliegenden Fall werden Nebelhöhen für einzelne Teilgebiete (Ost-, Zentral- und Westschweiz) sowie das gesamte Schweizer Mittelland berechnet.

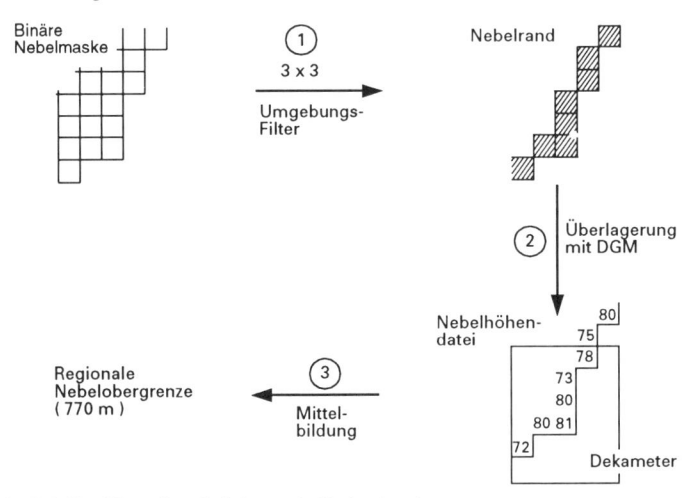

Fig. 5.1: Prinzipielles Vorgehen bei der Nebelhöhenbestimmung.

Die Methode wurde in der beschriebenen Weise auf einen Datensatz von 81 Satellitenbildern angewendet. Der Vergleich mit den SMA-Beobachtungen ergab die in Tabelle 5.1 zusammengestellten Abweichungen. Die mittlere absolute Abweichung beträgt 200m, wobei die aus dem Satellitenbild abgeleitete Nebelhöhe den SMA-Wert um durchschnittlich 190m unterschätzt. Die Abweichung ist für die Ost- und Zentralschweiz etwas geringer, liegt insgesamt aber deutlich über dem angestrebten Ziel von +/- 50m.

	Mittlere Abweichung [m]	
	absolut	relativ
Mittelland	200	-190
Ostschweiz	132	-8
Zentralschweiz	153	-60
Westschweiz	302	-223

(n=81)

Tab. 5.1: Mittlere Abweichung der über den Nebelrand ermittelten Nebelobergrenzen von Stationsbeobachtungen.

Folgende Problembereiche können beim genannten Vorgehen eine sichere und exakte Bestimmung erschweren und sind als Erklärungsmöglichkeiten in Betracht zu ziehen:

- Der Nebel steht nicht in direktem Kontakt mit dem Gelände. Der Nebelrand wird dadurch mit zu tief gelegenen Geländeteilen überlagert. Dieser Effekt tritt insbesondere bei Auflösungserscheinungen im Randbereich auf.
- Die Nebelklassifikation und Entzerrung liefern ungenaue Ergebnisse. Sowohl bei der Klassifikation als auch Entzerrung sind Fehler von etwa 1 Pixel zu erwarten. Problematisch sind insbesondere Mischpixel, d.h. Bildelemente, deren Begrenzung nicht genau mit dem Nebelrand zusammenfällt.
- Das steile Relief im Gebirgsbereich bedingt grosse Höhensprünge benachbarter Pixel. Ein lateraler Fehler von einem Bildelement (= 1km) kann hier unter Umständen einen vertikalen Fehler gleicher Grössenordnung ausmachen.
- Die zeitliche Differenz zwischen Beobachtungstermin und Satellitenüberflug ist zu gross.
- Die Aufrundung der SMA-Werte auf die nächsten 100m überschätzt die Nebelobergrenze.
- Der SMA-Wert weist selbst eine Unsicherheit von 100m auf.

Zur Minimierung der genannten Fehler sind mehrere Lösungsvorschläge denkbar. Neben der bereits genannten Methode wurden zwei Vorgehensweisen getestet. Die erste bezieht sich auf die Behandlung des Nebelrandes, die zweite auf den Reliefeinfluss.

5.2.2.2 Verfeinerte Behandlung des Nebelrandes

Der Einfluss von verschiedenen Nebelrandbestimmungen auf den Höhenwert verdeutlicht die Figur 5.2.
Dargestellt sind die Erdoberfläche sowie das Höhenmodell in diskreten Stufen. Die Nebelschicht ist im Randbereich leicht aufgelöst und liegt dem Gelände nicht auf. Über der Nebelschicht ist die Kartierung aus dem Satellitenbild schematisch dargestellt. Falls man nun das letzte Nebelpixel als Rand betrachtet (1), ergibt sich ein deutlich zu tiefer Wert. Eine bessere Übereinstimmung bringt die Betrachtung des ersten Nicht-Nebelpixels als Nebelrand (2). Dadurch erreicht man einen Ausgleich bei Nebelauflösungserscheinungen und bei Klassifikationsfehlern durch Mischpixel.

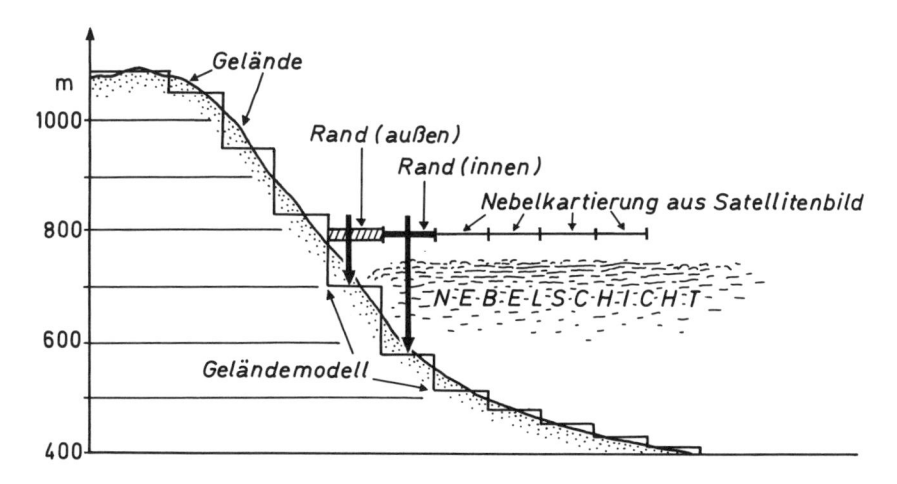

Fig. 5.2: Effekt unterschiedlicher Behandlungen des Nebelrandes bei der Bestimmung der Nebelhöhe.

Die neue Randbestimmung wurde wiederum auf den Datensatz von 81 Bildern angewendet.
Die mittleren Abweichungen zu den SMA-Beobachtungen sind in Tab. 5.2 dargestellt.

	Mittlere Abweichung [m]	
	absolut	relativ
Mittelland	107	-78
Ostschweiz	105	8
Zentralschweiz	175	125
Westschweiz	288	-82

(n=81)

Tab. 5.2: Mittlere Abweichung der Nebelhöhe über die verfeinerte Randbestimmung von Stationsbeobachtungen

Gegenüber der ursprünglichen Methode ist die Übereinstimmung mit den SMA-Werten deutlich besser geworden. Die mittlere Abweichung im Mittelland beträgt nun 107m (gegenüber 200m bei der ursprünglichen Methode), wobei der SMA-Wert um durchschnittlich 78m unterschätzt wird. Verschlechtert hat sich die Übereinstimmung einzig in der Zentralschweiz, wo das Relief deutlich steiler ist als in den übrigen Regionen.

Unter Berücksichtigung der Tatsache, dass die SMA-Beobachtungen kein ideales Verifikationsmaterial darstellen und die Höhenlage eher überschätzen, ergeben sich akzeptable Höhenwerte. Die Übereinstimmung wird ferner durch die hohe Korrelation von 0.86 zwischen den beiden Datensätzen bestätigt, wobei die Regressionsgerade von der Ideallinie (45°) leicht abweicht (Fig. 5.3).

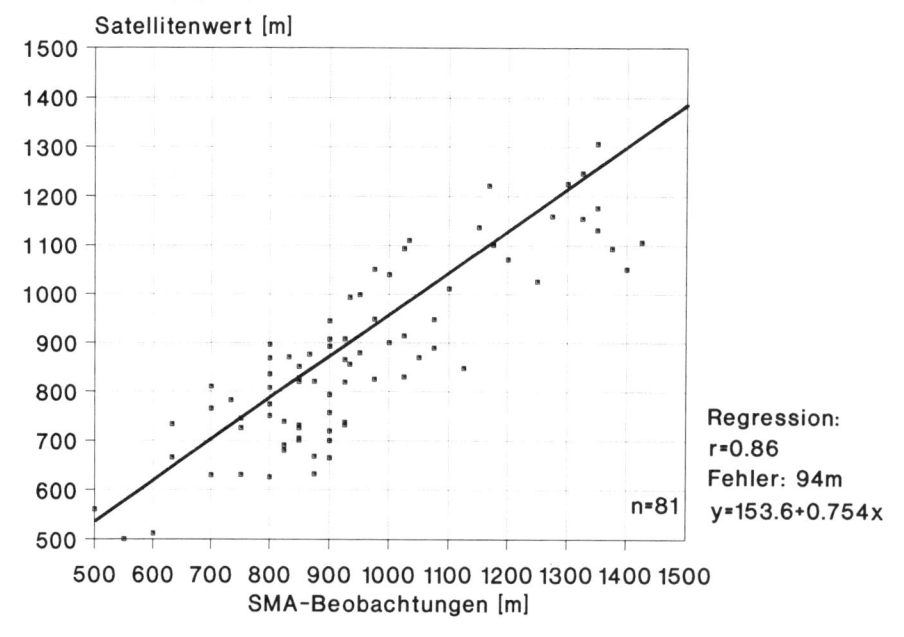

Fig. 5.3: Zusammenhang zwischen SMA-Beobachtungen und Nebelhöhen aus dem digitalen Satellitenbild (verfeinerte Randbestimmung).

Es wurde zudem untersucht, ob die Abweichungen eine Abhängigkeit von der Tageszeit und von der Höhenlage zeigen. Mit Ausnahme der Westschweiz ist die absolute Abweichung am Morgen am kleinsten und beträgt im Mittel etwa 90m. Am Mittag steigt sie auf über 100m, was einerseits mit Auflösungserscheinungen und andererseits mit der kurzfristigen Nebeldynamik im Randbereich (Turbulenzen, Nebelwellen) um die Mittagszeit erklärbar ist. Hier wirkt sich der Zeitunterschied zwischen der Beobachtung und dem Satellitenüberflug möglicherweise stark aus. Die Abhängigkeit von der Höhenlage ist relativ schwach. Am genauesten sind die Werte bei Nebelhöhen unter 600m und im Bereich 800-1000m.

5.2.2.3 Behandlung des Reliefeinflusses

In steilem Gelände können sich Fehler vor allem aufgrund der grossen Höhenschwankung von Pixel zu Pixel ergeben. Eine laterale Verschiebung des Nebelrandes um ein Bildelement kann hier einen vertikalen Fehler in der gleichen Grössenordnung ausmachen. Zur Minimierung dieses Effektes wurde folgendes Vorgehen getestet: Die Auflösung des NOAA-Sensors wird künstlich auf 500m erhöht, indem jedes Bildelement in vier gleichgrosse Pixel aufgeteilt wird. Durch Mittelbildung werden neue Grauwerte zugewiesen. Das originale Höhenmodell wird von der Kantenauflösung 250m auf 500m hochgerechnet und ist entsprechend genauer als das 1km-Modell, wobei besonders die Übergänge von Pixel zu Pixel fliessender werden.

Eine Anwendung auf den Datensatz der 81 Satellitenszenen zeigte allerdings, dass sich gegenüber der ursprünglichen Methode kaum eine Verbesserung ergibt. Die Abweichungen bleiben entsprechend hoch, so dass dieser Ansatz nicht weiter verfolgt wird.

5.2.4 Nebelhöhenbestimmung mit Hilfe topographischer Merkmale

Die oben beschriebene Methode stellt eine Möglichkeit der Nebelhöhenbestimmung aus digitalen Satellitendaten dar. In einer Vielzahl von Untersuchungen wird dieser Parameter aus analogen Bildern mittels einer visuellen Schätzung der Nebelobergrenze abgeleitet (WINIGER 1986, GFELLER 1985, HEEB 1989). Wie einleitend bereits erwähnt, wird dabei für eine Auswahl markanter Geländepunkte ermittelt, ob sie sich im Nebel befinden oder nicht. Durch Interpolation zwischen den Höhen wird anschliessend festgesetzt, in welchem Höhenintervall die Obergrenze zu liegen kommt.

In der vorliegenden Arbeit wurde die Möglichkeit getestet, das genannte Verfahren auf digitale Satellitendaten anzuwenden und zu automatisieren. Dabei wird wie folgt vorgegangen:

- Für eine Auswahl bekannter Geländepunkte unterschiedlicher Höhenlage werden aus der Karte die Landeskoordinaten entnommen und in Bildkoordinaten umgerechnet.
- Durch Überlagern der Einzelpunkte mit der binären Nebelkarte wird ermittelt, ob diese Pixel nebelbedeckt sind oder nicht.
- Durch Abfragen der Punkte in der Reihenfolge ihrer Höhenlage wird bestimmt, zwischen welchen Punkten die Nebelobergrenze liegt.

Dieses Verfahren wurde auf einen reduzierten Datensatz angewendet und die Ergebnisse in einem Vergleich mit der ursprünglichen Methode und den SMA-Beobachtungen in Tabelle 5.3 zusammengestellt.

			Mittelland			Ostschweiz			Zentralschweiz		
Nr	Datum	Zeit	Rand	Topo	SMA	Rand	Topo	SMA	Rand	Topo	SMA
1	4.12.89	12h	820	830	875	790	740-820	900	840	800-850	900
2	16.01.91	12h	1220	1250	1160	1250	940-1050	1200	1250	1150-1750	1200
3	29.01.91	18h	730	925	800	frei	frei	1000	790	800-850	900
4	3.01.90	7h	765	860	700	790	940-1050	700	780	1000-1150	--

Tab. 5.3: Resultate unterschiedlicher Nebelhöhenbestimmungsmethoden im Vergleich mit Stationsbeobachtungen (Rand: Randmethode, Topo: Topographische Merkmale, SMA: Stationsbeobachtungen).

Die ersten zwei Fallbeispiele liefern eine gute Übereinstimmung sowohl der Werte für das Mittelland als auch für die zwei ausgewählten Regionen. In einem typischen Fall mit Nebelauflösung (Nr. 3) nehmen die Unterschiede zu und für ein weiteres Beispiel (4) liegen die Werte der topographischen Merkmale deutlich höher.

Die Bestimmung der Nebelhöhe nach diesem Verfahren kann in erster Linie als Ergänzung der Randmethode angesehen werden, da als Ergebnis nur ein Höhenintervall angegeben werden kann. Von Vorteil ist, dass bei dieser Methode die Randbestimmung selber entfällt und die Nebelhöhe direkt aus der binären Nebelkarte gewonnen werden kann. Probleme ergeben sich jedoch bei nicht geschlossenen Nebeldecken (HEEB 1989: 9).

5.2.5 Verifikation der Nebelhöhenbestimmung mit Feldbeobachtungen

Während mehreren Tagen wurden in den Winterhalbjahren 1989/90 und 1990/91 eigene Feldbeobachtungen durchgeführt (Kap. 4.7). Dabei wurde zum Zeitpunkt des Satellitenüberflugs von Höhenstandorten aus die laterale und vertikale Ausdehnung der Nebeldecke festgehalten (Kartierungen und Photos). In der nachfolgenden Tabelle sind die Ergebnisse der Feldbeobachtungen, der Nebelhöhenbestimmung und die entsprechenden SMA-Werte zusammengefasst.

			Feldbeobachtung		Rand-	Topogr.	SMA-Beo-
Nr	Datum	Zeit	Höhe	Gebiet	methode	Merkmale	bachtung
1	2.12.89	12h	950-1000	Weissenstein	970	900-1000	900
2	30.12.89	12h	820	Weissenstein	880	900-1000	900
3	22.01.90	13h	560	Payerne	580	500-600	700
4	29.01.90	7h	1050-1100	Weissenstein	1050	1100-1150	1200
5	3.02.90	8h	620	Längenberg	580	500-610	--
6	7.12.90	8h	800	Belpberg	850	800-840	900
7	4.12.90	8h	1450	Chasseral	1400	1300-1500	1600

Tab. 5.4: Verifikation der Nebelhöhenbestimmung mit Feldbeobachtungen und Stationsdaten.

Zwischen der Felderhebung und den aus digitalen Satellitendaten abgeleiteten Nebelhöhen zeigt sich eine gute Übereinstimmung. Abweichungen sind insbesondere zu den SMA-Beobachtungen festzustellen. Dies liegt u.a. daran, dass sich das Gebiet der Feldbeobachtungen mit der Lage der SMA-Stationen nicht deckt und dass der Überflugszeitpunkt von der Terminbeobachtung abweichen kann.

5.2.6 Der Zusammenhang zwischen Nebelhöhe und Nebelfläche

Die Nebelverteilung hängt in entscheidendem Masse von der Ausdehnung des Kaltluftsees ab, der wiederum durch die Topographie beeinflusst wird (WANNER & KUNZ 1983). Betrachtet man die topographischen Verhältnisse im nördlichen Alpenvorland der Schweiz anhand der in Fig. 5.4 dargestellten hypsographischen Kurve, so zeigt sich eine klare nichtlineare Abhängigkeit zwischen der Höhe über Meer und der kumulierten Fläche. Wie die Kurve zeigt, wird die Flächenzunahme immer kleiner, je grösser die Höhe über Meer ist.

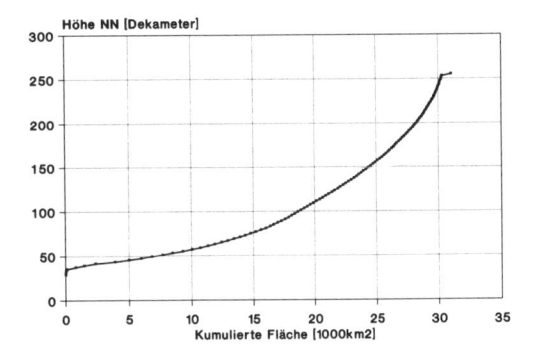

Fig. 5.4: Hypsographische Kurve des nördlichen Alpenvorlandes der Schweiz, ermittelt aus einem Digitalen Höhenmodell

Aufgrund der Kurve ist anzunehmen, dass sich Nebelhöhe und Nebelfläche in gleicher Weise verhalten. Zur Überprüfung dieses Sachverhaltes wurden für fast alle verfügbaren Satellitenbilder (129) die Nebelfläche sowie die Nebelhöhe mittels Randbestimmung ermittelt.

Der statistische Zusammenhang zwischen den beiden Grössen ist in Fig. 5.5 dargestellt. Eine Exponentialfunktion bringt die beste Annäherung und liefert einen Korrelationskoeffizienten von 0.91. Der enge Zusammenhang bedeutet, dass direkt aus der Nebelfläche auf die mittlere Höhenlage der Nebelobergrenze geschlossen werden kann. Da die Fläche sehr einfach aus der binären Nebelmaske gewonnen werden kann, entfällt die Höhenbestimmung über den Nebelrand oder topographische Merkmale. Zur Ermittlung regionaler Nebelhöhen behalten diese Methoden jedoch ihre Bedeutung bei.

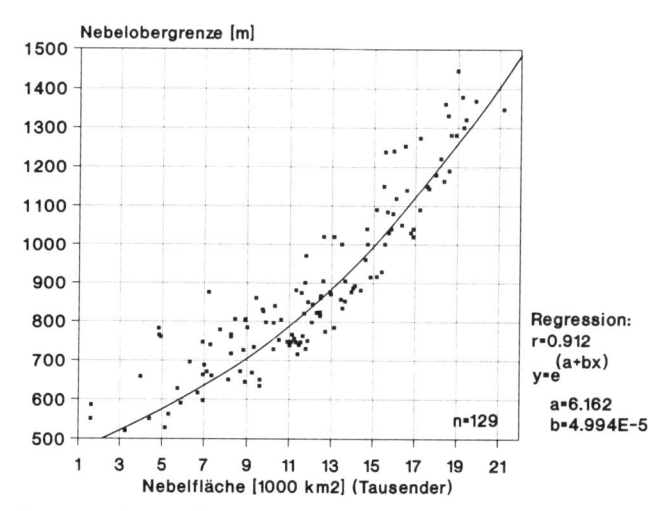

Fig. 5.5: Zusammenhang zwischen Nebelhöhe und Nebelfläche, ermittelt aus 129 Satellitenbildern.

5.2.7 Der Zusammenhang zwischen Nebelobergrenze und Inversionsuntergrenze

In einer ganzen Reihe von Untersuchungen wird darauf hingewiesen, dass die Nebelobergrenze ein Indikator für eine Temperaturinversion darstellt (WANNER 1979, WINIGER 1986, HEEB 1989). Dabei werden kaum Angaben gemacht, ob die Inversionsuntergrenze oder -obergrenze gemeint ist. Da dieser Umstand jedoch für die lufthygienische Anwendung von zentraler Bedeutung ist, soll der Zusammenhang genauer untersucht werden.

Wichtig ist, ob die Temperaturinversion vom Boden abgehoben ist oder nicht. Wie im Kap. 5.3 (Poebene) und bei WANNER (1979: 76) anschaulich gezeigt wird, kommt bei einer abgehobenen Inversion die Nebelobergrenze in den Bereich der Inversionsuntergrenze zu liegen. Über dieser Grenze findet ein deutlicher Temperaturanstieg mit Feuchteverringerung und Nebelauflösung statt. Da es sich bei den untersuchten Nebelereignissen im Schweizer Mittelland in über 80% der Fälle um abgehobene Inversionen handelt, ist die Nebelhöhe als Indikator der Untergrenze anzusehen.

Für einen Vergleich zwischen Nebelhöhe und Inversionsuntergrenze wurde folgendes Datenmaterial einbezogen:

-Höhendatensatz, erzeugt mit der unter 5.2 beschriebenen Methode
-Im SMA-Bulletin veröffentlichte Sondierungen der Station Payerne von 01h und 13h
-Originalplots der Sondierung Payerne für 1991 (SMA Zürich)

Insgesamt konnten 45 Zeitpunkte ausgewertet werden, wobei es sich in 38 Fällen um den Mittagstermin und in 7 Fällen um den Nachttermin handelt. Der Zusammenhang zwischen Nebelhöhe und Inversionsuntergrenze ist in Fig. 5.6 dargestellt.

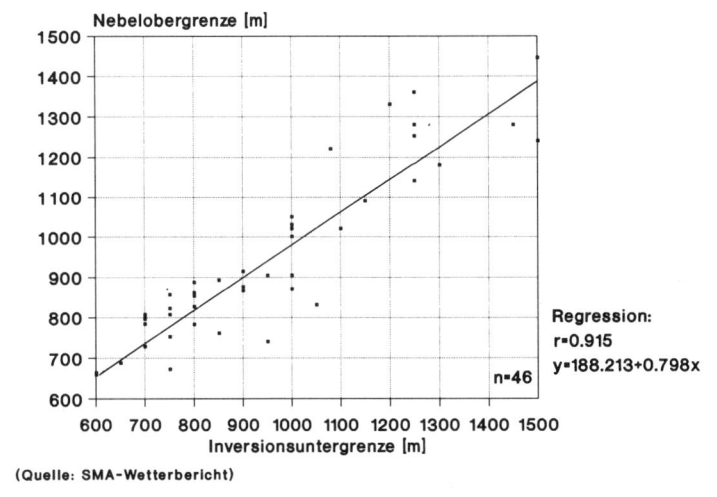

Fig. 5.6: Zusammenhang von Nebelobergrenze und Inversionsuntergrenze.

Zwischen den beiden Grössen besteht eine Korrelation von 0.92. Die Regressionsgerade weicht von der Ideallinie (45°) leicht ab, was bedeutet, dass die Nebelhöhe bei tiefer Inversion die Untergrenze eher überschätzt, bei hochgelegener Inversion etwas zu tief angibt. In 40% aller Fälle beträgt die Abweichung der beiden Grössen weniger als 50m, in 30% der Fälle liegt sie zwischen 50-100m. Die Nebelhöhe ist demnach ein guter Indikator der Untergrenze einer abgehobenen Temperaturinversion. In Fällen, in denen die Inversion nicht abgehoben ist oder der Nebel ohne Inversion auftritt (URFER 1957), wird die Lage der Nebelobergrenze entscheidend durch die Feuchteverhältnisse in den unteren Luftschichten bestimmt. Die Nebelhöhe liefert dann keine Angaben über die Lage der Inversion.

5.2.8 Zusammenfassung

Die Bestimmung der Nebelobergrenze mit digitalen Satellitendaten ist über den Nebelrand und ein digitales Höhenmodell mit einer Genauigkeit von 50-100m möglich. Als Nebelrand wird dabei das erste Nicht-Nebelpixel angesehen. Ergänzend dazu empfiehlt sich die Bestimmung über topographische Merkmale. Es wurde nachgewiesen, dass eine enge, nichtlineare Beziehung zwischen Nebelhöhe und Nebelfläche im schweizerischen Alpenvorland besteht. Die Schätzung der mittleren Nebelhöhe kann damit direkt aus der binären Nebelkarte erfolgen, nicht jedoch regionale Höhenwerte.

Zwischen Nebelobergrenze und Inversionsuntergrenze existiert ebenfalls eine hohe Korrelation. Dadurch kann von der Nebelhöhe direkt auf einen für lufthygienische Auswertungen wichtigen Parameter geschlossen werden.

5.3 Nebelhöhenbestimmung für die Poebene (J. BENDIX)

5.3.1 Einleitung

Die Nebelhöhenbestimmung ist besonders im Kontext der lufthygienischen Betrachtungen während Nebelperioden von Bedeutung. Die bestehende Hypothese besagt, daß mit der Hilfe von digitalen Satellitenbildern über die Nebelhöhenbestimmung die Höhe einer Inversion bestimmt werden kann. Weiterhin ist es dann möglich, das Luftvolumen unterhalb dieser Inversion zu bestimmen, was in Verbindung mit Daten von Windgeschwindigkeit und -richtung bzw. mit einem Strömungsmodell Aussagen über das Luftaustauschvolumen und die Schadstoffbelastung unterhalb der Inversion zulassen würde. Bei dieser Hypothese geht man davon aus, daß die Höhe der Inversionsuntergrenze in etwa mit der oberen Nebelgrenze übereinstimmt. Im folgenden Kapitel soll nun dieser Zusammenhang für die Poebene untersucht werden.

5.3.2 Zusammenhang von Inversion und Nebelobergrenze

In vielen Untersuchungen wurde bereits festgestellt, daß die Nebelobergrenze von Strahlungsnebel häufig mit der Inversionshöhe übereinstimmt (s. z.B. WANNER 1979:145). Abweichungen würden einerseits die Verifikationen der Nebelhöhenbestimmung mittels Radiosondendaten erschweren und andererseits eine genaue Abschätzung des Luftvolumens unterhalb der Inversion allein aus Satellitendaten ohne größere Fehler unmöglich machen.
Zur klaren Begriffs-Definition der weiteren Ausführungen sind folgende Niveaus zu unterscheiden:

-Die Obergrenze des Kaltluftsees (OKG)
-Die Obergrenze des Nebelmeers (NOG)
-Die Untergrenze der Temperaturinversion (IUG)
-Die Obergrenze der Temperaturinversion (IOG)

Für verschiedene slowenische Talbecken konnte die obere Kaltluftgrenze (OKG) anhand der Nebelmeerobergrenze festgestellt werden. Vergleiche mit visuell durchgeführten Beobachtungen der Nebelobergrenze lieferten eine Genauigkeit der Höhenlage der OKG von ±20 m (PETKOVSEK 1980:63). Untersuchungen im Talbecken von Ljubljana (Leibach) zeigen, daß sich die Höhe der Nebelschicht und der Inversionsobergrenze im Tagesverlauf verschieben. Dabei senkt sich die Nebelobergrenze gegen Mittag aufgrund von Auflösungserscheinungen ab. Das aus den Beobachtungen abgeleitete Modell zeigt, daß der Nebel morgens bis zur IOG reicht, und mittags mit der IOG absinkt, wobei am Boden die Zone turbulenter oder konvektiver Durchmischung durch die IUG gekennzeichnet sein soll, die am Morgen nicht vorhanden ist (PETKOVSEK 1972:72). Diese Einschätzung wird vom Autor nicht durch Messungen belegt und ist somit fraglich, da die meisten Arbeiten zeigen, daß sowohl die Obergrenze von Bodennebel als auch von Hochnebel durch die IUG gekennzeichnet wird (s. Fig. 5.7a); auch bei Fehlen der IUG reicht der Nebel nicht bis zur Inversionsobergrenze IOG (z.B. HADER 1937:58). Vor allem in der nebelreichen Winterzeit tritt der Typ in Figur 5.9c, die typische Bodeninversion, eher selten auf. Gerade bei Nebel finden sich hauptsächlich "freie Inversionen" des Typs Fig. 5.7a mit mehr oder weniger stark abgehobenen IUGs (FELDMANN 1965:5) bzw. Isothermie (Fig. 5.7b). In den Fällen von Nebel bei Bodeninversionen treten diese im Tagesverlauf häufiger zur Nebelbildungs- und -hochphase

(0°° bzw. 6°° UTC) auf und bilden sich bis zum Mittag aufgrund der zunehmenden Erwärmung der Bodenoberfläche zu freien Inversionen um, wobei im Winterhalbjahr auch am Morgen freie Inversionen überwiegen (BERNHARD & HELBIG 1982:120). Gerade in Stadtgebieten und Ballungsräumen wird die Bildung einer freien Inversion mit niedriger IUG aufgrund der modifizierten Energiebilanz der Grenzschicht noch unterstützt (HELBIG 1987:40ff.). In der Schweiz konnte aus den Höhenbeobachtungen der NOG auf die IUG mit einer Genauigkeit von ±50-100 m geschlossen werden (WINIGER 1986:48). Vergleiche mit der 12°°-Sondierung von Payerne ergaben eine unerwartet niedrige Korrelation (r=0.7) von NOG und IUG. Neben den angeführten Gründen (WINIGER 1986:47) liegt das sicherlich daran, daß gerade zur Zeit der höchsten Einstrahlung der Nebel von der NOG und/oder vom Boden her aufgelöst wird wobei die Inversion nicht unbedingt gleichzeitig absinken muß. Weiterhin ist zu bedenken, daß Nebel auch ohne das Vorhandensein einer Bodeninversion auftreten kann (URFER 1957:101, Fig. 5.7c). Für die Bildung von Strahlungsnebel können neben einer Inversion nämlich auch Isothermie (s. Fig. 5.7b) oder ein feucht-stabiler Temperaturgradient in den untersten Luftschichten verantwortlich sein (OöL 1987:14)

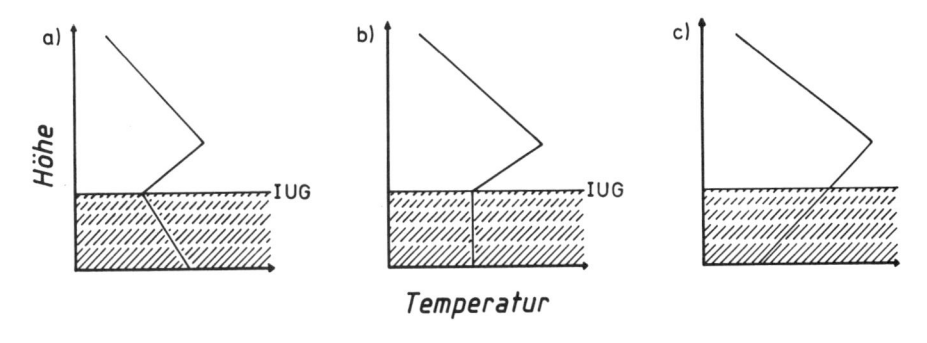

Fig. 5.7: Typen der thermischen Begrenzung der Nebelobergrenze (NOG)

5.3.3 Berechnung von Nebelhöhe und -volumen aus dem Satellitenbild

Zur Bestimmung der Nebelhöhe werden im folgenden zwei Datentypen eingesetzt. Zunächst erfolgt die Berechnung über die geometrisch korrigierten binären Nebelmasken und anschliessend wird eine Verifikation über Vertikalsondierungen an verschiedenen Orten der Poebene durchgeführt.

5.3.3.1 Meteorologisches Datenmaterial

Zur Kontrolle der Inversionsuntergrenze sowie des vertikalen Feuchteprofils stehen für die Poebene drei Radiosondenstationen zur Verfügung. Es handelt sich um die Stationen:

Milano Linate: Dezember 1988 - Februar 1990
Udine Rivolto: Dezember 1988 - Februar 1990
St. Pietro Capofiume: Januar 1989 - Dezember 1989
(NE von Bologna)

Pro Tag werden an den Stationen im besten Fall vier Aufstiege zu den Zeiten 0°°, 6°°, 12°° und 18°° UTC durchgeführt.
Die Daten liegen im Originalformat (Vaisalla FM 35-IX System) vor. Archiviert werden die Standardmeldungen TTAA,TTBB,TTCC und TTDD. Für die unteren Atmosphärenschichten sind lediglich die Meldungen TTAA und TTBB von Interesse.

TTAA enthält Daten für die Standardniveaus ab 1000 hPa in 150 hPa Schritten:
Luftdruck und Höhe [gpm] des Standardniveaus (1000, 850 hPa)
Temperatur und Taupunkttemperatur
Windgeschindigkeit [kn] und Windrichtung [°]

TTBB enthält die signifikanten Zwischenniveaus, an denen sich Temperatur oder Taupunkttemperatur deutlich verändern. Allerdings werden nur der Luftdruck an den signifikanten Punkten sowie Temperatur und Taupunkttemperatur archiviert. Die Dekodierung der Daten erfolgt nach Maßgabe von ITAV (1990).

Um für die signifikanten Niveaus die relative Feuchte sowie die Höhenlage des Niveaus ermitteln zu können, sind verschiedene Rechengänge notwendig. Aus Temperatur und Taupunktdifferenz der TEMP Meldungen werden die relative Feuchte und die Höhenstufe der Sondierung (PRENOSIL 1989:19ff/57b) über die mittlere Virtuelltemperatur (LINKE & BAUR 1970^2:269-270) berechnet. Die ermittelten Höhen der einzelnen Niveaus werden in geopotentiellen Metern angegeben, die von den eigentlichen Höhenmetern etwas abweichen. Korrekturfaktoren für die jeweiligen Niveaus finden sich bei LINKE & BAUR (1970^2:451). Da die Differenzen zwischen geometrischer und geopotentieller Höhe in den unteren 300 m für die Poebene < 1 und bis 1000 m < 5 m betragen, wurden sie bei den folgenden Betrachtungen nicht berücksichtigt.

5.3.3.1 Berechnung der Grenzlinien- und Nebelhöhenliniendatei

Zur Berechnung der NOG aus dem Satellitenbild sind verschiedene Arbeitsschritte notwendig. Diese erlauben es bei sicheren Ergebnissen der berechneten Nebelhöhe weiterhin, das Volumen unter der Nebeldecke zu ermitteln. Folgende Voraussetzungen wären für eine exakte Berechnung notwendig:

-Der Nebel liegt direkt auf dem Gelände auf.
-Die NOG stellt näherungsweise eine gerade Fläche dar, die in verschiedene Richtungen geneigt sein kann.
-Der Nebelrand ist gegenüber dem zentralen Nebelbereich nicht erhöht.

In der Natur finden sich diese klaren Verhältnisse tatsächlich nur selten. Folgende potentiellen Fehlerquellen sind zu beachten:

-An der Grenze Nebel/Gelände steht der Nebel häufig bankig mehrere Meter über der Geländeoberkante.
-Gerade in den Übergangsjahreszeiten kommt es am Nebelrand aufgrund der energetischen Verhältnisse oft zum Aufströmen des Nebelrandes auf höhere Geländeteile (Nebelwellen, s. SCHULZE-NEUHOFF 1987), während der Nebel im Zentralbereich bereits absinkt.

-In bestimmten Bereichen (z.B. Städte etc.) kann sich der Nebel schon aufgelöst haben, während er im umgebenden Gebiet noch bis zur IUG reicht.
-Die Nebelobergrenze ist häufig, je nach der konvektiven bzw. turbulenten Aktivität am Boden, konkav oder konvex aufgewölbt.
-Bestimmte Wetterlagen führen zu regional differenzierten Höhenmustern des Nebels. Vor allem während der Nebelauflösung zeigt sich ein sehr inhomogenes Bild der Nebelhöhe.

Die angeführten Gründe können zu mehr oder weniger großen Fehlern bei der Höhen- und Volumenberechnung führen, die im einzelnen untersucht und durch verschiedene Verfahren minimiert werden müssen.

Figur 5.8 zeigt das grundsätzliche Vorgehen bei der Höhen- und Volumenbestimmung, das in den folgenden Kapiteln genauer erläutert wird.

```
      ┌─────────────────────┐
      │ Binäre Nebelmaske   │
      └──────────┬──────────┘
                 │              3*3 Umgebungsfilter
                 V
      ┌─────────────────────┐
      │ Nebel-Grenzliniendatei │
      └──────────┬──────────┘      ┌─────────────────────┐
                 │<─────────────── │ Digitales Geländemodell │
                 V                 │ DGM                 │
      ┌─────────────────────┐      └─────────────────────┘
      │ Nebelhöhenliniendatei │
      └──────────┬──────────┘
                 V
      ┌─────────────────────┐
      │ Nebelobergrenze NOG │
      └──────────┬──────────┘      ┌─────────────────────┐
                 │<─────────────── │ Digitales Geländemodell │
                 V                 │ DGM                 │
      ┌─────────────────────┐      └─────────────────────┘
      │ Nebelvolumen        │      Trendflächenanalyse 1.,2.
      └─────────────────────┘         oder 3. Ordnung
```

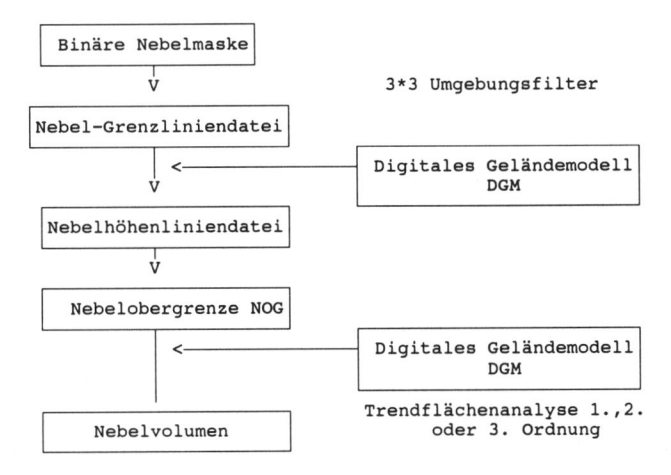

Fig. 5.8: Ablaufschema zur Bestimmung von Nebelhöhe und -volumen

Da man zuerst nur an der Höheninformation des Nebelrandes interessiert ist, muß aus der binären Nebelmaske die Nebelgrenze extrahiert werden. Die Kantenextraktion des Nebelrandes sollte dabei so durchgeführt werden, daß exakt die Nebelrandpixel erfaßt werden, da bei einem Fehler von nur einem Pixel der Nebelrand räumlich um 1 km verschoben wird. Diese Verschiebung kann vor allem im Gebirgsbereich zu großen Fehlern in der Höhenbestimmung von mehreren 100 Metern führen.

Die Kantenextraktion wird über einen speziell für die binären Nebelmasken entwickelten Umgebungsfilter erreicht:

$$\begin{matrix} 1 & 1 & 1 \\ 1 & 9 & 1 \\ 1 & 1 & 1 \end{matrix}$$

Dieser Filter wird über die gesamte Bildmatrix verschoben, so daß jedes Pixel einmal mit dem Zentralgewicht 9 überdeckt wird. Der Entscheidungswert E, ob das Pixel ein Nebelrandpixel ist oder nicht, wird wie folgt berechnet:

E=P(1)*1+P(2)*1+P(3)*1+P(4)*1+P(5)*9+P(6)*1+P(7)*1+P(8)*1+P(9)*1 [5.7]

wobei: E: 8 < Entscheidungwert < 16

Als Ergebnis liefert diese Berechnung eine binäre Nebelgrenzliniendatei, die dem digitalen Geländemodell (DGM) gleicher Projektion und horizontaler Auflösung überlagert wird. Der extrahierte Höhenwert des Nebelrandes wird für jedes Pixel wiederum in eine Datei geschrieben. Mittels dieser Nebelhöhenliniendatei ist es möglich, die Nebelhöhe für jeden Bildpunkt des Nebelrandes zu bestimmen.

5.3.3.2 Ergebnisse und Verifikation

Zur Verifikation der berechneten Nebelhöhen werden die Daten der Radiosonden eingesetzt. Neben dem Hauptproblem, ob die NOG immer mit der OKG oder der IUG übereinstimmt, gilt es weiterhin die abweichenden Zeiten von Satellitenüberflug und Sondierung zu beachten, die eine genaue Verifikation erschweren. Die Abweichungen liegen bei 5 bis 25 Minuten für die Mittags- und Abendsondierung (12°°, 18°° UT) und steigen für die Nacht und Morgensondierung (0°°, 6°° UT) bis zu 1.5 Stunden an. Aus diesem Grund wurden für die Verifikation hauptsächlich die ersten beiden Termine mit günstigen Überflugzeiten eingesetzt und darauf geachtet, daß Satellitenüberflug und Sondierung möglichst nicht mehr als 10 Minuten auseinanderlagen. Zur Höhenbestimmung wurden für die Spaltenposition der jeweiligen Radiosondenstation die Nebelhöhe aus den Nebelhöhenliniendateien ausgelesen und der IUG der entsprechenden Sondierung gegenübergestellt. Für die drei Stationen ergaben sich folgende Ergebnisse (s. Tab. 5.5). Dabei bedeutet der mittlere Fehler der Regression der Höhenfehler in Bezug auf die Regressionsgerade. Der mittlere Fehler der Berechnung gibt dabei den Höhenfehler zwischen IUG und Nebelhöhe an, der natürlicherweise höher liegt.

Radiosonde	r	mF Regression	mF Berechnung
Milano Linate	0.88	26.0 m	30.0 m
Udine Rivolto	0.97	13.6 m	42.0 m
St. Pietro Capofiume	0.88	30.8 m	52.4 m

Tab. 5.5: Vergleich von berechneter Nebelhöhe und IUG.

Das Ergebnis zeigt eine gute Übereinstimmung von Nebelhöhe und IUG für die Radiosondenstationen der Poebene, das weit über den Ergebnissen von WINIGER (1986) (r=0.7) liegt. In den Figur 5.11 a-c werden die Ergebnisse graphisch aufgezeigt.

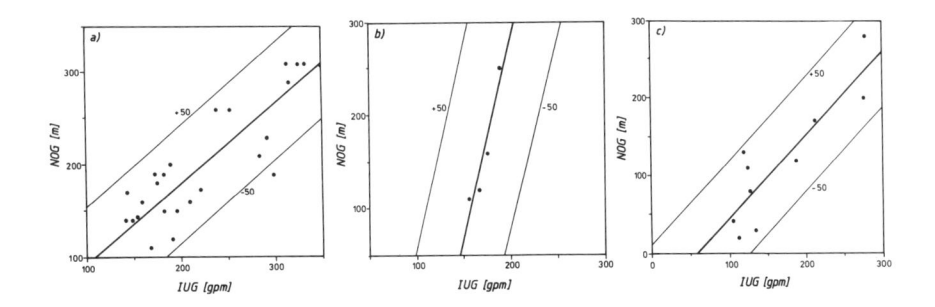

Fig. 5.9: Abweichung von IUG und berechneter Nebelhöhe (a) Milano Linate (104 gpm) (b) Udine Rivolto (94 gpm) (c) St. Pietro Capofiume (10 gpm).

Alle Diagramme zeigen übereinstimmend, daß Höhenfehler über ± 50 m fast nie auftreten. Figur 5.12 zeigt für Milano Linate die relativen Abweichungen der berechneten Nebelhöhe von der IUG.

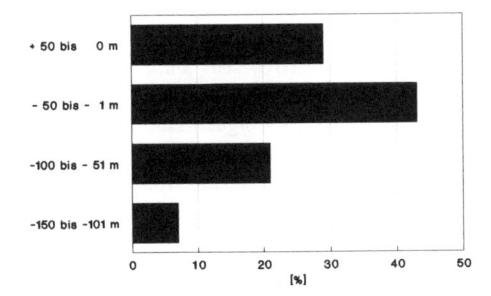

Fig. 5.10: Relative Häufigkeit der Abweichung von IUG und Nebelhöhe für Milano-Linate

Die berechneten Nebelhöhen weichen mit einer Wahrscheinlichkeit von 73% weniger als ± 50 m von der jeweiligen Inversionsuntergrenze ab. Mit ca. 80% zu 20% wird die Nebelhöhe verglichen mit der IUG allerdings meist unterschätzt. Dieses Verhältnis resultiert wohl aus der überwiegenden Nutzung des 12°° Sondierungstermins. Es ist zu vermuten, daß sich der Nebel zu diesem Termin schon häufig von oben aufgelöst hat, während sich die Inversion noch nicht in gleicher Weise abgesenkt hat. Dieses Problem zeigt sich häufig auch bei Nebelauflösungsphasen aufgrund von Luftmassenwechseln.

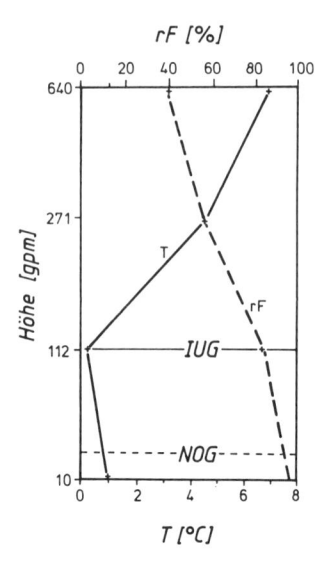

Fig. 5.11: Sondierung 12:00 UT, S. Pietro Capofiume abgeleitet aus der Nebelhöhenliniendatei, NOAA 11 11:45 UT

Die starke Nebelperiode vom 30.12.1988 bis Ende Januar 1989 endete am 19.-20.1.1989.
Der Nebel löste sich besonders von der Adria her auf, so daß die größten
Fehleinschätzungen der NOG auf der IUG-Basis am 20.1.1989 an der Station St. Pietro
Capofiume zu verzeichnen waren. Obwohl die IUG um 12:00 UT auf einer Höhe von 112
gpm lag (s. Fig. 5.11), berechnete sich lediglich eine Nebelhöhe von 20 m über Grund
(NOAA-11, 11:45 UT). Das Feuchteprofil liefert hier die Erklärung. Während am Boden
bei 96% relativer Luftfeuchte (T=1.0°, Taupunkt=0.4° C) noch Nebel vorliegt, zeigen
sich an der IUG mit 84% bereits deutliche Feuchtedefizite (T=0.2°, Taupunkt=-2.2° C),
die für eine Nebelbildung nicht mehr ausreichen (s. Fig. 9.2 in: ZVEREV 1972:199).

Aus der Regression (Fig. 5.9) ergibt sich allerdings die Beziehung zwischen IUG und
Nebelhöhe für die drei Radiosondenstationen wie folgt:

```
Milano Linate :         NOG = 5.982398+IUG*0.86614745
San Pietro Capofiume :  NOG = -62.9357+IUG*1.0769982
Udine Rivolto :         NOG = -581.2762+IUG*4.297254
```

Soll aus den über die Höhenliniendatei ermittelten Nebelhöhen (NOG) die Inversionsuntergrenze berechnet werden, können folgende Gleichungen angewendet werden:

```
Milano Linate :         IUG = 44.26028+NOG*0.892536
San Pietro Capofiume :  IUG = 82.43252+NOG*0.72514814
Udine Rivolto :         IUG = 137.61474+NOG*0.21803279
```

Zusammenfassend kann bemerkt werden, daß die Nebelhöhenbestimmung mittels Nebelmaske und DGM sowie die Abschätzung der IUG über die Nebelhöhendatei mit einem
Fehler von $< \pm 50$ m möglich ist. Vorsicht ist im Fall von Nebelauflösungserscheinungen

gegen Mittag oder bei entsprechender Wetterlage gegeben. Hier sollte zur Kontrolle neben dem vertikalen Temperatur- auch das Feuchteprofil beigezogen werden, da sonst die Gefahr besteht, die IUG zu unterschätzen. In den Fällen von Nebelauflösung ist die Höhenliniendatei aber immer noch ein gutes Maß zur Abschätzung der Nebelhöhe, die zur Berechnung des Nebelvolumens und letztlich des Schadstoffgehalts im Nebelwasser erforderlich ist. Zur Berechnung des Luftvolumens unterhalb der Inversionsuntergrenze sollten die Nebelhöhenwerte mit den angeführten Gleichungen umgesetzt werden, um ein mögliche Unterschätzung des Luftvolumens zu vermeiden.

5.3.3.3 Berechnung der Nebelhöhenfläche

Wie schon angedeutet wurde, ist die Extrapolation der Höhe des Nebelrandes auf die gesamte Nebelfläche nicht unproblematisch. Sobald die Nebelfläche gekippt oder konkav bzw. konvex gewölbt ist, kann die Nebelhöhenfläche ohne weitere Hilfsmittel kaum aus dem Geländemodell und der Nebelhöhenliniendatei berechnet werden. Es wurde daher versucht, mit einem statistischen Hilfsmittel, der Trendflächenanalyse, die Nebelhöhenliniendatei in eine Nebelhöhenfläche umzusetzen. Bei der Trendflächenanalyse handelt es sich um eine räumliche Regression, in die Nebelhöhe und x,y,z-Koordinaten jedes Pixels eingehen. Das Verfahren soll hier nicht weiter erläutert werden. Nähere Angaben finden sich bei CHORLEY & HAGGETT (1968) und AGTERBERG (1984).

Zur Berechnung wurde das Modul TREND des Programmpaketes IDRISI verwendet, das es erlaubt, auch Flächen bis zur 3. Ordnung zu berechnen, so daß die Nebelhöhe auch dann erfasst werden kann, wenn die Nebeloberfläche keine Ebene darstellt. Die Berechnung erfolgt nur über die Höhenwerte der Höhenlinie, alle 0-Pixel werden nicht in die Berechnung einbezogen.

Die Trendflächenanalyse zeigt gute Erfolge und weist einige Vorzüge auf. Tafel IV zeigt die Nebelhöhenliniendatei (Tafel IV-a) sowie die Trendfläche 1. Ordnung und das Vertikalprofil der Temperatur von Milano Linate (Tafel IV-b). Aufgrund des Stadteffektes löst sich der Nebel rund um die Agglomeration Mailand häufig bis zum Mittag auf, während er in den umliegenden Bereichen seine Höhenlage in etwa beibehält. Vergleicht man nun die Nebelhöhenliniendatei (NOG=120 m) mit dem Vertikalprofil von Linate (IUG=174 gpm), zeigt sich, daß die Nebelhöhe unterschätzt wird, obwohl in den Bereichen westlich und östlich von Mailand die Höhenliniendatei 190 m angibt. Die Trendfläche (Tafel IV-b) hat nun einen ausgleichenden Effekt auf diese kleinräumige Schwankung. Sie berechnet auch für Linate eine NOG von 190 m und ist somit wesentlich genauer als die Höhenliniendatei.

Wie Tabelle 5.6 zeigt, reichen meistens lineare Trendflächen 1. Ordnung aus. In einigen komplizierten Fällen ergibt sie aber keine ausreichende Genauigkeit. Hier müssen Trendflächen höherer Ordnung angewendet werden. Ein Beispiel ist der 9. Januar 1989. Es handelt sich um ein ausgedehntes Nebelereignis mit großen Nebelhöhen, das auch der nordadriatischen Küstenprovinz Nebel bringt. Die Höhenlage des Nebels ist äußerst komplex. Die Höhenliniendatei zeigt, daß die Nebelhöhe von der westlichen Poebene zur Adria abnimmt, wobei sie im Ostteil am Apennin höher ist als am Alpensüdfuß. Richtung Udine nimmt die Nebelhöhe dann wieder zu. Die lineare Trendfläche zeigt mit einem

Korrelationskoeffizienten von 0.42 nur noch eine ungenügende Anpassung an die tatsächliche Höhenlage.

Datum	IUG [gpm]	NOG [m]	r 1.Ord.
30.12.1988 11:55 UT	174	190	0.82
4.01.1989 12:45 UT	197	150	0.85
19.01.1989 11:55 UT	183	190	0.81
20.01.1989 11:45 UT	143	140	0.81
3.01.1990 12:06 UT	167	130	0.81

Tab. 5.6: Vergleich von IUG und NOG für Milano Linate bei 5 Trendflächen 1. Ordnung ($r > 0.8$).

	IUG	1. Ordnung (r=0.42) NOG	2. Ordnung (r=0.69) NOG
Milano Linate	211	310	160
S. P. Capofiume	119	270	130
Udine Rivolto	157	470	110

Tab. 5.7: Genauigkeit der Trendflächen 1. und 3. Ordnung für den 9.1.1989, NOAA 11 11:55 UT.

Tafel IV zeigt, daß die Trendfläche 3. Ordnung die an den drei Radiosondenstationen gemessenen IUG's gut repräsentiert, während die lineare Trendfläche eine völlige Überschätzung der Nebelhöhe mit sich bringt (s. Tab. 5.7).

Zusammenfassend kann bemerkt werden, daß die Trendflächenanalyse ein gutes Mittel zur flächendeckenden Berechnung der Nebelhöhen ist. Die Verifikationen über verschiedene Radiosondenmessungen belegen eine ausreichende Genauigkeit. Naturgemäß kann allerdings nicht die komplexe Struktur der Nebeloberfläche in ihrer Gesamtheit erfasst werden. Die Genauigkeit sollte allerdings zur Berechnung des Nebelvolumens ausreichen.

5.3.3.4 Beziehung von Nebelhöhe und Nebelfläche

Da die Berechnung der Nebelhöhenfläche sehr zeitaufwendig ist, wurde weiterhin die Beziehung von mit Nebel bedeckter Fläche und Nebelhöhe untersucht. Bei der Gegenüberstellung von Nebelhöhe der Nebelhöhenliniendatei (kontrolliert mit Sondendaten) und mit Nebel bedeckter Landfläche ergaben sich signifikante Beziehungen auch in diesem Bereich.

Da es für einen so großen Raum wie die Poebene mit einer starken West-Ost-Differenz der Nebelhöhe wenig sinnvoll ist, mittlere Nebelhöhen zu berechnen, beziehen sich die beiden Gleichungen nur auf die Bildpunkte der Radiosonden Milano Linate bzw. S. Pietro Capofiume. Diese sind allerdings für die obere und die untere Poebene repräsentativ.

```
Milano Linate:           NOG =  90.43729+0.0025740826*Fläche   r=0.96
San Pietro in Capofiume: NOG = -67.34797+0.0051863181*Fläche   r=0.95

wobei:
Fläche: Nebelbedeckte Landfläche [km²] = pix_bin
pix_bin= Mit Nebel bedecktes Pixel der binären Nebelmaske
```

Somit besteht die Möglichkeit, auch ohne ein DGM für bestimmte Pixelpositionen der Bildmatrix Beziehungen von Nebelfläche und Nebelhöhe zu bestimmen, die einen schnellen Überblick für bestimmte Orte (hier Mailand und S.P. Capofiume) gewähren.

5.3.3.5 Nebelvolumen

Gerade für die Abschätzung der im Nebelwasser gelösten Schadstoffe und ihrer Depositionsrate ist die Kenntnis der flächendeckenden Nebelhöhe unumgänglich. Die Berechnung des Nebelvolumens über eine Trendfläche der Nebelhöhe ist dann möglich, wenn ein digitales Geländemodell mit gleicher Bodenauflösung und identischer Kartenprojektion wie die Trendfläche der Nebelhöhe vorliegt. Die entzerrten Trendflächenbilder weisen wie das Geländemodell eine Pixelgröße von 1*1 km auf (=1 km²). Die mit Nebel bedeckte Fläche berechnet sich daher als Zahl der Pixel der binären Nebelmaske (1 Pixel = 1 km²):

```
f = Σ pix_bin      wobei: f     = Nebelbedeckte Landfläche [km²]
                   pix_bin= Mit Nebel bedecktes Pixel der binären Nebelmaske
```

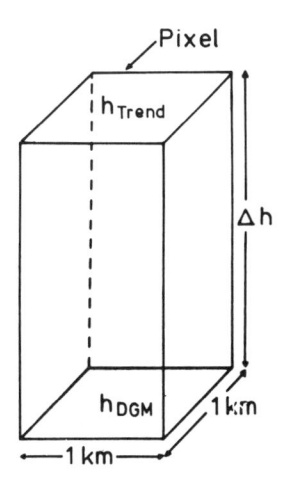

Fig. 5.12: Berechnung des Nebelvolumens aus DGM und Trendfläche der Nebelhöhe.

Das Nebelvolumen resultiert dann aus folgender Beziehung (s. Fig. 5.12):

```
h = (pix_trend-pix_DGM)
v = Σ h * l
```

wobei: h   = Nebelhöhe des Nebelpixels i [km]
             pix_{trend}= Höhenwert der Trendfläche des Nebelpixels i [km]
             pix_{DGM} = Höhenwert des digitalen Geländemodells am Pixel i [km]
             v   = Gesamtvolumen der Nebelluft [km^3]

Als Ergebnis berechnet sich aus der Trendfläche der Nebelhöhe ein Bild des Nebelvolumens für jedes Pixel (Tafel IV). Das Nebelvolumen entspricht einer Luftsäule über einem 1*1 km Bildelement. Diese Prozedur ist allerdings relativ zeitaufwendig. Bis zur Nebelvolumenkarte benötig das Verfahren auf einem PC-AT für eine 250*560 Bildmatrix je nach Ordnung der Trendflächeanalyse 0.3 bis 0.5 Stunden Rechenzeit. Daher wird im folgenden versucht, einen Zusammenhang von Gesamtvolumen der Nebelluft und Nebelfläche abzuleiten.

5.3.3.6 Beziehung von Nebelfläche und Nebelvolumen

Aufgrund des guten Zusammenhangs von nebelbedeckter Landfläche und Nebelhöhe wurde für ausgewählte Trendflächen, die alle Nebelsituationen umfassen und über die Radiosondendaten mit ausreichender Zeitgenauigkeit verifiziert werden konnten, die Beziehung von Nebelhöhe und Nebelvolumen untersucht. Figur 5.13 zeigt den überaus guten Zusammenhang dieser beiden Größen (r=0.96).

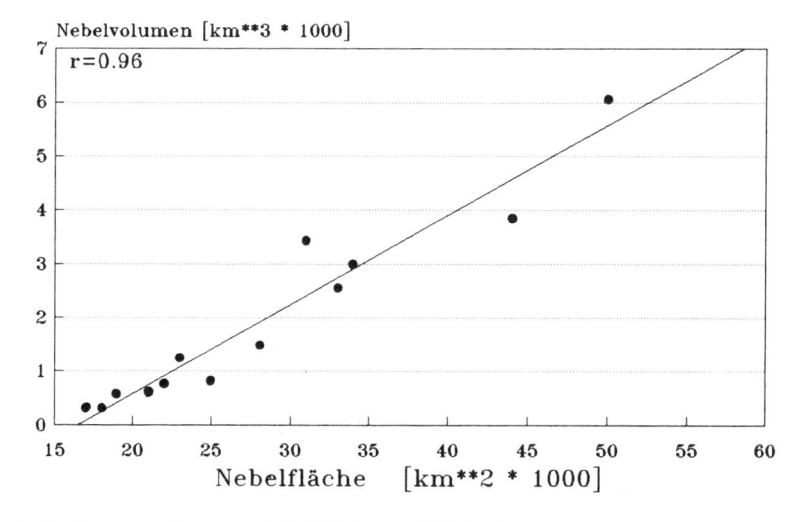

Fig. 5.13: Zusammenhang von Nebelfläche und Nebelvolumen

Somit läßt sich über die Anzahl der Pixel in der binären Nebelmaske sehr schnell das Gesamtvolumen der Nebelluft mittels der folgenden Gleichung berechnen:

$$vol_{ges} = 0.16635432 * fl_{bin} - 2713.203$$

wobei:

vol_{ges} = Gesamtvolumen der Nebelluft [km**3]

fl_{bin} = Nebelbedeckte Fläche in der binären Nebelmaske [km**2]
     (= Anzahl der Nebelpixel der binären Nebelmaske)

5.3.3 Zusammenfassung

In diesem Abschnitt wurde das Verfahren zur Bestimmung der Nebelhöhe und des Nebelvolumens für die Poebene vorgestellt.

Mittels der Nebelhöhenliniendatei bzw. einer Trendfläche der Nebelhöhe n-ter Ordnung ist es möglich, die Nebelhöhe aus dem Satellitenbild mit einer guten Genauigkeit zu bestimmen. Über eine definierte Beziehung läßt sich weiterhin das Nebelvolumen berechnen. Insgesamt zeigt die Verifikation, daß NOG und IUG mit Abweichungen $< \pm 50$ m im allgemeinen übereinstimmen, wobei die Nebelhöhe eher etwas unterschätzt als überschätzt wird. Besonders während Auflösungserscheinungen des Nebels nimmt der Berechnungsfehler in der Beziehung NOG/IUG zu. Die Berechnungsmöglichkeit des Nebelvolumens, die für die Abschätzung des Schadstoffgehaltes im Nebelwasser notwendig ist, ist dann aber immer noch gegeben.

6. AUSBLICK (J. Bendix)

In Teil I der vorliegenden Arbeit werden weitgehend operationell anwendbare Verfahren zur Geokorrektur, Nebelerkennung sowie zur Nebelhöhen- und Nebelvolumenbestimmung vorgestellt. Trotzdem bleiben einige Fragen offen, die Anlaß zur weiteren Forschungsanstrengungen geben können.

Wie sich gezeigt hat, spielt der Kanal 3 AVHRR besonders für die Trennung von Schnee und Nebel eine außerordentlich wichtige Rolle. In der vorliegenden Studie konnte aufgrund von Literaturrecherchen und einfachen Berechnungen das Emissions- und Reflexionsverhalten für Nebel physikalisch erklärt werden. Um die Verwendung des Kanals 3 besonders für Tagüberflüge auch auf andere Bereiche auszudehnen, sollte das spektrale Emissions- und Reflexionsverhalten anderer Oberflächen eingehender untersucht werden. In der Literatur finden sich zu diesem Thema so gut wie keine Angaben. Hier liegt noch ein klares Defizit in der sensororientierten Forschung.
Ein Problem stellt weiterhin die Degradation des Kanal 3 Radiometers mit zunehmendem Alter dar. Bis heute ist nicht abschließend geklärt, wodurch das Bildrauschen letzlich verursacht wird. Gerade für die Planung weiterer Plattformen mit Sensoren in diesem strahlungsschwachen Spektralbereich sind weitere Untersuchungen von besonderer Bedeutung.

Das entwickelte Verfahren zur geometrischen Korrektur stellt einen deutlichen Fortschritt vor allem hinsichtlich einer nutzerfreundlichen Anwendbarkeit dar. Allerdings ist man immer noch auf einen interaktiv bestimmten GCP angewiesen. Eine vollständig operationell arbeitende Routine könnte über eine automatische Bestimmung des Paßpunktes erreicht werden. Einen Ansatz dazu könnte das sogenannte "Feature Matching" darstellen. In der Bildmatrix werden über einen Suchalgorithmus definierte geometrische Muster (Seen, Küstenlinien) gesucht, über die letztlich ein bestimmter Paßpunkt lokalisiert werden kann. Vor allem im Fall einer hohen Wolkenbedeckungsrate müßten hier allerdings wesentlich größere Gebiete als 512*512 Ausschnitte beigezogen werden. Treten nach der Geokorrektur noch systematische lineare Fehler in Zeilen- oder Spaltenrichtung auf, könnten diese ebenfalls über eine Feature-Matching Routine korrigiert werden.

Für Regionalstudien sind geodätische Kartenprojektionen vor allem wegen der einfachen Flächenberechnung und -zuordnung aber auch aufgrund der quadratischen Auflösung des AVHRR-Sensors sehr gut geeignet. Mit hoher Genauigkeit sind sie allerdings auf Meridianstreifen mit einer Ost-West Ausdehnung von etwa 1000 km begrenzt. Selbst bei etwas grösseren Ausschnitten (z.B. Poebene) können diese Projektionen bedenkenlos angewendet werden, wenn die einzelnen Streifen auf ein gleiches Koordinatensystem übertragen werden und dies einheitlich bei der Geokorrektur und der Projektion aller digitalen Zusatzdaten (z.B. DGM) berücksichtigt wird. Für größere Räume wie zum Beispiel Mitteleuropa sollte allerdings auf eine stereographische Projektion (z.B. DWD) ausgewichen werden. Aufgrund der zu verarbeitenden Datenmengen ist zudem eine Reduktion der Bodenauflösung zu empfehlen.

Die Nebelerkennung über das Temperaturdifferenzbild T_4-T_3 zeigt bei Hochdrucklagen gute Ergebnisse besonders hinsichtlich der Trennung von Nebel und Schnee sowohl für Tag- als auch Nachtüberflüge. Voraussetzung ist, dass der Kanal 3 weitgehend rauschfrei ist. Im Rahmen der Reihenauswertung zeigten sich in wenigen Fällen leichte Überlagerungserscheinungen von Nebel, niedrigem Stratus sowie Cirren. Aufgrund der Bildauswahl konnten diese Verhältnisse nicht näher untersucht werden. Die Überlagerungen zeigen aber eine deutliche Abhängigkeit vom Emissions- und Reflexionsverhalten aufgrund der unterschiedlichen mikrophysikalischen Eigenschaften der Wolken. Es wäre daher interessant, in einem nächsten Schritt zu untersuchen, unter welchen Bedingungen diese zustandekommen können. In den meisten Fällen werden die über dem Nebel liegenden Wolken automatisch ausmaskiert. Es liegt daher keine direkte Information vor, ob unter diesen Wolken Nebel liegt oder nicht. In einigen Ansätzen ist bereits die Bestimmung der Temperatur der Wolkenuntergrenze aus NOAA-AVHRR Daten durchgeführt worden (z. B. Manschke 1991). Es stellt sich daher die Frage, ob bei darüberliegenden Wolken die Möglichkeit einer Rekonstruktion der bodennahen Nebelschicht besteht.

Die in der vorliegenden Arbeit entwickelten Verfahren zur Nebelhöhenbestimmung zeigen im Rahmen der Verifikationsmöglichkeiten sehr gute Übereinstimmungen mit den realen, aus Bodenbeobachtungen und Sondierungen ermittelten Nebelhöhen. Besonders im Rahmen lufthygienischer Fragestellungen bleiben einige Fragen offen. Es ist nicht eindeutig geklärt, wie sich das Verhältnis von Inversionsuntergrenze und Nebelhöhe darstellt. Mittels der vorhandenen Vertikalprofile von Druck, Temperatur und Taupunkt läßt sich dies nur schwer überprüfen, da es nicht möglich ist, über diese Parameter ein vertikales Sichtweiteprofil zu berechnen, das letztlich die genaue Nebelhöhe liefern würde. Dazu benötigt man den mittleren Tropfenradius und die Tropfenkonzentration im Nebel, die nur mit großem Aufwand meßtechnisch erfaßt werden können.
Ein Forschungsansatz wäre die Erfassung des Vertikalprofils der Sichtweite mittels eines einfachen Transmissiometers in Kombination mit einer Fesselsonde und ausreichendem Auftrieb, die zum Zeitpunkt des Satellitenüberflugs eingesetzt wird. Damit wäre ein genauer Vergleich von berechneter und realer Nebelhöhe in Beziehung zur Inversionsuntergrenze möglich.
Besonderes Augenmerk sollte auf den Tagesgang der vertikalen Temperatur- und Feuchteverteilung gelegt werden, da sich aus der Satellitenbildanalyse die größten Abweichungen von Nebelobergrenze und Inversionsuntergrenze während der Mittagsstunden ergeben. Der Nebel scheint sich daher nicht nur am Boden sondern auch an der Obergrenze aufzulösen, wobei die Inversion nicht gleichzeitig absinkt. In einem weiteren Ansatz sollte aus lufthygienischer Sicht auch das Verhältnis von Nebelhöhe und Inversionsobergrenze untersucht werden. Ob über die Thermalkanäle 4 und 5 sowohl Inversionsunter- als auch Inversionsobergrenze bestimmt werden könnten, müsste eingehender untersucht werden.

Da über die Klassifikation die Nebelgebiete bekannt sind, könnte in einer weiteren Arbeitsrichtung das Satellitensignal dieser Regionen einer weiteren Analyse unterzogen werden. Denkbar ist die Ableitung mikrophysikalischer Parameter für die Nebelgebiete.

LITERATUR METHODISCHER TEIL

Agterberg, F.P. 1984: Trend surface analysis. in: Gaile, G.L. u. Willmot, C.J. (Edts.): Spatial statistics and models; 147-171.

Arking, A. u. Childs, J.D. 1985: Retrieval of cloud cover parameters from multispectral satellite measurements. J. Appl.Met. 24; 322-333.

Bähr, H.P. 1985: Digitale Bildverarbeitung. Karlsruhe.

Bätz, W. u. Dürrstein, H. 1989: Topographische Datensätze aus SPOT-Aufnahmen. GR 41, H.12; 700-705.

Bahrenberg, G., Giese, E. 1975: Statistische Methoden und ihre Anwendung in der Geographie. Teubner Studienbücher Geographie, Stuttgart.

Baumgartner, M.F. 1987: Schneeschmelz-Abflussimulationen basierend auf Schneeflächenbestimmungen mit digitalen Landsat-MSS- und NOAA/AVHRR-Daten. Remote Sens. Series, Vol. 11. Zürich.

Baumgartner, M.F. u. Fuhrer, M. 1990: A Low-Cost AVHRR Receiving Station for Environmental Studies, IEEE/IGARSS'90, Washington D.C.

Bell, G.J. u. Wong, M.C. 1981: The Near-Infrared Radiation by satellites from clouds. Month. Weather Rev. Vol. 109; 2158-2163.

Bernhard, K. u. Helbig, A. 1982: Zur Klimatologie niedertroposphärischer Inversionen über dem Gebiet der DDR. Abh. Met. Dienstes DDR Nr. 128; 115-128.

Billing, H. u.a. 1980: Wolkenklassifikation aufgrund von Satellitendaten. Ann. d. Met. NF 15; 145-146.

Bolle, H.J. 1985: Assessment of thin cirrus and low cloud over snow by means of the maximum likelihood method. Adv. Space Res. 5, No. 6; 169-175.

Bolliger, J. 1967: Die Projektionen der schweizerischen Plan- und Kartenwerke. Winterthur.

Bouet, M. 1972: Climat et météorologie de la Suisse romande. Payot, Lausanne.

Brown, R. u. Roach, W.T. 1976: The physics of radiation fog: II - a numerical study. Quart. J. R. Met. Soc. 102, 335-354.

Brunel, P. u. Marsouin, A. 1986: Geographical Navigation of NOAA/AVHRR Series Imagery. Satmos Notes No 2. Centre de Meteorologie Spatiale, Lannion.

Brunel, P. u. Marsouin, A. 1989: Navigation des Images AVHRR. Resultats NOAA9 et NOAA10. Satmos Notes No 3. Centre de Meteorologie Spatiale, Lannion.

Brunel, P. u. Marsouin, A. 1989: Navigation of AVHRR images using ARGOS or TBUS orbital elements. Proceedings of the 4th AVHRR Data Users' Meeting, Rothenburg 5-8 September 1989. EUM P 06; 11-15, Eumetsat Darmstadt.

Brunel, P. 1991: Automatic adjustment of AVHRR Image Navigation. Proc. of the 5th AVHRR Data Users Meeting, Tromso, 25.-28.6.91; 41-46.

Brush, R.J.H. 1982: A real time data retrieval system for images from polar orbiting satellites. Dundee.

Brush, R.J.H. 1985: A method of real-time navigation of AVHRR imagery. I.E.E.E Transactions on Geoscience and Remote Sensing, GE-23; 876-887.

Chorley, R.J. u. Haggett, P. 1968: Trend-surface mapping in geographical research. in: Berry, B.J.L. u. Marble, D.F. (Edts.): Spatial analysis; 195-217.

Coakley, J.A. u. Bretherton, F.P. 1982: Cloud cover from high-resolution scanner data: Detection and allowing for partially filled field of view. J. of Geoph. Res. 87; 4917-4932.

Coakley, J.A. Jr. 1983: Properties of multilayered cloud systems from satellite imagery. J. of. Geoph. Res. 88, 10818-10828.

Coakley, J.A. u. Baldwin, D.G. 1984: Towards the objective analysis of clouds from satellites. J. of Clim. and Appl. Met. 23; Nr. 7; 213-223.

Courvoisier, H.W. 1976: Die Abhängigkeit der Sonnenscheindauer vom kleinräumigen Druckgradienten in den Niederungen der Alpennordseite bei winterlichen Inversionslagen. Arbeitsber. der SMA Nr. 62. Zürich.

Cracknell, A.P. 1982: Computer Programs for Image Processing of Remote Sensing Data. University of Dundee.

Cracknell, A.P. u. Paithoonwattanakij, K. 1989: Pixel and subpixel accuracy in geometrical correction of AVHRR imagery. International Journal of Remote Sensing, 4,5; 661-667.

D'Entremont R.P. 1986: Low- and midlevel cloud analysis using nighttime multispectral imagery. J. Clim. Appl. Met. 25; 1853-1869.

Dozier, J. 1980: Improved Algorithm for Calculation of UTM and Geodetic Coordinates. NOAA Technical Report NESS 81. U.S. Departement of Commerce, Washington D.C.

Duck, K.I. u. King, J.C.: 1983, Orbital mechanics for remote sensing. In Manual of Remote Sensing, 2nd ed., edited by R.N. Colwell, Falls Church, Virginia, American Society of Photogrammetry; 699-717.

Dudhia, A. 1989: Noise characteristics of the AVHRR infrared channels. Int. J. Remote Sensing, Vol. 10, No. 4 and 5; 637-644.

Eales, P. 1989: Automatic linear feature matching for satellite image navigation. Proceedings of the 4th AVHRR Data Users' Meeting, Rothenburg 5-8 September 1989. EUM P 06; 21-26. Eumetsat Darmstadt.

Ellickson, K.J., Henry, M.D., Wong, C.K. u. Sharma, O.P. 1988: Formulation of a generic algorithm for earth location data from NOAA polar satellites. In: NOAA Technical Memorandum NESS 107, U.S. Departement of Commerce, Washington D.C.

Eyre, J.R., Brownscombe, J.L. u. Allam, R.J. 1984: Detection of fog at night using Advanced Very High Resolution Radiometer (AVHRR) imagery. Met. Mag. 113; 266-271.

Feldmann, G. 1965: Bodeninversionen über München-Riem, ihre Häufigkeit und Entwicklung im Tagesgang. Met. Rdsch. 18, H. 1; 3-14.

Flückiger, K. 1990: Diplomarbeit Universität Bern. Unveröffentlicht.

Frei, U. 1984: Geometrische Korrekturen von NOAA-AVHRR Daten. Remote Sensing Series, Vol. 8. Department of Geography, University of Zurich.

Furger, M., Wanner, H. u.a. 1989: Zur Durchlüftung der Täler und Vorlandsenken der Schweiz. Geographica Bernensia P20.

Gäb, G.M. 1976: Untersuchungen zum Stadtklima von Puebla (Mexiko). Dissertation, Universität Bonn.

Gfeller, M. 1985: Regionale Nebelgrenzhöhen über den randalpinen Becken (Untersuchung mit Wettersatellitenbildern). Unveröff. Zweitarbeit, Geogr. Institut der Universität Bern.

Göpfert, W. 1987: Raumbezogene Informationssysteme. Datenerfassung, Verarbeitung, Integration, Ausgabe auf der Grundlage digitaler Bild- und Kartenverarbeitung. Wichmann, Karlsruhe.

Goodman, A.H. und Henderson-Sellers, A. 1987: Constructing global nephanalysis. A review of recent progress in cloud detection and analysis. Proc. Ann. Conf. of Remote Sensing Soc., Nottingham, 1987; 446-452.

Gross, G. 1982: Nebel im Alpenvorland aus der Sicht von Wettersatelliten mit hochauflösenden Strahlungssensoren. Ann. Met. N.F. 19; 131-132.

Gross, G. 1984: Nebelerkennung in Tag-Aufnahmen des 3,7 μm- Spektralbereiches der TIROS N/NOAA-Serie. Meteorol. Rdsch. 37/2; 33-42.

Gutman, G. 1988: A simple method for estimating monthly mean albedo of land surfaces from AVHRR data. J. of Appl. Met. 27; 973-988.

Haberäcker, P. 1987: Digitale Bildverarbeitung. Wien.

Hader, F. 1937: Zur Geographie des Nebels in Österreich. Mitt. Geogr. Ges. Wien 80; 53-79.

Heeb, M. 1989: Die Analyse von Strömungen im Nebel mit Satellitenbildern. Dissertation Universität Bern.

Helbig, A. 1987: Beiträge zur Meteorologie der Stadtatmosphäre. Abh. Met. Dienstes DDR Nr. 137.

Henderson-Sellers, A. 1984: Satellite Sensing of a Cloudy Atmosphere: Observing the Third Planet. Taylor, Francis, London.

Ho, D. u. Asem, A. 1986: NOAA AVHRR image referencing. International Journal of Remote Sensing 7; 895-904.

Hunt, G.E. 1973: Radiative properties of terrestrial clouds at visible and infra-red thermal window wavelengths. Quart. J. R. Met. Soc. 99; 346-369.

ITAV 1990: Guida all'interpretazione del messaggio FM 35-IX: 3° Reparto 2° Ufficio I.T.A.V. Roma.

Itten, K. u.a. 1991: Mapping of swiss forests with NOAA-AVHRR. Remote Sensing Series Vol. 17, Dept. of Geography, University of Zurich.

Kahn, B., Hayes, L. u. Cracknell, A.P. 1990: Automatic rectification of AVHRR data. Proc. of the 16th Ann. Conf. of the Remote Sensing Soc., Swansea; 284-293.

Karlsson, K.-G. 1989: Development of an operational cloud classification model. Int. J. Remote Sensing, Vol. 10; 687-693.

Kidder, S.Q. u. Wu, H.-T. 1984: Dramatic contrast between low clouds and snow cover in daytime 3.7. μm imagery. Mon. Weath. Rev. 112; 2345-2346.

Kidwell, K. B. 1986: NOAA Polar Orbitar Data Users Guide. NOAA/NESS, Washington D.C.

Kloster, K. 1989: Using TBUS orbital elements for AVHRR image gridding. International Journal of Remote Sensing, 4,5; 653-659.

Knottenberg, H. u. Raschke, E. 1982: On the discrimination of water and ice clouds in multispectral AVHRR-Daten. Ann. d. Met. NF 18; 145-147.

Kraus, K. u. Schneider, W. 1988: Fernerkundung, Bd. 1. Physikalische Grundlagen und Aufnahmetechniken. Bonn.

Kraus, K. 1990: Fernerkundung, Bd. 2. Auswertung photographischer und digitaler Bilder. Bonn.

Kunz, S. 1983: Anwendungsorientierte Kartierung der Besonnung in regionalem Maßstab. Geographica Bernensia, G19.

Lauritson, L. u.a. 1988: Data extraction and calibration of TIROS-N/NOAA radiometers. in: Planet, W.G. (Edt.): NOAA Techn. Mem. NESS 107-Rev. 1.

Lengenhagger, K. 1982: Unterschiedliche Lichtrefexionen auf Nebelmeeren, Seen, nassen und vereisten Plätzen. Z. Meteor. 32, H. 3; 191-194.

Liljas, E. 1982: Automated techniques for the analysis of satellite cloud imagery. In: Browning, K.A. 1982: Nowcasting; 167-176.

Liljas, E. 1986: Use of the AVHRR 3.7 µm channel in multispectral cloud classification. SMHI Promis-Rapporter, Nr. 2.

Liljas, E. 1990: Experience of an operational cloud classification method. Proc. of the 4th NOAA/AVHRR Data Users' Meeting 1989; S. 73-78.

Liljas 1991: Personal Communication.

Liljequist, G. 1974: Allgemeine Meteorologie. Braunschweig.

Linke, F. u. Baur, F. 1970: Meteorologisches Taschenbuch Bd. II. Leipzig.

Mäder, Ch. 1988: Kartographie für Geographen I. Allgemeine Kartographie. Geographica Bernensia U21. Geogr. Institut der Universität Bern.

Manschke, A. 1991: Fernerkundung der Basistemperatur konvektiver Wolken über dem Ozean. Berichte aus dem Zentrum für Meeres- und Klimaforschung, Nr. 21, Meteorologisches Institut, Hamburg.

Mason, J. 1982: The physics of radiation fog. J. of Met. Soc. of Japan, Vol.60, No.1; 486-498.

NASA, o.J.: Advanced Tiros-N (ATN), NOAA-H.

Nejedly, G., 1986: Wettersatellitendaten in der Geländeklimatologie. Diss. Geogr. Institut der Univ. Bern.

OÖL (Oberösterreichische Landesregierung) Hrsg.: 1987: Wind, Nebel und Niederschlag im oberösterreichischen Zentralraum. Schriftenreihe Amt d. Oö. Landesr., Landbaudirektion.

Paul, P., Ramrani, Y. u. Hirsch, J. 1987: Essai de detection automatique des limites superieures des brouillards dans les Vosges. Recherches Geographiques a Strasbourg, N° 27.

Paulus, R.F. 1983: Die Unterscheidung zwischen Schneebedeckung des Erdbodens und Nebel/Hochnebel in hochauflösenden (AVHRR)-Wettersatellitenbildern. Met. Rdsch. 36, H. 5; 220-222.

Petkovsek, Z. 1972: Dissipation of the upper layer of all-day radiation fog in basins. XII Int. Tag. f. Alpine Met., Sarajevo 11-16. IX 1972; 71-74.

Petkovsek, Z. 1980: Dynamik der oberen Grenze der Kaltluftseen in Talbecken. Abh. Met. Dienst DDR, Nr. 124, Bd. XVI; 63-65.

Planet, W.G. (ed.) 1988: Data Extraction and calibration of Tiros-N/NOAA Radiometers. NOAA Techn. Mem. NESS 107, Revised 1988. Washington D.C.

Pollinger, W. u. Wendling, P. 1980: Untersuchungenzur Unterscheidung von Eis- und Wasserwolken aus spektralen Reflexionsmessungen. Ann. d. Met. NF 15; 175-176.

Prenosil, Th. 1989: Einführung in die synoptische Meteorologie, Teil 1. Amt für Wehrgeophysik Bericht Nr. 89134. Traben-Trarbach.

Riegger, P. 1989: Geographische Informationssysteme. GR 41, H.11; 656-662.

Roesselet, Ch. 1988: Automatische Nebelerkennung in den randalpinen Becken. Möglichkeiten der Nebelerkennung mit digitalen Messdaten auf dem Bildverarbeitungssystem DVS. Diplomarbeit am Geogr. Institut der Univ. Bern.

Rossow, W.B. u. a. 1985: ISCCP cloud algorithm intercomparison. J. of Clim. Appl. Met. 24; 877-903.

Sabins, F.F. 1987: Remote Sensing, Principles and Interpretation. San Francisco.

Saunders, W. u. Gray, D.E. 1985: Interesting cloud features seen by NOAA-6 3.7 micrometre images. Met. Mag. 114; 211-215.

Saunders, R.W. u. Kriebel, K.T. 1988: An improved method for detecting clear sky and cloudy radiances from AVHRR data. Int. J. Remote Sensing Vol. 9; 123-150 u. 1393-1394.

Saunders, R. W. 1989: Modelled atmospheric transmittances for the AVHRR channels. Proc. 4th AVHRR Users' Meeting, Rothenburg 5-8 sept. 1989; 247-253.

Scherhag, R. u. Lauer, W. 1982: Klimatologie. Braunschweig.

Schirmer, H. 1970: Beitrag zur Methodik der Erfassung der regionalen Nebelstruktur. Abh. des 1. Geogr. Institutes der FU Berlin Bd. 13; 135-146.

Schirmer, H. 1976: Klimadaten. Dt. Planungsatlas, Bd. I: Nordrhein-Westfalen, Lieferung 7. Veröffentl. d. Akad. für Raumf. und Landesplanung.

Schott, J.R. u. Henderson-Sellers, A. 1984: Radiation, the atmosphere and satellite sensors. in: Henderson-Sellers, A. (Edt.): Satellite sensing of a cloudy atmosphere; 45-89.

Schüepp, M. 1974: Die klimatologische Bearbeitung der Nebelhäufigkeit. Bonner Met. Abh. H. 17; 505-508.

Schulze-Neuhoff, H. 1987: Hangaufwärtige "Nebelwellen" nach Sonnenaufgang. Mitteilungen DGM 3; 21-24.

Schwalb, A. 1978: The Tiros-N/NOAA A-G Satellite Series. NOAA Techn. Mem. NESS 95. Washington D.C.

Scorer, R. S. 1986: Cloud Investigation by Satellite. New York.

Seddon, A.M. u. Hunt, G.E. 1985: Segmentation of clouds using cluster analysis. Int. J. Rem. Sens. 6, Nr. 5; 717-731.

Seze, G. u. Desbois, M. 1987: Cloud cover analysis from satellite using spatial and temporal characteristics of the data. J. Clim. Appl. Met. 26, H. 2; 287-303.

Sharman, M. 1991: Software for Processing AVHRR Data for the European Communities: Algorithms, Benchmarks and Standards. Proc. of the 5th AVHRR Data Users Meeting, Tromso, 25.-28.6.91; 65ff.

Simmer, C., Raschke, E. u. Ruprecht, E. 1982: A method for determination of cloud properties from two-dimensional histograms. Ann. d. Met. NF 18; 130-132.

Slater, P. N. 1980: Remote Sensing. Optics and Optical Systems. Addison-Wesley, London.

Snyder, J.P. 1987: Map projections - A working manual. U.S. Geological Survey Paper 1395. Washington.

Streun, G. 1901: Die Nebelverhältnisse in der Schweiz. Dissertation Universität Bern.

Stumm, G. u.a. 1985: Der Nebel als Träger konzentrierter Schadstoffe. Neue Zürcher Zeitung, Nr. 12, 16.1.1985; 71.

Thekaekara, M. P. 1974: Extraterrestrial solar spectrum, 3000-6100 Å at 1-Å intervals. Applied optics, Vol. 13, No. 3; 518-522.

Urfer, A. 1957: Brouillards de rayonnement et gradient vertical de température. La Météorologie, Nr45-46; 101-107.

Wanner, H. 1979: Zur Bildung, Verteilung und Vorhersage winterlicher Nebel im Querschnitt Jura-Alpen. Geographica Bernensia, Band G7.

Wanner, H. u. Kunz, S. 1983: Klimatologie der Nebel- und Kaltluftkörper im Schweizerischen Alpenvorland mit Hilfe von Wettersatellitenbildern. Arch. f. Met., Geoph. and Bioclim., Ser. B., 33; 31-56.

Warren, D. 1989: AVHRR channel-3 noise and methods for its removal. Int. J. remote Sensing, Vol. 10; 645-651.

Weber, O. 1975: Nebel/Sichtweiten. Beitrag zu einem Kommissionsbericht französischer, deutscher und schweizerischer Strassenfachorgane. Arbeitsber. der Schw. Met. Anstalt, No. 50. Zürich.

Wiesner, K. u. Fezer, F. 1979: Terrestrisch beeinflusste Wolkenformen auf Satellitenbildern Mitteleuropas. Erdkunde, 33.Jg; 316-328.

Winiger, M. 1984: Satellite data in Topoclimatology. 25th Intern. Geogr. Congr., Symp. 18: Applied Geography (Applied Climatology), Zürich, August 1984; 45-52.

Winiger, M. 1986: Der Luftmassenaustausch zwischen rand-alpinen Becken am Beispiel von Aare-, Rhein- und Saónetal. Eine Auswertung von Wettersatellitendaten. In: Endlicher, W. u. Goßmann, H. (Hrsg.), Fernerkundung und Raumanalyse; 43-61. Karlsruhe.

Wiscombe, W.J. u. Warren, S.G. 1980: A model for the spectral albedo of snow. I: Pure snow. J. Atmos. Sciences, Vol 37, 12; 2712-2733.

Zverev, A.S. 1972: Practical work in synoptic meteorology. Hydromet. Publ. House. Leningrad.

ANHANG METHODISCHER TEIL

1. Radiometrische Korrektur der NOAA VIS-Kanäle 1 und 2 (J. BENDIX)

Die Grauwerte der Kanäle 1 und 2 (VIS) des AVHRR stehen für eine bestimmte Strahlstärke, die das Radiometer erreicht. Grundsätzlich
wird der Wertebereich durch die spektrale Reflexion der betrachteten Oberfläche bestimmt. Folgende Faktoren sind für die am Radiometer ankommende Strahldichte hauptsächlich von Bedeutung:

1. Das Reflexionsverhalten der Oberfläche bei spezifischer Wellenlänge und optische Eigenschaften (Isotropie).
2. Das Feuchte- und Temperaturprofil der Atmosphäre
3. Das wellenlängenabhängige Absorptions- und Streuverhalten der atmosphärischen Inhaltsstoffe

Die Umrechnung der Grauwerte in Strahldichten resultiert direkt aus der Kalibrierungsmethode, mit der die Radiometer eingestellt wurden.
Bei den NOAA VIS-Kanälen findet keine Inflight-Kalibrierung statt, wie dies bei den IR-Kanälen der Fall ist. Vielmehr wurde die Kalibrierung vor dem Start mit einer sogenannten "Integrating Sphere" durchgeführt. Hierbei handelt es sich um eine 30-inch Fläche die mit Bariumsulfat überzogen ist und mit 12 Quarz-Halogen Lampen für ch 1 (6 Lampen für ch 2) beleuchtet werden kann (Rao, C.R.N. 1987; 35 ff.). Die Beschichtung mit Bariumsulfat garantiert vollständig isotrope Reflexion des einfallenden Lichtes.

Die spektral gefilterte Strahldichte, die den Sensor erreicht, definiert sich wie folgt (Rao, C.R.N. 1987; 9):

$$I = \int S *_T *d\lambda$$

wobei:
```
I = Gefilterte Strahldichte der Integrating Sphere, gesehen vom
    AVHRR-Radiometer (W m^-2 sr^-1)
S = Strahlung der Integrating Sphere
T = Normalisierte response function
  = Wellenlänge
```

Die solare Bestrahlungsstärke wird aus Messungen von hochfliegenden Flugzeugen abgeleitet. Die für die Kalibrierung benutzten Daten lieferte THEKAEKARA (1974).
Für den Wellenlängenbereich der NOAA Sensoren ergibt sich die gefilterte (spektrale) solare Bestrahlungsstärke F:

$$F = \int F0 *_T *d\lambda$$

wobei:
```
F  = Spektrale gefilterte solare Bestrahlungsstärke (W m^-2)
F0 = Solare Bestrahlungsstärke bei mittlerer Entfernung Erde-Sonne
   = Wellenlänge
```

Der Reflexionsfaktor A der Integrating Sphere berechnet sich dann:

$$A = \pi I / F$$

Somit wird der Reflexionsfaktor als Ratio der Bestrahlungsstärke eines isotropen Strahlungsfeldes mit der Strahldichte I und der gefilterten solaren Bestrahlungsstärke F definiert.
Der Reflexionsfaktor stellt also den relativen Anteil der von der Erde ankommenden Strahldichte an der Strahldichte der isotrop reflektierenden Integrating Sphere dar (Rao, C.R.N. 1978; 11).
Die Beziehung von Grauwert und dem Reflexionsfaktors (R) ist linear und kann durch folgende Regressionsgleichung berechnet werden (S. 46b, 46c rev. Lauritson 1988):

$$R = a + b*C$$

wobei:
```
          a = intercept
          b = slope
```

C = Digitaler 10-Bit Grauwert

Die Koeffizienten für die in dieser Studie verwendeten Satelliten NOAA 10 und 11 lauten:

	NOAA 10		NOAA 11	
	Kanal 1	Kanal 2	Kanal 1	Kanal 2
a	-3.7261	-3.5692	-3.78	-3.6
b	0.10589	0.10579	0.095	0.09

Da festgestellt wurde, daß die Radiometer mit zunehemendem Alter in Ihrer Leistung abnehmen, müssen die Koeffizienten a und b je nach Degradationsstadium nachkorrigiert werden. Der Leistungsabfall gegenüber der ursprünglichen Kalibrierung kann hierbei beträchtlich sein. Erst nach zwei Jahren im Orbit scheinen sich die Radiometer auf einer unteren Leistungsstufe konstant eingestellt zu haben. Besonders betroffen ist hier die maximale Strahlungsakzeptanz des Radiometers, die letztlich besonders den slope (b) der Regressionsgraden verändert.

Für NOAA 10 stellte TEILLET u.a.(1990) 1988 eine Abnahme des Faktors b um 29% (Kanal 1) bzw. 37% (Kanal 2) gegenüber der Kalibrierung 1977 fest. Für NOAA 11 ergaben sich nach HOLBEN u.a. (1990) 1989 ein Abnahme von 22% (Kanal 1) bzw. 32% (Kanal 2).

Die korrigierten Koeffizienten für NOAA 10 und 11 lauten daher nach TEILLET u.a. (1990) und HOLBEN u.a. (1990):

	NOAA 10		NOAA 11	
	Kanal 1	Kanal 2	Kanal 1	Kanal 2
a	-5.3165	-6.3744	-4.894	-4.895
b	0.1473	0.1766	0.122	0.122

Der über die lineare Formel berechnete Reflexionsfaktor stellt aufgrund der bei der Kalibrierung verwendeten Methode nicht die Reflexion einer Oberfläche bzw. die reine Oberflächenalbedo dar.

Um die Grauwerte für spezifische Oberflächen allerdings unabhängig von den Kalibrierungsprämissen zu halten, können einigg einfache Korrekturen durchgeführt werden. Leicht korrigieren lassen sich der Effekt der unterschiedlichen Entfernung Erde-Sonne im Jahresverlauf sowie Effekte, die sich durch eine unterschiedliche Strahlungsgeometrie (Sonnenhöhe etc.) ergeben. Nur für einige Oberflächen ist die Berücksichtigung ihres Isotropieverhaltens in Abhängigkeit der Beobachtungsgeometrie zu korrigieren. Atmosphärische Einflüsse können demgegenüber nur durch Strahlungstransfermodelle ausgeschaltet werden.

Der Reflexionsfaktor (R) wird je nach Abweichung von der mittleren Entfernung Sponne_erde im Jahresverlauf über- bzw. unterschätzt, da die Kalibrierungsfaktoren für eine mittlere Entfernung Erde-Sonne berechnet sind. Die jährlichen Schwankung basierend auf der Entfernung Sonne-Erde liegen bei ca. 3%. Interanuelle Schwankungen können vernachlässigt werden, da sie <0.1% sind (Linke, Baur; S. 520)

Die Korrektur des berechneten Reflexionsfaktor erfolgt also:
R=R/f

f=Korrekturfaktor Entfernung Erde-Sonne z.B. aus Tab. 70, LINKE u. BAUR 1970; 520.

Weiterhin ist die Intensität der Bestrahlungsstärke und somit der resultierende Reflexionsfaktor (R) von dem Winkel und somit der Weglänge bis zum Ziel (beleuchtetes Pixel) abhängig, so daß Pixel gleicher Reflektivität über ein Bild mit verschiedenen Grauwerten abgebildet werden. Um den bei der Kalibrierung berücksichtigten Zustand von senkrechtem Sonneneinfall zu erfüllen, wird aus dem Reflexionsfaktor (R) über den Einheitskreis die beobachtete Albedo (α) berechnet:

α=R/μ   μ: Kosinus des Sonnenzenithwinkels

Da die meisten Oberflächen aber anisotrop reagiert und die Anisotropie unter anderem von den Einstrahlungsverhältnissen abhängig ist, muß die Albedo der reflektierenden Oberfläche (A) wie folgt berechnet werden:

Ω=(φ,ΘP,Θs) und

A=α/Ω(φ,ΘP,Θs)

```
Ω = Anisotropie Faktor in Abhängigkeit von
    φ :Relativer Azimut (Differenz aus Sonnen- und Satellitenazimuth)
    ΘP:Pixelzenitwinkel
    Θs:Sonnenzenitwinkel
```

Der Anisotropiekoeffizient wird empirisch ermittelt und hängt besonders von der Oberfläche und der Beobachtungsgeometrie ab.
Die Beobachtungsgeometrie ist in Abb. x dargestellt; besonders wichtig sind die Winkel Θ_S, Θ_P, relativer Azimut.

Abbildung: Die Beobachtungsgeometrie in der Fernerkundung

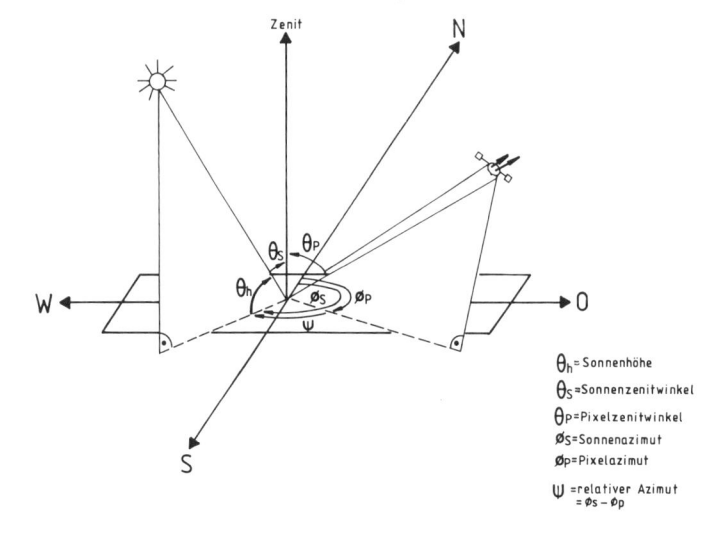

Θ_h = Sonnenhöhe
Θ_S = Sonnenzenitwinkel
Θ_P = Pixelzenitwinkel
ϕ_S = Sonnenazimut
ϕ_P = Pixelazimut
ψ = relativer Azimut
    = $\phi_S - \phi_P$

Die nächste Abbildung soll noch einmal verdeutlichen, welchen Einfluß die Anisotropie von Oberflächen auf die Albedo hat. Wie schon angedeutet, liegen bei isotroper Reflexion im gesamten Halbraum gleiche Strahldichten der Austrahlung vor (Abbildung). Die Reflexion ist allerdings bei den meisten Oberflächen mehr oder weniger gerichtet, wobei die Intensität der Strahldichte in den verschiedenen Raumwinkel hauptsächlich von der Einstrahlungsrichtung und weniger vom spektralen Verhalten der Oberflächen abhängig ist.
Im Fall b wird die Strahldichte am Sensor völlig unterschätzt, im Fall c ist das Gegenteil der Fall. Ist z.B. $\Theta_S = \Theta_P$ so kann bei absolut gerichteter Reflexion die Strahldichte stark überschätzt werden, wie dies bei sun glint häufig zu beobachten ist.

Leider sind für die Spektralbereiche des AVHRR noch keine spektralen Anisotropiefaktoren ermittelt worden. Daher werden häufig Faktoren für Anisotropie von Land, Meer, Schnee und Nebel benutzt, die empirisch aus dem NIMBUS-7 ERB-Experiment (Earth radiation budget) abgeleitet wurden (Wiegner, M. 1985 u.a., Kriebel, K.T. 1986). Streng genommen sind sie nur für einen wesentlich breiteren spektralen Bereich gültig (VIS ERB 0.2-4.5 μm). Da das Isotropieverhalten allerdings hauptsächlich von der Beobachtungsgeometrie und weniger vom Spektralband der Messung abhängt, ist eine Übertragbarkeit der Koeffizienten auf einen engeres Spektralband möglich.

isotrop **anisotrop** **anisotrop**

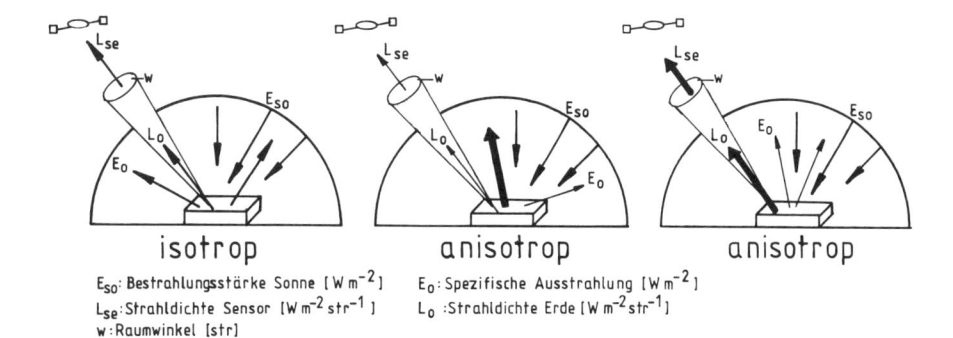

E_{so}: Bestrahlungsstärke Sonne [W m^{-2}] E_0: Spezifische Ausstrahlung [W m^{-2}]
L_{se}: Strahldichte Sensor [W m^{-2} str^{-1}] L_0: Strahldichte Erde [W m^{-2} str^{-1}]
w: Raumwinkel [str]

Die Koeffizienten können aus TAYLOR u. STOWE (1984) entnommen werden und in Dateien abgespeichert werden. Für folgende Oberflächen sind diese Koeffizienten vorhanden:

Wolkenfreier Ozean, Land, Schnee, Eisflächen
Nierdrige, mittelhohe, hohe Wasser- und Eiswolken

Die Berechnung kann für jedes Pixel über das beschriebene Orbitalmodell sowie die ausgeführte Berechnung der Sonnenhöhe erfolgen, wenn der Oberflächentyp bekannt ist und einem der oben aufgeführten entspricht. Über die berechneten Winkel (ϕ, Θ_p, Θ_s) wird der der Anisotropie-Koeffizient (Ω) der jeweiligen Datei entnommen und die beobachteten Albedo (α) durch diesen dividiert. So berechnet sich aus der am Radiometer ankommenden bidirektionalen Reflexion an der Obergrenze der Atmosphäre letztlich die gerichtete-hemisphärische Reflexion des jeweiligen Pixels.
Um die spektrale, beobachtete Albedo (α) auf den gesamten sichtbaren Bereich, der dem von Nimbus-7 (ERB) in etwa entspricht, ausdehnen zu können, ist folgende Berechnung nach GUTMAN (1988) möglich. Aus der beobachteten Albedo der NOAA ch 1 und 2 α_1 und α_2 (narrowband) berechnet sich die broadband-Albedo α nach folgender Regressionsformel.

$\alpha = -0.7 + 0.36 * \alpha_1 + 0.73 * \alpha_2$

Abschließend sei bemerkt, daß mit dem beschriebenen Verfahren die nichtlinearen Fehler, die hauptsächlich durch den Aerosolgehalt der Atmosphäre hervorgerufen werden, nicht berücksichtigt werden.
So hat SAUNDERS (1989) für die Spektralbereich des AVHRR-Sensors nachgewiesen, daß gerade in urbanen Gebieten die Extinktion der Atmosphäre durch die hohe Aerosolbelastung der Grundschicht bis auf 30% (80% bei reiner maritimer Atmosphäre) reduziert werden kann.

Literatur:

Gutman, G. 1988: A simple Method for estimating monthly mean Albedo of Land Surfaces form AVHRR Data. J. Appl. Met. Vol. 27; 973-988.

Holben, B.N. u.a. 1990: NOAA-11 AVHRR visible and near-IR inflight calibration. Int. J. of. Rem. Sensing 11, No. 8; 1511-1519.

Kidwell, K. B. 1986: NOAA Polar Orbiter DATA Users Guide. Washington. (ab 3-13)

Kriebel, K.T. 1986: Optical properties of clouds from AVHRR/2 Data. 6th Conf. on Atmos. Radiation, MAy 13-16, 1986, Williamsburg, Va.; 78-80.

Lauritson, L. u.a. 1988: Data extraction and calibration of Tiros-N/NOAA radiometers. NOAA Tech. Mem. NESS 107-Rev.1.

Linke, F. u. Baur, F. 1970: Meteorologisches Taschenbuch. Leipzig.

Rao, C.R. N. 1987: Pre-Launch Calibration of Channel 1 and 2 of the Advanced Very High Resolution Radiometer. NOAA Tech. Rep. NESDIS 36.

Saunders, R.W. 1989: Modelled atmospheric transmittance for the AVHRR channels. Proc. 4th AVHRR Date Users' Meeting, 5.8 Sept. 1989, Rothenburg; 247-253.

Taylor, V.R und Stowe, L.L. 1984: Atlas of Reflectance Patterns for Uniform Earth and Cloud Surfaces (NIMBUS-/ ERB--61 Days), NOAA Tech. Rep. NESDIS 10. Washington.

Teillet, P.M. u.a. 1990: Three Methods for the absolute calibration of NOAA AVHRR sensors in-flight. Rem. Sens. Envi. 31; 105-120.

Wiegner, M. 1985: Bestimmung der Strahlungsbilanz am Oberrand der Atmosphäre über der Sahara aus Satellitenmessungen. Mitt. Inst. Geoph. Met. Univ. Köln.

2. Kalibrierung der thermischen Kanäle des NOAA-AVHRR (M. BACHMANN)

2.1. Einleitung und Methode

Die Interpretation quantitativer Satellitendaten erfordert in vielen Fällen eine Umrechnung der gesendeten Digitalwerte in physikalische Grössen. Bei den thermischen Kanälen bezeichnet man den Vorgang als Temperaturkalibrierung und versteht darunter die Umwandlung der Grauwerte in Strahlungstemperaturen, auch Brightness Temperatures genannt. Diese wird definiert als die dem Strahlungswert eines Sensors entsprechende Temperatur eines Schwarzkörpers (SINGH, 1984: 162).

Der genaue Kalibrierungsvorgang der NOAA/AVHRR-Kanäle ist in PLANET (1988) beschrieben. Zusammenfassungen finden sich in NEJEDLY (1986), SCHMID (1991) und SAUNDERS (1988). Sämtliche Messwerte für die Kalibrierung werden im Header jeder Bildzeile übermittelt. Ergänzende Daten wie die spektrale Empfindlichkeit der Infrarot-Kanäle sowie Nichtlinearitätstabellen sind dem NOAA Technical Memorandum 107 entnommen (PLANET 1988).

Die Kalibrierungsmethode der NOAA-Satelliten wird als sogenannte 'Inflight calibration' bezeichnet. Dies bedeutet, dass die Infrarot-Kanäle während des Fluges einer ständigen Überwachung unterworfen sind. Bei jeder Spiegelrotation werden zusätzlich zur Erdoberfläche die folgenden zwei Strahlungsquellen als Referenzpunkte erfasst:

(1) Weltall (space view)
(2) Interner Schwarzkörper (internal blackbody)

Die Temperatur des Schwarzkörpers wird durch vier Platinwiderstands-Thermometer gemessen und kann über die im Header des Datenstromes zur Erde gesendeten Werte (sog. PRT-Counts) berechnet werden.

Die Radiometerwerte der zwei Strahlungsquellen werden ebenfalls im Header als Space Count (SPC) und Internal Target Count (ITC) übermittelt.

Diese zwei Messpunkte ergeben für jeden Kanal lineare Funktion, über die aus dem Grauwert die spektrale Strahlungsdichte berechnet werden kann.

```
R = G*X + I  (1)
```
R Strahlung [W/m²/sr/cm^{-1}]
X Grauwert
G Steigung (Slope)
I Intercept

Steigung G und Intercept I für jeden Kanal berechnen sich zu:

```
G = (N_bb - N_sp)/(X_bb - X_sp)
```
N_{bb} Strahlung Schwarzkörper
N_{sp} Strahlung Weltall (=0)
X_{bb} Grauwert Schwarzkörper
X_{sp} Grauwert Weltall

```
I = N_sp - G*X_sp
```
I Intercept
N_{sp} Strahlung Weltall
G Steigung
X_{sp} Grauwert Weltall

Die Strahlung des Weltalls wird dabei als Null angenommen. Aus der linearen Gleichung kann für jeden Grauwert der entsprechende Strahlungswert berechnet resp. in einer Look-up Tabelle (LUT) abgelegt werden.

Für Kanal 3 (InSb Detektor) ist die Beziehung linear, während für die Kanäle 4 und 5 (HgCdTe Detektoren) Nichtlinearitätskorrekturen vorgenommen werden müssen.

Die Strahlungsdichte kann anschliessend über das Planck-Gesetz und die spektrale Empfindlichkeit der Kanäle in eine Strahlungstemperatur umgerechnet werden. Zur Vereinfachung der Berechnung wird dazu pro Kanal eine LUT erstellt, die für den gesamten Grauwertbereich (1 bis 1024) den entsprechenden Strahlung- und Temperaturwert enthält. Die Empfindlichkeit des Sensors (normalized response function) ist in PLANET (1988), Appendix B für jeden Kanal aufgelistet.

Hat man die Brightness Temperature berechnet, so muss für die Kanäle 4 und 5 noch eine Nichtlinearitätskorrektur durchgeführt werden. Die Korrekturfaktoren variieren mit der Brightness Temperature selbst und der Schwarzkörpertemperatur. Dies ergibt eine zweidimensionale Tabelle für jeden Kanal, aus der die Korrekturbeträge gelesen und zur errechneten Brightness-Temperatur addiert werden können (siehe dazu SAUNDERS 1988).

Das konkrete Vorgehen lässt sich wie folgt zusammenfassen:

```
        (1)           Tmi(Rmi)       dTi
  Ci ------>  Rmi  ------>  Tmi  ------->  T'mi
                                                    Ci    Count
                                                    Rmi   Radiance
                                                    Tmi   Temperatur
                                                    dTi   NL-Korrektur
                                                    T'mi  Temperatur
```

2.2 Berechnung der Zusatzgrössen

Zur Bestimmung der Kalibrierungsparameter G und I sind für jeden Kanal die folgenden vier Grössen notwendig:

```
        -Nbb: Effektive Strahlung des Schwarzkörpers
        -Nsp: Effektive Strahlung des Weltalls (=0)
        -Xbb: Grauwert des Schwarzkörpers
        -Xsp: Grauwert des Weltalls
```

2.2.1 Temperatur und Strahlung des internen Schwarzkörpers

Die Strahlungsintensität des internen Schwarzkörpers für einen bestimmten Kanal wird über dessen Temperatur berechnet. Die Temperatur wird aus den vier PRTs (platinum resistance thermometer) berechnet, deren Messwerte in den Header-Wörtern (18,19,20) stehen.

Pro Zeile wird jeweils ein PRT-Messwert dreifach ausgegeben, jede 5. Zeile enthält einen Referenzwert, der kleiner als 10 ist:

```
        Zeile    Wort:  18    19    20
          1             ref   ref   ref
          2             prt1  prt1  prt1
          3             prt2  prt2  prt2
          4             prt3  prt3  prt3
          5             prt4  prt4  prt4
          6             ref   ref   ref
          ..            ..
```

10 Werte jedes PRTs werden gemittelt und stellen den mittleren PRT-Wert dar. Insgesamt werden zur Bestimmung der Schwarzkörper-Temperatur 50 Zeilen des Headers benötigt (10*4 PRTs, 10*1 REF).

Jedes PRT-Mittel stellt einen Spannungswert dar und wird folgendermassen in eine Temperatur umgesetzt:

```
  Ti = Summe[j=1,4](aij*Xij)    (2)
                                        Ti    Temperatur (Kelvin) PRTi
                                        aij   Koeffizienten PRTi
                                        Xi    PRTi-Mittel
```

Für das PRT1 sieht (2) folgendermassen aus:

```
  T1 = a1,0 + a1,1*X11 + a1,2*X12 + a1,3*X13 + a1,4*X14    [K]
```

Die Koeffizienten aij befinden sich im Anhang B. Die Temperatur Ti wird für jedes PRT gerechnet und die vier Temperaturen anschliessend mit Gewichtungsfaktoren bi (Anhang B) zur Temperatur des Schwarzkörpers gemittelt:

```
  Tbb = Summe[i=1,4](bi*Ti)    (3)
                                        Tbb   Temperatur Schwarzkörper
                                        bi    Koeffizient
                                        Ti    Temperatur PRTi
```

Damit ist die Temperatur des Schwarzkörpers bekannt. Da das Radiometer Strahlungsgrössen misst, muss diese Temperatur für jeden Kanal noch in einen in einen Strahlungswert umgerechnet werden (Anhang A, PLANET 1988). Dazu wird über die Planck-Funktion, gewichtet mit der spektralen Empfindlichkeit (normalized response curve) des jeweiligen Kanals, die Strahlung errechnet.

2.2.2 Internal target data

Die Internal Target Data zeigen, wie die jeder Kanal (3,4,5) des Radiometers den Schwarzkörper 'sieht'. Die Werte liegen für die Kanäle 4 und 5 zwischen 300 und 400, für den Kanal 3 um 600.

In den Header Wörtern 23-52 stehen je 10 samples für jeden Kanal (3,4,5) in der folgenden Anordnung:

```
  Wort   23   24   25   26   27   28   29   30   31   32  ...   51   52
         ch3  ch4  ch5  ch3  ch4  ch5  ch3  ch4  ch5  ch3 ...   ch4  ch5
```

Pro Kanal werden 50 Werte zu einem Internal target count (ITC) gemittelt, wozu man 5 Header-Zeilen benötigt.

2.2.3 Space view data

In den Header-Wörtern 53-102 befinden sich die je 10 Space view data. Die Digitalwerte zeigen, wie jeder Kanal die Strahlung des Weltraumes 'sieht' und liegen in der Grössenordnung um 990. Die Anordnung im Header ist die folgende:

```
Wort    53   54   55   56   57   58   59   60   61   62   63   ...   101  102
        ch1  ch2  ch3  ch4  ch5  ch1  ch2  ch3  ch4  ch5  ch1   ...   ch4  ch5
```

Wiederum werden pro Kanal 50 Werte zu einem Space count (SPC) gemittelt, wozu man 5 Headerzeilen benötigt.

2.2.4 Benötigte Hilfsdateien

Zur Vereinfachung der Berechnungen werden LUT erstellt. In den Dateien NOAA10.dat und NOAA11.dat ist die Beziehung Temperatur-Strahlung für zwei Kanäle (3,4) von NOAA-10, resp. drei (3,4,5) von NOAA-11 und einen Temperaturbereich von 230-330 Grad Kelvin mit einer Intervalgrösse von 0.1 Grad abgelegt. Die Beziehung wird über die 'normalized response function' und die Planck-Funktion berechnet.

Die Dateien N10_NL.dat und N11_NL.dat enthalten die Nichtlinearitätskorrekturen für den Kanal 4 von NOAA-10, resp. die Kanäle 4 und 5 von NOAA-11 für einen Bereich von 225-320 Grad Kelvin in Gradstufen für die T_{bb} von 283, 288, 293. Aus der bekannten T_{bb} muss dann noch interpoliert werden.

2.3 Literatur

KIDWELL, K. B., 1985 NOAA polar orbiter data users guide. NOAA/NESDIS.

PLANET, W. G.,1988: Data extraction and calibration of TIROS-N/ NOAA radiometers. NOAA Techn. Memorandum NESS 107 (Revised).

NEJEDLY, G., 1986: Wettersatelliten in der Geländeklimatologie.

SAUNDERS, R.W., PESCOD, R.W., 1988: A users guide to the AVHRR processing over land, cloud and ocean (APOLLO) scheme on Hermes/Homer. Met. Office Unit, Oxford.

SCHMID, B., 1991: Beobachtung der Vegetationsentwicklung in der Schweiz mit NOAA/AVHRR-Daten. Diplomarbeit Institut für angewandte Physik der Universität Bern.

SINGH, S. M., 1984: Removal of atmospheric effects on a pixel by pixel basis from the thermal infrared data from instruments on satellites. Int. J. of Remote Sensing, Vol.5, No.1, 161-183.

TEIL II

Nebelverteilung und -dynamik im schweizerischen Alpenvorland. Eine Auswertung digitaler Wettersatellitendaten.

mit 24 Figuren und 7 Tabellen

Matthias Bachmann

TEIL II
NEBELVERTEILUNG UND -DYNAMIK IM SCHWEIZERISCHEN ALPENVORLAND. EINE AUSWERTUNG DIGITALER WETTERSATELLITENDATEN.

MATTHIAS BACHMANN

Inhaltsverzeichnis Teil II 115
Figurenverzeichnis Teil II 116
Tabellenverzeichnis Teil II 117
Zusammenfassung Klimatologie Schweizer Alpenvorland 118
Summary Swiss Middleland 120

1. Einleitung und Arbeitskonzept 122
1.1 Einleitung 122
1.2 Problemstellung und Zielsetzung 122
1.3 Satellitendaten und Arbeitskonzept 123
1.4 Verwendete Wetterlagenklassifikation 123
1.5 Zusatzdaten 125
1.6 Das Untersuchungsgebiet 125

2. Nebel 128
2.1 Definition und mikrophysikalische Grundlagen 128
2.2 Prozesse der Nebelbildung und -auflösung 128
2.3 Nebelklassifikation 129

3. Die Nebelverteilung und Nebelhöhe im Schweizer Alpenvorland 131
3.1 Bisherige Untersuchungen und Erkenntnisse 131
3.2 Karte der mittleren Nebelverteilung aus digitalen Satellitendaten 132
3.2.1 Methodisches Vorgehen 132
3.2.2 Resultate 133
3.2.3 Verifikation 135
3.2.4 Berechnung der Anzahl Nebeltage nach TROXLER 1987 135
3.3 Mittlere Verteilung der Nebelhöhe 136
3.3.1 Gesamtes Mittelland 136
3.3.2 Regionale Nebelobergrenzen 137
3.3.3 Beziehung zwischen Nebelobergrenze und -untergrenze 138
3.4 Mittlere Nebelverteilung und -höhe in Abhängigkeit der Wetterlage 138
3.4.1 Hochdrucklagen 139
3.4.2 Flachdrucklagen 139
3.4.3 Ostlagen 140
3.4.4 Einzelwetterlagen 140
3.5 Mittlere Verteilungsmuster in Abhängigkeit von kleinräumigen Druckgradienten 143
3.5.1 Die Bedeutung kleinräumiger Druckgradienten im Untersuchungsgebiet 143
3.5.2 Methodisches Vorgehen 144
3.5.3 Resultate 144

4. Mittlere Nebeldynamik im Tagesverlauf 147
4.1 Persistenz-, Auflösungs- und Bildungsgebiete des Nebels 148

4.2 Veränderung der Nebelhöhe im Tagesverlauf 153
4.3 Zusammenfassende Bemerkungen 154

5. Fallanalysen 156
5.1 Bisherige Untersuchungen 156
5.2 Das mesoskalige numerische Strömungsmodell von SCHUBIGER & DE MORSIER (1987, 1989) 156
5.3 Die Nebelperiode vom 23.1.1991-2.2.1991 159
5.3.1 Datengrundlage und methodisches Vorgehen 159
5.3.2 Die Wetterentwicklung im Januar/Februar 1991 159
5.3.3 Die Dynamik der Nebelverteilung und ausgewählter meteorologischer Elemente .. 161
5.3.4 Nebelverteilung und Strömungsmuster in der Grundschicht 163
5.4 Besprechung der Ergebnisse 165

6. Anwendungen 167
6.1 Luftvolumen und Durchlüftungspotential 167
6.1.1 Das Durchlüftungspotential 167
6.1.2 Kaltluftvolumen und Inversionshöhe 169
6.1.3 Nebelverteilung und Luftvolumen 171
6.1.4 Zusammenfassende Bemerkungen 172
6.2 Auswirkungen von Nebellagen 173
6.2.1 Nebel und Regionalklima 174
6.2.2 Nebel und Luftverschmutzung 174
6.2.3 Auswirkungen auf die Umwelt 175
6.2.4 Auswirkungen auf den Menschen 177

7. Schlussfolgerungen und Ausblick 178

Literaturverzeichnis Teil II 179
Anhang Teil II: Verzeichnis der verwendeten Satellitenbilder 184

Figurenverzeichnis

Fig. 1.1 Arbeitskonzept 124
Fig. 1.2 Ausschnitt aus dem Witterungskalender der Schweizerischen Meteorologischen Anstalt (SMA), Februar 1991. 125
Fig. 1.3: Klimaregionen der Schweiz nach SCHÜEPP ET AL. (1978:36) 126
Fig. 1.4: Karte der Durchlüftungsregionen der Schweiz nach AUBERT (1980). Die erste Ziffer gibt die Grossregion an (1 Jura, 2 Mittelland, 3 Inneralpine Täler, 4 Täler und Ebenen der Alpensüdseite). Quelle: FURGER, WANNER ET AL. (1989: 29) 126
Fig. 1.5: Naturräumliche Gliederung der Schweiz und angrenzender Gebiete unter besonderer Berücksichtigung von Ebenen, Becken, und Tallandschaften (eigener Entwurf nach NUSSBAUM 1932, GUTENSOHN 1965 und GROSJEAN 1982). 127
Fig. 2.1: In der Schweiz besonders häufig beobachteter Lebenszyklus von Strahlungsnebel (aus WANNER 1979: 76) 129
Fig. 3.1: Ausgewähltes Bildmaterial nach Wetterlagen, gegenübergestellt der mittleren Verteilung nach WANNER & KUNZ 1983 (Bezeichnungen siehe Kap. 1.4). 133
Fig. 3.2: Das Auftreten bestimmter Wetterlagen im Zeitraum der Winterhalbjahre 1989-1991 und Anzahl der Fälle mit Nebel. 142

Fig. 3.3: Summenkurven der Häufigkeit bestimmter Nebelobergrenzen im Schweizer Mittelland bei unterschiedlichen QNH-Druckgradienten Payerne-Strassburg. 145
Fig. 3.4 Mittlere Nebelobergrenze in Abhängigkeit des QNH-Druckgradienten Payerne-Strassburg ermittelt aus über 80 Satellitenbildern. Zum Vergleich sind die Werte von COURVOISIER (1976) und WANNER (1979) eingetragen. 146
Fig. 4.1: Tagesgang der Nebelhäufigkeit an schweizerischen Flughäfen (Quelle: SCHNEIDER 1957). 148
Fig. 4.2 Schematische Abfolge des Inversionsabbaus in einem Gebirgstal (WHITEMAN 1990: 31). 151
Fig. 4.3: Schematischer Querschnitt durch die thermische Zirkulation am Tag im Bereich eines nebelgefüllten, mesoskaligen Kaltluftkörpers (UNGEWITTER, 1984: 142).......... 152
Fig. 5.1: Schematische Darstellung eines Modellquerschnitts und Verlauf der Temperatur T mit der Höhe z (aus SCHUBIGER & DE MORSIER, 1989: 2,3) 157
Fig. 5.2: Wetterkarten für ausgewählte Tage der Nebelperiode 23.1.91-2.2.91. Links ist die Bodenkarte dargestellt, rechts die Höhendruckkarte (500 hPa). Quelle: Täglicher Wetterbericht der SMA. 160
Fig. 5.3: Nebelobergrenze, Nebelfläche, Druckgradient Payerne-Strassburg, Radiosonde Payerne für die Periode vom 23.1.1991 bis 2.2.1991. 162
Fig. 6.1: Einfaches Boxmodell zur Abschätzung der Durchlüftung und Berechnung der mittleren Immissionskonzentration (aus: SCHÜPBACH 1991: 18, nach WANNER 1983). 168
Fig. 6.2: Begrenzung von Kaltluftvolumina in komplexer Topographie................... 168
Fig. 6.3: Auswahlgebiet zur Berechnung von Luftvolumina für das Schweizer Mittelland 169
Fig. 6.4: Beziehung zwischen der Inversionsuntergrenze und dem dadurch begrenzten Luftvolumen für das Schweizer Mittelland 170
Fig. 6.5: Beziehung zwischen Nebelobergrenze und Luftvolumen, ermittelt aus 137 Satellitenbildern. 171
Fig. 6.6: Beziehung zwischen Nebelfläche und Luftvolumen, ermittelt aus 137 Satellitenbildern. 172
Fig. 6.7: Hypothetischer Verlauf der Schadstoffkonzentration während einer durchgehend windschwachen Nebelperiode.. 173
Fig. 6.8: Vergleich von Regen- und Nebelanalysen (aus: SCHÜPBACH & JUTZI 1991: 60) 175

Tabellenverzeichnis

Tab. 2.1: Räumlich und genetisch klassierte Nebelarten (WANNER 1979: 72). 130
Tab. 3.1: Vergleich der Höhenlage typischer Nebelobergrenzen in verschiedenen Regionen der Schweiz.. 137
Tab. 3.2: Vergleich der Nebelverteilung bei Einzelwetterlagen. 142
Tab. 3.3: Vergleich der Nebelverteilung bei unterschiedlichen QNH- Druckgradienten Payerne-Strassburg (dp). 145
Tab. 4.1: Verschiebung der Nebelobergrenze im Tagesverlauf, ausgedrückt als Differenz zwischen morgen und mittag. Positive Werte bedeuten ein Ansteigen, negative Werte ein Absinken der Höhenlage. 153
Tab. 5.1: Grundgleichungen des Strömungsmodells (SCHUBIGER & DE MORSIER, 1989: 2) 158
Tab. 5.2: Initialisierungsparameter für das mesoskalige Strömungsmodell zur Berechnung des Windmusters im Januar/Februar 1991. 163

ZUSAMMENFASSUNG KLIMATOLOGIE SCHWEIZER ALPENVORLAND

Der zweite Teil der vorliegenden Arbeit befasst sich mit der Nebelverteilung und Nebeldynamik im schweizerischen Alpenvorland. Im Zentrum steht die Untersuchung ausgedehnter Boden- und Hochnebelfelder im Winterhalbjahr. Diese sind aus regionalklimatischer und lufthygienischer Sicht von grosser Bedeutung und können als Indikator austauscharmer Wetterlagen angesehen werden.

Basis der Auswertungen bildet ein Datensatz von NOAA-Wettersatellitenbildern der Winterhalbjahre 1988/89, 1989/90 und 1990/91. Unter Anwendung der im methodischen Teil erläuterten Verfahren wird für jedes Bild jeweils eine Karte der Nebelverteilung erzeugt und die Höhenlage der Nebelobergrenze in mehreren Regionen ermittelt. Das entstandene Datenkollektiv dient in einem ersten Abschnitt der Berechnung der mittleren Nebelbedeckung, der Häufigkeit bestimmter Nebelobergrenzen und wetterlagenabhängiger Verteilungsmuster. Der zweite Abschnitt ist der Nebeldynamik im Tagesverlauf gewidmet, während im dritten Abschnitt durch Fallanalysen der Zusammenhang zwischen Windströmungen in der Grundschicht und der Nebelverteilung genauer untersucht wird. Abschliessend wird der Frage nachgegangen, welches Kaltluftvolumen durch die Nebeldecke im Schweizer Mittelland begrenzt wird und welche Auswirkungen Nebellagen auf die Umwelt haben können.

Die Resultate lassen sich wie folgt zusammenfassen:

Mittlere Nebelbedeckung und -höhe: Unter Berücksichtigung zeitlich-synoptischer Auswahlkriterien wurden 80 Satellitenbilder mit einer Auflösung von 1x1km zur Berechnung einer Karte der Nebelbedeckung im schweizerischen Alpenvorland für das Winterhalbjahr verwendet. Die Kartierung weist eine hohe Nebelhäufigkeit in weiten Teilen des Schweizer Mittellandes aus, die sich bis in einzelne Alpentäler erstreckt. Einige regionale Besonderheiten treten deutlich zutage: Die Abnahme der Nebelhäufigkeit im Hochrheintal bei Basel sowie im östlichen Teil des Genfersees, der modifizierende Einfluss zahlreicher Hügelketten im Mittelland und die Nebelarmut der Alpentäler. Das erarbeitete Verteilungsmuster wird mit einer naturräumlichen Gliederung verglichen und anhand der Kartierung von WANNER & KUNZ 1983 verifiziert. Es kann eine sehr gute Übereinstimmung festgestellt werden. Für einen direkten Vergleich mit langjährigen Stationsdaten wurde nach dem Modell von TROXLER 1987 eine Karte der Anzahl Tage mit Nebel berechnet und vorgestellt.

Die Höhenlage der Nebelobergrenze im Schweizer Mittelland liegt im Mittel (Median) bei 770m und weist eine charakteristische Häufigkeitsverteilung mit Maxima bei 700-850m und über 1000m sowie Minima bei 600m und 900-950m auf. Die Höhenverteilung in einzelnen Regionen der Schweiz (Ost-, Zentral-, und Westschweiz, Jurasüdfuss, Region Bern) weicht vom Muster des Mittellandes nur unwesentlich ab. Teilweise sind einzelne Höhenzonen weniger deutlich ausgeprägt und teilweise sind sie in ihrer Höhenlage leicht verschoben: In der Westschweiz z.B. ergibt sich eine Verschiebung sämtlicher Höhenzonen um +50 bis +100m.

Nebelbedeckung und -höhe in Abhängigkeit der Wetterlage: Als Basis der Kartierung nach Wetterlagen dient die Wetterlagenklassifikation von WANNER (1979) und es werden Karten der Nebelverteilung und Nebelhöhe für folgende Wettertypen und Einzelwetterlagen berechnet: Hochdrucklagen, Flachdrucklagen, Ostlagen, Hochdrucklagen mit östlicher, nördlicher und südlicher Höhenströmung und windschwache Flachdrucklagen. Mit Ausnahme der Flachdrucklagen ergibt sich im Schweizer Mittelland das erwartete Verteilungsmuster: Hochliegende Nebelobergrenze mit grosser Nebelausdehnung bei Ostlagen (Bise), mittlere Bedeckung und -höhe (770m) bei Hochdrucklagen und eine geringe Nebelausdehnung mit tiefliegender Höhe bei Hochdrucklagen mit südlicher, resp. südwestlicher Höhenströmung. Dieses Verteilungsmuster wird in erster Linie auf strömungsdynamische Effekte und die topographischen Verhältnisse im Untersuchungsgebiet zurückgeführt und wiederspiegelt den typischen Wetterablauf bei winterlichen Nebelperioden.

Verteilungsmuster bei verschiedenen Druckgradienten: Kleinräumige Druckgradienten eignen sich in besonderer Weise als Prognoseinstrument der Nebelverteilung des Folgetages. Analog zum Vorgehen von COURVOISIER 1976 werden Mittelkarten der Nebelbedeckung bei drei unterschiedlichen Druckgradienten Payerne-Strassburg erarbeitet und folgendes festgestellt:
-Negativer Druckgradient: Hohe Nebelobergrenze, grossflächige Nebelbedeckung
-Ausgeglichene Druckverhältnisse: Mittlere Verteilung und -höhe
-Positiver Druckgradient: Tiefe Nebelobergrenze, geringe Nebelausdehnung.
Die Karten werden durch die Untersuchung von COURVOISIER 1976 bestätigt und belegen den deutlichen Zusammenhang zwischen kleinräumigen Druckgradienten und der Nebelverteilung und Nebelobergrenze. Die Ursache liegt in erster Linie in dem durch die Druckverhältnisse generierten Windfeld im Schweizer Mittelland: Bei einem Nord-Süd gerichteten Gradienten z.B. stellt sich eine NE- bis E-Strömung (teilweise Bise) ein, die zu einer hochliegenden Nebeldecke und entsprechender Ausdehnung führt. Bei einem Süd-Nord gerichteten Gradienten wird eine SW-Strömung induziert, die bei tiefliegender Nebeldecke das Ausfliessen des Kaltluftsees in Richtung Bodensee und über die östlichen Juraausläufer Richtung Oberrheinische Tiefebene begünstigt.

Nebeldynamik im Tagesverlauf: Anhand von 29 Bildpaaren des gleichen Tages wird die Veränderung der Nebeldecke im Tagesverlauf (morgens bis mittags) untersucht und kartiert. In der überwiegenden Zahl der Fälle bleibt der Nebel im Mittelland bestehen und zeigt damit ein starkes Persistenzverhalten. Eine Nebelauflösung findet nur in den höhergelegenen Gebieten des Mittellandes statt. Am Jurasüdfuss und in einigen Tälern der Nordalpen (Urner Reusstal) können Nebelverlagerungsprozesse beobachtet werden. Die festgestellten Prozesse werden einerseits durch den Abbau von Kaltluftschichten durch Sonneneinstrahlung und andererseits durch das thermische Verhalten eines Kaltluftkörpers erklärt.
Die Nebelobergrenze zeigt im Tagesverlauf in der Regel einen Anstieg um 50-100m, der in erster Linie auf das tagesperiodisch generierte Windfeld im Schweizer Mittelland zurückgeführt wird.

Fallanalysen: Anhand einer Nebelperiode im Januar/Februar 1991 wird der Zusammenhang zwischen der synoptischen Situation, der Windströmung und der Nebeldynamik bearbeitet. Dazu wird ein mesoskaliges Strömungsmodell von SCHUBIGER ET AL. 1987 eingesetzt, das die Modellierung des Windmusters in der Grundschicht bei Inversionslagen im schweizerischen Alpengebiet erlaubt.
Durch eigene Simulationen kann ein deutlicher Zusammenhang zwischen der modellierten Strömung, der Nebelverteilung sowie der Entwicklung des Druckgradienten Payerne-Strassburg nachgewiesen werden. Das Wechselspiel zwischen einer NE-Strömung (Bise) mit einem Anstieg der Nebelobergrenze im Mittelland und windschwachen Hochdrucklagen mit einem Absinken der Nebelobergrenze und teilweiser Nebelauflösung kann anhand der

grossräumigen Druckverteilung und der Strömungsverhältnisse deutlich beobachtet werden. Es zeigt sich zudem, dass die synoptische Entwicklung zu einer starken Überprägung der tagesperiodischen Effekte führt.

Anwendung: Aus lufthygienischer Sicht ist das Luftvolumen, das durch die Nebeldecke und das Gelände begrenzt wird, von zentraler Bedeutung. Durch die Koppelung des Nebels an eine Temperaturinversion liefert die Nebeldecke einen Hinweis auf das zur Verdünnung von Luftschadstoffen zur Verfügung stehende Luftvolumen. Es wird die Frage nach einem Zusammenhang zwischen der Nebelobergrenze, der Nebelfläche und dem Kaltluftvolumen unterhalb der Nebelschicht gestellt.

Ausgehend von bestimmten Inversionsuntergrenzen und dem Digitalen Geländemodell werden dazu Volumenwerte für das gesamte Mittelland und für einzelne Regionen berechnet. Zwischen den genannten Grössen ergibt sich eine Korrelation von über 0.9, so dass für künftige durchlüftungsorientierte Untersuchungen eine direkte Berechnung des Luftvolumens aus der Nebelhöhe, resp. der Nebelfläche mit den entsprechenden Regressionsgleichungen möglich wird. Anhand eines Fallbeispiels wird gezeigt, wie sich die Volumenwerte in Einzelstudien einsetzen lassen.

Abschliessend werden die klimatischen und lufthygienischen Konsequenzen des Auftretens von Nebel erläutert und mögliche Folgen für die Umwelt und den Menschen diskutiert. Anhand von Nebelrandhäufigkeiten wird eine Karte möglicher Einflussbereiche von Nebellagen auf die Vegetation entworfen, die in künftigen Studien zur Analyse der Waldschadensverteilung herangezogen werden kann.

Summary Swiss Middleland

Based on a large data set of NOAA/AVHRR scenes from 1988/89, 1989/90 and 1990/91 fog distribution and dynamics in the Swiss Middleland are being investigated as follows:
- For each image the methods of part I were applied to derive a map of fog distribution and fog altitude
- by combining these maps in geographic information systems average fog distribution and altitudes were calculated and analysed in respect of different weather conditions
-daily and weekly fog dynamics were investigated in combination with airflow simulations
-air mass exchanges and air quality implications were studied.

The results can be summarised as follows:

Average fog distribution and altitude: 80 satellite images reflecting average weather conditions were used to calculate a map of average fog distribution in the Swiss Middleland. High percentages of fog coverage can be observed in large parts of the study area, mainly affecting the basins and lower parts. Some regional singularities are clearly visible: Decrease of the fog coverage near Basel and in the eastern part of Lake of Geneva, lower percentages in the hilly regions of the Middleland, very low fog frequencies in the Alpine Valleys. The distribution pattern highly correlates with previous observations and reflects to a great extent the natural conditions of the area.

Fog altitude shows maximum values at 700-850m a.s.l and >1000m and minimum values at 600m and 900-950m. The modal value is about 770m and means an equality of cold air flows to and from the study area.

Fog distribution at different weather conditions: Typical synoptic conditions (high pressure, different flow directions) were analysed and show distinct differences in fog distribution and altitude. Due to topography and flow dynamics in the study area high altitudes and coverages can be observed with synoptic flows from eastern and northern direction whereas southern and western flows lead to low altitudes and extent of fog layers.

Fog distribution and pressure gradients: Small-scale pressure gradients can be regarded as a predictor of fog distribution for the next day. Following the procedure of COURVOISIER (1976) average distributions for different pressure gradients between Payerne and Strassbourg (S-N) were calculated:
- Negative gradient: Eastern synoptic flows, high altitudes and fog coverages
- Indifferent: No distinct flow direction, average altitudes and distribution
- Positive gradient: Causes southern and western synoptic flow directions with low altitudes and fog coverages concentrated in the lower parts of the Middleland.

Daily fog dynamics: 29 image pairs of the same day were analysed in respect of daily fog dynamics. The results show a high persistence of the fog layers from morning to noon, mainly during the months from November to February. Fog dissipation can be observed in the higher parts of the Middleland and small valleys. Due to pressure gradients along the Jura and some larger valleys (Reuss Valley) fog formation or movement frequently occurs.
Fog altitude shows an increase from morning to noon of about 50-100m which can be explained by a typical daily wind flow pattern in the Swiss Middleland.

Case studies: A period with persitant fog layers (January-February 1991) was analysed in combination with results from a numerical model (SCHUBIGER ET AL, 1987). Comparisons show a high correlation between synoptic conditions, induced boundary airflow patterns and fog distribution and altitude. Quantitative details need further investigations.

Applications: Fog layers can be regarded as an indicator for temperature inversions preventing air mass exchanges between the boundary layer and upper air layers. During periods with persistent fog pollutants can accumulate in the boundary layer and reach considerable high levels. For air quality studies the air mass enclosed by the inversion and topography can be regarded as a key factor. Investigations using digital elevation models showed a high correlation between fog altitude, fog extent and the air mass below the fog layer. Using the obtained equations in further applications air masses can be calculated directly.
The final chapter discusses the climatological and environmental consequences of the occurence of fog and to which extent plants and human beings could be affected.

1. EINLEITUNG UND ARBEITSKONZEPT

1.1 Einleitung

Nebel als Kondensationsprodukt der unteren Luftschichten stellt auch im Schweizer Alpenvorland eine häufig zu beobachtende Erscheinung dar. Er bildet sich vorwiegend im Winterhalbjahr bei windschwachen Hochdrucklagen, die Kaltluftansammlungen in Beckenlagen (Mittelland) sowie Abkühlung durch Ausstrahlung und Kondensation begünstigen. Sein Auftreten ist von grosser regionalklimatischer und lufthygienischer Bedeutung.
Wie bereits eingangs erwähnt, können die winterlichen Nebelereignisse auch als Indikator für strahlungs- und austauscharme Wettersituationen in den Tieflagen des Alpenraumes angesehen werden (WANNER 1979). Die genaue Kenntnis des Auftretens, der Verteilung und der Dynamik des Nebels stellt somit eine wesentliche Grundlage für raumplanerische Zwecke dar. Aus lufthygienischer Sicht ist insbesondere das zur Verdünnung von Schadstoffen zur Verfügung stehende Luftvolumen unterhalb der Temperaturinversion sowie das Strömungsfeld innerhalb der Grundschicht von Interesse.

1.2 Problemstellung und Zielsetzung

Zur Erfassung des Nebels wurden in der Schweiz bislang in erster Linie Stationsdaten verwendet. Die wesentlichen Grundzüge der Nebelbildung, -auflösung und das generelle räumliche Verteilungsmuster unterschiedlicher Nebelarten konnten damit bereits früh erkannt werden (siehe z.B. die Untersuchung von STREUN 1901). WANNER & KUNZ (1983) führten erstmals eine klimatologische Untersuchung mit analogen Satellitenbilder durch. Trotz der vielfältigen Untersuchungen bleiben wichtige Fragen insbesondere zur raum-zeitlichen Differenzierung und Dynamik offen.
Ziel der vorliegenden Untersuchung ist es deshalb, mit den in Teil I erarbeiteten Methoden einen Beitrag zur Nebelklimatologie auf der Basis der täglich aufgezeichneten digitalen NOAA-Satellitendaten zu leisten. Im Einzelnen handelt es sich um folgende Aspekte:

(1) Erstellung einer mittleren Nebelhäufigkeitskarte für das Winterhalbjahr und wetterlagenabhängiger Verteilungsmuster. Vergleich mit den Resultaten von WANNER & KUNZ 1983 und regionalen Nebelbearbeitungen (CLIMOD). Zusätzlich wird in Anlehnung an COURVOISIER (1976) eine Kartierung nach Druckfeldern vorgenommen. Es stellt sich hier die Frage nach der Beziehung zwischen dem Druckgradienten Payerne-Strassburg und der Nebelverteilung im Schweizer Mittelland. Erstellung von Häufigkeitskarten des Nebelrandes.

(2) Regionalisierte Bearbeitung der Nebelhöhe. Berechnung der Häufigkeitsverteilung bestimmter Nebelobergrenzen.

(3) Untersuchung der Nebeldynamik im Tagesverlauf. Erstellen einer Karte der Auflösungs-, Persistenz-, und Bildungsgebiete sowie wetterlagenabhängiger Verteilungsmuster. Untersuchung der Veränderung der Nebelhöhe im Tagesverlauf.

(4) Auswertung mehrtägiger Nebelperioden. Wie wirken sich Änderungen der synoptischen Steuergrössen auf die Nebelverteilung und -höhe aus? Es stellt sich insbesondere die Frage nach dem Zusammenhang zwischen dem Strömungsmuster in der Grundschicht, dem kleinräumigen Druckgradienten und der Nebelverteilung bzw. -höhe.

(5) Erfassung der Luftvolumina, die bei bestimmten Nebelobergrenzen für die Verdünnung von Luftschadstoffen zur Verfügung stehen. Es soll der Zusammenhang zwischen der Strömung in der Grundschicht und dem Luftvolumen genauer untersucht werden.

1.3 Satellitendaten und Arbeitskonzept

Grundlage der Auswertungen bildet das Langzeitarchiv von digital gespeicherten NOAA/AVHRR-Szenen des Geographischen Institutes der Universität Bern, dessen Benutzung uns freundlicherweise gestattet wurde. Seit 1982 werden in Bern Satellitendaten archiviert, ab Dezember 1988 mit allen fünf Spektralkanälen (BAUMGARTNER & FUHRER 1990).

Für die vorliegende Untersuchung wurden über 160 multispektrale NOAA-Satellitenszenen der Winter 88/89, 89/90 und 90/91 aus dem Archiv kopiert und nach den in Teil I beschriebenen Verfahren zur Nebelklassifikation, Bildentzerrung, und Nebelhöhenbestimmung verarbeitet. Nach kritischer Durchsicht des Datenmaterials fand eine Reduktion auf insgesamt 137 Szenen unterschiedlicher Aufnahmezeitpunkte statt, wobei für jedes Einzelbild folgende Grundlagen erarbeitet wurden:

- Nebelkarte, entzerrt auf schweizerische Landeskoordinaten
- Nebelrandkarte, "   "   "   "
- mittlere Nebelobergrenze im Mittelland
- Nebelobergrenze nach Regionen

Das Arbeitskonzept zur Weiterverarbeitung ist in Figur 1.1 schematisch skizziert. Auf der linken Seite sind die Arbeitsschritte zur Berechnung klimatologischer Grössen aufgelistet. Auf der rechten Seite sind die Fallanalysen erläutert. In einem anwendungsorientierten Teil wird abschliessend der Zusammenhang von Nebelverbreitung, Luftvolumen und Strömungsmuster beleuchtet, sowie eine Karte möglicher Einflussbereiche von Nebellagen auf die Vegetation vorgestellt.

1.4 Verwendete Wetterlagenklassifikation

Zur Berechnung wetterlagenbezogener Häufigkeitskarten und Höhenwerte wird die Wetterlagenklassifikation von WANNER (1979: 121) zugrunde gelegt. Basierend auf dem für synoptische Studien im Alpenraum entwickelten System von SCHÜEPP (1968) werden insgesamt 40 Wetterlagen unterschieden, die zu den folgenden 8 Wettertypen zusammengefasst werden können:

```
1. Hochdrucklagen              H
2. Flachdrucklagen             F    Konvektive Lagen
3. Tiefdrucklagen              L
4. Westlagen                   W
5. Nordlagen                   N    Advektive Lagen
6. Ostlagen                    E
7. Südlagen                    S
8. Wirbel- und Scherungslagen  X    Mischlagen
```

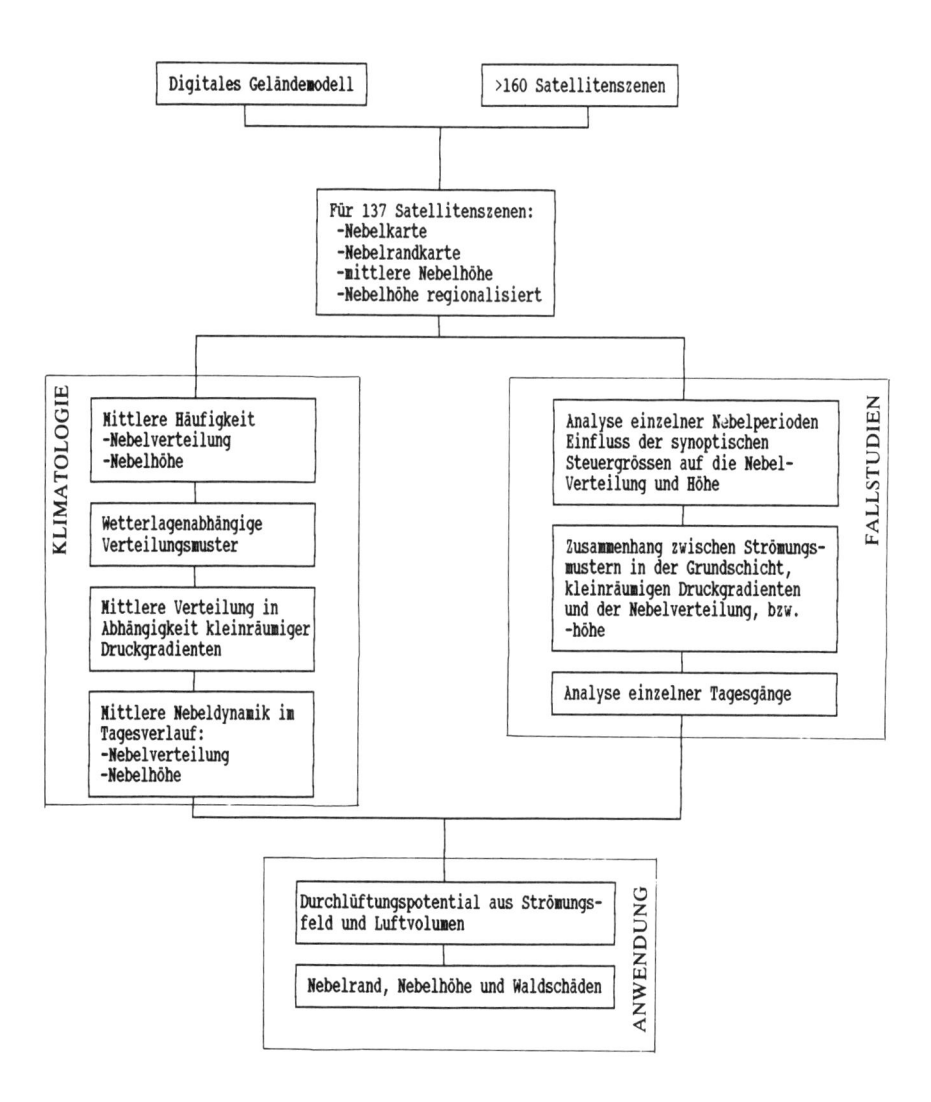

```
                    ┌─────────────────────────┐  ┌──────────────────────┐
                    │ Digitales Geländemodell │  │ >160 Satellitenszenen│
                    └────────────┬────────────┘  └──────────┬───────────┘
                                 │                          │
                                 └────────────┬─────────────┘
                                              │
                              ┌───────────────────────────────┐
                              │ Für 137 Satellitenszenen:     │
                              │ -Nebelkarte                   │
                              │ -Nebelrandkarte               │
                              │ -mittlere Nebelhöhe           │
                              │ -Nebelhöhe regionalisiert     │
                              └───────────────┬───────────────┘
```

```
   KLIMATOLOGIE                                                        FALLSTUDIEN
   ┌──────────────────────────────┐    ┌──────────────────────────────────┐
   │ Mittlere Häufigkeit          │    │ Analyse einzelner Nebelperioden  │
   │ -Nebelverteilung             │    │ Einfluss der synoptischen        │
   │ -Nebelhöhe                   │    │ Steuergrössen auf die Nebel-     │
   └──────────────────────────────┘    │ Verteilung und Höhe              │
   ┌──────────────────────────────┐    └──────────────────────────────────┘
   │ Wetterlagenabhängige         │    ┌──────────────────────────────────┐
   │ Verteilungsmuster            │    │ Zusammenhang zwischen Strömungs- │
   └──────────────────────────────┘    │ mustern in der Grundschicht,     │
   ┌──────────────────────────────┐    │ kleinräumigen Druckgradienten    │
   │ Mittlere Verteilung in       │    │ und der Nebelverteilung, bzw.    │
   │ Abhängigkeit kleinräumiger   │    │ -höhe                            │
   │ Druckgradienten              │    └──────────────────────────────────┘
   └──────────────────────────────┘    ┌──────────────────────────────────┐
   ┌──────────────────────────────┐    │ Analyse einzelner Tagesgänge     │
   │ Mittlere Nebeldynamik im     │    └──────────────────────────────────┘
   │ Tagesverlauf:                │
   │ -Nebelverteilung             │
   │ -Nebelhöhe                   │
   └──────────────────────────────┘
```

```
                    ┌──────────────────────────────────────┐
                    │ Durchlüftungspotential aus Strömungs-│   ANWENDUNG
                    │ feld und Luftvolumen                 │
                    ├──────────────────────────────────────┤
                    │ Nebelrand, Nebelhöhe und Waldschäden │
                    └──────────────────────────────────────┘
```

Fig. 1.1: Arbeitskonzept

Die Unterscheidung der einzelnen Lagen erfolgt aufgrund der Richtung der Boden- und Höhenströmung, der Windgeschwindigkeit im 500 hPa-Niveau, der Höhenlage der 500 hPa-Fläche und Richtungsunterschieden zwischen Boden- und Höhenströmung. Für Nebeluntersuchungen von besonderer Bedeutung sind die Hoch- und Flachdrucklagen (H, bzw. F). Hier werden je nach Höhenströmung folgende Einzelwetterlagen unterschieden:

```
1. Hochdrucklagen     windschwach      Ho
                      Höhenstrom W     Hw
                      Höhenstrom N     Hn      Flachdrucklagen entsprechend
                      Höhenstrom E     He
                      Höhenstrom S     Hs
```

Die Zuordnung der einzelnen Tage zu den genannten Wetterlagen kann dem monatlichen Witterungsbericht der Schweizerischen Meteorologischen Anstalt (SMA) unter der Bezeichnung SYN entnommen werden (Fig. 1.2):

```
WITTERUNGSKALENDER           FEBRUAR   1991
          WITTERUNGS         WETTERLAGE                                    Wetterlage
          LAGE               STROEMUNG       WAERME     FRONTEN
          -   --   -                                                NEBEL              PERRET
     Tage W  DD   B *   W  Dd  f  K  k   G  B   RR  T  hh   AAI  AAI  LM OBERGR.  KLI  SYN  P1  X  P2
      1    +  F            + 00  1       4       29  - 53             CP   1000   +HF  FO   HFZ
      2    +  F        *   + 00  1       4       28  - 54             CP  ( 800)  +HF  FO   HEM
      3    +  F        *   + 00  1       4       28  - 53             CP    700   +HF  FO   HFA
      4    +  F              08  2       6  h    24  - 47             CP          +HF  FN   HFA
      5       E   /          28  4  -    7  -    18  - 39              A   1600    E   -NX  HFA
```

Fig. 1.2: Ausschnitt aus dem Witterungskalender der Schweizerischen Meteorologischen Anstalt (SMA), Februar 1991.

1.5 Zusatzdaten

Die genaue Interpretation der Nebelverteilung und ihrer Dynamik erfordet den Einbezug von Zusatzdaten wie Stationsmessungen und Radiosondenaufstiege. Für die Schweiz liegen die Daten in publizierter Form im täglichen Wetterbericht der SMA vor. Für die international vereinbarten Beobachtungstermine (7h, 13h, 19h MEZ) sind die wichtigsten Messungen und Beobachtungen von insgesamt 45 Stationen verzeichnet, sowie die Aufstiege der Radiosonde Payerne von 1h und 13h MEZ in graphischer Form dargestellt.

Für viele Betrachtungen ist die zeitliche Auflösung allerdings ungenügend. Zur Analyse der Nebelperiode im Januar 1991 wurden deshalb von der SMA ergänzend Kopien einzelner Wetterkarten, Originalplots der Radiosondenaufstiege Payerne und eine Reihe von Messungen des ANETZ (Automatisches Messnetz der Schweiz) in graphischer und numerischer Form bezogen.

1.6 Das Untersuchungsgebiet

Das Hauptuntersuchungsgebiet stellt das schweizerische Alpenvorland und Teilbereiche der angrenzenden Gebiete im Nordwesten (Oberrheinische Tiefebene, Vogesen, Schwarzwald) und Nordosten (Bodenseeraum) dar. Die genaue Ausdehnung ergibt sich im wesentlichen durch die Erstreckung des Digitalen Geländemodells (siehe dazu Teil I, Kap. 2.3.2). Ausgeklammert wurde die Alpensüdseite.

Das Untersuchungsgebiet kann orographisch in die folgenden Grossregionen gegliedert werden:

- Oberrheinische Tiefebene
- Schwarzwald
- Vogesen
- Mittelland
- Jura
- Alpen

Unter Berücksichtigung klimatologischer und lufthygienischer Gesichtspunkte wurden bisher unterschiedliche Gliederungen der Schweiz vorgenommen. SCHÜEPP (1978) unterscheidet die in Figur 1.3 gezeigten Klimaregionen der Schweiz, während AUBERT (1980) aufgrund von Windmessungen eine Unterteilung in verschiedene Durchlüftungsregionen vornimmt (Fig. 1.4).

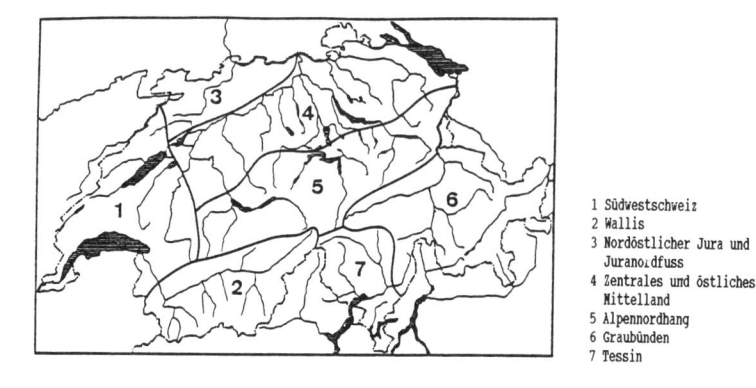

1 Südwestschweiz
2 Wallis
3 Nordöstlicher Jura und Juranordfuss
4 Zentrales und östliches Mittelland
5 Alpennordhang
6 Graubünden
7 Tessin

Fig. 1.3: Klimaregionen der Schweiz nach SCHÜEPP ET AL. (1978:36)

Fig. 1.4: Karte der Durchlüftungsregionen der Schweiz nach AUBERT (1980). Die erste Ziffer gibt die Grossregion an (1 Jura, 2 Mittelland, 3 Inneralpine Täler, 4 Täler und Ebenen der Alpensüdseite). Quelle: FURGER, WANNER ET AL. (1989: 29)

Mit Blick auf die Nebelauswertung wurde der Versuch unternommen, die naturräumliche Grossgliederung des Untersuchungsraumes weiter zu unterteilen. Relevant sind in erster Linie die grossräumigen Beckenregionen und deren Begrenzung: Die Oberrheinische Tiefebene wird durch ein Dreieck von Schwarzwald, Jura und Vogesen abgeschlossen und öffnet sich lediglich durch seine Fortsetzung nach Norden und in Richtung Westen durch die Burgundische Pforte. Das Schweizer Mittelland stellt eine breite Mulde zwischen Jura und Alpen dar und setzt sich nach Osten über den Bodensee in Richtung bayrisches Alpenvorland fort. Gegen Südwesten konvergieren Alpen und Jura und führen zu einer Einengung sowie einem leichten Ansteigen. Die einzige Verbindung vom Mittelland zur Oberrheinischen Tiefebene stellt der Juradurchbruch der Aare dar.

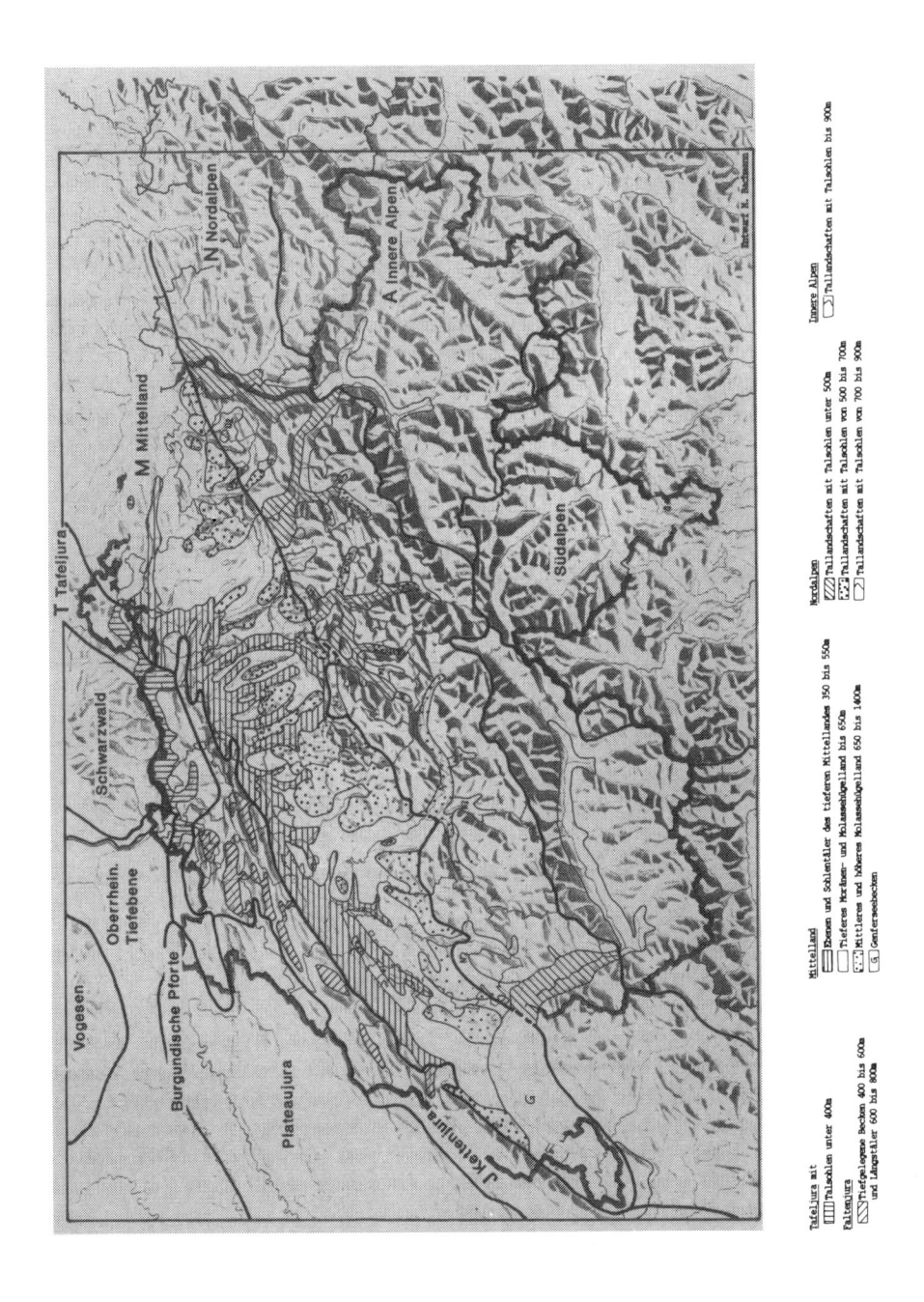

Fig. 1.5: Naturräumliche Gliederung der Schweiz und angrenzender Gebiete unter besonderer Berücksichtigung von Ebenen, Becken, und Tallandschaften (eigener Entwurf nach NUSSBAUM 1932, GUTENSOHN 1965 und GROSJEAN 1982).

2. NEBEL

In diesem Kapitel werden die wichtigsten meteorologischen Grundlagen der Nebelbildung und -auflösung in knapper Form erörtert. Ausführliche Darstellungen finden sich u.a. in LILJEQUIST 1979, WANNER 1979 und HÄCKEL 1990.

2.1 Definition und mikrophysikalische Grundlagen

Unter Nebel wird im allgemeinen eine dem Erdboden aufliegende Wolke verstanden (WEBER 1975: 2). Er besteht aus einer Vielzahl kleinster Wassertröpfchen mit einem mittleren Radius zwischen 1-20μm und einer Anzahl, die Werte zwischen 20 und 200 pro cm^3 erreicht (WANNER 1979). Die in der Luft schwebenden Wassertröpfchen streuen das einfallende Licht und führen zu einer starken Verminderung der Sichtweite. Je nach Zahl und Grösse ist die Streuung unterschiedlich stark, wobei auch feste Teilchen (Aerosole) zur Sichtverminderung beitragen können.

Gemäss internationaler Definition spricht man von Nebel, falls die horizontale Sichtweite aufgrund schwebender Wassertröpfchen weniger als 1000m beträgt. Bei der Beobachtung bedient man sich einer definierten Skala der Normsichtweite, wobei folgende Nebeldichten unterschieden werden (WMO-Norm, WEBER 1975: 2):

```
Normsicht: 1000-500m   leichter Nebel
            500-200m   mässiger Nebel
            200-100m   dichter Nebel
            < 100m     sehr dichter Nebel
```

Drei Erscheinungsformen des Nebels werden unterschieden:

Nebelschwaden: Mächtigkeit < 2m, Ausdehnung gering
Nebelbänke: Mächtigkeit > 2m, Ausdehnung mehrere ha
Nebel (=Nebelfeld): Mächtigkeit 50-400m, grosse Ausdehnung (>10km²)

Wie bereits eingangs erwähnt, kann der Nebel aufgrund der mikrophysikalischen Beschaffenheit nicht von einer Wolke unterschieden werden. Eine Differenzierung ergibt sich in erster Linie bezüglich Auftreten und räumlicher Verteilung.

2.2 Prozesse der Nebelbildung und -auflösung

Nebel bildet sich durch Kondensation des in der Luft vorhandenen Wasserdampfes in Form feinster Wassertröpfchen. Je nach Temperatur kann die Luft unterschiedlich viel Wasserdampf aufnehmen. Ein Mass des Wassergehaltes stellt die relative Feuchtigkeit dar, das die Sättigung der Luft in Prozent angibt. Wird feuchte Luft abgekühlt, so nimmt der Sättigungsgrad zu, bis die relative Feuchtigkeit 100% erreicht. Diese Temperatur wird auch Taupunkttemperatur genannt. Sinkt die Lufttemperatur unter den Taupunkt, ist die Luft übersättigt und der überschüssige Wasserdampf wird ausgeschieden.

Der Kondensationsprozess ist physikalisch nur schwer zu erfassen. Der Ablauf wird durch eine ganze Reihe von Bedingungen beeinflusst, wobei oft sehr kleine Schwankungen entscheidend sein können. Eine wesentliche Rolle spielt das Vorhandensein von Kondensationskernen. Man hat festgestellt, dass Kondensation bei Luft, die absolut frei von Fremdbestandteilen ist, erst bei einer Übersättigung von über 800% eintritt (HÄCKEL 1985: 55). Die in der Luft normalerweise vorhandenen Kondensationskerne (wie z.B. Salzkerne, Säurekerne, Staub) erleichtern das Anlagern von Wassermolekülen, so dass Kondensationsprozesse bereits bei Feuchtewerten unter 100% auftreten, resp. nur eine sehr geringe Übersättigung notwendig ist.

Für die Kondensation und damit die Entstehung von Nebel sind mehrere Bedingungen entscheidend:

- ausreichende Zahl von Kondensationskernen
- Übersättigung der Luft
- leichte Turbulenz

Die Übersättigung kann sowohl durch Abkühlung als auch durch Wasserdampfzufuhr eintreten. Die Nebelauflösung erfolgt sinngemäss durch Erwärmung sowie Wasserdampfentzug (WANNER 1979: 73), wie z.B. durch:

Erwärmung: -Sonneneinstrahlung (erschwert durch hohe Reflexion)
-Überströmen einer warmen Unterlage
-Erwärmung durch Verbrennungsprozesse
-Bewölkungszunahme in der Höhe (Veränderung der Strahlungsverhältnisse)

Wasserdampfentzug:
-Kondensation an Schneeflächen
-Wasserentzug durch fallende Regentropfen
-Starke Erhöhung der Turbulenz (Wind)

2.3 Nebelklassifikation

Nach ihrer Entstehungsart, das heisst genetischen Gesichtspunkten, werden eine ganze Reihe von Nebeltypen unterschieden:

(1) Strahlungsnebel: Durch nächtliche Ausstrahlung können sich die bodennahen Luftschichten stark abkühlen, so dass die Taupunkttemperatur erreicht wird und Kondensation eintritt. Besonders Beckenlagen sind durch Kaltluftansammlungen und Nebelbildung gefährdet. Wassergehalt und Tropfenradien des Strahlungsnebels sind relativ gering. Wird der im allgemeinen geringmächtige Nebel im Laufe des Tages nicht aufgelöst, kann die Nebelschicht anwachsen und über mehrere Tage bestehen bleiben (siehe Fig. 2.1). Zur Bildung von Strahlungsnebel kann es auch kommen, wenn eine Dunstschicht vorhanden ist, die in der Nacht die ausstrahlende Funktion des Erdbodens übernimmt (HÄCKEL 1990: 69). Der Nebel wächst dann von der Dunstschicht Richtung Boden.

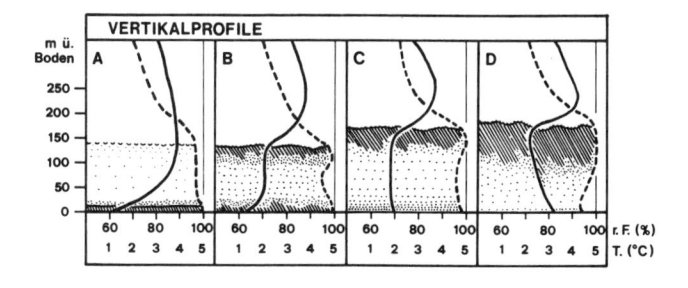

Fig. 2.1: In der Schweiz besonders häufig beobachteter Lebenszyklus von Strahlungsnebel (aus WANNER 1979: 76)

(2) Advektionsnebel: Dieser Nebeltyp entsteht, wenn warme, feuchte Luft über eine kalte Unterlage oder Luftschicht bewegt wird (HÄCKEL 1985: 69). Dies ist besonders häufig im Winter der Fall, wenn warmfeuchte Luft in höhere Breiten transportiert wird und dort auf eine Kaltluftschicht zu liegen kommt. Dieser Nebeltyp erreicht grosse Mächtigkeiten und bildet beim Abheben vom Boden in der Regel dichte Hochnebelschichten. Strahlungs- und Advektionsnebel treten oft als Mischform auf.

(3) Orographischer Nebel: Durch Hebung von Luftpaketen kommt es zu adiabatischer Abkühlung, Kondensation und Nebelbildung. Dieser Typ tritt vor allem bei zyklonalem Wettergeschehen in Bergregionen auf und wird als Hangnebel bezeichnet.
Neben diesen wichtigsten Nebeltypen unterscheidet man noch Frontnebel, Mischungsnebel (Seerauch) und Turbulenznebel (siehe dazu LILJEQUIST 1979).

Für lokalklimatische Untersuchungen empfiehlt sich eine Klassifikation der Nebelarten nach räumlichen Gesichtspunkten, die über die Verteilung des Nebels Auskunft gibt. Ein mögliches Schema wurde von WANNER (1979) vorgeschlagen und eignet sich besonders für Gebirgsregionen. Tabelle 2.1 gibt eine Übersicht und stellt den Zusammenhang zu der genetischen Klassifikation her.

Räumlich klassierte Nebelarten	Genetisch klassierte Nebelarten
Bodennebel	Strahlungsnebel mit Bodeninversion, Warmluftnebel, Meernebel, Küstennebel, Fluss- oder Seenebel, Dampfnebel, Mischungsnebel, Industrienebel, Smog
Hochnebel	Strahlungsnebel mit Höheninversion, Mischungsnebel, Industrienebel, Smog
Hangnebel	Orographischer Nebel, Frontnebel, Mischungsnebel

Tab. 2.1: Räumlich und genetisch klassierte Nebelarten (WANNER 1979: 72).

3. DIE NEBELVERTEILUNG UND NEBELHÖHE IM SCHWEIZER ALPENVORLAND

In den folgenden Abschnitten wird die mit digitalen Satellitendaten durchgeführte Kartierung der Nebelhäufigkeit und Nebelhöhe dargestellt. Zunächst erfolgt jedoch ein kurzer Rückblick auf bisher in der Schweiz durchgeführte Untersuchungen zum Thema Nebel.

3.1 Bisherige Untersuchungen und Erkenntnisse

Nebelstudien im schweizerischen Alpenvorland sind bereits in grosser Zahl und Vielfältigkeit erschienen. Eine Auswertung in bezug auf einbezogenes Datenmaterial und bearbeitete Aspekte zeigt deutlich die überwiegende Zahl von Studien, die mittels Stationsdaten durchgeführt wurden. Ab den frühen siebziger Jahren finden zunehmend analoge Satellitenbilder Berücksichtigung, während die Auswertung digitaler Satellitendaten erst seit wenigen Jahren betrieben wird.

Ein Schwergewicht ist bei den regionalen und lokalen Bearbeitungen festzustellen. Erstaunlich gross ist die Zahl der Fallstudien, die oft nur die Auswertung eines Nebelereignisses oder eines Spezialaspektes beinhalten. Deutlich wird ferner, dass nur in wenigen Fällen die ganze Breite der Klimatologie (Häufigkeit, Jahresgang, Tagesgang, Höhe) abgedeckt wird und dass die Resultate oftmals nicht als Karten, sondern statistisch aufbereitet in Tabellenform vorliegen.

Die reichlich vorhandene Literatur, die die Relevanz des Phänomens Nebel deutlich macht, kann hier nicht zusammenfassend wiedergegeben werden. Einzig ein paar wesentliche Arbeiten sollen kurz Erwähnung finden:

-STREUN (1901) verfasste die erste grundlegende Arbeit über die Nebelverhältnisse der Schweiz. Von Anfang an stand dabei die raumzeitliche Verteilung verschiedener Nebelarten im Vordergrund und es konnten bereits die wichtigsten Grundzüge erkannt werden.

-Eine wesentliche Fallstudie erfolgte durch PEPPLER (1934), der mittels Sondierungen die Aerologie des Hochnebels eingehend bearbeitete. Die Wind-, Temperatur-, und Feuchteverhältnisse im Vertikalprofil brachten Erkenntnisse über beteiligte Luftmassen, sowie synoptisch bedingte Bildungs- und Auflösungsbedingungen.

-SCHNEIDER (1957) widmete sich dem Jahres- und Tagesgang des Nebels in Zürich-Kloten und erläuterte Vorhersagemöglichkeiten der Nebelbildung und -auflösung.

-Die bisher umfassendste Arbeit wurde durch WANNER (1979) vorgelegt. Er behandelte eingehend die mikrophysikalische Struktur des Nebels, die Häufigkeit des Auftretens im Querschnitt Jura-Alpen, sowie die Abhängigkeit von der Wetterlage und die Analyse einzelner Nebelereignisse.

-Wenig später erfolgte durch WANNER & KUNZ (1983) eine flächenhafte Kartierung der Nebelhäufigkeit basierend auf einem grossen Datensatz von analogen Satellitenbildern. Neben wetterlagenabhängigen Verteilungsmustern finden sich hier auch Fallstudien zur Nebeldynamik im Tages- und Wochenverlauf.

-FLÜCKIGER (1990) legte die erste, aus digitalen Satellitendaten abgeleitete Karte der Nebelbedeckung vor und bearbeitete u.a. die Häufigkeitsverteilung des Nebelrandes.

3.2 Karte der mittleren Nebelverteilung aus digitalen Satellitendaten

Die Kenntnis der mittleren Nebelhäufigkeit ist von grosser klimatologischer und raumplanerischer Bedeutung (SCHIRMER 1974). Sie liefert Anhaltspunkte über die Sonnenscheindauer, Sichtweitebedingungen und Zahl der Nebeltage bestimmter Gebiete. Zudem wird dadurch ein grober Hinweis auf die Luftaustauschverhältnisse einer Region gegeben. Das räumliche Verteilungsmuster der Nebelhäufigkeit ist besonders in komplexer Topographie stark differenziert und eine flächendeckende Kartierung ist erst seit der Verfügbarkeit von Satellitenbildern möglich.

Die nachfolgende Bearbeitung basiert auf der guten Bodenauflösung des NOAA-Satelliten (1km x 1km) und konzentriert sich dabei in erster Linie auf das Auftreten von ausgedehntem Boden- und Hochnebel im Winterhalbjahr. Die vorwiegend bei zyklonaler Witterung auftretenden Hangnebel sind nicht berücksichtigt.

3.2.1 Methodisches Vorgehen

Basis der Kartierung der Nebelhäufigkeit stellt das unter 1.3 beschriebene Datenkollektiv dar. Für jede der 137 Satellitenszenen liegt dazu eine entzerrte Nebelkarte in binärer und digital gespeicherter Form vor. Aus diesem Gesamtdatensatz können durch Zusammenfassen mehrerer Bilder nach verschiedenen Kriterien Nebelhäufigkeiten berechnet und kartographisch dargestellt werden. In Anlehnung an WANNER & KUNZ (1983: 35f) wird für die Kartierung aus zwei Gründen eine Auswahl an Bildern getroffen:

(1) Der Überflug des Satelliten sollte vor ca. 10 Uhr erfolgt sein, da es sonst aufgrund der Sonneneinstrahlung bereits zu Nebelauflösung kommen kann. Dies ergibt einen Datensatz von ca. 60 Bildern aus den Wintern 1988/89, 1989/90 und 1990/91. Für einige Tage steht allerdings nur ein vom Morgentermin abweichendes Bild zur Verfügung, so dass sich die nachfolgende Kartierung mit 80 Szenen aus 70% Morgen-, 20% Mittags-, 10% Nacht- und Abendaufnahmen zusammensetzt.

(2) Um eine repräsentative Karte zu erhalten, sollte die Häufigkeit der ausgewählten 80 Bildwetterlagen in etwa der mittleren Häufigkeit der nebelverursachenden Wetterlagen entsprechen. Die synoptische Zuordnung ist in Fig. 3.1 dargestellt. Der Vergleich mit der mittleren Verteilung (WANNER & KUNZ, 1983) zeigt folgendes:

- Die mittlere Häufigkeit der Gesamtwetterlagen wird gut wiedergegeben (Grafik rechter Teil), wobei die Flachdrucklagen (F) überrepräsentiert sind, während bei den Hochdrucklagen (H) ein Untergewicht festzustellen ist. Dies gilt allerdings für den gesamten bearbeiteten Zeitraum 1988-1991, d.h. es traten insgesamt relativ wenige Hochdrucklagen auf.
- Aufgeschlüsselt nach einzelnen Wetterlagen (linker Teil) zeigt sich eine gute Übereinstimmung bei den Hochdrucklagen mit Höhenströmung aus nördlicher Richtung (Hn), ein Übergewicht mit östlicher Höhenströmung (He), ein Untergewicht bei den restlichen Hochdrucklagen. Es ist denkbar, dass bei der Kartierung aufgrund der zu grossen Zahl an He-Lagen die Nebelbedeckung leicht überschätzt wird.

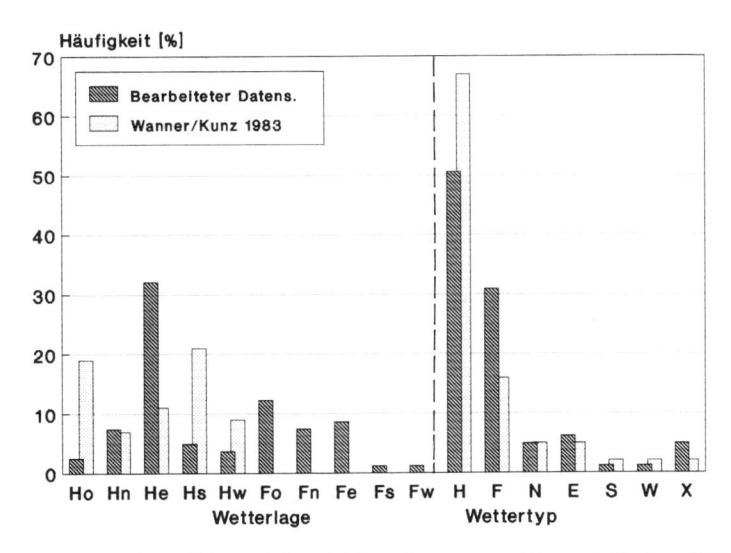

Fig. 3.1: Ausgewähltes Bildmaterial nach Wetterlagen, gegenübergestellt der mittleren Verteilung nach WANNER & KUNZ 1983 (Bezeichnungen siehe Kap. 1.4).

3.2.2 Resultate

Durch Zusammenfassen der 80 binären Nebelkarten konnte die Häufigkeit der Nebelbedeckung im Untersuchungsgebiet berechnet und kartographisch dargestellt werden. Unter Nebelhäufigkeit wird dabei folgendes verstanden: Die Häufigkeit des Auftretens von Nebel, ausgedrückt in Prozent der Gesamtzahl aller verarbeiteten Bilder (80).
Das Ergebnis ist in der beiliegenden Farbkarte zu sehen, ergänzt mit den wichtigsten Städten und Flüssen. Die Abstufung der Nebelbedeckung erfolgt in 10%-Klassen, wobei Blautöne Häufigkeiten unter 50%, Gelb- und Rottöne solche über 50% repräsentieren. Es lassen sich folgende Strukturen erkennen:

(1) Das Schweizer Mittelland zeichnet sich deutlich als Gebiet hoher Nebelhäufigkeit ab. In über 50% aller Fälle sind weite Teile davon nebelbedeckt. Als Zonen maximaler Häufigkeit können das Genferseebecken, das tiefere Mittelland vom Jurasüdfuss über den Zusammenfluss von Aare, Reuss und Limmat bis hin zum Bodensee sowie die Tallagen des zentralen Mittellandes zwischen Luzern und Baden bezeichnet werden. Geringe Nebelhäufigkeiten sind in den Alpentälern, im Entlebuch und im Napfgebiet festzustellen.

(2) Einige regionale Besonderheiten treten deutlich hervor:
-Genferseebecken: Die Nebelausdehnung findet im Südwesten eine deutliche Begrenzung durch den Hügelzug des Salève. Die Häufigkeit nimmt entlang des Genfersees von Genf über Lausanne nach Montreux von über 80% bis auf unter 30% ab. Dieses Verteilungsmuster wurde durch BOUET bereits mehrfach beschrieben und zeigt, dass das Vorhandensein einer grösseren Wasserfläche nicht notwendigerweise auch eine hohe Nebelhäufigkeit bedeuten muss, wenn strömungsdynamische Effekte zu einer Modifikation führen.
-Hügel im Mittelland: Das generelle Bild hoher Nebelhäufigkeit wird durch einige Hügelzüge modifiziert, die als Inseln geringerer Nebelbedeckung deutlich zu erkennen sind:

Jorat, Frienisberg, Belpberg im Aaretal, Napfausläufer, Hügel um Beromünster, Lindenberg, Albiskette, Zürichberg-Pfannenstiel.

-Region Basel: Vom Juradurchbruch der Aare über den Hochrhein bis Basel kann eine markante Abnahme der Nebelhäufigkeit von 100% auf unter 40% festgestellt werden. Diese Beobachtung fügt sich gut in bisherige Beschreibungen der Nebelarmut bei Basel ein (vgl. SCHÜEPP 1980, WINIGER 1982, WANNER 1979) und zeichnet sich klar ab. Die Zone grösserer Nebelhäufigkeit folgt zudem nicht dem E-W gerichteten Flusslauf des Rheins, sondern verläuft in SE-NW-Richtung über den Dinkelberg in Richtung Oberrheinische Tiefeebene. Dafür ist der folgende strömungsdynamische Effekt verantwortlich (WINIGER 1982: 225f): Beim Ausfliessen der Kaltluft aus dem Mittelland über die östlichen Juraausläufer entsteht eine ausgeprägte Windströmung (auch 'Möhlin-Jet' genannt), die ihre Richtung weitgehend beibehält und je nach Mächtigkeit des Kaltluftstroms die Luftmassen zum Überqueren des Dinkelberges zwingt.

-Bodenseeraum: Vom Bodensee Richtung Nordosten deutet sich eine Abnahme der Nebelhäufigkeit an. Dies bestätigt die Vermutung von SCHACHER (1974), dass das mitteleuropäische Nebelmaximum im Schweizer Mittelland liegen könnte.

-Alpentäler: Wenig Nebel ist im Rheintal bei Sargans, entlang des Walensees, im Urnerland, im Aaretal oberhalb Interlaken sowie im Wallis zu beobachten. Die relative Nebelarmut der Alpentäler ist neben der höheren Schneebedeckung auf folgende Ursachen zurückzuführen: Am Abend und in der Nacht stellt sich ein talauswärts gerichtetes Windmuster ein, das die kalten Luftmassen dauernd Richtung Mittelland wegführt (WANNER 1979: 163). Die von den Hängen nachströmende Luft ist relativ trocken, erwärmt sich adiabatisch und neigt daher wenig zur Nebelbildung.

Ein konkreter Vergleich der Nebelkarte mit der unter 1.6 erarbeiteten naturräumlichen Gliederung zeigt eine weitgehende Übereinstimmung der kartierten Nebelhäufigkeit und den dort ausgeschiedenen Becken- und Tallandschaften:

-Faltenjura: Die Becken und Längstäler weisen deutlich höhere Nebelhäufigkeiten wie die umliegenden Gebiete auf, wobei 50% in der Regel nicht überstiegen wird. Einzig die Klus bei Balsthal und das anschliessende Dünnerntal weisen aufgrund der Verbindung zum Mittelland mehr Nebel auf.

-Mittelland: Die Ebenen und Sohlentäler des tieferen Mittellandes (bis 550m) decken sich mit Ausnahme der Ostschweiz annähernd mit den Zonen grösster Nebelhäufigkeit. Sehr deutlich zeichnen sich zudem die Erhebungen des Molassehügellandes (über 650m) als Gebiete geringerer Nebelhäufigkeit (20-60%) ab.

-Nordalpen: Hier sind es die Tallandschaften mit Talsohlen unter 500m, die Werte über 30% erreichen. Steigt die Talsohle auf 500-700m, sinkt die Nebelhäufigkeit auf unter 30%, bei Talsohlen über 700m auf unter 10%. Besonders deutlich wird dieser Unterschied bei der Region Vierwaldstättersee (Höhe: 435m) mit hoher Nebelhäufigkeit und dem um 130m höher gelegenen Aaretal mit niedrigen Werten.

-Innere Alpen: Lediglich in Tallandschaften mit einer Talsohle auf 900m kann Nebel mit einer Häufigkeit von 10% beobachtet werden.

-Tafeljura: Eine Ausnahme der Deckungsgleichheit von Tälern und Nebelbedeckung bildet das Hochrheintal vor Basel. Die Nebelhäufigkeit folgt kaum den Talstrukturen und nimmt kontinuierlich ab.

3.2.3 Verifikation

Um die Genauigkeit der erzeugten Nebelhäufigkeitskarte festzustellen, wird eine Überprüfung mit bereits bestehenden Kartierungen vorgenommen. Die auf Stationsdaten beruhenden Untersuchungen sind allerdings lediglich für eine qualitative Beurteilung relativer Unterschiede geeignet, da die dort gemachten Angaben über die Zahl der Tage mit Nebel mit der hier erarbeiteten Nebelhäufigkeit nur bedingt vergleichbar ist. Eine genaue Verifizierung des räumlichen Musters kann hingegen flächendeckend mit der Karte von WANNER & KUNZ (1983: 40) durchgeführt werden.

Dazu wurde in einem ersten Schritt der Linienverlauf der Karte digitalisiert und in eine deckungsgleiche Bildmatrix übergeführt. In einem zweiten Schritt wurden die Linien der Nebelhäufigkeitskarte überlagert und das Verteilungsmuster systematisch verglichen. Es zeigt sich sehr deutlich, dass die Kurvenverläufe annähernd identisch sind. Auch Kleinformen wie z.B. der Frienisberg oder Einbuchtungen bei Burgdorf (NE von Bern) werden gleichermassen wiedergegeben. Abweichungen sind in erster Linie bei der exakten räumlichen Lage der Grenzen festzustellen, doch bewegen sich diese innerhalb weniger Kilometer. Folgende Abweichungen sind zu nennen:

- Die vorliegende Kartierung scheidet höhere Häufigkeiten im Bereich des Jurasüdfusses, im östlichen Rheintal und im Bereich einiger Hügel im Mittelland aus. Der Grund liegt vermutlich in der synoptischen Zuordnung des verwendeten Datensatzes, der einen erhöhten Anteil an Hochdrucklagen mit östlicher Höhenströmung aufweist.
- Die ältere Kartierung scheidet höhere Häufigkeiten im Delsberger Becken, im Urner Reusstal und im Gebiet Walensee-Rapperswil aus.

Insgesamt kann festgestellt, dass sich die aus analogen Satellitenbildern erarbeitete Nebelkarte bei einer Kartierung mit digitalen Daten eindrucksvoll bestätigt und dass das abgeleitete räumliche Verteilungsmuster der mittleren Nebelhäufigkeit in der Schweiz für den Hochwinter eine hohe Gültigkeit besitzt.

3.2.4 Berechnung der Anzahl Nebeltage nach TROXLER 1987

In den Auswertungen mit Stationsdaten wird in der Regel die Anzahl Tage mit Nebel als Mass der Nebelhäufigkeit verwendet. Als Nebeltag wird ein Tag bezeichnet, an dem zu irgendeinem Zeitpunkt die Sichtweite unter 1000m sinkt. Da dieser Wert nicht direkt mit den hier abgeleiteten Grössen vergleichbar ist, entwickelte TROXLER (1987) eine Regressionsbeziehung zur Umrechnung der prozentualen Nebelhäufigkeit in Nebeltage.

Die aus einem umfassenden Datensatz abgeleitete Gleichung lautet wie folgt:

```
N = -27.21 + 0.66 X1 + 0.039 X2 + d     N   Zahl der Nebeltage
                                        X1  Nebelhäufigkeit [%]
                                        X2  Höhenlage [m.ü.M]
                                        d   Korrekturwert
```

Als Eingangsparameter werden die Nebelhäufigkeit in Prozent und die Höhe über Meer benötigt. Daraus errechnet sich die Zahl der Nebeltage N. Zu N muss ein Korrekturwert d addiert werden, der regional unterschiedlich gross ist und einer Karte entnommen werden kann. Die in der Farbkarte gezeigte Nebelhäufigkeitskarte in % kann mit Hilfe dieser Gleichung in eine Karte der Anzahl Tage mit Nebel im Winterhalbjahr umgerechnet werden, wobei aus Platzgründen hier auf eine Darstellung verzichtet wird.

3.3 Mittlere Verteilung der Nebelhöhe

Die Kenntnis der mittleren Häufigkeit bestimmter Nebelobergrenzen ist von Bedeutung für klimatologische, raumplanerische und lufthygienische Zwecke. Sie zeigt, in welchen Höhenlagen mit einer verstärkten Beeinflussung durch Nebel gerechnet werden muss und mit welcher Wahrscheinlichkeit man sich über dem Nebel befindet. Zudem stellt sie eine wichtige Ergänzung zur räumlichen Verteilung des Nebels dar.
Einer klimatologischen Bearbeitung wurden die Nebelobergrenzen bislang nur vereinzelt unterzogen: Aus Stationsdaten berechnete WANNER (1979) mittlere Höhenhäufigkeiten für das gesamte Mittelland und deren Zusammenhang zu Inversionshöhen. WINIGER (1984) führte einen Vergleich der Nebelobergrenze zwischen einzelnen Beckenregionen mit Hilfe analoger Satellitenbilder durch.
Die vorliegende Auswertung stellt die erste Bearbeitung der Nebelhöhe in der Schweiz mittels digitaler Satellitendaten dar. Unter Verwendung der in Teil I beschriebenen Methoden wurden für den gesamten Datensatz Nebelobergrenzen bestimmt. Zu beachten ist, dass die ermittelten Nebelobergrenzen einen mittleren Fehler von 50-100m aufweisen. Für den reduzierten Datensatz von 80 Satellitenbildern wurden anschliessend mittlere Häufigkeiten der Nebelobergrenze berechnet. Neben der Bearbeitung des gesamten Mittellandes stellt sich insbesondere auch die Frage nach einer regionalen Differenzierung.

3.3.1 Gesamtes Mittelland

Als Resultat der Berechnung ergibt sich die in der Farbkarte dargestellte Häufigkeitsverteilung bestimmter Nebelobergrenzen für das gesamte Schweizer Mittelland. Zusätzlich eingetragen ist die Summenkurve, mit deren Hilfe die Höhenlage bestimmter Prozentstufen abgelesen werden kann.

Folgendes Verteilungsmuster ist zu erkennen:

-Häufungen der Nebelobergrenzen sind bei 550m, 700 bis 850m und bei 1000m zu finden.
-Höhenbereiche mit geringer Häufigkeit sind bei 600m, 900-950m und 1200-1250m.

Diese Höhenverteilung steht in Einklang mit der von WANNER (1979) gezeigten Verteilung, wenn auch die Bodennebelzone in der Figur nicht so deutlich zum Ausdruck kommt. Die einzelnen Höhenbereiche können in Anlehnung an WANNER (1976) wie folgt angesprochen werden: Bodennebelzone, nebelarme Zwischenzone, Zone grösster Nebelhäufigkeit, nebelarme Hangzone, Hochnebelzone.

Zur Bestimmung des Mittelwertes, der in erster Linie von klimatologischer Bedeutung ist, wird hier der Median herangezogen, d.h. jener Wert wo die Summenkurve 50% erreicht. Es ergibt sich eine Höhe von 775m, welcher die Aussage von WANNER & KUNZ (1983) bestätigt, dass die Höhe von 750m als eine Art Gleichgewichtslage im Schweizer Mittelland bezeichnet werden kann. Gleichgewicht bedeutet hier eine stabile Höhenlage, welche sich durch ungefähr gleichen Kaltluftzu- wie -abfluss auszeichnet. Diese Feststellung wird unterstützt durch die Analyse der Reliefverhältnisse im nördlichen Alpenvorland der Schweiz, denn aus der in Teil I (Kap. 5.2.6) gezeigten hypsographischen Kurve errechnet sich ein Median von 780m. Dieser Wert bedeutet, dass sich 50% der betrachteten Fläche in einer Höhenlage über 780m befindet und dass 50% der Fläche unterhalb 780m liegt.

3.3.2 Regionale Nebelobergrenzen

Das Verteilungsmuster der Nebelobergrenze in seiner regionalen Differenzierung ist in Tabelle 3.1 dargestellt. Zur Berechnung der Höhenhäufigkeit wurden fünf Regionen ausgewählt, die jeweils ein Höhenspektrum von ungefähr 400-1700m abdecken. In den nachfolgenden Ausführungen wird die regionale Verteilung vor allem in Bezug zur mittleren Höhenhäufigkeit des Mittellandes besprochen:

- Westschweiz: Das Maximum findet sich bei 650m, der mittlere Wert bei 850m. Die beim Mittelland beschriebenen Höhenbereiche sind weniger markant ausgeprägt und in ihrer Höhenlage um 50-100m nach oben verschoben. Deutlich zu sehen ist die Hochnebelzone um 1100m-1300m.
- Jurasüdfuss: Die grössten Häufigkeiten sind bei 750m und 900m festzustellen. Gegenüber dem Mittelland deutlich schwächer ausgeprägt ist das Minimum bei 950m und die Hochnebelzone. Die mittlere Höhenlage beträgt 850m.
- Region Bern: Das Verteilungsmuster entspricht ungefähr demjenigen des Mittellandes. Die grössten Häufigkeiten sind im Bereich 700-800m festzustellen, ein schwach ausgeprägtes Maximum bei 1400m. Die mittlere Nebelobergrenze beträgt 750m.
- Zentralschweiz: Das Maximum liegt bei 750m, der Mittelwert bei 850m. Die nebelarme Zone bei 900-1000m ist schwach ausgeprägt. Deutlich zu erkennen ist jedoch die Hochnebelzone, die gegenüber dem Mittelland um mehr als 100m nach oben verschoben ist.
- Ostschweiz: Maximum und Mittelwert liegen bei 770m, resp. 800m. Die beschriebenen Zonen sind mit Ausnahme des Minimums bei 600m deutlich ausgeprägt, wobei wiederum die Hochnebelzone als leicht abgehobener Bereich erscheint.

	Mittelland	Westschweiz	Jurasüdfuss	Region Bern	Zentralschweiz	Ostschweiz
Maximalzone	750m	650m	750, 900m	700-800m	750m	800m
Median	775m	850m	850m	750m	850m	770m
Bodennebelzone	<550m	<650m	<650m	<600m	<550m	kein Maximum
nebelarme Zw.-Zone	600m	700-750m	700m	(650m)	600m	schwach ausg.
Zone grösster Häufigkeit	700-850m	800-900m	750-950m	700-850m	650-1000m	700-900m
nebelarme Hangzone	900-950m	950-1000m	schwach ausg.	900-950m	schwach ausg.	(950m)
Hochnebelzone	1000-1350m	1100-1350m	schwach ausg.	1000-1400m	1200-1450m	1050-1400m

Tab. 3.1: Vergleich der Höhenlage typischer Nebelobergrenzen in verschiedenen Regionen der Schweiz.

Insgesamt kann gesagt werden, dass das Verteilungsmuster, wie es für das Schweizer Mittelland berechnet wurde, auch in den einzelnen Teilregionen festgestellt werden kann. Die

Höhenverschiebung in der Westschweiz lässt sich mit der Konvergenz und dem Ansteigen des Mittellandes Richtung Westen erklären. Die schwache Ausprägung der Hochnebelzone am Jurasüdfuss ist vermutlich eine Folge der geringeren Höhenlage, während die deutliche Ausprägung in der Zentralschweiz vermutlich auf Staueffekte zurückzuführen ist. Die abgeleiteten Höhenhäufigkeiten decken sich weitgehend mit der durch TROXLER (1987: 67) erarbeiteten Verteilung für die West- und Ostschweiz:

- Maxima bei 700-800m und 1200m in der Westschweiz.
- Maximum bei 800m in der Ostschweiz und Abnahme bei 1000-1100m

3.3.3 Beziehung zwischen Nebelobergrenze und -untergrenze

Neben der Nebelobergrenze ist die Kenntnis der Höhenlage der Untergrenze von wesentlicher Bedeutung. Sie gibt einen Hinweis auf die Mächtigkeit der Nebelschicht und zeigt auf, ob diese vom Boden abgehoben ist. Die Untergrenze lässt sich aus dem Satellitenbild nicht direkt bestimmen, weshalb man hier auf ergänzende Studien angewiesen ist. SCHNEIDER (1957: 8/1) stellte die folgenden empirischen Beziehungen zwischen Nebelobergrenze und -untergrenze bzw. Mächtigkeit fest:

$$ho = 40 + 1.3 * hu$$ ho Nebelobergrenze m NN
                                      hu Nebeluntergrenze m NN
$$hu = (ho-40)/1.3$$ dz Mächtigkeit
$$dz = ho - hu = 0.2308 * ho + 30.77$$

Die Gleichungen gelten für die Nordostschweiz und für Stationen in etwa gleicher Höhenlage des Flughafens Zürich-Kloten (430m). Dabei zeigt sich für die abgeleiteten Nebelhöhen im schweizerischen Alpenvorland, dass die Nebelschicht zumindest im Hochwinter meistens vom Boden abgehoben ist.

3.4 Mittlere Nebelverteilung und -höhe in Abhängigkeit der Wetterlage

Kleinräumige Wetterabläufe wie z. B. Nebelbildung und Verteilung werden sehr wesentlich durch die grossräumigen meteorologischen Bedingungen beeinflusst (KIRCHHOFER 1971: 5). Eine Charakterisierung und Systematisierung dieser Bedingungen erfolgt durch die Unterscheidung bestimmter Wetterlagen, die durch die Typisierung beteiligter Luftmassen und Strömungsrichtungen zu einem Katalog von Wetter- und Witterungslagen zusammengefasst werden (SCHÜEPP 1968: 2).

SCHÜEPP unterscheidet dabei zwischen 'Wetterlage' und 'Witterungslage'. Unter Wetterlage versteht er (1968: 3): "den Wetterzustand in Bezug auf die wichtigsten meteorologischen Elemente über einem begrenzten Gebiet während eines kurzen, höchstens eintägigen Zeitintervalls." Witterungslagen ergeben sich aus der Zusammenfassung mehrerer Tage mit annähernd gleicher Wetterlage.
Auch die Entstehung und Verbreitung der einzelnen Nebelarten ist an ganz bestimmte Wetterabläufe gebunden (WANNER 1979, WANNER & KUNZ 1983). Neben der mittleren Nebelhäufigkeit stellt die differenzierte Betrachtung nach bestimmten Wetterlagen einen Bezug zur Witterungsklimatologie und damit zum aktuellen Wettergeschehen her. Die Kenntnis solcher Typverteilungen erleichtert die Interpretation der Abfolge von Wetterlagen in ihrer

Wirkung auf die Dynamik der Nebeldecke und bietet nicht zuletzt Hilfestellungen für prognostische Zwecke.

Die verwendete Wetterlagenklassifikation wurde im Kapitel 1.4 bereits einleitend erläutert. Für das Nebelgeschehen am wichtigsten sind Hoch- und Flachdrucklagen, da es sich bei den hier betrachteten Boden- und Hochnebelereignissen vorwiegend um Strahlungsnebel handelt. Die übrigen Wetterlagen sind für das Nebelgeschehen von untergeordneter Bedeutung. Eine Ausnahme bilden die Ostlagen, die meist eine kräftige Bisenströmung verursachen und durch Kaltluftadvektion zur Bildung ausgedehnter Hochnebeldecken führen. Als 'Bise' wird ein synoptisch induzierter Regionalwind im Schweizer Mittelland bezeichnet, dessen Hauptwindrichtung bei N, NE oder E liegt (WANNER & FURGER, 1990: 105).

3.4.1 Hochdrucklagen

Die Hochdrucklagen zählen zu den konvektiven Lagen und stellen den Wettertyp mit der grössten Nebelhäufigkeit im Schweizer Mittelland dar. Der wolkenlose Himmel begünstigt vor allem im Herbst und Winter die Bildung ausgeprägter Temperaturinversionen, die eng mit der Entstehung von Strahlungsnebel verknüpft sind. Einschränkend muss allerdings angefügt werden, dass die Häufigkeit bodennaher Inversionen deutlich grösser ist, als diejenige von Nebelereignissen (WANNER & KUNZ, 1983: 38), da aufgrund der Feuchtigkeits-, Temperatur- und Turbulenzverhältnisse nicht in jedem Fall Strahlungsnebel entstehen kann.

Die Nebelverteilung bei Hochdrucklagen ist in Tafel V gezeigt und weist starke Ähnlichkeiten mit der mittleren Nebelhäufigkeit auf. Die Zone grösster Nebelhäufigkeit liegt wiederum in den tieferen Regionen des Mittellandes. Mit einer Häufigkeit von über 70% liegt das gesamte Mittelland vom Genfer- bis zum Bodensee unter einer Nebeldecke, die mit über 30% Wahrscheinlichkeit auch bis in die Talsohlen der Nordalpen hineinreicht.
Die Verteilung der Nebelobergrenze sieht der mittleren Häufigkeit sehr ähnlich. Die unter 3.3.1 beschriebenen Zonen sind deutlich zu erkennen. Die mittlere Höhe liegt knapp unterhalb von 800m.

3.4.2 Flachdrucklagen

Neben den Hochdrucklagen sind die Flachdrucklagen aufgrund ihrer Häufigkeit und ihres relativen Nebelreichtums von grosser Bedeutung. Als Abgrenzungskriterium zu den Hochdrucklagen dient die Abweichung der absoluten Topographie über dem Zentralpunkt im 500 HPa-Niveau vom langjährigen Mittel (WANNER, 1979: 120). Da dieser Parameter aus einem punktuellen Wert ermittelt wird, können sich in Bezug auf das Untersuchungsgebiet gewisse Ungenauigkeiten ergeben. Es ist denkbar, dass gewisse Flachdrucklagen auch als schwach ausgeprägte Hochdrucklagen angesprochen werden könnten.
Die Flachdrucklagen zeichnen sich im allgemeinen durch schwache Druckgradienten aus. Bei geringer Turbulenz und wolkenfreiem Himmel bildet sich in den Übergangsjahreszeiten vor allem in den Kaltluftsammelgebieten Nebel, dessen Obergrenze in geringerer Höhe zu erwarten ist als bei den Hochdrucklagen.

Die in Tafel V dargestellte Karte zeigt ein Verteilungsmuster, das in Abweichung zu den gemachten Äusserungen demjenigen der Hochdrucklagen relativ ähnlich sieht. Wiederum sind grosse Teile des Mittellandes mit hoher Wahrscheinlichkeit nebelbedeckt, wenn auch das Muster gegenüber den Hochdrucklagen kleinräumiger differenziert ist. Die mittlere

Höhenlage der Nebelobergrenze liegt bei 770m, wobei sich die erwartete geringere Höhenlage lediglich im Jura sowie den Hügelzügen des höheren Mittellandes zeigt. Die Höhenhäufigkeiten weisen ein vom Mittel deutlich abweichendes Verteilungsmuster auf. Die einzelnen Zonen sind weniger ausgeprägt, wobei vor allem die Hochnebelzone nicht durchgehend besetzt ist und einzig bei 1000m ein deutliches Maximum aufweist. Dies deutet auf den hohen Anteil von Flachdrucklagen mit Höhenströmung aus östlicher Richtung.

Im Vergleich zu der Kartierung von WANNER & KUNZ (1983) ergibt sich im vorliegenden Fall eine deutlich höhere Nebelbedeckung bei den Flachdrucklagen. Dies mag einerseits an der Wetterlagenklassifikation selbst liegen, andererseits aber auch durch die Auswahl der Bilder zustande kommen, da für die vorliegende Karte eine ganze Reihe von Szenen bei Flachdrucklagen mit östlicher Höhenströmung einbezogen worden sind. Diese weisen deutlich höhere Nebelobergrenzen mit entsprechendem Verteilungsmuster auf.

3.4.3 Ostlagen

Die Ostlagen verursachen starke Bise im Mittelland und stellen den eigentlichen Hochnebeltypus dar. Im Einzelfall können die Windgeschwindigkeiten allerdings so gross werden, dass eine Nebelbildung in den tieferen Luftschichten unterbunden wird (WANNER, 1979: 136). Zur Kartierung der Nebelverteilung standen lediglich 5 Bilder zur Auswahl, so dass die in Tafel V gezeigte Karte mit der nötigen Vorsicht betrachtet werden muss. In fast allen Fällen liegt das Mittelland bei Ostlagen unter einer geschlossenen Hochnebeldecke, die bis in die Alpentäler hineinreicht. Häufig wird dabei der Brünigpass (schwarzer Pfeil) überströmt und liegt selbst im Nebel. Aufgrund der hohen mechanischen Turbulenz liegt die Obergrenze der Nebeldecke auf über 1100m. Undeutlich sind die Verhältnisse im Oberrheintal, wo eine etwas höhere Nebelbedeckung zu erwarten wäre.

3.4.4 Einzelwetterlagen

Die mittlere Nebelverteilung bei Hoch- und Flachdrucklagen wird weiter modifiziert, wenn man je nach Höhenströmung in Einzelwetterlagen differenziert. Die Höhenströmung bestimmt durch das Heranführen von Luftmassen die Bildungs- und Auflösungsprozesse sehr wesentlich und induziert durch Impulsfluss je nach Schichtung Windströmungen in der Grundschicht, die aufgrund der topographischen Verhältnisse der Schweiz unterschiedliche Auswirkungen auf die Nebelobergrenze und -ausdehung haben.
Die Besprechung der Einzellagen ist insofern interessant, als während den hochwinterlichen Nebelperioden nach Frontdurchgang häufig eine typische Abfolge von Wetterlagen zu beobachten ist (WANNER & KUNZ, 1983: 43f):

-Nebelbildungsphase: Hochdrucklage mit Höhenströmung Ost (He, Bisenlage)
-Nebelphase: Windschwache Hoch- oder Flachdrucklage (Ho, Fo)
-Nebelauflösungsphase: Hochdrucklage mit südlicher Höhenströmung (Hs)

Innerhalb einer Nebelperiode kann ein Wechsel der Wetterlagen auch mehrfach erfolgen, so z. B. das Aufleben östlicher Winde; auch als 'Bisenrückfall' bezeichnet (WANNER & KUNZ, 1983: 46). Je nach Lage der steuernden Druckgebiete stellt sich jedoch auch eine Nordströmung, die zu Kaltluftadvektion aus NW oder N führt.
Die genannten Einzelwetterlagen werden nachfolgend in ihrer Wirkung auf die Nebelverteilung und -höhe genauer beschrieben. Die Häufigkeitskarten sind in Tafel VI dargestellt und sind durch Höhenangaben der Nebelobergrenze ergänzt. Die erste Zahl stellt dabei den Median (=50%) dar, die zweite Zahl den 75%-Wert.

Einschränkend muss angefügt werden, dass sich der zur Verfügung stehende Datensatz für die Kartierung nach Einzelwetterlagen nur bedingt eignet, da die Anzahl der Fälle für klimatologische Aussagen zu gering ist. Mit der nötigen Vorsicht soll dennoch versucht werden, die wichtigsten Grundzüge zu erfassen und darzustellen:

(1) Hochdrucklage mit östlicher Höhenströmung, He:
Die Hochdrucklagen sind in der Initialphase durch Ostwinde (leichte Bise) gekennzeichnet. Die Windströmung setzt sich meist bis ins Bodenniveau durch und verursacht einen Stau der advektiv herangeführten Kaltluft an der Alpennordseite, der durch die Konvergenz von Jura und Alpen gegen Westen noch verstärkt wird. Dieser Effekt führt mit der relativ ausgeprägten mechanischen Turbulenz in der Grundschicht zur Ausbildung ausgedehnter Hochnebeldecken mit Obergrenzen bei 900m, die in einer Vielzahl der Fälle auch über 1000m ansteigen kann. Die Nebelbedeckungsrate ist in weiten Teilen des Mittellandes hoch, auch der Raum Basel/Juranordhang und die Hügelzüge des Mittellandes sind in der Regel nebelbedeckt.

(2) Windschwache Hochdrucklage, Ho:
Durch die Verlagerung des Hochdruckgebietes in den Alpenraum flauen die östlichen Winde ab und es herrscht keine bestimmte Windrichtung vor. Die Abnahme der mechanischen Turbulenz sowie die Zunahme der Subsidenz im Kernbereich führen zu einem Absinken der Nebelobergrenze und einer geringeren Flächenausdehnung.
Zur Berechnung einer Verteilungskarte dieser Wetterlage standen zuwenig Bilder zur Verfügung, doch dürfte das Muster im wesentlichen der im Kap. 3.4.1 gezeigten Karte entsprechen, bei einer mittleren Höhenlage der Nebelobergrenze von 770m.

(3) Hochdrucklage mit südlicher Höhenströmung, Hs:
Diese Wetterlage stellt sich meist in der Schlussphase oder in Zwischenphasen von Nebelperioden ein und bewirkt bei süd- bis südwestlicher Windströmung sowohl ein Ausfliessen der Kaltluft in Richtung Bodensee als auch einen Abbau der Kaltluft von oben durch starke Subsidenz. Die Nebelhöhe sinkt weiter ab (600-650m), die Nebelausdehnung zeigt insgesamt eine geringe Schwankungsbreite.

(4) Hochdrucklage mit nördlicher Höhenströmung, Hn
Diese Wetterlage tritt vor allem bei einer westlichen Lage des Hochdruckgebietes auf und führt zu Kaltluftadvektion aus Norden. Je nach Stärke der Strömung und der mechanischen Turbulenz steigt die Nebelobergrenze auf 850-1100m an, wobei Staueffekte ebenfalls eine Rolle spielen. Das räumliche Bild ist heterogener als bei den He-, Ho- und Hs-Lagen, wobei vor allem in den Alpentälern häufiger Nebel beobachtet wird.

(5) Windschwache Flachdrucklage (Fo):
Die flache Druckverteilung ruft je nach Jahreszeit geringe Windströmungen sowie schwache Turbulenzen in der Grundschicht hervor.

Einige Besonderheiten des beschriebenen Nebelverteilungsmusters sind in der Tabelle 3.2 zusammengestellt. Die Fläche mit über 50% Nebelhäufigkeit ist bei den He-Lagen erwartungsgemäss am grössten und bei den Hn- und Hs-Lagen am geringsten. Ebenso liegt die Höhenlage der Nebelobergrenze bei den He-Lagen am höchsten, bei den Fo- und Ho-Lagen in der Gleichgewichtslage und bei den Hs-Lagen am tiefsten.

Zudem kann festgehalten werden:
-die Hügelzüge im Mittelland sind bei Hs-Lagen nebelfrei, bei He-Lagen durchweg nebelbedeckt und liegen bei den übrigen Lagen nur teilweise im Nebel.

-die Alpentäler sind vor allem bei den Hn-Lagen nebelgefüllt.
-die Verbindung von Mittelland und Oberrheinischer Tiefebene ist vor allem bei den He-Lagen deutlich ausgeprägt.

	Mittl. Verteilung H	Hn	He	Hs	Fo
Ausdehnung Fläche ≤ 50%	22'392 km²	28'322 km²	22'331 km²	10'436 km²	18'361 km²
Fläche > 50%	15'899 km²	13'707 km²	17'495 km²	13'722 km²	14'744 km²
Obergrenze	750-800m	850-1100m	900-1100m	600-650m	750-800m
Schwankungsbreite der Nebelausdehnung	rel. gross	gross	rel. gross	gering	rel. gross
Alpentäler	teilw. nebelbedeckt	nebelgefüllt	teilw. nebelbed.	wenig Nebel frei	kaum Nebel
Hügel im Mittelland	teilweise im Nebel	teils im Nebel	im Nebel		teils im Nebel
Verbindung Hochrhein-Oberrhein. Tiefebene	relativ breit	kaum vorhanden	breit	schmal	rel. breit
Oberrh. Tiefebene	um 50%	kaum Nebel	um 50%	> 50%	um 50%

Tab. 3.2: Vergleich der Nebelverteilung bei Einzelwetterlagen

Ein Vergleich der Nebelverteilungsmuster bei Einzelwetterlagen mit der Kartierung von WANNER & KUNZ (1983) und TROXLER (1991) liefert eine gute Übereinstimmung für die He- und Hs-Lagen, eine grössere positive Abweichung bei den Fo-Lagen.

Neben der hier dargestellten relativen Nebelhäufigkeit ist von Interesse, wie oft die entsprechende Wetterlage überhaupt auftritt und wie häufig dabei Nebel zu beobachten ist. Um einen Hinweis in diese Richtung zu geben, wurde die gesamte Zahl der Wetterlagen im Untersuchungszeitraum aus dem monatlichen Witterungsbericht der SMA ermittelt und gleichzeitig das Auftreten von Nebel festgestellt. Als Kriterium diente dazu, dass die Nebelobergrenze im Witterungsbericht kleiner als 2000m verzeichnet ist.
In Fig. 3.2 ist das Ergebnis dargestellt. Gross ist die Zahl der Hoch- und Flachdrucklagen, die in mehr als 50% der Fälle auch Nebel verursachen. Die übrigen Wetterlagen treten deutlich zurück, wobei lediglich noch die Ostlagen einen hohen Prozentanteil Nebel verzeichnen.

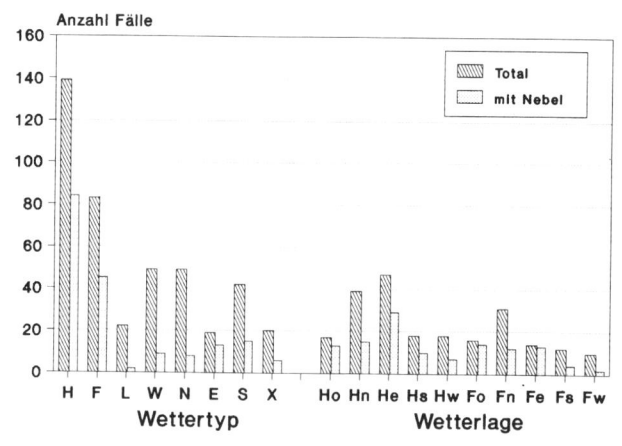

Fig. 3.2: Das Auftreten bestimmter Wetterlagen im Zeitraum der Winterhalbjahre 1989-1991 und Anzahl der Fälle mit Nebel.

3.5 Mittlere Verteilungsmuster in Abhängigkeit von kleinräumigen Druckgradienten

Der im vorangehenden Abschnitt gezeigte Zusammenhang zwischen Wetterlage und Nebelverteilung kann nur bedingt als Analyse- und Prognoseinstrument verwendet werden. In mehreren Untersuchungen wurden deshalb der Versuch unternommen, prognostizierbare Parameter wie die Temperatur-, Feuchte-, Druckverteilung sowie die Windströmungen einzubeziehen. Als besonders wertvoll für das Gebiet der Schweiz haben sich dabei kleinräumige Druckgradienten erwiesen.

3.5.1 Die Bedeutung kleinräumiger Druckgradienten im Untersuchungsgebiet

Die Nebelverteilung und -dynamik hängt stark mit dem Windfeld in der Grundschicht zusammen (BALZER 1972). Dieses ist wiederum eine Folge der durch Druckunterschiede induzierten Ausgleichsbewegungen in der Atmosphäre (WEISCHET 1983), was sowohl im globalen Massstab, als auch bei kleinräumigen Verhältnissen (Grössenordnung um 200km) gilt.

COURVOISIER (1976) hat in einer Untersuchung zur winterlichen Sonnenscheindauer im Schweizer Mittelland die Abhängigkeit der Nebelverteilung vom kleinräumigen Druckgradienten deutlich nachgewiesen. Ein Test verschiedener Stationspaare (sowohl in meridionaler, als auch in breitenkreisparalleler Richtung) ergab den engsten Zusammenhang, wenn man den Druckgradienten zwischen Payerne und Strassburg verwendet, d.h quer zum W-E verlaufenden Mittellandtrog. Ist der Druck in Strassburg höher, so induziert der N-S gerichtete Gradient eine NE-E-Strömung im Schweizer Mittelland, die aufgrund der mechanischen Turbulenz sowie der Konvergenz von Jura und Alpen Richtung Westen zu einem Anheben der Nebeldecke und entsprechender Ausdehnung führt. Ein S-N gerichtetes Druckgefälle verursacht eine S- bis SW-Strömung, die das Ausfliessen des Kaltluftsees begünstigt und zu einem Absinken der Nebelobergrenze führt.

COURVOISIER (1976: 8) stellte zudem eine zeitliche Phasenverschiebung von 12-18 Stunden zwischen einer Änderung des Druckgradienten und der Auswirkung auf die Nebelverteilung im Mittelland fest. Damit ist die Möglichkeit gegeben, diesen Parameter für prognostische Zwecke einzusetzen. Der Druckgradient um 16-19h dient dabei als Prediktor für die Nebelverteilung und -obergrenze des Folgetages, entsprechende Karten wurden durch COURVOISIER bereits entworfen.

In mehreren Untersuchungen hat es sich gezeigt, dass der Gradient auch als Analyseinstrument mehrtägiger Nebelperioden eingesetzt werden kann (WANNER 1979, LEISER & COENDET 1977). Schwankungen der Druckverhältnisse können mit Veränderungen der Nebelobergrenze sowie dem räumlichen Verteilungsmuster gut in Übereinstimmung gebracht werden.

Nachfolgend werden mittlere Karten bei entsprechendem Druckgradienten Payerne-Strassburg auf der Basis des digitalen Datensatzes erarbeitet und dargestellt. Sie dienen im wesentlichen einer vertieferen Bearbeitung und Ergänzung der durch COURVOISIER entworfenen Karten und Höhenangaben.

3.5.2 Methodisches Vorgehen

Für den Luftdruck wird bei SYNOP-Meldungen normalerweise der auf Meereshöhe reduzierte QFF-Wert verwendet (LILJEQUIST 1974). In kalten Luftschichten findet jedoch eine Druckerhöhung statt, die bei einem Vergleich zweier Stationen eine Verfälschung bewirken kann. Deshalb ist für kleinräumige Betrachtungen der temperaturkorrigierte QNH-Wert besser geeignet (COURVOISIER 1976):
Als Datenquelle für die Druckwerte Payerne und Strassburg dient die synoptische Westalpenkarte (WEAP), die bei der SMA alle 3h erstellt wird und im Archiv zugänglich ist. Da jedoch nur das Winterhalbjahr 90/91 verfügbar war, musste für die übrigen Tage auf die SYNOP-A Karte von 12h UTC zurückgegriffen werden, die ganz Mitteleuropa zeigt. Folgende Berechnungsschritte führen zum gewünschten Druckgradienten:

1. Herauslesen der Druckwerte für Payerne und Strassburg: Ein Code von 359 entspricht einem Druck von 1035.9 hPa
2. An der Station mit tieferer Temperatur werden pro 1°C Unterschied 0.2 hPa subtrahiert.
3. Anschliessend wird der Gradient dp=p(Payerne)-p(Strassburg) gebildet.

Für sämtliche Termine des Datenkollektivs von 137 Bildern wurden die Druckgradienten dp in der beschriebenen Weise ermittelt, wobei für die nachfolgenden Berechnungen aufgrund der zeitlichen Phasenverschiebung von 12-18h jeweils der dp-Wert des Vortages gewählt wurde.

3.5.3 Resultate

Durch Zusammenfassen mehrerer Bilder konnten wiederum Nebelhäufigkeitskarten gewonnen werden. Um eine genügend grosse Anzahl von Bildern einbeziehen zu können, wurden die Druckgradienten wie folgt zusammengefasst:

```
(1) Negativ:      Alle Bilder mit dp von < -0.5 hPa
(2) Indifferent:  Bilder mit dp zwischen -0.5 hPa und +0.5 hPa
(3) Positiv:      Bilder mit dp > +0.5 hPa

        dp=p(Payerne)-p(Strassburg)
```

Die Resultate der Kartierung sind in Tafel VII zu sehen und in Tab. 3.3 zusammengefasst:

- Negativer Druckgradient: Deutlich zeigt sich das erwartete Verteilungsmuster mit grossflächiger Nebelbedeckung. In über 50% der Fälle sind das Mittelland, der südliche Jurarand, die höheren Bereiche des Mittellandes sowie einzelne Alpentäler nebelbedeckt. Teilweise erstreckt sich das Nebelmeer bis in die inneren Alpentäler. Die mittlere Obergrenze liegt bei ungefähr 1000m. Dieses Verteilungsmuster steht in Einklang mit den durch COURVOISIER (1976: 5) gemachten Äusserungen.
- Ausgeglichene Druckverhältnisse: Die Obergrenze sinkt auf 780m ab und die Nebelverteilung entspricht in etwa der mittleren Nebelhäufigkeit im Schweizer Mittelland. Die Ausdehnung ist wesentlich geringer und in 50% der Fälle sind die höheren Teile des Mittellandes nebelfrei. Aaretal, Reusstal und Rheintal liegen meist noch im Nebel, während der Jura praktisch immer nebelfrei bleibt.
- Positiver Druckgradient: Die Obergrenze sinkt auf unter 700m und der Nebel konzentriert sich in den tieferen Lagen des Mittellandes. Die Alpentäler sind weitgehend nebelfrei, ebenso das alpenseitige Mittelland. Entgegen der Kartierung von COURVOISIER (1976) liegt

das Aaretal z.T. noch unter einer Nebelschicht, während die Innerschweiz nur im Bereich des Vierwaldstättersees nebelbedeckt ist.

	negativ (dp < -0.5 hPa)	indifferent (-0.5 < dp < 0.5 hPa)	positiv (dp > 0.5 hPa)
Ausdehnung Fläche > 50%	20'804 km²	17'105 km²	14'479 km²
Median Obergrenze	1000m	780m	680m
Hügel im Mittelland	>70%	30-60%	< 30%
Rigi (Nordalpen)	<30%	nebelfrei	nebelfrei
Alpentäler	nebelgefüllt	teilw. nebelbed.	kaum Nebel

Tab. 3.3: Vergleich der Nebelverteilung bei unterschiedlichen QNH- Druckgradienten Payerne-Strassburg (dp).

Die unterschiedliche Höhenlage der Nebelobergrenze zeichnet sich in den Nebelhäufigkeitskarten ab, wenn man die Hügelzüge des Mittellandes (Jorat, Frienisberg, Lindenberg) betrachtet. Sie liegen bei negativem dp mit über 70% Wahrscheinlichkeit im Nebel, bei ausgeglichenem dp sinkt die Bedeckungsrate auf 30-60% und liegt bei positivem dp unter 30%.

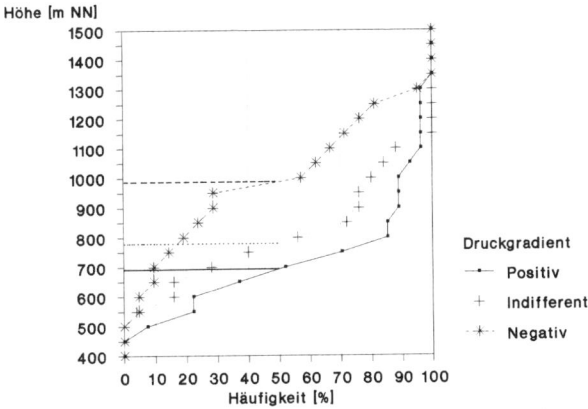

Fig. 3.3: Summenkurven der Häufigkeit bestimmter Nebelobergrenzen im Schweizer Mittelland bei unterschiedlichen QNH-Druckgradienten Payerne-Strassburg.

Die Summenkurven der Nebelhöhenhäufigkeit bei den verschiedenen Druckgradienten sind in Figur 3.3 vergleichend dargestellt und unterstreicht die oben gemachten Äusserungen. Eine Betrachtung der Streuungsbreite der Nebelobergrenze (25%-75% Quartile) ergibt: Diese ist bei negativem dp am grössten (875-1200m) und nimmt bis zu positivem dp auf 620-770m ab.

Die Abhängigkeit der Nebelobergrenze vom Einzelwert des Druckgradienten wurde anhand des erstellten Höhendatensatzes genauer untersucht und in Fig. 3.4 zusammengefasst. Die vorliegende Auswertung bestätigt ältere Untersuchungen, ermittelt jedoch etwa 50-70m tiefere Nebelobergrenzen. COURVOISIER weist allerdings ausdrücklich auf die grosse Schwankungsbreite der Nebelhöhe hin und versteht seine Angaben als Richtwerte. Grössere Abweichungen sind in erster Linie bei den stark positiven und stark negativen Druckgradienten festzustellen, was auch an der Bildauswahl liegen kann.

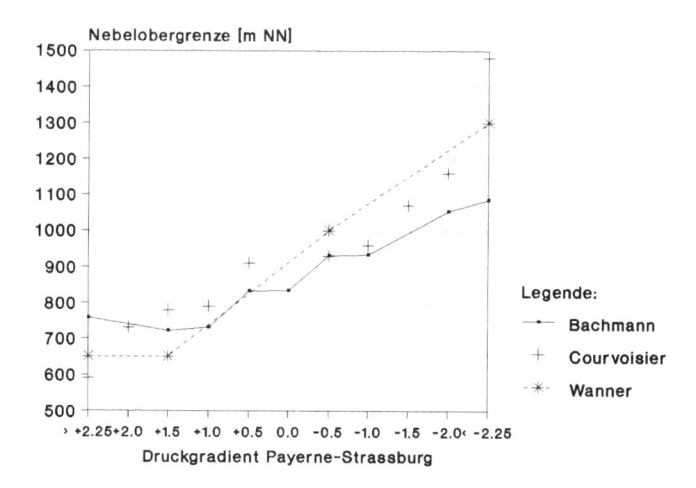

Fig. 3.4 Mittlere Nebelobergrenze in Abhängigkeit des QNH-Druckgradienten Payerne-Strassburg ermittelt aus über 80 Satellitenbildern. Zum Vergleich sind die Werte von COURVOISIER (1976) und WANNER (1979) eingetragen.

4. MITTLERE NEBELDYNAMIK IM TAGESVERLAUF

Nebel ist kein statisches Gebilde, sondern eine dynamische Wettererscheinung. Sehr anschaulich können die Veränderungen der Nebeldecke anhand von Zeitrafferfilmen beobachtet werden (WANNER 1979), in denen sich vor allem Strömungen verfolgen lassen. Der Nebel unterliegt dabei hinsichtlich räumlicher Verteilung und Höhenlage der Obergrenze grösseren Schwankungen, für deren Dynamik die folgenden Faktoren genannt werden können (WANNER & KUNZ 1983: 42f):

- Topographie und Bodenbedeckung: Sie beeinflussen die Kaltluftbildung und -sammlung in den Beckenlagen.
- Jahreszeit, Strahlungsbilanz: Die Auflösung bodennaher Inversionen wird vor allem vom bodennahen sensiblen Wärmefluss bestimmt, welcher wiederum von der jahreszeitlich unterschiedlichen Strahlungsbilanz (Sonneneinstrahlung) abhängig ist.
- Grossräumige Schwankungen des Druck- und Strömungsfeldes: Die allgemeine Wetterentwicklung steuert in entscheidender Weise die Kaltluftadvektion, das Entstehen bestimmter Windrichtungen in der Grundschicht und damit die Stärke der mechanischen Turbulenz.
- Tagesperiodische Schwankungen des Druck- und Strömungsfeldes: Besonders im Herbst und Frühling wird die Nebelbildung und -auflösung durch thermisch induzierte Austauschströmungen zwischen Mittelland und Alpen beeinflusst.
- Kurzzeitige Oszillationen im Kaltluftkörper: Ähnlich den sog. Seiches bei Wasserkörpern (BOUET 1980).

Der Einfluss des grossräumigen Druck- und Strömungsfeldes kommt bei den Fallanalysen eingehend zur Darstellung. Im vorliegenden Abschnitt soll vor allem der tagesperiodische Gang der Nebelverteilung und Nebelhöhe untersucht werden, d.h. die Frage nach der flächendeckenden Ausscheidung von Persistenz-, Auflösungs- und Verlagerungsgebieten sowie nach der Verlagerung der Nebelobergrenze im Tagesverlauf.

Der mittlere tagesperiodische Gang der Nebelhäufigkeit ist in der Schweiz bisher vor allem an Einzelstationen studiert worden (PERRET 1984, SCHNEIDER 1957, ZINGG 1944). Fig. 4.1 zeigt die mittlere Nebelhäufigkeit an schweizerischen Flughäfen in Abhängigkeit der Tageszeit. Deutlich ist eine markante Abnahme der Nebelhäufigkeit nach 9 Uhr zu sehen, wobei das Maximum in Genf und Zürich zwischen 3-6 Uhr, in Basel gegen 6-9 Uhr zu beobachten ist.

Einer genaueren Analyse dient die Darstellung der Nebelhäufigkeit in Isoplethendiagrammen, die gleichzeitig den Jahres- und Tagesgang aufzeigen (siehe Farbkarte, Bern-Belpmoos). Die grösste Nebelhäufigkeit am Flughafen Bern-Belpmoos ist im Oktober mit einem Maximum zwischen 06 und 09 Uhr und einer markanten Abnahme nach 9 Uhr zu beobachten. Im November-Januar ist die Häufigkeit insgesamt etwas geringer, die Nebelauflösung findet aufgrund der reduzierten Einstrahlung jedoch später oder gar nicht statt.

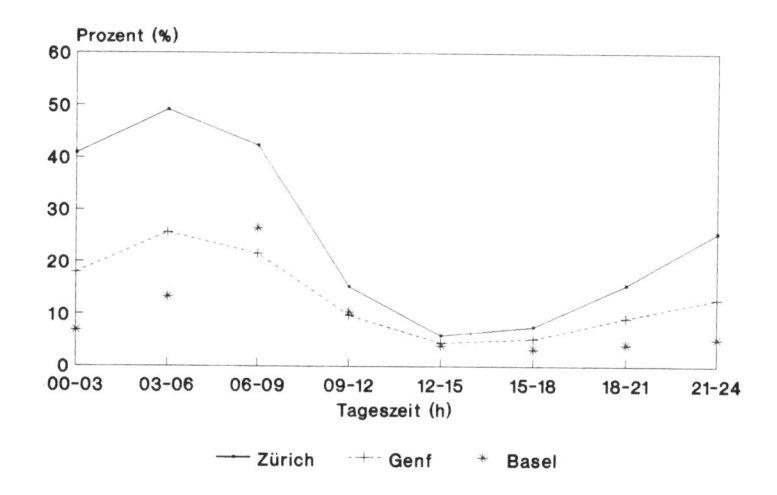

Fig. 4.1: Tagesgang der Nebelhäufigkeit an schweizerischen Flughäfen (Quelle: SCHNEIDER 1957).

Die Analyse einzelner Beobachtungsstationen vermag uns nur ein sehr unvollständiges Bild der räumlichen Differenzierung zu liefern. Der Einbezug von Satellitenbildern ist im topographisch reich gegliederten Gebiet der Schweiz naheliegend und erfolgte durch WANNER & KUNZ (1983) in Form eines Fallbeispiels. HILTBRUNNER (1991) untersuchte die Tagesdynamik der Nebelgebiete mit Hilfe von METEOSAT-Bildern. Von der hohen zeitlichen Auflösung profitierend, wurden filmartige Abläufe (Loops) erzeugt, die die Veränderung der Nebeldecke innerhalb eines Stundenrhythmus sehr anschaulich zu visualisieren vermögen. Anhand mehrerer Bildsequenzen konnten Verlagerungs- und Auflösungserscheinungen in der Nebeldecke deutlich aufgezeigt werden. Haupthindernis einer genauen räumlichen Interpretation stellte die relativ geringe Bodenauflösung von METEOSAT in den mittleren Breiten dar.

NOAA/AVHRR weist bei reduzierter zeitlicher Auflösung (4 Aufnahmen pro Tag) eine deutlich bessere Bodenauflösung auf und erlaubt demnach eine vertieftere Bearbeitung des räumlichen Aspektes. Zur Untersuchung von Differenzen zwischen Morgen- und Mittagstermin standen insgesamt 29 Bildpaare morgen/mittag jeweils des gleichen Tages zur Verfügung. Neben der Veränderung der Nebelhöhe wurden aus den Bildpaaren berechnet und in einer Gesamtkartierung zusammengefasst (siehe Farbbeilage):

-Persistenzgebiete: morgens und mittags Nebel
-Auflösungsgebiete: nur morgens Nebel
-Bildungs-/Verlagerungsgebiete: nur mittags Nebel

4.1 Persistenz-, Auflösungs- und Bildungsgebiete des Nebels

Die in der Farbbeilage gezeigte Karte wurde folgendermassen berechnet:
-Pro Bildelement wurde festgestellt, in wievielen Fällen entweder nur morgens, mittags, oder an beiden Terminen Nebel vorhanden ist.

-Dann folgte die Berechnung der Häufigkeit des Auftretens eines der drei Ereignisse, gemessen an der Gesamtzahl aufgetretener Fälle pro Pixel.
-Die Summe der drei Häufigkeiten ergibt jeweils 100%.
-In der Darstellung wurden nur Pixel berücksichtigt, die insgesamt mehr als 5 Ereignisse aufzuweisen haben.

Die Karte macht deutlich, dass die Persistenz der Nebeldecke im Schweizer Mittelland der dominierende Prozess ist (grüne Farbtöne). Mit deutlich über 50% Prozent Wahrscheinlichkeit vermag sich der Nebel im Mittelland nicht aufzulösen, im tieferen Teil des Mittellandes erreichen die Werte über 80%. Diese hohe Persistenzrate steht im Widerspruch zu der oben gemachten Feststellung, dass sich der Nebel in der Regel kurz nach 9 Uhr auflöst (Fig. 4.1). Dies liegt in erster Linie daran, dass für die Auswertung vorwiegend Bildpaare der Monate November-Februar einbezogen wurden. Die grosse Morgennebelhäufigkeit in den Übergangsjahreszeiten kann damit nicht erfasst werden, so dass die vorliegende Kartierung vor allem die Verhältnisse im Hochwinter wiedergibt. Einzelstrukturen sowie Interpretationsansätze werden nachfolgend besprochen.

(1) Persistenz:
Das räumliche Verteilungsmuster ist im Schweizer Mittelland deutlich homogener, als in den nördlich angrenzenden Gebieten. Man erkennt, dass die Persistenz des Nebels auch im Saone-Becken, in der Burgundischen Pforte und teilweise in der Oberrheinischen Tiefebene hoch ist. Das Verteilungsmuster folgt ungefähr der mittleren Nebelhäufigkeit, das heisst, dass der Nebel in Gebieten mit hoher Bedeckungsrate auch lange liegenbleibt. Als Gebiete geringster Auflösungstendenz treten das Genferseebecken, die Tallagen des tieferen Mittellandes vom Neuenburgersee über Olten bis zum Bodensee und über das Reusstal bis nach Luzern in Erscheinung (dunkelgrüne Farbtöne). Einige regionale Besonderheiten sind zu nennen: Im Unterwallis hat der Nebel bei an sich geringer Häufigkeit eine hohe Persistenz, ebenso im Gürbetal, im Napfgebiet und in den Talachsen des Zürcher Oberlandes. Die höchsten Werte werden im Raum Aarburg-Luzern erreicht. Diese Beobachtung deckt sich mit Fallanalysen von HILTBRUNNER (1991: 83).

(2) Auflösung:
Die Tendenz zur Nebelauflösung (gelbe bis rote Farbtöne) ist gegenüber der Persistenz von wesentlich geringerer Bedeutung und kann vornehmlich in den folgenden Gebieten beobachtet werden (W->E):
Höhenlagen S und E des Salève bei Genf, Französischer Jura, NE-Rand des Genfersees (Moleson-Jorat), Aaretal, Emmental, Zürcher Oberland, Toggenburg, Region Basel (Dinkelberg).
Insgesamt handelt es sich bei den genannten Regionen um die höhergelegenen Gebiete der Vorlandsenken und einzelne Täler der Nordalpen. Wie im Kap. 2 bereits erwähnt, kann die Nebelauflösung entweder durch die Erwärmung der Kaltluftschicht oder durch Entzug von Wasserdampf herbeigeführt werden. Die Erwärmungsmöglichkeit der Kaltluft wird dabei entscheidend durch das Kaltluftvolumen und die Sonneneinstrahlung bestimmt. In den genannten Gebieten ist das Volumen gegenüber den angrenzenden Beckenregionen wesentlich kleiner, so dass sich auch im Hochwinter die Luft offenbar so stark erwärmen kann, dass Nebelauflösung eintritt.

(3) Verlagerung:
Als Verlagerungsgebiete (blaue Farben) werden Regionen bezeichnet, in denen morgens kein Nebel beobachtet wird, die mittags jedoch nebelbedeckt sind. Die Bedeutung tritt gegenüber den beiden oben genannten Prozessen noch stärker zurück. Als Gebiete mit hoher Häufigkeit sind in erster Linie der Jurasüdhang, das Areusetal, der Ausgang des Simmen- und Kandertals zum Aaretal, die südlichen an den Vierwaldstättersee grenzenden Täler (insbesondere Reusstal) sowie die Randlagen des unteren Rheintals zu nennen. Mit Ausnahme des Reusstals umfassen die Gebiete hoher Häufigkeit einen schmalen Saum von 2-3 Pixeln, was 2-3km entspricht.

(4) Interpretation:
Für die Persistenz und Auflösungstendenz ist in erster Linie das Kaltluftvolumen und die Erwärmung durch Einstrahlung verantwortlich. Die Strahlungsintensität und -menge unterliegt einem ausgeprägten Jahresgang und ist in den Übergangsjahreszeiten wesentlich grösser als im Hochwinter. Sie bewirkt im Herbst und Frühling eine schnelle Erwärmung und frühe Nebelauflösung. Je flacher der Sonnenstand und je später der Sonnenaufgang, desto geringer ist die Wahrscheinlichkeit, dass sich der Nebel auflöst. Erschwerend wirkt sich hier der hohe Reflexionsgrad des Nebels aus, da ein Grossteil der direkten Solarstrahlung reflektiert wird und für die Erwärmung nicht mehr zur Verfügung steht. Dies ist mit ein Grund für die festgestellte hohe Persistenz des Nebels im Hochwinter.

Eng mit der Nebelauflösung ist der Prozess des Inversionsabbaus verknüpft, der durch WHITEMAN (1982, 1990) eingehend untersucht wurde. Über weiten Ebenen erfolgt der Abbau in der Regel von unten durch das vertikale Anwachsen einer konvektiven Grenzschicht (CBL). Demgegenüber ist die Inversionsauflösung in Gebirgstälern von einem Absinken der Inversionsobergrenze aufgrund der Lokalzirkulation begleitet. Schematisch ist die zeitliche Abfolge in Fig. 4.2 dargestellt: Bei Sonnenaufgang ist das Tal mit einer stabilen Luftmasse gefüllt. Nach Sonnenaufgang erwärmen sich Talboden und Seitenhänge aufgrund der Einstrahlung und es bildet sich eine flache CBL aus, die im weiteren Verlauf Masse und Energie über Hangwinde wegführt. Der entstandene stabile Kern ("stable core") senkt sich langsam ab (Subsidenz) und wird mit zunehmender Zeitdauer kleiner. Sobald Inversion und CBL zusammentreffen, verschwindet der "stable core" und es stellt sich eine isotherme Schichtung ein.

Es ist denkbar, dass dabei für die Nebelauflösung kein vollständiger Inversionsabbau notwendig ist. In gewissen Fällen kann die Erwärmung des "stable core" aufgrund der Subsidenz bereits ausreichend sein. Modifizierend wirken sich unterschiedliche Expositionen auf das dargestellte Schema aus: Falls nur ein Hang von der Sonne beschienen wird, ist eine gewisse Asymmetrie zu vermuten.

Die hohe Auflösungstendenz im Gebiet des Dinkelbergs bei Basel hat demgegenüber vorwiegend strömungsdynamische Ursachen. Bei Hochdrucklagen stellt sich ein starker Kaltluftabfluss vom Mittelland in Richtung Oberrheinische Tiefebene ein, der zu relativ hohen Windgeschwindigkeiten leicht quer zum Hochrheintal (Möhlin-Jet) führt und ein Aufsteigen der Luftmassen am Dinkelberg verursacht. Neben der Auflösung durch Strömungszunahme und Temperaturzunahme beeinflusst der tagesperiodische Gang der Windverhältnisse die Nebeldynamik: Maximum zwischen 4-6 Uhr, Minimum zwischen 6-10h, Anstieg bis in die Nachmittagstunden (DÜTSCH, 1985: 69). Am Vormittag lässt der Nachschub kalter Luft nach und begünstigt neben der Exposition (Sonnenhang) die Nebelauflösung nördlich des Rheinlaufs.

Θ Pot. Temperatur
z Höhe

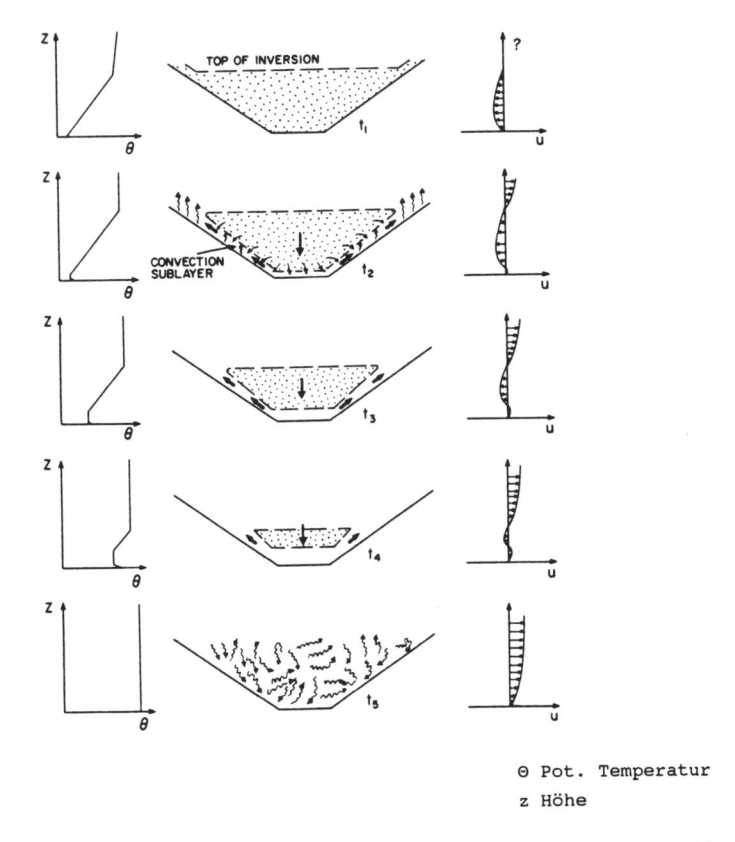

Fig. 4.2 Schematische Abfolge des Inversionsabbaus in einem Gebirgstal (WHITEMAN 1990: 31).

Für die Verlagerung eines Nebelgebietes kommen in erster Linie thermisch induzierte, tagesperiodische Windströmungen in Frage. Einen Erklärungsansatz liefert UNGEWITTER (1984: 139f), der sich mit Nebeleinbrüchen im bayerischen Alpenvorland befasste:
-In der Nacht stellt die durch den Nebel angezeigte Kaltluftschicht ein Konvergenzgebiet dar. Falls die Nebelschicht relativ mächtig ist, findet im Bodenbereich ein geringer Anstieg der Strahlungsbilanz statt und es bildet sich ein schwaches Temperaturgefälle zwischen der kälteren Umgebung ausserhalb des Nebels und der wärmeren bodennahen Luftschicht im Nebelgebiet. Dieses Gefälle induziert eine schwache Luftbewegung, die durch katabatische Effekte (hangabwärts gerichtete Luftströmung) noch verstärkt wird. Je nach Topographie der betrachteten Region und vorherrschender Höhenströmung bildet sich das Konvergenzgebiet jedoch nicht idealtypisch aus und es erfolgt ein Kaltluftausfluss an Engstellen (Überströmen des Juras im Mittelland, vgl. WINIGER 1982, Ausgleichströmung in Richtung Norden in der Donausenke, UNGEWITTER, 1984: 141).

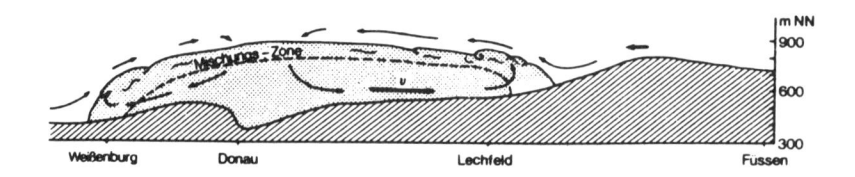

Fig. 4.3: Schematischer Querschnitt durch die thermische Zirkulation am Tag im Bereich eines nebelgefüllten, mesoskaligen Kaltluftkörpers (UNGEWITTER, 1984: 142).

-Nach Sonnenaufgang kehren sich die Strömungsverhältnisse um. Ausserhalb des Nebels findet eine rasche Erwärmung statt, die zu einem Temperaturgefälle vom Nebelgebiet zur nebelfreien Umgebung führt. Beim Erreichen einer Temperaturdifferenz von über 3°C (UNGEWITTER, 1984: 141) gerät der gesamte Kaltluftkörper in Bewegung und wird zum Divergenzgebiet (Fig. 4.3). Durch diese Strömung dehnt sich die Nebelfläche stark aus und es kann zu Nebeleinbrüchen in den Randlagen des Beckens kommen. Diese Flächenausdehnung deutet sich im Schweizer Mittelland in dem breiteren Band an, wo mit ca. 30% Häufigkeit Nebelverlagerungen zu beobachten sind.

Die hohe Verlagerungshäufigkeit im Simmen- und Kandertal, sowie im Reusstal bei Altdorf kann damit gut begründet werden. Unterstrichen wird diese Tatsache im Urner Reusstal durch den häufig zu beobachtenden Windwechsel bei Altdorf mit Talabwind in der zweiten Nachthälfte und Talaufwind gegen Mittag, der sich in der mittleren Windstatistik deutlich niederschlägt (RICKLI ET. AL. 1989, HEEB 1989).
Der Verlagerungseffekt ist im Urner Reusstal am stärksten ausgeprägt. Die übrigen Talachsen der Nordalpen weisen relativ starke Biegungen auf und ein Talaufwind mit gleichzeitiger Nebelverlagerung kann sich weniger durchsetzen. Es bleibt die Frage, wieso z.B. im Rhonetal kein ähnlicher Verlagerungseffekt eintritt, obwohl in Aigle fast immer ein tagesperiodischer Windwechsel zu beobachten ist (HEEB 1989: 116). Die Erklärung liegt darin, dass die nachgeführten Luftmassen nicht aus dem nebelgefüllten Genferseebecken kommen, sondern aus dem westlichen Mitteland über Vevey-Lausanne. Der Lee-Effekt und die damit verbundene dynamische Erwärmung lösen den Nebel auf und es kann kein Nebeleinbruch im Rhonetal stattfinden (WANNER & KUNZ, 1983:52). Diese Tatsache wird durch die Analyse der Windrichtungen an Einzeltagen untermauert.

Die Häufigkeit der Verlagerung und die Flächenausdehnung des Nebelkörpers im Schweizer Mittelland ist gegenüber den Ausführungen von UNGEWITTER relativ gering. Dies dürfte u.a. daran liegen, dass die horizontale Bewegung an eine ausgeprägte topographischen Begrenzung stösst und zur weiteren Ausdehnung auch eine beträchtliche vertikale Bewegung erfolgen müsste, für die jedoch die Energie fehlt.
Die hohe Häufigkeit der Nebelausdehnung am Jurasüdfuss ist teilweise auf Lokaleffekte im Randbereich des Nebelgebietes zurückzuführen. Aufgrund der stark unterschiedlichen Einstrahlung und Erwärmung zwischen nebelfreiem Gebiet und der nebelgefüllten Kaltluftschicht bildet sich lokal am Nebelrand ein tiefer Druck aus. Dieser führt in Kombination mit windinduzierten Einflüssen zu wellenartigen Bewegungen der Nebeldecke (ähnlich den

sog. Seiches = Gravitationswellen in Wasserkörpern), für die ganz bestimmte Wiederholungsraten festgestellt werden konnte (BOUET 1952, BOUET & KUHN 1970).

4.2 Veränderung der Nebelhöhe im Tagesverlauf

Anhand der 29 Bildpaare wurde auch die Dynamik der Nebelhöhe im Tagesverlauf untersucht. Die Ergebnisse sind in Tab. 4.1 zusammengestellt. Es zeigt sich, dass in 20 von 29 Fällen ein Anstieg der Nebelobergrenze stattfindet, dessen Betrag ungefähr 70m ausmacht. In 9 Fällen sinkt die Nebelobergrenze ab, im Durchschnitt um 130m. Die Aufschlüsselung nach Wettertypen unterstreicht die Anstiegstendenz bei Hochdrucklagen (H), während bei den übrigen Wettertypen beide Tendenzen zu beobachten sind. Bei den einzelnen Wetterlagen zeigt sich, dass ein Anstieg der Nebelobergrenze vor allem bei den He-Lagen erfolgt.

	Anzahl Fälle mit Differenz Mittag-Morgen		Betrag		n
	negativ	positiv	neg.	pos.	
Gesamt:	9	20	-130m	70m	29
Wettertypen:					
H	2	10	-65m	65m	12
F	5	6	-150m	75m	11
N	1	1	-180m	30m	2
E	1	1	-130m	60m	2
X		2		130m	2
Wetterlagen:					
He	1	6	-110m	30m	7
Hs		2		70m	2
Fo	2	2	-55m	95m	4
Fn	1	2	-280m	55m	3
Fe	2	2	-110m	80m	4

Tab. 4.1: Verschiebung der Nebelobergrenze im Tagesverlauf, ausgedrückt als Differenz zwischen morgen und mittag. Positive Werte bedeuten ein Ansteigen, negative Werte ein Absinken der Höhenlage.

Das überwiegende Ansteigen der Nebelobergrenze im Tagesverlauf steht im Widerspruch zu den oben gemachten Feststellungen, dass sich die Nebeldecke beim Inversionsabbau absenkt (WHITEMAN, 1990: 31). Auch die in Fig. 4.3 dargestellte thermische Zirkulation deutet auf ein Absinken der Nebelobergrenze im zentralen Bereich bei gleichzeitiger Flächenausdehnung hin (UNGEWITTER, 1984: 141). Für das Gebiet der Schweiz wurde allerdings bereits mehrfach ein Ansteigen im Tagesverlauf und ein Absinken in der Nacht festgestellt (BOUET, 1980: 12, WANNER, 1979: 174). BOUET (1980) vermutet ein Ansteigen aufgrund thermischer Veränderungen. Die Ursache ist jedoch in erster Linie in der Topographie der Schweiz sowie dem tagesperiodisch erzeugten Windfeld zu suchen.

In der Nacht bildet sich über dem Alpenkörper ein lokaler Hochdruckrücken aus, der ein Bergwindsystem in den Tälern der Nordalpen verursacht. Die relativ schwachen Abwinde setzen sich teilweise bis ins Vorland fort und verstärken den allgemeinen Kaltluftausfluss aus dem Mittelland. Dieser folgt dem Gefälle Richtung Osten und überströmt je nach Höhenlage der Nebelobergrenze den Jura in Richtung Basel (WANNER, 1979: 165).
Am Tag sinkt der Luftdruck über dem Alpenkörper und induziert ein Talwindsystem. Im Mittelland tritt dabei ein Windwechsel zu NE-Richtungen auf, der mit Filmaufnahmen ein-

drucksvoll dokumentiert werden kann (BERLINCOURT & HEIM 1978). Aufgrund der Konvergenz von Alpen und Jura Richtung Westen und des generierten Windfeldes in der Kaltluftschicht tritt ein Staueffekt ein, der die Nebeldecke neben der erhöhten mechanischen Turbulenz zum Ansteigen zwingt.

Je nach Wetterlage wird das gezeigte Strömungsmuster und der Anstieg der Nebelobergrenze zusätzlich modifiziert. Dies gilt z.B. für die He-Lagen, wo die allgemeine NE-Strömung im Tagesverlauf verstärkt wird und fast in allen Fällen ein Anstieg festzustellen ist. Da die Obergrenze bei den He-Lagen in der Regel bereits relativ hoch liegt, fällt der Betrag des Anstiegs mit 30m geringer als das Mittel aus.

Der Anstieg der Nebelobergrenze korreliert in der Regel mit einer Veränderung der Inversionsuntergrenze, wie sich aus Radiosondenaufstiegen (z.B. Ende Januar 1991) feststellen lässt. Die Grenzschicht wird durch die erhöhte mechanische Turbulenz und den Staueffekt im Mittelland mächtiger und die Inversionsuntergrenze wird angehoben.

Grossräumige synoptische Veränderungen wirken sich ebenfalls auf die Nebeldynamik aus. Deren Einfluss wurde hier nicht berücksichtigt und kommt im folgenden Kapitel zur Darstellung. Die grossräumigen Prozesse überlagern sich mit dem tagesperiodischen Gang und führen zu Modifikationen des beschriebenen Ablaufs.

4.3 Zusammenfassende Bemerkungen

Die Persistenz des Nebels ist im schweizerischen Mittelland im Hochwinter der dominierende Prozess. Im Tagesverlauf stellt sich ein leichter Anstieg der Nebelobergrenze ein, wobei eine Nebelauflösung lediglich in den höheren Gebieten des Mittellandes (Hügelzonen) zu beobachten ist. In den Talachsen der Nordalpen, insbesondere im Urner Reusstal, ebenso am Jurasüdhang können mit grosser Wahrscheinlichkeit Nebelverlagerungsprozesse sowie kurzzeitige Wellenbewegungen erwartet werden.

Die Feststellungen fügen sich in das Bild der tagesperiodischen Dynamik und Zirkulation in der Umgebung eines Kaltluftgebietes, wenngleich sich die Topographie der Schweiz modifizierend auf die Verhältnisse auswirkt.

Abschliessend soll hier auf eine ganze Reihe von Studien hingewiesen werden, wo der Versuch unternommen wurde, die Generierung von Talwinden und den Inversionsabbau quantitativ zu beschreiben. Für VERGEINER & DREISEITL (1987) sind Temperaturunterschiede zwischen Ebene und Gebirge der Motor für das Entstehen von Druckgradienten und Talwinden. Die Temperaturerhöhung in Tälern ist dabei entscheidend von der Flächenhöhenverteilung und der Vertikalstabilität abhängig (STEINACKER 1984). Der Inversionsabbau wurde durch WHITEMAN (1982) modellhaft beschrieben und es zeigt sich, dass eine Quantifizierung der Prozesse ohne erheblichen Aufwand kaum möglich ist.

Wie die Verhältnisse beim Vorhandensein von Nebel modifiziert werden, wurde dabei noch nicht untersucht. Da eine eigene quantitative Berechnung den Rahmen der vorliegenden Arbeit sprengen würde, soll lediglich ein Hinweis in diese Richtung gegeben werden.

PETKOVSEK (1985) machte den Versuch, die Auflösung von Kaltluftseen in Gebirgstälern zu quantifizieren, wobei auch Nebel einbezogen wird. Er unterscheidet in eine thermische und eine dynamische Auflösung. Der Nebel reflektiert einen Grossteil der kurzwelligen Einstrahlung, so dass die zur Verfügung stehende Energiemenge stark reduziert wird.

Die Energie zur Erwärmung berechnet sich nach

$$Q_1 = r_o \cdot c_p \cdot h (T_b - T_a)$$

Q_1 Energie
r_o Spez. Gewicht
h Mächtigkeit der Schicht
T_b Mittel-T. Adiabate
T_a Mittel-T. Inversion

PETKOVSEK (1980: 371) errechnet für eine 200m mächtige Schicht, mit einer dT von 10K einen notwendigen Energiebetrag von 700Wh/m2. Die Energie zur Verdunstung der Nebeltropfen beträgt

$$Q_2 = L \cdot dmv$$

L Verdunstungswärme
dmv Flüssige Wassermenge über einem m2 des Talbodens

und berechnet sich zu 560 Wh/m2. Insgesamt sind für die Nebelauflösung und den Kaltluftabbau also 1.26 kWh/m2 nötig. Diese Strahlungsmenge wird im Juni um ca. 9:30 Uhr, im März um ca. 12:00 Uhr und im Dezember gar nicht erreicht(PETKOVSEK, 1980: 371, KUNZ 1983: 73). Dies bedeutet, dass mit der winterlichen Globalstrahlungsmenge eine rein thermische Auflösung des Kaltluftsees unmöglich ist und unterstreicht somit die Bedeutung der Nebelpersistenz im Zeitraum November-Februar. Die Energie reicht bestenfalls zur Auflösung des Nebels, ohne dass die Kaltluft beseitigt wird. In dieser Jahreszeit ist zum vollständigen Abbau der Kaltluft also ein Zusammenwirken von dynamischen und thermischen Prozessen notwendig.

Eine dynamische Auflösung der Kaltluftschicht kann durch Advektion kälterer Luft in die oberen Luftschichten oder durch vertikalen turbulenten Wärme- und Impulstransport herbeigeführt werden. Es ist zudem bekannt, dass hinreichend starke Winde eine Kaltluftschicht abbauen können. Für typische Bedingungen in den alpinen Talbecken errechnet PETKOVSEK (1980: 372) dazu eine notwendige Windgeschwindigkeit von über 7m/s.

Wie dieser quantitative Ansatz unter Einbezug der Arbeiten von WHITEMAN und STEINACKER auf die Verhältnisse im Schweizer Mittelland übertragen werden könnte, muss weiteren Untersuchungen zur Kaltluftdynamik mit Nebelbildung vorbehalten bleiben.

5. FALLANALYSEN

Anhand von Fallanalysen soll nun genauer untersucht werden, welche Auswirkungen Veränderungen des grossräumigen Druck- und Strömungsfeldes auf die Nebelverteilung und Nebelhöhe während längerandauernden Nebelperioden haben. Es stellt sich hier insbesondere die Frage nach dem Zusammenhang zwischen der Nebelverteilung und dem Windfeld in der Grundschicht. Dazu wird neben dem Einbezug von Stationsdaten ein mesoskaliges Modell eingesetzt, das zur Modellierung des Strömungsmusters im Schweizer Mittelland entwickelt worden ist (SCHUBIGER ET. AL. 1987).

5.1 Bisherige Untersuchungen

In verschiedenen Studien wurden bereits mehrtägige Nebelperioden untersucht. Dabei konnte gezeigt werden, dass während eines Nebelzyklus die Nebelobergrenze tendenziell langsam absinkt, was mit der typischen Abfolge der Wetterlagen während einer winterlichen Hochdruckperiode zusammenhängt (WANNER & KUNZ, 1983: 42, vgl. auch Kap. 3.4):

-Bisenlage im Initialstadium mit hochliegender Nebeldecke,
-Übergang zu windschwacher Hochdrucklage während der Hauptphase,
-Hochdrucklage mit südlicher bis südwestlicher Höhenströmung in der Endphase.

Dieser Ablauf kann jedoch durch einen oder mehrere Bisenrückfälle unterbrochen werden. WANNER (1979: 156) stellte einen deutlichen Zusammenhang zwischen der Nebeldynamik und dem kleinräumigen Druckgradienten sowie der Boden- und Höhenströmung fest. Er erarbeitete eine Modellvorstellung der bestimmenden Faktoren der Nebelentwicklung, wobei eine deutliche Wechselwirkung zwischen grossräumigen Veränderungen und tagesperiodischen Effekten festgestellt werden konnte.
Einen konkreten Vergleich zwischen dem Windfeld und der Nebelverteilung führte HEEB (1989) durch. Er verglich für Einzeltage die Ergebnisse des erwähnten mesoskaligen Strömungsmodells mit Windströmungen, die aus dem Satellitenbild abgeleitet wurden. Insgesamt konnte eine gute Übereinstimmung festgestellt werden.
Die vertiefte Bearbeitung einer längerandauernden Nebelperiode mit der Strömungsmodellierung im Vergleich mit Satellitendaten fand bisher nicht statt und soll nachfolgend geleistet werden. Zunächst erfolgt eine Beschreibung des eingesetzten Strömungsmodells. Daran schliesst sich die Analyse der Nebelperiode vom 23.1.1991-2.2.1991 an.

5.2 Das mesoskalige numerische Strömungsmodell von SCHUBIGER & DE MORSIER (1987, 1989)

Die nachfolgenden Ausführungen zum Strömungsmodell SHWAMEX (="<u>sh</u>allow <u>wa</u>ter <u>m</u>odel <u>ex</u>periment") stützen sich im wesentlichen auf den Arbeitsbericht von SCHUBIGER & DE MORSIER (1989). Die gesamte Programmkette wurde mir von den beiden Autoren freundlicherweise in FORTRAN zur Verfügung gestellt, so dass eigene Simulationen durchgeführt werden konnten.
Das Modell SHWAMEX wurde im Rahmen des Nationalen Forschungsprogramms NFP 14 entwickelt und hat zum Ziel, die Strömung im mesoskaligen Massstab über dem Schweizer Mittelland bei stabilen synoptischen Wetterlagen zu modellieren. Grundlage dazu bilden die Seichtwassergleichungen aus der Hydrologie und eine einfache Aufteilung der unteren Tro-

posphäre in zwei verschieden dichte Luftschichten. Unter Einbezug der Bodenreibung und des Antriebs durch den synoptischen Druckgradienten berechnet das Modell die Grundzüge der Strömung in der Grenzschicht sowie die Höhe dieser Grenzschicht.

Das Modell ist in der Lage, horizontale Luftbewegungen mit einer räumlichen Ausdehnung >10km und einer zeitlichen Auflösung von mehr als 10 Minuten zu beschreiben. Der Tagesgang der Temperatur und Vertikalbewegungen bleiben dabei unberücksichtigt.

Ausgegangen wird von einer durch turbulente Prozesse gut durchmischten atmosphärischen Grenzschicht. Die untere Begrenzung ist durch die Topographie des Schweizer Mittellandes gegeben (Fig. 5.1), die in einem 10km Raster mit einer Höhenauflösung von 250m vorliegt.

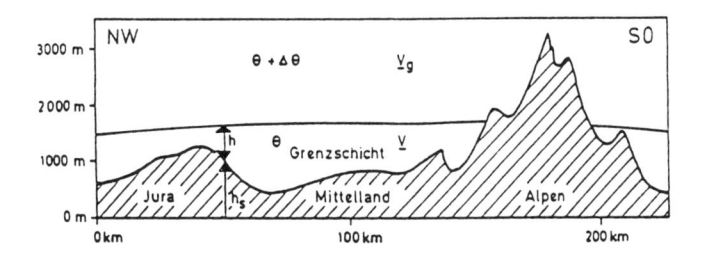

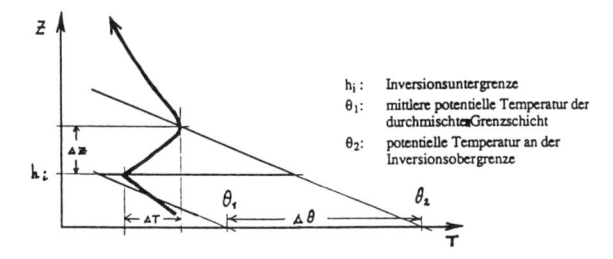

Fig. 5.1: Schematische Darstellung eines Modellquerschnitts und Verlauf der Temperatur T mit der Höhe z (aus SCHUBIGER & DE MORSIER, 1989: 2,3)

Die Obergrenze bildet eine Temperaturinversion, welche die dichte Kaltluftschicht von einer weniger dichten Schicht trennt, wobei die beiden Luftmassen mittels der potentiellen Temperatur beschrieben werden (Fig. 5.1): Mittlere potentielle Temperatur der durchmischten Grenzschicht und potentielle Temperatur an der Inversionsobergrenze.

Die entwickelten Modellgleichungen basieren auf den klassischen Seichtwassergleichungen (z.B. HALTINER & WILLIAMS 1980) und sind in Tab. 5.1 für die horizontalen Windkomponenten u,v in der Grenzschicht und die Dicke h der Schicht wiedergegeben. Sie bestehen prinzipiell aus den folgenden vier Termen:

a) synoptisches Forcing (geostrophischer Wind)
b) hydrostatische Bewegung (Ausfliessen in Gefällsrichtung)
c) Reibungseinfluss
d) Behandlung der Randgebiete

$$\frac{\partial u}{\partial t} = -u\frac{\partial u}{\partial x} - v\frac{\partial u}{\partial y} + f(v - v_g) - g^*\left(\frac{\partial h}{\partial x} + \frac{\partial h_s}{\partial x}\right) - \frac{C_D}{h}\sqrt{u^2 + v^2}\,u - K_L(u - \hat{u}) \quad (1)$$

$$\frac{\partial v}{\partial t} = -u\frac{\partial v}{\partial x} - v\frac{\partial v}{\partial y} - f(u - u_g) - g^*\left(\frac{\partial h}{\partial y} + \frac{\partial h_s}{\partial y}\right) - \frac{C_D}{h}\sqrt{u^2 + v^2}\,v - K_L(v - \hat{v}) \quad (2)$$

$$\frac{\partial h}{\partial t} = -\frac{\partial}{\partial x}(hu) - \frac{\partial}{\partial y}(hv) + K_H\left(\frac{\partial^2 h}{\partial x^2} + \frac{\partial^2 h}{\partial y^2}\right) \qquad - K_L(h - \hat{h}) \quad (3)$$

wobei:

u, v	: vertikal-gemittelte Windkomponenten in der Grenzschicht
h	: Dicke der Grenzschicht
h_s	: Bodenhöhe (alpine Orographie)
f	: Coriolis-Parameter auf einer β - Fläche
g^*	: reduzierte Gravitationskonstante $g^* = g \Delta\theta/\theta$, wobei
g	Gravitationskonstante (9.80665 ms^{-2})
$\Delta\theta$	Temperatursprung an der Obergrenze der Grenzschicht
θ	konstante potentielle Temperatur in der Grenzschicht
C_D	: Reibungskoeffizient
u_g, v_g	: geostrophische Windkomponenten oberhalb der Grenzschicht
$\hat{u}, \hat{v}, \hat{h}$	: vorgegebene Randwerte für die seitlichen Randgebiete
K_L	: Relaxationskoeffizient für die seitlichen Randgebiete
K_H	: Diffusionskoeffizient

Tab. 5.1: Grundgleichungen des Strömungsmodells (SCHUBIGER & DE MORSIER, 1989: 2)

In diesen vier Termen sind die wesentlichen Einflussgrössen auf die Dynamik der Kaltluftschicht zusammengefasst. Diese Luftschicht kann man sich im Modell als eine homogene "Flüssigkeit" vorstellen, die sich zwischen festem Boden und einer beweglichen Oberfläche bewegen darf. Die räumliche und zeitliche Integration der Gleichungen erfolgt nach speziellen Verfahren, die hier nicht näher erläutert werden sollen. Zur Vereinfachung der Berechnung im Randbereich wird zudem über die Alpen eine konstant dünne Luftschicht von 10m Mächtigkeit gelegt.

Der Modellauf besteht aus zwei Teilschritten, einer Initialisierung und der eigentlichen Modellrechnung:

(1) Initialisierung: Im ersten Schritt wird aufgrund der folgenden Eingangsparameter ein Anfangszustand der Strömung berechnet (siehe SCHUBIGER ET. AL. 1987):
  -Stärke und Richtung des synoptischen Antriebs (Wind oberhalb der Inversion).
  -Mächtigkeit der Grenzschicht (Höhe der Inversionsuntergrenze)
  -Stärke der Inversion und mittlere potentielle Temperatur

(2) Im zweiten Schritt werden die Modellgleichungen solange integriert, bis sich ein Gleichgewicht zwischen den strömungsfördernden (synoptischer Antrieb, Ränder) und den strömungshemmenden Kräften (Reibung) einstellt. Der Gleichgewichtszustand kann über das Energiebudget des Gesamtsystems festgesetzt werden und stellt das eigentliche Modellresultat dar. Er wird in der Regel nach ca. 200 bis 1500 Zeitschritten erreicht, was bei einem Zeitintervall von 30s pro Integrationsschritt ungefähr einer Zeitspanne von 1.5h bis 12.5h entspricht.

Das Strömungsmodell berechnet für jeden Gitterpunkt die Windrichtung und Stärke sowie die Höhenlage der Inversion. Die Matrix besteht aus 50 * 36 Punkten, wobei der Abstand der Gitterpunkte 10km beträgt, so dass sich eine Ausdehnung von 500*360km ergibt. Damit wird das gesamte Untersuchungsgebiet vollständig abgedeckt. Folgende Einschränkungen sind zu machen:
Die räumliche Auflösung der Topographie und des Modells ist relativ schlecht, so dass der Einfluss einzelner Hügelketten im Mittelland nur unzureichend wiedergegeben wird und das Windfeld relativ glatt erscheint (HEEB 1989: 73). Die Alpen wirken dagegen im Modell wie eine Wand und führen in der Regel zu einer Anhebung des Inversionsniveaus im Randbereich (SCHÜPBACH ET AL. 1991: 82).
Trotz der genannten Einschränkungen konnte die Tauglichkeit des Modells für Fragen der Kaltluftdynamik im Mittelland in mehreren Untersuchungen unter Beweis gestellt werden (HEEB 1989, SCHÜPBACH, WANNER ET. AL 1991, SCHUBIGER ET. AL. 1987).

5.3 Die Nebelperiode vom 23.1.1991-2.2.1991

Im Zeitraum vom 23.1.1991 bis zum 2.2.1991 bedeckte eine Nebelschicht unterschiedlicher Ausdehnung weite Teile des Schweizer Mittellandes, wobei es zu grösseren Schwankungen der Nebelobergrenze kam. Es stellte sich ein Wechselspiel zwischen Bisenlagen und windschwachen Hochdrucklagen ein, weshalb der Vergleich mit dem mesoskaligen Strömungsmodell besonders interessant erscheint. Zur Validierung und Erklärung einzelner Phänomene werden zusätzlich Bodenbeobachtungen einbezogen.

5.3.1 Datengrundlage und methodisches Vorgehen

Es wurde versucht, den Zeitraum möglichst lückenlos mit Satellitenbildern und Zusatzdaten abzudecken. Insgesamt stehen folgende Datensätze zur Verfügung:

- Pro Tag mindestens ein Satellitenbild, sowie die daraus abgeleitete Nebelkarte, Nebelhöhe und Nebelfläche. Das Schwergewicht liegt auf den Vormittagsbildern, um thermische Effekte zu minimieren.
- Originalplots der Payerne-Sondierung von 00h UT und 12h UT.
- QNH-Druckgradienten Payerne-Strassburg für alle 3h (Bestimmung siehe Kap. 9.5).
- Wetterbericht der SMA mit Druckkarten für 00h UT, monatlicher Witterungsbericht der SMA mit einer allgemeinen Wetterbeschreibung und der Wetterlagenzuordnung.

5.3.2 Die Wetterentwicklung im Januar/Februar 1991

15.-22.1.91: Ab Mitte Januar bestimmt ein umfangreiches und kräftiges Hochdruckgebiet das Wetter in der Schweiz. In den Niederungen sinkt die Temperatur durch die aus NE herangeführten Kaltluftmassen kontinuierlich ab und es bildet sich eine geschlossene Hochnebeldecke über dem Mittelland.

Fig. 5.2: Wetterkarten für ausgewählte Tage der Nebelperiode 23.1.91-2.2.91. Links ist die Bodenkarte dargestellt, rechts die Höhendruckkarte (500 hPa). Quelle: Täglicher Wetterbericht der SMA.

An der Nordostflanke des Hochdruckgebietes streifen vom 19.-22.1.91 zwei schwache Störungen die Schweiz und führen zu leichten Schneefällen.
23.-24.1.91: Das Hochdruckgebiet mit Kern über den Britischen Inseln verstärkt sich und weitet sich ostwärts aus (siehe Druckkarten Figur 5.2). Über den Niederungen bildet sich erneut Hochnebel, im Mittelland sinken die Temperaturen mit aufkommender Bise kontinuierlich ab.
25.-26.1.91: Die Druckverteilung wird vorübergehend flacher und es kommt eine leichte Südwest- bis Weststömung auf.
27.-30.1.91: Das Hoch über England verstärkt sich erneut. Dies führt am 27.1. zu einem Wechsel zu Bise im Mittelland. In der Folge lässt die NE-Strömung nach, es entwickelt sich eine flache Druckverteilung ohne ausgeprägte Höhenströmung.
31.1-2.2.1991: Das Hoch zieht Richtung Südosten ab. Der Wind dreht langsam auf Süd- bis Südwest und wird zunehmend stärker. Am 1.2. ist eine kurze Föhnphase zu beobachten. Der Nebel beginnt sich unter dem zunehmenden SW-Einfluss aufzulösen.

5.3.3 Die Dynamik der Nebelverteilung und ausgewählter meteorologischer Elemente

Aus Platzgründen ist eine Darstellung aller verfügbaren Satellitenbilder nicht möglich. Eine Auswahl findet sich in Tafel VIII und wird in Zusammenhang mit der Strömungsmodellierung besprochen. Für jedes Bild wurde die Nebelfläche im Schweizer Mittelland und die Nebelhöhe ermittelt. Die Nebeldynamik wird zunächst anhand dieser zwei Parameter beschrieben und ist in ihrem zeitlichen Verlauf in Fig. 5.3 mit meteorologischen Elementen zusammengestellt.

Zu Beginn der betrachteten Periode liegt die Nebelobergrenze auf etwa 1300m und der Nebel bedeckt ein Fläche von ca. 18'000 km². Der Druckgradient Payerne-Strassburg liegt bei negativen Werten und im Schweizer Mittelland herrscht eine durchgreifende NE-Strömung vor.

Am 25.1. wechselt der Druckgradient zu positiven Werten, die Nebelobergrenze sinkt stark ab und die Nebelfläche erfährt eine markante Verkleinerung durch Auflösungserscheinungen. Der Wind dreht auf SW, wobei er sich nur zögernd bis ins Bodenniveau durchsetzen kann. Die Sondierung lässt auf einen Zufluss warmer Luftmassen in der Höhe schliessen, die in der Nacht zum 26.1. einen Inversionsabbau von oben nach sich ziehen.
Im Tagesverlauf des 26.1. wird der Druckgradient wieder stark negativ und es kommt zu einem erneuten Aufleben der Bisenströmung im Mittelland. Sowohl Nebelobergrenze wie Nebelfläche steigen aufgrund der erhöhten mechanischen Turbulenz und der Kaltluftadvektion stark an.

Am Abend des 28.1. wechselt der Druckgradient erneut und die Nebeldecke senkt sich am 29.1 unter Auflösung ab, was sich an der Flächenentwicklung ablesen lässt. Anschliessend wird die Druckverteilung flacher, der Gradient Payerne-Strassburg zeigt einen Tagesgang mit leicht negativer Tendenz. Die Nebelobergrenze steigt leicht an, die Windrichtung ist bei allgemein schwachen Winden stark wechselnd. Für den Tagesgang des Druckgradienten ist die Druckentwicklung über den Alpen verantwortlich: Bei windschwachen Wetterlagen entwickelt sich am Tag über den Alpen ein lokales Tief, während sich in der Nacht ein lokales Hoch ausbildet (WANNER 1979: 159). Der tagesperiodische Wechsel generiert ein entsprechendes Windfeld, dessen Auswirkungen im Kap. 4 bereits ansatzweise erläutert worden sind.

Am 1.2. setzt ein starker SW-Wind ein und der Druckgradient steigt auf positive Werte an; die Nebelauflösungsphase wird eingeleitet (Absinken Nebelobergrenze, Abnahme Nebelfläche 2.2).

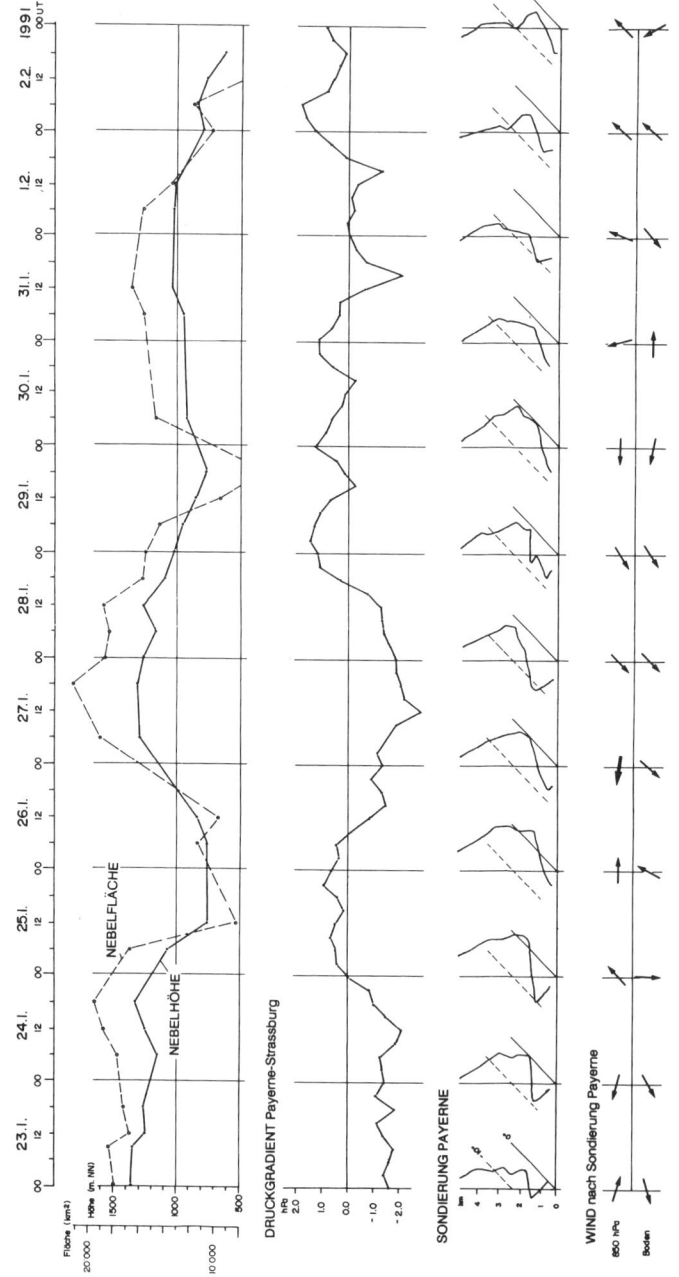

Fig. 5.3: Nebelobergrenze, Nebelfläche, Druckgradient Payerne-Strassburg, Radiosonde Payerne für die Periode vom 23.1.1991 bis 2.2.1991.

Insgesamt kann festgestellt werden, dass ein enger Zusammenhang zwischen der Entwicklung des kleinräumigen Druckgradienten (als Ausdruck grossräumiger Druckveränderungen), der Windrichtung und der Dynamik des Nebelmeeres im Schweizer Mittelland besteht. Im nachfolgenden Abschnitt wird nun die räumliche Ausdehnung der Nebeldecke in ihrem Zusammenhang mit der modellierten Strömung genauer untersucht.

5.3.4 Nebelverteilung und Strömungsmuster in der Grundschicht

Für jeden Tag wurde das Strömungsmuster in der Grundschicht mit dem mesoskaligen Modell berechnet. Die Initialisierungsgrössen wurden aus den Payerne-Sondierung von 00UT abgeleitet und die Integrationszeit mit 900 Zeitschritten zu je 30s festgesetzt. Dies ergibt eine Zeitspanne von 7.5h, so dass das berechnete Strömungsmuster ungefähr dem Zeitpunkt der Satellitenaufnahme am frühen Morgen entspricht. Die Berechnung potentieller Temperaturen erfolgte nach FURGER & WANNER et al. (1989: 69ff).
Die Initialisierungsgrössen der einzelnen Tage sind in der nachfolgenden Tabelle 5.2 zusammengestellt.

Datum und Uhrzeit		Durchmischte Schicht		Übergangsschicht	Synoptisches Forcing	
	(UT)	Obergrenze	pot. Temperatur	Temperatursprung	(Wind 850 hPa) Richtung	Stärke
		[m. NN.]	θ [K]	$d\theta$ [K]	[°]	[m/s]
23.01.91	00	1350	274.5	5.8	340	6.5
24.01.91	00	1200	271.6	7.9	90	8.0
25.01.91	00	1150	269.1	16.8	230	7.0
26.01.91	00	850 (*)	270.0	13.3	280	3.0
27.01.91	00	1000	269.0	14.8	100	11.0
28.01.91	00	1300	271.5	14.8	80	10.0
29.01.91	00	1000	269.4	12.4	85	5.0
30.01.91	00	950 (*)	270.5	14.8	350	4.0
31.01.91	00	950 (*)	270.0	8.5	165	2.0
01.02.91	00	1050	269.6	8.8	210	7.0
02.02.91	00	750	270.6	7.4	200	9.0

(*) Inversionuntergrenze am Boden aufliegend

Tab. 5.2: Initialisierungsparameter für das mesoskalige Strömungsmodell zur Berechnung des Windmusters im Januar/Februar 1991.

Die Ergebnisse des Strömungsmodells wurden der Nebelverteilung überlagert und ausgedruckt. In der Tafel VIII sind die Resultate gesamthaft für die beobachtete Periode wiedergegeben. In weiss erscheint die Nebelverteilung am Morgen des jeweiligen Tages mit Höhenangaben der Nebelobergrenze in ausgewählten Regionen. Zur besseren Orientierung ist in Graustufen die Geländeschummerung und in schwarz die Landesgrenze eingetragen. Das Windfeld wird mit schwarzen Strichen wiedergegeben, wobei die Länge die Windgeschwindigkeit anzeigt. Ein Querstrich erscheint, sobald die Windgeschwindigkeit über 5 m/s liegt. Mit schwarzen Linien ist die modellierte Veränderung der Inversionsobergrenze in 100m-Stufen dargestellt, wobei durchgezogene Linien einen Anstieg bedeuten und gestrichelte Linien ein Absinken darstellen.

Am 23.1. finden wir eine hohe Nebelbedeckungsrate mit einer leichten N- bis NE-Strömung im Mittelland. Der Hochnebel mit einer Obergrenze um 1350m entwickelte sich aus einer tiefen Stratusschicht, die nach Durchzug zweier Störungen mit leichtem Schneefall weite Teile Mitteleuropas bedeckte. Das gesamte Mittelland und die Ausgänge der nordalpinen Täler sind von Nebel eingehüllt und es besteht eine Verbindung über den Brünigpass ins Aaretal. Das Modell berechnet aus der NNE-Strömung ein Windfeld, das sich im westlichen Teil des Mittellandes in zwei Stränge teilt und ein Umfliessen der Alpen andeutet. Die Windgeschwindigkeiten sind relativ gering und laut Modellierung hebt sich die Inversionsobergrenze aufgrund der noch schwachen Inversion an. Nach dem SMA-Bericht herrscht am Boden allerdings durchgehend eine schwache NE-Strömung vor, die sich im Tagesverlauf über das gesamte Windprofil durchsetzen kann. Die zur Initialisierung verwendete Richtung ist demnach nur von kurzer Dauer und für das Strömungsmuster nicht allein entscheidend. Andererseits machten FURGER & WANNER (1990: 106) deutlich, dass im Initialstadium einer postfrontalen Bisenlage sehr oft NNW-Winde mit einem Umströmen des Alpenkörpers zu beiden Seiten zu beobachten sind.

Am 24.1. herrscht eine Bisenströmung mit dem entsprechenden Windfeld. Die Nebelbedeckung bleibt hoch und die Obergrenze liegt bei ca. 1200m. Das Strömungsmodell berechnet ein relativ homogenes Windfeld mit einer Zunahme der Windgeschwindigkeit im westlichen Mittelland und im Genferseebecken. Dies ist auf eine Kanalisierung der Strömung zurückzuführen, die bereits mehrfach beschrieben worden ist (SCHÜPBACH ET. AL. 1991: 69f). Die Strömung teilt sich am östlichen Jura; der nördlich fliessende Strang vereinigt sich mit einer N-Strömung aus dem Oberrheingraben zu hohen Windgeschwindigkeiten in der Burgundischen Pforte. Im Lee des Schwarzwaldes sowie in den Tälern der Nordalpen stagnieren die Luftmassen. Diese N-Strömung im Oberrheingraben lässt sich bei Ostlagen häufig beobachten, wie Untersuchungen von MALBERG (1980: 87) zeigen. In der Ostschweiz deutet sich ein Stau der Kaltluft an, die Nebelobergrenze liegt bei 1300m, in der Westschweiz wird im Anschluss an die starke Kanalisierung ein Absinken im Bereich des Genfersees auf 1080m beobachtet. Dieser Effekt wird auch durch die modellierte Veränderung der Inversionsobergrenze andeutungsweise wiedergegeben. Das modellierte Windfeld steht in Einklang mit Bodenwindmessungen. Die Teilung der Strömung, die N-Strömung im Oberrheingraben sowie die Kanalisierung im westlichen Mittelland zeigen sich auch aus den Bodendaten. Die Abnahme der Nebelobergrenze gegen Westen wurde auch durch HEEB (1989: 109) beobachtet, während SCHÜPBACH ET. AL (1991:69) ein Anheben aufgrund der topographischen Verhältnisse postulieren.

Am 25.1. stellt sich ein Wechsel zu einer SW-Strömung ein. Die Nebelbedeckung über dem Jura und der Burgundischen Pforte nimmt stark ab und die Nebelobergrenze sinkt auf 1100m. Das Modell simuliert ein Ausfliessen der Kaltluft Richtung NW mit relativ starken Winden im Westteil des Mittellandes. Dies ist u.U. auf die starke Inversion zurückzuführen, die wiederum eine Kanalisierung bewirkt. Laut Bodendaten setzt sich die SW-Strömung erst im Verlaufe des Tages vollständig bis ins Bodenniveau durch. Das Ausfliessen der Kaltluft über die östlichen Ausläufer des Juras ist jedoch bereits am Morgen festzustellen und verstärkt sich im Tagesverlauf. Die Inversionsobergrenze senkt sich laut Modell im Mittelland ab. HILTBRUNNER (1991: 86f) untersuchte die Tagesdynamik am 24.1.91 mit Meteosat-Daten und führt die Nebelauflösungserscheinungen im Gebiet des Schwarzwaldes und der Vogesen in erster Linie auf thermische Ursachen zurück. Der Verlauf des Druckgradienten zeigt jedoch einen grundlegenden Wechsel vom 24.1. zum 25.1. zu einer SW-Strömung, so dass der Tagesgang durch die synoptische Entwicklung stark überlagert wird.

Am 26.1. dreht der Wind im 850 hPa-Niveau auf West. Das Ausfliessen der Kaltluft verläuft nun verstärkt in Richtung Bodensee. Der Nebel löst sich teilweise auf und bleibt v.a. in Beckenlagen (Genfersee) sowie quer zur Strömung gerichteten Tälern (Aaretal, Innerschweiz, Rheintal) liegen. Die Hügelketten im Mittelland werden nebelfrei. Das Ausfliessen Richtung Bodensee lässt sich auch in den Bodendaten feststellen. In Güttingen ist am 26.1. ein Wechsel von NE- zu SW-Winden zu beobachten. Die Inversionsobergrenze verändert sich gegenüber der Initialisierung kaum, lediglich in der Westschweiz ist ein leichter Anstieg zu verzeichnen. In der Höhe herrschen am 25.1. und 26.1. jedoch weiterhin E-Winde vor. Die SW- bis W-Strömung könnte demnach auch als ein Counterflow aufgefasst werden, der sich durch Begünstigung der Druckentwicklung bis ins Bodenniveau durchsetzen kann (FURGER & WANNER, 1990: 110).

In der Nacht zum 27.1. stellt sich ein Bisenrückfall ein, der zu einem starken Anstieg der Nebelobergrenze mit entsprechender Flächenausdehnung führt. Die Nebeldecke reicht bis in die Alpentäler hinein und bedeckt auch das Entlebuch und den Brünigpass. Die modellierte Strömung gleicht derjenigen vom 24.1. mit einer Teilung am Jura und der Kanalisierung in den nördlich und südlich angrenzenden Senken. Die Beobachtungsstationen zeigen ein ähnliches Windfeld. Die Bisenströmung setzt sich bis ins Bodenniveau durch und hält auch am 28.1. an, so dass sich die Nebelverteilung und das modellierte Strömungsmuster kaum ändern. In der NW-Ecke deutet sich jedoch eine Nebelauflösung an, die bis zum 29.1. anhält und den Nebel vollständig verschwinden lässt. Die Ursache liegt in einer vorübergehenden SW-Strömung im Westen, während über dem zentralen und östlichen Mittelland die NE-Strömung unter Abschwächung bestehen bleibt. Da im Modell nur eine synoptische Windrichtung erlaubt ist, kann diese W-Strömung nicht wiedergegeben werden.

Am 30.1 wird die Druckverteilung zunehmend flacher und bei einer SW gerichteten Strömung senkt sich die Nebeldecke leicht ab, wobei im Oberrheingraben eine erneute Nebelbildung stattfindet. In den Alpentälern baut sich der Nebel teilweise ab. Die SW-Strömung setzt sich nur zögernd ins Bodenniveau durch, es herrschen generell schwache Winde aus unterschiedlichen Richtungen vor. Die Inversion schwächt sich etwas ab und der Wind dreht auf Süd, was am 31.1. einen Kaltluftausfluss im Mittelland Richtung NW induziert. An den Beobachtungsstationen dominieren wiederum schwache Winde unterschiedlicher Richtung. Ein vorübergehendes Abflauen der S-Winde in der Höhe bewirkt einen leichten Anstieg der Nebelobergrenze im Tagesverlauf des 31.1. Am 1.2. verstärkt sich die Höhenströmung und das Modell zeigt ein dominierendes Ausfliessen in Richtung NW. Die bis ins Bodenniveau durchgreifenden Winde vermögen die Nebeldecke am frühen Morgen jedoch kaum zu beeinflussen. Die zunehmende SW-Strömung macht sich v.a. in den Alpentälern bemerkbar, wo sich der Nebel aufzulösen beginnt. Unter Einfluss einer kurzen Föhnphase am 1.2. löst sich der Nebel im gesamten Mittelland fast vollständig auf. Die Kaltluft bleibt allerdings noch teilweise erhalten, was sich an einer erneuten Nebelbildung in der Nacht zum 2.2. andeutet. Erst mit abnehmender Stabilität und andauernden SW-Winden vermag sich die Nebeldecke von oben vollständig abzubauen und die Kaltluft auszuräumen, wobei der Prozess erst am 4.2 abgeschlossen ist.

Besprechung der Ergebnisse

Die Analyse der Nebelperiode vom 23.1.-2.2.91 belegt in erster Linie folgende Aussagen:

1) Es besteht ein enger Zusammenhang zwischen Schwankungen der Nebelverteilung und dem kleinräumigen Druckgradienten. Dieser stellt ein sehr sensitiver Indikator für mögliche Veränderungen am Folgetag dar, wie sich am Beispiel der Entwicklung vom 24.1.-27.1.91 zeigt. Bei windschwachen Lagen ist zudem ein Tagesgang zu beobachten, der auf die Druckentwicklung über dem Alpenkörper zurückzuführen ist.
2) Die Nebelfläche zeigt in ihrem zeitlichen Verlauf Auflösungserscheinungen der Nebeldecke besser an als die Nebelobergrenze. Meist findet jedoch eine Nebelauflösung ohne gleichzeitigen Abbau des Kaltluftsees statt, so dass sich in der Nacht an der Inversionsuntergrenze wiederum Nebel bildet.
3) Das modellierte Strömungsmuster in der Grundschicht bietet interessante Vergleichsansätze und kann unter folgenden Voraussetzungen mit guten Ergebnissen eingesetzt werden:
- Das synoptische Forcing ändert während dem Modellauf weder seine Richtung noch seine Stärke.
- Das Höhenwindfeld ist über dem gesamten Untersuchungsgebiet homogen und die Windgeschwindigkeit relativ hoch ($>5m/s$).
- Die Inversion ist gut ausgeprägt ($d\Theta > 10K$).

Sensitivitätsanalysen haben zudem ergeben, dass die Windgeschwindigkeit des generierten Windfeldes in hohem Masse von der Stärke der Inversion und deren Höhenlage abhängt. Bei einer schwachen Inversion kann die Inversionsuntergrenze angehoben werden, was zu einem grösseren Durchflussquerschnitt und geringeren Windgeschwindigkeiten führt. Bei einem starken Temperaturgradienten kann die Kaltluftmasse nicht nach oben ausweichen und es stellt sich eine verstärke Strömung ein.

Allgemein wird die Nebelverteilung und -dynamik in enger Koppelung mit der Möglichkeit zur Kaltluftbildung und -ansammlung betrachtet (SCHÜPBACH ET. AL. 1991: 67). Dabei wird davon ausgegangen, dass die Kaltluftdynamik bei konvektiven Lagen (Hoch- und Flachdrucklagen) mit geringen horizontalen Druckunterschieden in erster Linie durch die Ausstrahlung, Abkühlung und den Kaltluftabfluss in Gefällsrichtung bestimmt wird. Diese Verhältnisse sind in reiner Form allerdings nur sehr selten gegeben, besonders wenn man sich auf Fälle mit Nebelbildung bezieht. Wie die Analyse der Nebelperiode zeigt, ist selbst bei stabilen winterlichen Hochdrucklagen ein wechselnder synoptischer Antrieb zu beobachten, der durch die vorherrschende Windrichtung und die herangeführten Luftmassen die Nebeldynamik entscheidend beinflussen kann. Das Ansteigen und Absinken der Inversionsobergrenze bei Ost- bzw. Westströmung kann mit dem Modell gut nachvollzogen werden.

6. ANWENDUNGEN

6.1 Luftvolumen und Durchlüftungspotential

6.1.1 Das Durchlüftungspotential

Die lufthygienischen Verhältnisse eines Gebietes werden neben den emittierten Schadstoffen entscheidend durch die Erneuerung der Luftmassen in der Grundschicht bestimmt. Der Luftmassenumsatz, auch Durchlüftungspotential genannt, hängt im wesentlichen von den folgenden ausbreitungsrelevanten Parametern ab (SCHÜPBACH 1991: 17):

- Horizontalwindfeld
- Turbulenz
- vertikale Temperaturschichtung

Zur Berechnung des Durchlüftungspotentials und der Immissionskonzentration eines Gebietes wurden verschiedene Ansätze vorgeschlagen:

(1) WANNER & KUNZ (1983) berechnen die Durchlüftungspotential über die Grundfläche eines Gebietes und die Mischungsschichthöhe:

$$D = h^* A \quad [m3]$$

D Durchlüftungspotential
h^* Mischungsschichthöhe
A Grundfläche

(2) FETT (1974) ermittelt als Mass der Lufterneuerung das Produkt aus Windgeschwindigkeit und Mischungsschichthöhe, was auch als Ventilation oder Durchlüftungsindex bezeichnet wird:

$$V = h^* u \quad [m2/s]$$

V Ventilation
h^* Mischungsschichthöhe
u mittl. Windgeschwindigkeit

HEEB (1989) bestimmte Ventilationswerte in Anlehnung an FETT aus Satellitendaten und unterschied Gebiete geringer von solchen hoher Ventilation, wobei das Windfeld den dominierenden Einfluss hat.

(3) WANNER (1983: 15f) entwickelte ein einfaches Input-Output-Boxmodell zur Abschätzung der mittleren Immissionskonzentration aus der Emissionsrate, dem Durchlüftungspotential und der mittleren Windgeschwindigkeit:

Entscheidend ist bei den ersten beiden Ansätzen, dass als Vertikalmass der Austauschkapazität die Mischungsschichthöhe herangezogen wird. Diese lässt sich sowohl aus Sondierungen, wie auch aus Satellitenbildern relativ einfach herleiten (FETT 1974, HEEB 1989). Während in der Ebene dieser Parameter zur Abschätzung der Durchlüftung genügt, kommt in komplexer Topographie zusätzlich eine geländebedingte Begrenzung des möglichen Austauschvolumens hinzu. Diese Begrenzung wird im dritten Ansatz in Form der Breite des betrachteten Luftvolumens einbezogen, stellt jedoch nur eine Vereinfachung der wirklichen Verhältnisse dar.

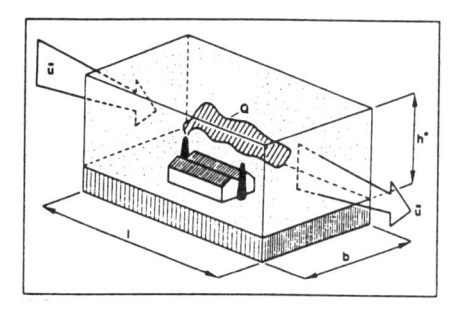

$$\chi = \frac{Q}{b \cdot h^* \cdot \bar{u}}$$

χ: Mittlere Immissionskonzentration
$\bar{u}$: Mittlere Windgeschwindigkeit parallel zur Achse l, gemittelt über h^*
Q : Emissionsrate
h^*: Mischungsschichthöhe
l : Länge des betrachteten Luftvolumens
b : Breite des betrachteten Luftvolumens

Fig. 6.1: Einfaches Boxmodell zur Abschätzung der Durchlüftung und Berechnung der mittleren Immissionskonzentration (aus: SCHÜPBACH 1991: 18, nach WANNER 1983).

Reduziert man die Betrachtung auf Inversionlagen in komplexer Topographie, so ist einsichtig, dass das Austauschvolumen von oben durch die Temperaturinversion und von unten durch das Gelände eindeutig begrenzt werden (Fig. 6.2). Es ist deshalb naheliegend sich die räumliche Differenzierung eines digitalen Geländemodells zunutze zu machen und das effektiv durch eine Temperaturinversion begrenzte Volumen zu berechnen. Der Luftmassenumsatz kann in einem zweiten Schritt über den Einbezug der Windgeschwindigkeit abgeschätzt werden.

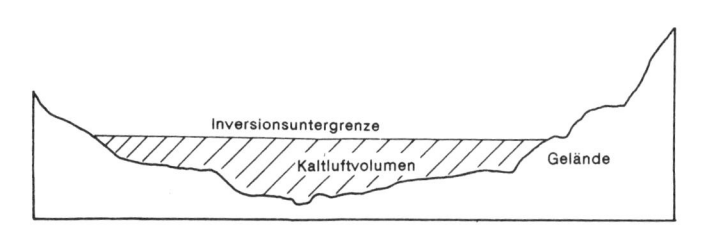

Fig. 6.2: Begrenzung von Kaltluftvolumina in komplexer Topographie

Die weitergehende Berechnung von Immissionskonzentrationen ist demgegenüber sehr aufwendig und erfordert detaillierte Kenntnisse über Emissionsraten, Ausbreitungsverhältnisse sowie chemische Wirkungsketten in der Atmosphäre (FILLIGER 1986). Wenn nachfolgend Daten der Luftvolumina und des Luftmassenumsatzes zusammengestellt werden, soll damit lediglich die Bearbeitung eines Teilaspektes der meteorologischen Seite der gesamten lufthygienischen Zusammenhänge vorgenommen werden (MATHYS 1984).

Kalte Luft hat die Eigenschaft, sich aufgrund gravitativer Prozesse eng der Topographie anzupassen, weshalb Ansammlungen in Beckenlagen auch als Kaltluftseen bezeichnet werden. In der Regel stellt sich eine relativ homogene Oberfläche mit einheitlicher Höhenlage ein, wobei die obere Begrenzung im Winter je nach Feuchteverhältnissen durch eine Nebelschicht angezeigt wird. Bei der Bearbeitung der Nebelhöhe konnte festgestellt werden, dass

es einen engen Zusammenhang zwischen der Höhenlage der Nebelobergrenze und der Nebelfläche gibt (Teil I).
Es stellt sich nun die Frage, ob es auch einen Zusammenhang zwischen der Nebelobergrenze und dem dadurch eingehüllten Kaltluftvolumen gibt. Unabhängig vom Auftreten des Nebels soll zunächst jedoch untersucht werden, welches Luftvolumen bei Inversionen im Schweizer Mittelland begrenzt wird. Ziel ist die Bereitstellung eines Basisdatensatzes, der Auswertungen bei Inversionen auch ohne Nebelbildung ermöglicht.

6.1.2 Kaltluftvolumen und Inversionshöhe

In diesem Abschnitt wird der Frage nachgegangen, welche Luftvolumina bei unterschiedlicher Höhenlage einer Inversion durch diese begrenzt werden. Prinzipiell geht es um die Berechnung der Luftschicht, die unterhalb einer konstanten Höhe aufgrund der Topographie überhaupt vorhanden ist. Dazu sind mehrere Arbeitsschritte notwendig:

(1) Festlegen eines Auswahlgebietes (siehe Fig. 6.3).
(2) Berechnen der Luftsäule über jedem Bildelement des Auswahlgebietes für eine vorgegebene Höhe
(3) Aufsummieren zu einem Gesamtvolumen

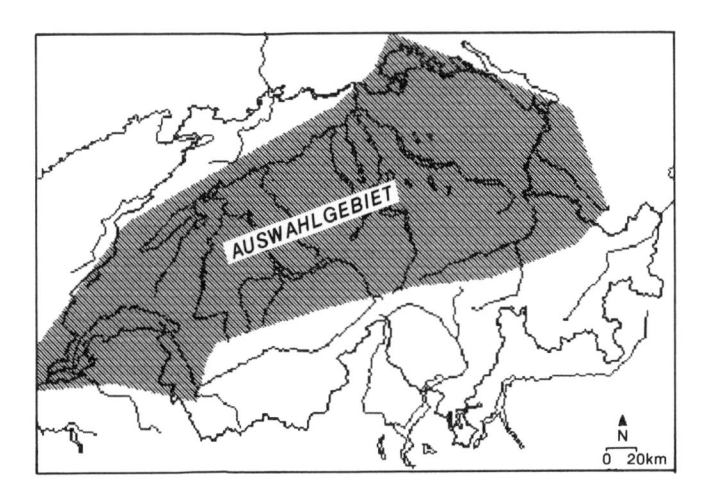

Fig. 6.3: Auswahlgebiet zur Berechnung von Luftvolumina für das Schweizer Mittelland

Die Luftsäule über einem Bildelement von 1km*1km bestimmt sich aus der Geländehöhe h und der Höhenlage hu der Inversionsuntergrenze:

Falls h < hu, dz=hu-h und vol=dz/1000*1km^2

h Geländehöhe
hu Höhe Inversionsuntergrenze
dz hu-h

Für ausgewählte Höhenlagen der Inversionsuntergrenze wurden damit Luftvolumina im Schweizer Mittelland berechnet. Das Ergebnis ist in Fig. 6.4 zu sehen. Mit zunehmender Höhenlage steigt das Volumen an, wobei die Kurve leicht nichtlinear verläuft. Diese Nichtlinearität erklärt sich weitgehend aus der hypsographischen Kurve der Schweiz, die ebenfalls einen leicht gekrümmten Gang aufweist. Die hier ermittelte Beziehung stellt im Grunde eine volumetrische Summenkurve des betrachteten Gebietes dar.

[Diagramm: Volumen [1000km3] gegen Inversionsuntergrenze, mit

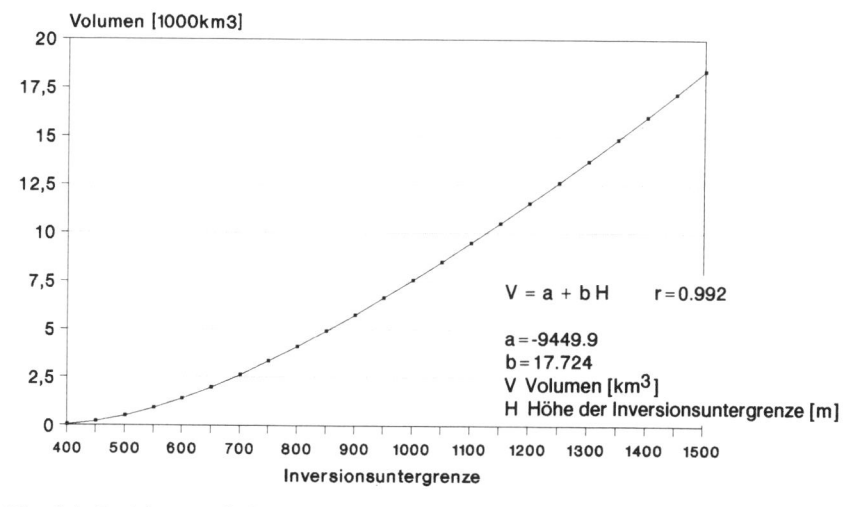

V = a + b H   r = 0.992
a = -9449.9
b = 17.724
V Volumen [km^3]
H Höhe der Inversionsuntergrenze [m]]

Fig. 6.4: Beziehung zwischen der Inversionsuntergrenze und dem dadurch begrenzten Luftvolumen für das Schweizer Mittelland

Die Steigung hat im Abschnitt 800-1200m ein Ausmass von ca. 1800-1900km^3/100m Höhenunterschied. Dazu ist zu bemerken, dass bei grösseren Höhen an den Rändern nicht immer die Topographie die Begrenzung bildet, sondern das Auswahlgebiet. Das errechnete Volumen kann deshalb nicht als eine durch die Topographie nach allen Seiten hin abgeschlossene Luftschicht betrachtet werden.

Für anwendungsorientierte Zwecke erscheint eine regionalisierte Bearbeitung sinnvoller, wobei diese auf der Basis der Durchlüftungsregionen nach AUBERT (1980) durchgeführt wurde. Die Berechnung für eine Auswahl von Regionen erfolgt in der oben beschriebenen Weise, wobei lediglich als Auswahlgebiet eine bestimmte Region gewählt wird.

Die grössten Luftvolumina sind im Mittelland zu verzeichnen, wobei in der Region 25 (zentrales Mittelland) bei einer bestimmten Höhe die Maximalwerte erreicht werden. In anderen Regionen, insbesondere im Jura und den Alpentälern, sind die Luftvolumina erheblich geringer, wobei die Kurven je nach topographischer Höhenlage erst ab einer gewissen Höhe einen Anstieg verzeichnen.

6.1.3 Nebelverteilung und Luftvolumen

Anhand der 137 Satellitenbilder wurde der Frage nachgegangen, ob es auch einen statistischen Zusammenhang zwischen Nebelhöhe, Nebelfläche und Luftvolumen gibt. Das Luftvolumen wurde unter Einbezug der Nebelkarten in Anlehnung an das oben genannte Verfahren folgendermassen berechnet:

- die Obergrenze der Nebeldecke wird als Höhe eingesetzt
- nur nebelbedeckte Bildelemente finden Berücksichtigung
- als Auswahlgebiet dient das Schweizer Mittelland

Die Beziehung zwischen Nebelobergrenze und Volumen ist in Fig. 6.5 wiedergegeben, wobei eine hohe Korrelation von 0.979 besteht.

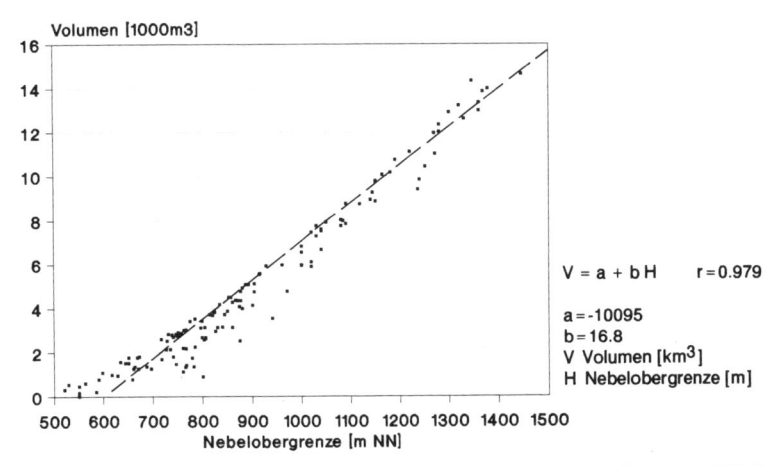

Fig. 6.5: Beziehung zwischen Nebelobergrenze und Luftvolumen, ermittelt aus 137 Satellitenbildern.

Der Kurvenverlauf sieht demjenigen zwischen Inversionshöhe und Volumen erwartungsgemäss ähnlich, wenngleich die Werte etwas tiefer liegen.

Zwischen der Nebelfläche und dem Luftvolumen konnte ebenfalls eine hohe Korrelation festgestellt werden (r=0.916, Fig. 6.6), wobei die Beziehung einen exponentiellen Kurvenverlauf zeigt und durch die entsprechende e-Funktion am genauesten beschrieben wird.

Die abgeleiteten Regressionsgleichungen haben den grossen Vorteil, dass das Kaltluftvolumen direkt aus der Nebelhöhe, resp. der Nebelfläche bestimmt werden kann und die Berechnung über das digitale Geländemodell entfällt. Dies gilt allerdings nur für Fälle, wo keine Nebelauflösung bei weiterhin bestehender Temperaturinversion auftritt, was im Winter häufig beobachtet werden kann (PETKOVSESK 1984).

Volumen [1000km³]

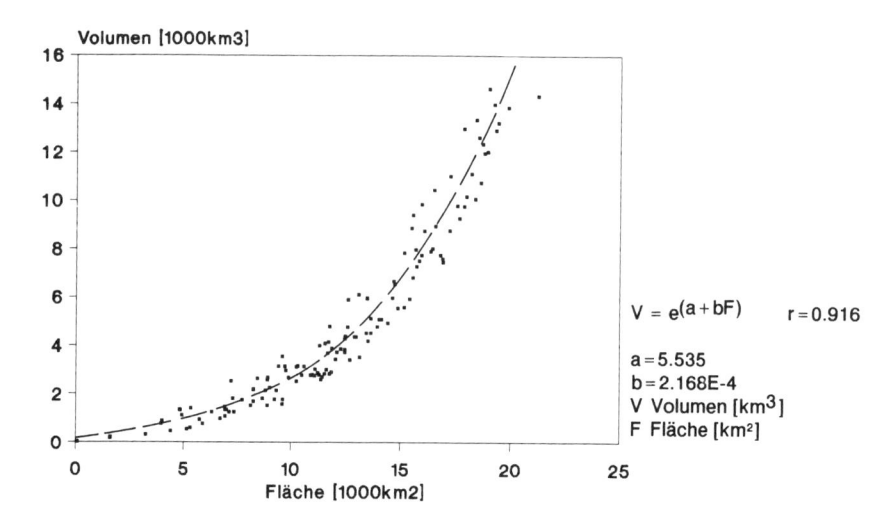

$V = e^{(a+bF)}$ r = 0.916

a = 5.535
b = 2.168E-4
V Volumen [km³]
F Fläche [km²]

Fläche [1000km²]

Fig. 6.6: Beziehung zwischen Nebelfläche und Luftvolumen, ermittelt aus 137 Satellitenbildern.

Eine differenziertere Bearbeitung erfordert regionalisierte Nebelobergrenzen. Da diese jedoch nicht für jede der Durchlüftungsregionen vorlagen, wurde auf eine Berechnung verzichtet.

6.1.4 Zusammenfassende Bemerkungen

Es konnte deutlich gezeigt werden, dass zwischen

- Inversionsuntergrenze und Luftvolumen der Kaltluft,
- Nebelhöhe und Luftvolumen, sowie
- Nebelfläche und Luftvolumen

ein enger Zusammenhang besteht. Die abgeleiteten Regressionsgleichungen erlauben eine direkte Berechnung von Luftvolumina des Kaltluftsees ohne Einbezug eines Geländemodells.
Es kann zudem festgestellt werden, dass sich je nach Höhenlage der Inversion (oder Nebeldecke) unterschiedliche Konsequenzen ergeben:
Bei einer tiefliegenden Inversion ist der Kaltluftsee auf das Mittelland begrenzt und man beobachtet dort geringe Volumenwerte. Die Alpentäler sind frei. Bei einer höherliegenden Inversion steht im Mittelland ein grosses Luftvolumen zur Verdünnung von Schadstoffen zur Verfügung, während sich in den Alpentälern geringe Volumina ergeben.
Dem Gesamtvolumen im Mittelland kommt in erster Linie bei windschwachen Wetterlagen mit uneinheitlicher Windrichtung eine entscheidende lufthygienische Bedeutung zu. Bei Strömungslagen mit einheitlicher Windströmung ist es hingegen wichtiger zu wissen, wie gross einzelne Durchflussquerschnitte in der Kaltluftschicht sind. Kann die Grenzschicht aufgrund einer starken Inversion nicht nach oben ausweichen, so muss sich bei einer Verengung des Querschnitts die Windgeschwindigkeit erhöhen.

Dieser Effekt zeigt sich insbesondere bei einer Bisenlage im Gebiet der Westschweiz, wo aufgrund der Kanalisierung durch Jura und Alpen eine starke Zunahme der Windgeschwindigkeit festzustellen ist.

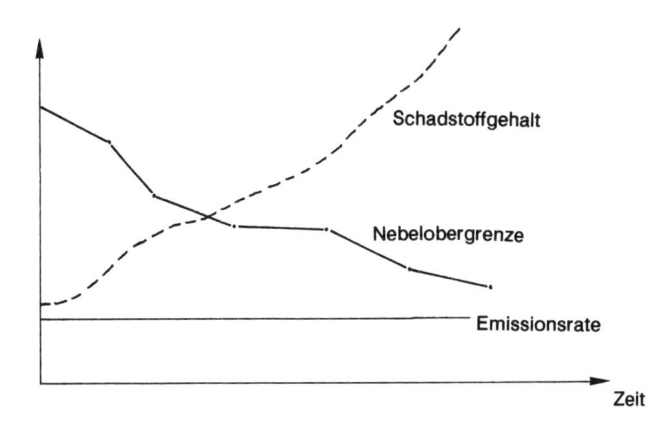

Fig. 6.7: Hypothetischer Verlauf der Schadstoffkonzentration während einer durchgehend windschwachen Nebelperiode.

Im Verlauf einer Nebelperiode sinkt die Nebelobergrenze langsam ab und der Wind im Bodenniveau wird schwächer. Dies bedeutet, dass das Volumen unterhalb der Nebelschicht ebenfalls kleiner wird. Unter Annahme einer konstanten Emissionsrate müsste der Schadstoffverlauf dabei einen exponentiellen Verlauf annehmen (Fig. 6.7). Bei der Analyse von Fallbeispielen hat es sich jedoch gezeigt, dass während einer Nebelperiode immer wieder deutliche Windströmungen in der Grundschicht zu beobachten sind, die einen Luftmassenaustausch herbeiführen und zusammen mit der Deposition (Absetzen) die Ansammlung von Schadstoffen verhindern können. Zusätzlich muss bedacht werden, dass eine Inversion nicht zu einer vollständigen Entkoppelung zweier Luftschichten führt und dass ein Austausch insbesondere entlang von Berghängen und bei Wellenbewegungen möglich ist (KRAUS & EBEL 1989: 223).

In Fallanalysen von HEEB (1989) und SCHÜPBACH, WANNER ET. AL. (1991) wird die lufthygienische Bedeutung der windschwachen Wetterlagen ebenfalls unterstrichen. Bei den West-, bzw. Ostlagen erreichen die Schadstoffwerte je nach Vorbelastung der herangeführten Luftmassen jedoch keine allzu hohen Werte.

6.2 Auswirkungen von Nebellagen

Das Auftreten von Nebel ist von grosser regionalklimatischer, lufthygienischer und verkehrstechnischer Bedeutung. In diesem Abschnitt werden mögliche Auswirkungen in kurzer Form erläutert. Dabei geht sowohl um direkte Wirkungen z.B. auf das Klima und die Sichtweitebedingungen, als auch um indirekte Folgen, wie die Erhöhung der Luftbelastung bei längerandauernden Nebelperioden.

6.2.1 Nebel und Regionalklima

Das Auftreten von Nebel hat einen nachhaltigen Einfluss auf die Sonnenscheindauer und Strahlungsverhältnisse einer Region. Durch die enge Bindung der Nebelbildung an Hochdrucklagen mit wolkenlosem Himmel stellen sich deutliche Witterungsunterschiede zwischen den Hochlagen und Niederungen ein: Die Gebiete über dem Nebel zeichnen sich durch sonniges, trockenes und meist auch warmes Wetter aus, während es unterhalb des Nebels trüb, feucht und kalt bleibt. Löst sich der Nebel während mehreren Tagen nicht auf, so kommt es in den Niederungen zu einem beträchtlichen Sonnenscheindefizit (COURVOISIER 1976). Der Jahresgang der Bewölkung in der Schweiz unterstreicht diese Tatsache: Im Winterhalbjahr ist ein nebelbedingtes Maximum der Bewölkung in den Niederungen festzustellen, während im Sommer das Maximum in den Bergen liegt (MÄDER 1970, Atlas der Schweiz, Blatt 13a).

Innerhalb der Nebelschicht werden die Sichtweitebedingungen drastisch verschlechtert. Dies kann bei Bodennebel zu erheblichen Beeinträchtigungen im Luft- und Strassenverkehrs führen, wobei in erster Linie diejenigen Fälle von Bedeutung sind, wo die Sichtweite Werte <100m erreicht. Durch das plötzliche Auftreten von dichtem Nebel kommt es in der herbstlichen Jahreszeit immer wieder zu schweren Verkehrsunfällen sowie Verzögerungen im Flugverkehr. Im Schweizer Mittelland sind diese Auswirkungen jedoch nicht so bedeutsam wie z. B. in der Poebene oder Süddeutschland, da es sich in der Mehrzahl der Nebelfälle um vom Boden abgehobene Hochnebelschichten handelt.

6.2.2 Nebel und Luftverschmutzung

Während winterlichen Nebellagen werden zum Teil beträchtliche Schadstoffbelastungen gemessen, vor allem wenn die Nebeldecke bei windschwachem Wetter über mehrere Tage bestehen bleibt. Wird die Heiztätigkeit durch die kalte Witterung zudem stark angeregt, kommt es zu regelrechten Smog- (Smoke + Fog) Lagen, wie sie z. B. im Januar 1985 und 1987 in Mitteleuropa aufgetreten sind (KRAUS & EBEL 1990). Entscheidend ist dabei die Koppelung der Nebeldecke mit einer Temperaturinversion, die den Austausch von Luftmassen zwischen der Grenzschicht und den darüberliegenden Luftschichten annähernd unterbindet und somit eine Akkumulation der Luftschadstoffe innerhalb der Grenzschicht bewirkt.

Neben der Kaltluftschicht selbst wird auch der Nebel Träger hochkonzentrierter Schadstoffe. Bei der Kondensation lagern sich die Wassertröpfchen an Aerosolpartikel und die gasförmig vorhandenen Luftschadstoffe treten in die flüssige Phase über. Dabei wandelt sich ein Teil des SO_2 und NO_2 in Schwefelsäure und Salpetersäure um (LAMMEL & METZIG 1989). Da die Wassermenge bei der Nebelbildung erheblich kleiner ist als bei Regen, misst man im Nebel bis zu 10-100mal höhere Konzentrationen (STUMM ET. AL 1991: 48). In Fig. 6.8 sind die Werte einiger Nebel- und Regenproben zusammengestellt.

Insgesamt stellt der Nebel einen Katalysator für die Lösung und Deposition der in der Luft gasförmig vorhandenen Luftschadstoffe dar. Die genauen Vorgänge bei den einzelnen Prozessen sind allerdings erst unzureichend bekannt (SCHÜPBACH & JUTZI 1991).

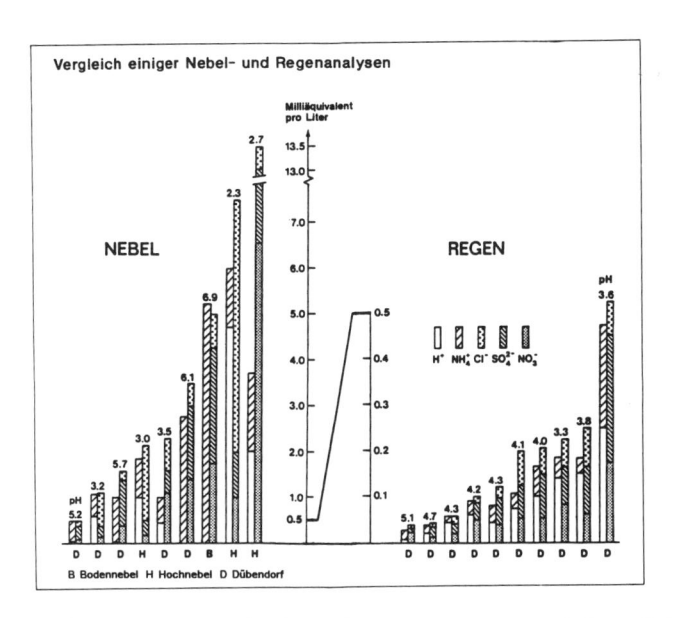

Fig. 6.8: Vergleich von Regen- und Nebelanalysen (aus: SCHÜPBACH & JUTZI 1991: 60)

Die hohen Schadstoffkonzentrationen im Nebel verdeutlichen, dass Nebeltropfen gute Kollektoren von Luftverunreinigungen sind (STUMM ET AL. 1991: 50). Es wurde festgestellt, dass in der Nebelauflösungsphase und bei Verdunstungsprozessen die Konzentration nochmals ansteigen kann (JOSS & BALTENSBERGER 1991: 229) und dass der Schadstoffgehalt an der Nebelbasis generell grösser ist. Dies wird u.a. auf die Fallgeschwindigkeit der Tropfen und die verstärkte Deposition von Schadstoffen bei Nebel zurückgeführt (JOSS, BALTENSBERGER 1991: 229).

6.2.3 Auswirkungen auf die Umwelt

Sowohl die klimatischen, als auch die lufthygienischen Begleiterscheinungen des Nebels haben Auswirkungen auf die Umwelt. Betroffen sind in erster Linie:

(1) Gebäude und Kunstdenkmäler
(2) Vegetation

zu (1): An Gebäuden und Kunstdenkmälern entstehen durch Rauchgase und Säuren (SO2, Schwefelsäure, Sulfate) beträchtliche Schäden, wobei sowohl trockene wie nasse Deposition von Bedeutung sind (ARNOLD 1984: 4). Die erhöhte Luftbelastung bei Inversions- und Nebellagen und der hohe Säuregehalt des Nebelwassers können hier einen verstärkten Einfluss ausüben.

zu (2): Seit Beginn der 80er Jahre werden in Mitteleuropa und in der Schweiz grossflächige Waldschäden in einem bisher nicht gekannten Ausmass beobachtet. Das überregionale Auftreten und das Übergreifen auf sämtliche Baumarten hat zu der Bezeichnung "neuartige Waldschäden" geführt, die sich u.a. durch Nadel- oder Blattverlust, frühzeitige Blattverfärbung im Sommer, Schädigung der Blattorgane und des Wurzelsystems äussern (EDI 1984,

4f). Die Ursachen dieser neuartigen Waldschäden lassen sich monokausal nicht feststellen und werden heute einem komplexen Wirkungsgefüge von klimatischen, lufthygienischen und waldbaulichen Einflussfaktoren zugeschrieben (FSL 1988). Eine genaue Klärung ist aufgrund der komplexen Zusammenhänge schwierig und sowohl die Ursachen, als auch mögliche Gegenmassnahmen sind Gegenstand kontroverser Diskussionen (siehe CAPREZ ET AL. 1987, BLATTMANN & HEUSSER 1988, PFISTER ET AL. 1988). An dieser Stelle wird deshalb bewusst auf einen neuen Erklärungsversuch verzichtet. Das Ziel ist hier die Darstellung möglicher Einflussfaktoren bei Nebellagen und die Erstellung einer Karte mit denjenigen Regionen, wo mit einer verstärkten Beeinflussung durch Nebel zu rechnen ist.

Nebel wirkt auf die Vegetation und den Wald in einer Kombination von klimatischen und lufthygienischen Faktoren ein:

- Aus klimatischer Sicht von Bedeutung ist der markante Temperatursprung, der sich tagsüber im Bereich der Nebelobergrenze einstellt. Bei der Verlagerung der Nebelobergrenze im Tagesverlauf kommt es im entsprechenden Höhenintervall zu einer starken Temperaturveränderung, die beim Auftreten von sogenannten Nebelwellen auch mehrfach beobachtet werden kann (BOUET 1980).
- Die hohe Konzentration von Luftschadstoffen an der Inversionsuntergrenze und im Nebelwasser kann bei der Deposition zu einer beträchtlichen Direktwirkung auf Blatt- und Nadeloberflächen führen. Bei einer leichten Drift des Nebels "kämmen" die Bäume das Nebelwasser regelrecht aus, wobei sich bei Temperaturen unter Null dicke Rauhreifschichten bilden. Neben der direkten Einwirkung auf Blätter und Nadeln werden die Schadstoffe und Säuren zudem über den Stammfluss in den Boden geleitet, wo sie zur Bodenversauerung beitragen können.

Es stellt sich nun die Frage, ob aus den genannten Einflussfaktoren eine Karte möglicher Einflussbereiche erstellt werden kann. Von entscheidender Bedeutung sind die Nebelrandgebiete, die einerseits die Kontaktstelle der Nebeldecke mit dem Gelände und andererseits deren Höhenlage wiedergeben. Eine erstmalige Berechnung von Häufigkeitskarten des Nebelrandes erfolgte durch FLÜCKIGER (1990: 67) und es wird gleichzeitig auf einen Zusammenhang zu den Waldschädigungen hingewiesen. Basierend auf dem zur Verfügung stehenden Datenkollektiv wurde eine solche Häufigkeitskarte berechnet und ist in der Farbbeilage dargestellt.

Als Bereiche verstärker Beeinflussung durch Nebel treten deutlich der Jurasüdfuss, die Randlagen der nordalpinen Talachsen (Aaretal, Innerschweiz, Rheintal) sowie Teile des höheren Mittellandes hervor. Besonders hoch ist die Häufigkeit in der Innerschweiz, wo sich der Nebel aufgrund des steilen Reliefs innerhalb enger lateraler Grenzen bewegt. Ergänzend zur Häufigkeit des Nebelrandes sind folgende mittlere Höhenbereiche von Bedeutung, die bei einer vertieften Anlayse allerdings regional differenziert werden müssten:

       -Mittlere Höhe: 750-800m
       -Anstieg im Tagesverlauf: 770m-870m
       -Untergrenze der Nebelschicht: 600m-800m

Das räumliche Bild dieser Höhenbereiche weicht von der Nebelrandkarte nur unwesentlich ab; es wurde deshalb einen Einbezug bei der Kartierung verzichtet.

Die vorgestellte Karte sollte ursprünglich als Basis für einen räumlichen Vergleich mit Untersuchungen der Vegetations- und Baumschädigungen dienen. Diese Erhebungen werden im Rahmen des SANASILVA-Programms in der Schweiz jährlich durchgeführt (WSL 1989). Leider eignen sich die im SANASILVA-Waldschadensbericht publizierten Karten und Angaben aufgrund ihres zu generellen Charakters nicht für eine räumliche Analyse. Dazu sind detailliertere Karten des Waldzustandes notwendig wie sie z.B. in SCHWARZENBACH ET AL. (1986) erstellt wurden. Diese liegen jedoch nach dem Kenntnisstand des Autors nicht für ein grösseres Gebiet vor. Für zukünftige flächendeckende Untersuchungen bieten sich neben CIR-Luftbildern auch Landsat-TM-Szenen an, da es gelungen ist, Waldschäden bis zu einem gewissen Grad aus den Satellitendaten abzuleiten (FÖRSTNER 1989). Einschränkend muss darauf hingewiesen werden, dass aus der räumlichen Übereinstimmung gewisser Grenzen nicht in grundsätzlich auf einen ursächlichen Zusammenhang geschlossen werden kann. Die Karten könnten jedoch einen erneuten Hinweis auf einen Zusammenhang zwischen Nebellagen und Waldschäden geben, da dieser nicht als gesichert gilt und deshalb von verschiedener Seite angezweifelt worden ist (CAPREZ ET AL., 1987: 68,69).

Eine Vertiefung dieser Fragestellung wird sich aus den Ergebnissen des Nationalen Forschungsprogrammes 14+ (Waldschäden und Luftverschmutzung in der Schweiz) ergeben, wo auf 3 Testflächen mögliche Zusammenhänge untersucht worden sind. Das Projekt befindet sich zur Zeit in der Abschlussphase (SCHWEIZER NATIONALFONDS, 1988).

6.2.4 Auswirkungen auf den Menschen

Die Auswirkung von Nebellagen auf das Wohlbefinden und den Gesundheitszustand des Menschen sind bisher kaum zum Gegenstand wissenschaftlicher Studien gemacht worden. Von Bedeutung sind hier einerseits die witterungsklimatischen Auswirkungen und andererseits die erhöhte Belastung der Luft mit Schadstoffen (SCHULZ 1963: 88/4, 88/12). Die Folgen des Strahlungs- und Sonnenscheindefizites sind noch kaum untersucht, weisen jedoch auf eine Zunahme der Erkältungskrankheiten und Asthmafälle hin (SCHULZ 1963: 88/22). Eine strenge Kausalität zur Luftverschmutzung ist jedoch nur in den wenigsten Fällen gegeben, da andere Einflussgrössen wie z.B. Rauchen und individuelle Gesundheit ebenfalls eine grosse Rolle spielen. Die erhöhten Gehalte an SO_2 und Staub wirken jedoch unzweifelhaft auf Asthmatiker, während die höheren NO_2-Gehalte und Ozon chronische Atemwegserkrankungen begünstigen (ÄRZTE FÜR UMWELTSCHUTZ, 1988: 18, 22).

Meistens wirken die klimatischen und lufthygienischen Faktoren in Kombination und führen vor allem bei empfindlichen Bevölkerungsgruppen zu Erkrankungen. In Biel z.B. wurde eine erhöhte Zahl von akuten Atemwegserkrankungen bei Kindern während den Herbst- und Wintermonaten sowie bei tiefen Temperaturen, hoher Feuchte und Nordlagen festgestellt (MARTY ET AL. 1988: 1890), womit sich ein Zusammenhang zu den Nebellagen andeutet. Hier bleibt ein grosses Bearbeitungsfeld für zukünftige Studien offen.

7. SCHLUSSFOLGERUNGEN UND AUSBLICK

Im zweiten Teil der vorliegenden Arbeit kann deutlich nachgewiesen werden, dass digitale Wettersatellitendaten der NOAA-Satelliten ein hervorragendes Datenmaterial zum Studium der Nebelverteilung -und dynamik in komplexer Topographie darstellen. Eine ganze Reihe bereits bestehender Erkenntnisse werden verifiziert und in ihrer räumlichen Ausprägung flächendeckend differenziert. Die Analyse von Fallbeispielen hat gezeigt, dass der Kombination verschiedener Datenquellen, wie z.B. Strömungsmodellierung, Stationsbeobachtungen, Wetterkarten und Satellitenbilder, eine entscheidende Bedeutung zur Erklärung der Nebeldynamik zukommt. Unter Verwendung eines Digitalen Geländemodells konnten einfache Regressionsbeziehungen zwischen der Nebelhöhe, der Nebelfläche und dem dadurch begrenzten Kaltluftvolumen im Schweizer Mittelland hergeleitet werden, die als Basis für durchlüftungsorientierte Studien bei Inversionslagen bilden können. Trotz der vielfältigen Ergebnisse bleiben wichtige Fragen offen:

- Die Nebelhöhe konnte in ihrer regionalen Differenzierung erst ansatzweise bearbeitet werden. Ein vertiefere Untersuchung bedarf ausgedehnter Feldmesskampagnen, Feinsondierungen der Grundschicht und weiterer methodischer Anstrengungen.
- Die Kartierung nach Druckgradienten und einzelnen Wetterlagen (z.B. windschwache Hochdrucklagen) sollte weiter differenziert und auf eine solide Datenbasis gestellt werden. Hierzu wird angeregt, dass der Druckgradient Payerne-Strassburg aufgrund seiner guten Eignung als Prognoseinstrument in den monatlichen Witterungsbericht der SMA aufgenommen wird und damit für klimatologische Studien direkt zugänglich wird.
- Die Nebeldynamik im Tagesverlauf bedarf einer jahres- und tageszeitlichen Differenzierung. In der vorliegenden Arbeit konnten lediglich die Verhältnisse im Hochwinter wiedergegeben werden. Es ist zudem zu prüfen, wie sich METEOSAT- und NOAA-Aufnahmen kombinieren lassen.
- Durch weitere Fallanalysen müsste die Überprägung des Tagesganges durch synoptische Veränderungen näher untersucht werden.
- Die Nebeldynamik im Tages- und Wochenverlauf konnte qualitativ beschrieben werden. Zukünftige Forschungsanstrengungen müssten in Richtung einer Quantifizierung der Prozesse gehen.
- Die typische Wetterlagenabfolge während Nebelperioden sollte eingehender untersucht werden. Unter Einbezug des Druckgradienten könnten damit Regelfälle der Nebelverteilung und -entwicklung abgeleitet werden.
- Anhand von Fallanalysen kann die Volumenentwicklung unterhalb der Inversionsschicht berechnet werden. Durch Kombination mit Schadstoffmessungen aus dem schweizerischen NABEL-Beobachtungsnetz ist der Zusammenhang zur Schadstoffentwicklung zu überprüfen.
- Die entworfene Karte möglicher Einflussbereiche von Nebellagen auf die Vegetation (insbesondere den Wald) müsste bei aller Vorsicht der räumlichen Waldschadensverteilung gegenübergestellt werden. Dazu bieten sich Auswertungen von CIR-Luftbildern und Landsat-TM-Szenen an.
- Nicht zuletzt sind die gesundheitlichen und psychischen Auswirkungen von Nebellagen auf den Menschen einer genaueren Untersuchung zu unterziehen.

LITERATURVERZEICHNIS Teil II

ÄRZTE FÜR UMWELTSCHUTZ, 1988: Luftverschmutzung und Gesundheit. Basel/Zürich.

ARNOLD, A., 1984: Auswirkung der Luftschadstoffe auf Kulturgüter. Informationstagung der schweizerischen Vereinigung für Atomenergie, 14./15.5.1984.

AUBERT, C., 1980: Carte de ventilation de la Suisse. Service de la climatologie de la Suisse romande.

BALZER, K., 1972: Aufbau eines Algorithmus zur objektiven Hochnebelprognose. Zeitschr. für Meteorologie, Bd. 22: 62-66.

BALZLI, M., 1974: Die Nebelarmut im Berner Oberland. Unveröff. Seminararbeit, Geogr. Institut der Univ. Bern.

BANTLE, H., PIAGET, A. & QUIBY, J., 1987: Die graphische Darstellung der 10-Minuten Datei der automatischen Stationen der Schweiz. Arbeitsbericht der SMA, No. 140. Zürich.

BAUMGARTNER, M.F. & FUHRER, M., 1990: A Low-Cost AVHRR Receiving Station for Environmental Studies, IEEE/IGARSS'90, Washington D.C.

BERLINCOURT, P. & HEIM, M., 1978: Zur Dynamik der Nebelmeere im Schweizerischen Mittelland. Film, Geogr. Institut der Univ. Bern, 20 Min.

BIDER, M. & WINTER, H., 1964: Untersuchungen über die Nebelverhältnisse bei Basel. Verh. der Schweiz. Naturforschenden Ges., 144. Jahresvers.: 106-108.

BIGLER, C., 1975: Nebelverbreitung im schweizerischen Mittelland aus Satellitenaufnahmen. Unveröff. Seminararbeit, Geogr. Institut der Univ. Bern.

BLATTMANN, H. & HEUSSER, H., 1988: Wie steht es um das Waldsterben? Seperatdruck aus der Neuen Zürcher Zeitung, Inland, Donnerstag, 17.11.1988, Nr. 269.

BOUET, M., 1952 (a): Le brouillard en Valais. Bulletin de la Murithienne, Fasc. 69: 1-9.

BOUET, M., 1952 (b): Vagues de brouillard. Verh. der Schweiz. Naturforschenden Ges., 132. Jahresvers.: 114-115.

BOUET, M., 1957: L'orage et le brouillard à la Vallée de Joux. Bull. de la Soc. vaud. des sciences nat., Vol. 66, Nr. 295: 433-439.

BOUET, M., 1972: Climat et météorologie de la Suisse romande. Payot, Lausanne.

BOUET, M. & KUHN, W., 1970: Vagues de brouillard considérées comme ondes de gravité. Verh. der Schweiz. Naturforschenden Ges., 150. Jahresvers.: 170-172.

BOUET, M., 1980: Données statistiques sur le brouillard et le stratus. Klimatologie der Schweiz, H, 2.Teil. Beiheft zu den Ann. der SMA, Jg. 1979, Zürich.

BRÜCKMANN, W. & UTTINGER, H., 1932: Klimakarten der Schweiz. Seperatdruck aus den Ann. der Schw. Met. Zentralanstalt, Jg. 1931.

CAPREZ, G., FISCHER, F., STADLER, F. & WEIERSMÜLLER, R., 1987: Wald und Luft. Eine kritische Untersuchung über die Zusammenhänge zwischen Waldsterben und Luftverschmutzung. Haupt, Bern.

COENDET, M. & LEISER, F., 1977: Nebelverteilung im Raum Basel aus Satellitenbildern. Unveröff. Seminararbeit, Geogr. Institut der Univ. Bern.

COURVOISIER, H.W., 1976: Die Abhängigkeit der Sonnenscheindauer vom kleinräumigen Druckgradienten in den Niederungen der Alpennordseite bei winterlichen Inversionslagen. Arbeitsber. der SMA, Nr. 62, Zürich.

DESCHWANDEN, VON, P., 1974: Nebelbeobachtung und Kurortplanung. In: Informationen und Beiträge zur Klimaforschung, Nr. 12: 21-23.

DÜTSCH, H.U., 1985: Large-scale domination of a regional circulation during winter-time anticyclonic conditions. Results of the field program of the CLIMOD project. Met. Rundschau, 38: 65-75.

EDI (Eidg. Dep. des Innern), 1984: Waldsterben und Luftverschmutzung. Bern.

FETT, W., 1974: Ein Index für das Stagnieren der bodennahen Luft. Beilage zur Berliner Wetterkarte, 41/74, SO 8/74.

FILLIGER, P., 1986: Die Ausbreitung von Luftschadstoffen - Modelle und ihre Anwendung in der Region Biel. Geogr. Bernensia G14. Geogr. Institut der Univ. Bern.

FÜLCKIGER, K., 1990: Operationelle Nebelkartierung mit digitalen NOAA/AVHRR-Daten. Diplomarbeit am Geogr. Institut der Univ. Bern.

FÖRSTER, B., 1989: Untersuchung der Verwendbarkeit von Satellitenbilddaten (Thematic Mapper) zur Kartierung von Waldschäden. Forschungsbericht der DLR (Deutsche Forschungs- und Versuchsanstalt für Luft- und Raumfahrt), FB 89-06.

FREY, K., 1945: Beiträge zur Entwicklung des Föhns und Untersuchungen über Hochnebel. Diss. Universität Basel.

FSL (Bundesamt für Forstwesen und Landschaftsschutz), 1988: Ursachenforschung zu den Waldschäden. Übersicht zum Wissensstand über ausgewählte Forschungsprojekte und Themen. Bern.

FURGER, M., WANNER, H., ENGEL, J., TROXLER, F.X. & VALSANGIACOMO, A., 1989: Zur Durchlüftung der Täler und Vorlandsenken der Schweiz. Resultate des Nationalen Forschungsprogrammes 14. Geogr. Bernensia P20. Geogr. Institut der Univ. Bern.

FURGER, M. & WANNER, H., 1990: The Bise - Climatology of a Regional Wind North of the Alps. Met. and Atmosph. Physics, 43, 105-115.

GFELLER, M., 1985: Regionale Nebelgrenzhöhen über den randalpinen Becken (Untersuchung mit Wettersatellitenbildern). Unveröff. Seminararbeit, Geogr. Institut der Univ. Bern.

GROSJEAN, G., 1982: Die Schweiz. Der Naturraum in seiner Funktion für Kultur und Wirtschaft. Geogr. Bernensia U1. Geogr. Institut der Univ. Bern.

GUTERSOHN, H., 1965: Naturräumliche Gliederung. Atlas der Schweiz, Blatt 78. Schweizerische Landestopographie, Wabern.

HALTINER, G.J., WILLIAMS, H.T., 1980: Numerical prediction and dynamic meteorology. 2nd edition. Wiley and Sons, London.

HÄCKEL, H., 1990: Meteorologie. UTB-Taschenbuch 1338. Ulmer, Stuttgart.

HEEB, M., 1989: Die Analyse von Strömungen im Nebel mit Satellitendaten. Diss. Geogr. Institut der Univ. Bern.

HILTBRUNNER, D., 1991: Nebeldynamik aus METEOSAT-Daten. Diplomarbeit am Geogr. Institut der Univ. Bern.

HOLZER, T., 1991: Nebelkartierung mit IDRISI. Unveröff. Seminararbeit, Geogr. Institut der Univ. Bern.

JOOS, F. & BALTENSPERGER, U., 1991: A field study on chemistry, S(IV) oxidation rates and vertical transport during fog conditions. Atmosph. Env., Vol. 25A, No. 2: 217-230.

KIRCHHOFER, W., 1971: Abgrenzung von Wetterlagen im zentralen Alpenraum. Veröff. der SMA, Nr. 23. Zürich.

KRAUS, H. & EBEL, U., 1989: Atmospheric Boundary Layer Characteristics in Severe Smog Episodes. Met. and Atmosph. Physics, 40: 211-224.

KUHN, W., 1972: Flussnebel über dem Rhein: Theorie und Beobachtung. Verh. der Schweiz. Naturforschenden Ges., 152. Jahresvers.: 197-201

KUNZ, S., 1983: Anwendungsorientierte Kartierung der Besonnung im regionalen Massstab. Geogr. Bernensia G19. Geogr. Institut der Univ. Bern.

KÜNG, P., 1977: Zum Problem der Nebelauflösung im Dezember. Unveröff. Seminararbeit, Geogr. Institut der Univ. Bern.

LAMMEL, G. & METZIG, G., 1989: Die Säurebildung im Nebel- und Wolkenwasser. In: Arbeitsgem. der Grossforschungseinrichtungen: Wechselwirkung Atmosphäre-Biosphäre.

LILJEQUIST, G.H., 1979: Allgemeine Meteorologie. Vieweg, Braunschweig.

LOMBARD, Ch., 1978: Nebelprognose für Bern-Belpmoos. Unveröff. Seminararbeit, Geogr. Institut der Univ. Bern.

MÄDER, F., 1970: Jahresgang der Witterung, dargestellt am Beispiel der Bewölkung. Atlas der Schweiz, Blatt 13a.

MALBERG, H., BÖKENS, G. & FRATTESI, G., 1980: Mittlere geostrophische und beobachtete Strömungsverhältnisse im Oberrheingraben. Ann. der Met., Neue Folge, Nr. 16: 85-88.

MARTY, H., 1985: Auswirkungen der Luftschadstoffe auf die menschliche Gesundheit: Ist eine Kausalität gegeben? In: Der Spitalarzt, Heft 6: 17-21.

MARTY, H., KÜMMERLY, H., ZURBRÜGG, R.P., BERLINCOURT, P., FILLIGER, P., RICKLI, R., RICKLI, B. & WANNER, H., 1985: Der Einfluss meteorologischer und lufthygienischer Faktoren auf akute Erkrankungen der Atemwege bei Kindern - am Beispiel der Region Biel. Schweiz. Med. Wochenschrift, 115: 1890-1899. Schwabe, Basel.

MATHYS, H., 1984: Die lufthygienischen Zusammenhänge. Geogr. Helvetica, Nr. 2: 80-81.

MATHYS, H. & WANNER, H., 1978: Beiträge zum Klima des Kantons Bern. Jahrbuch der Geogr. Ges. von Bern, Band 52/1975-76, Lang, Bern.

MOSER, D., 1972: Untersuchungen über die Nebelhäufigkeit in Bern zwischen 1761 und 1969. Informationen und Beiträge zur Klimaforschung, Nr. 7: 31-36.

NUSSBAUM, F., 1932: Geographie der Schweiz. Lehrbuch für Schweizer Schulen. Kümmerly und Frey, Bern.

PAUL, P., RAMRANY, Y. & HIRSCH, J., 1987: Essai de detection automatique des limites supérieures des brouillards dans les Vosges. Recherches Geogr. à Strasbourg, No. 27.

PEPPLER, W., 1934: Studie über die Aerologie des Nebels und Hochnebels. Ann. der Hydrographie, Heft 2: 49-59.

PERL, G., 1948: Die relative Feuchtigkeit an Tagen mit Hochnebeldecke über dem schweizerischen Alpenvorland. Arch. für Met., Geoph. und Bioklim., Serie B, Band I, Heft 2: 207-210.

PERRET, R., 1984: Le brouillard à Genève-Cointrin. Arbeitsber. der SMA, No. 125, Zürich.

PETKOVSEK, Z., 1972: Dissipation of the upper layer of all-day radiation fog in basins. XII Int. Tag. f. Alp. Met., Sarajevo 11-16.IX.1972: 71-74.

PETKOVSEK, Z., 1985: Die Beendigung von Luftverunreinigungsperioden in Talbecken. Zeitschr. für Met., 35, Heft 6: 370-372.

PFISTER, CH., BÜTIKOFER, N., SCHULER, A., VOLZ, R., 1988: Witterungsextreme und Waldschäden in der Schweiz. Eine historisch-kritische Untersuchung von Schadenmeldungen aus schweizerischen Wäldern in ihrer Beziehung zur Klimabelastung, insbesondere durch sommerliche Dürreperioden. Bundesamt für Forstwesen und Landschaftsschutz. Bern.

PRIMAULT, B., 1972: Etude méso-climatique du Canton de Vaud. Cah. de l'aménagement régional, Nr. 14.

PRÜGEL, H., 1943: Zum Problem der Nebelverstärkung und -auflösung nach Sonnenaufgang. Ann. d. Hydrogr. und marit. Met., 61. Jg., Heft 12: 420-422.

RICKLI, B., FILLIGER, P., TROXLER, F.X., PFEIFER, R., BRUNNER, T., ESTERMAN, A. & SALVISBERG, E., 1989: Das Ausbreitungsklima der Innerschweiz. Studie über die Durchlüftungs- und Ausbreitungsbedingungen in den Kantonen Luzern, Nidwalden, Obwalden, Schwyz, Uri und Zug. Schlussbericht, Geogr. Institut der Univ. Bern.

SCHACHER, F., 1974: Nebelkarte der Schweiz. Diplomarbeit am Geogr. Institut der Univ. Zürich.

SCHIRMER, H., 1970: Beitrag zur Methodik der Erfassung der regionalen Nebelstruktur. Abh. des 1. Geogr. Institutes der FU Berlin, Bd. 13: 135-146.

SCHIRMER, H., 1976: Klimadaten. Dt. Planungsatlas, Bd. I: Nordrhein-Westfalen, Lieferung 7. Veröffentl. d. Akad. für Raumf. und Landesplanung.

SCHNEIDER, R., 1952: La prévision du brouillard de rayonnement et la baisse nocturne de température. Verh. der Schweiz. Naturforschenden Ges., 132. Jahresvers.: 113-114.

SCHNEIDER, R., 1953: Brouillards et Stratus bas (brouillards élevés) à l'Aéroport de Zurich-Kloten, période 1948-1953. Annalen der Schw. Met. Zentralanstalt, 91, Anhang.

SCHNEIDER, 1957: Formation et dissolution des brouillards à l'aéroport de Zurich-Kloten. Annalen der Schw. Met. Zentralanstalt, 93, Nr. 8: 8/1-8/10.

SCHUBIGER, F., DE MORSIER, G. & DAVIES, H.C., 1987: Numerical studies of mesoscale motion in a mixed layer over the northern alpine foreland. Boundary Layer Met. 41: 109-121.

SCHUBIGER, F., DE MORSIER, G., 1989: Ein mesoskaliges numerisches Modell für die Atmosphärische Grenzschicht. Arbeitsber. der SMA, No. 156, Zürich.

SCHÜEPP, M., 1955: Die Nebelverhältnisse im schweizerischen Voralpengebiet. Ann. der Schw. Ges. für Balneol. und Klimatologie, 44./45. Heft: 37-44.

SCHÜEPP, M., 1963: Bewölkung und Nebel. Beiheft zu den Ann. der Schw. Met. Zentralanstalt, Heft H.

SCHÜEPP, M., 1965: Jahresmittel der Bewölkung und der Nebelhäufigkeit (1931-60), Atlas der Schweiz, Blatt 11.

SCHÜEPP, M., 1968: Kalender der Wetter- und Witterungslagen von 1955 bis 1967. Veröff. der SMA, Nr. 11. Zürich.

SCHÜEPP, M., 1974: Die klimatologische Bearbeitung der Nebelhäufigkeit. Bonner Met. Abh., H. 17: 505-508.

SCHÜEPP, M., et al. 1978/79: Regionale Klimabeschreibungen (1. und 2. Teil). Beiheft zu den Ann. der SMA.

SCHÜEPP, W., 1980: Winterliche Hochnebelfelder in der Region um Basel. Unveröff. Arbeitsbericht.

SCHÜEPP, W., HERZOG, ST., 1979: Sonnenscheindauer bei Hochnebellagen im Raume CLIMOD. Wissensch. Ber. zum 2. Zwischenber. über das Projekt CLIMOD vom 2. Sept. 1978. Abt. Met. Basel, Publ. Nr. 21.

SCHÜPBACH, E., FURGER, M., HEEB, M., DE MORSIER, G. & TROXLER, F.X., 1991: Die Ausbreitungsverhältnisse in der Schweiz. In: WANNER, H. & SCHÜPBACH, E., (Hrsg.): Luftschadstoffe und Lufthaushalt in der Schweiz, S. 65-83.

SCHÜPBACH, E., 1991: Grundlagen der Schadstoffausbreitung. In: WANNER, H. & SCHÜPBACH, E., (Hrsg.): Luftschadstoffe und Lufthaushalt in der Schweiz, S. 17-21.

SCHÜPBACH, E. & JUTZI, W., 1991: Immission und Deposition. In: WANNER, H. & SCHÜPBACH, E., (Hrsg.): Luftschadstoffe und Lufthaushalt in der Schweiz, S. 57-63.

SCHÜPBACH, E. & FUHRER, J., 1991: Chemische Aspekte der Schadstoffausbreitung. In: WANNER, H. & SCHÜPBACH, (Hrsg.): Luftschadstoffe und Lufthaushalt in der Schweiz, 37-42.

SCHULZ, L., 1963: Die winterliche Hochdrucklage und ihre Auswirkungen auf den Menschen. Berichte des Deutschen Wetterdienstes Nr. 88, Bd. 12.

SCHWARZENBACH, F.H., OESTER, B., SCHERRER, H.U., GAUTSCHI, H., EICHRODT, R., HÜBSCHER, R. & HÄGELI, M., 1986: Flächenhafte Waldschadenserfassung mit Infrarot-Luftbildern 1:9000. Methoden und erste Erfahrungen. Eidg. Anst. für das forstl. Versuchswesen, Bericht Nr. 285. Birmensdorf.

SCHWEIZERISCHER NATIONALFONDS, 1988: Nationales Forschungsprogramm 14+ "Waldschäden und Luftverschmutzung in der Schweiz". Die Forschungsschwerpunkte auf den Testflächen an der Lägeren, im Alptal und bei Davos.

SMA, 1979: siehe SCHÜEPP, M., ET. AL. 1978/79

STEINACKER, R., 1984: Area-Height Distribution of a Valley and its Relation to the Valley Wind. Beitr. zur Phys. der Atmosph., No.1, 64-71.

STEINACKER, R., 1987: Zur Ursache der Talwindzirkulation. In: Wetter und Leben, 39, Heft 2: 61-64.

STREUN, G., 1901: Die Nebelverhältnisse der Schweiz. Sonderdr. aus den Ann. der Schw. Met. Zentralanstalt, Jg. 1899.

STUCKI, H., 1977: Nebel im Seeland. Versuch einer ersten Auswertung des regionalen Nebelgeschehens. Unveröff. Seminararbeit, Geogr. Institut der Univ. Bern.

STUMM, G., SIGG, L., ZOBRIST, J. & JOHNSON, A., 1985: Der Nebel als Träger konzentrierter Schadstoffe. Neue Zürcher Zeitung, Nr. 12, 16.1.1985: S. 71.

STUMM, G., BEHRA, P., SIGG, L., ZOBRIST, J., JOHNSON, A., RUPRECHT, H. & ZÜRCHER, F., 1991: Die aquatische Chemie der Atmosphäre. In: WANNER, H. & SCHÜPBACH, E., (Hrsg.): Luftschadstoffe und Lufthaushalt in der Schweiz, S.43-56.

THAMS, J.C., 1949: Le condizioni di nebulosità a Locarno. Geofisica Pura e Applicata, Vol. XV, Fasc. 3-4: S. 3-11. Milano.

TROXLER, F.X., 1987: Nebelkartierung Schweiz. Stations- und Satellitendaten als Grundlage. Diplomarbeit am Geogr. Institut der Univ. Bern.

TROXLER, F.X. & WANNER, H., 1989: Nebel. In: FURGER et al., 1989:

TROXLER, F.X. & WANNER, H., 1991: Nebelkarten der Schweiz. Geogr. Helv., Nr. 1: 21-31.

UNGEWITTER, G., 1984: Zur Vorhersage von Nebeleinbrüchen im Alpenvorland. Theoretische Überlegungen und praktische Anwendungen zur thermischen Zirkulation zwischen einem Nebelgebiet und seiner Umgebung. Met. Rundschau, 37: 138-145.

URFER, A., 1957: Brouillards de rayonnement et gradient vertical de température. La Météorologie, Nr. 45-46: 101-107.

VERGEINER, I. & DREISEITL, E., 1987: Valley Winds and Slope Winds - Observations and Elementary Thoughts. Met. and Atmosph. Physics, 36: 264-286.

WANNER, H., 1971: Die Nebelverhältnisse im Winter 1970/71 (Oktober-März). Informationen und Beiträge zur Klimaforschung, Nr. 6.

WANNER, H., 1976: Zur Nebelhäufigkeit im Raum Thuner- und Brienzersee. Jahrbuch v. Thuner- und Brienzersee: 47-59.

WANNER, H., 1979: Zur Bildung, Verteilung und Vorhersage winterlicher Nebel im Querschnitt Jura-Alpen. Geogr. Bernensia G7. Geogr. Institut der Univ. Bern.

WANNER, H., 1983: Das Projekt "Durchlüftungskarte der Schweiz"- Methodik und erste Ergebnisse. Informationen und Beiträge zur Klimaforschung, Nr. 18.

WANNER, H. & KUNZ, S., 1983: Klimatologie der Nebel- und Kaltluftkörper im Schweizerischen Alpenvorland mit Hilfe von Wettersatellitenbildern. Arch. f. Met., Geoph. and Bioclim., Ser. B., 33: 31-56.

WEBER, O., 1975: Nebel/Sichtweiten. Beitrag zu einem Kommissionsbericht französischer, deutscher und schweizerischer Strassenfachorgane. Arbeitsber. der Schw. Met. Anstalt, No. 50, Zürich.

WEISCHET, W., 1983: Einführung in die Allgemeine Klimatologie. Teubner Studienbücher, Stuttgart.

WHITEMAN, D.C., 1982: Breakup of Temperature Inversions in Deep Mountain Valleys. Part I: Observations, Part II: Thermodynamic Model. J. of Appl. Met., Vol. 21: 270-302.

WHITEMAN, D.C., 1990: Observations of Thermally Developed Wind Systems in Mountainous Terrain.

WINIGER, M., 1974: Die raum-zeitliche Dynamik der Nebeldecke aus Boden- und Satellitenbeobachtungen. In: Informationen und Beiträge zur Klimaforschung, Nr. 12: 24-30.

WINIGER, M., 1975: Untersuchung der Nebeldecke mit Hilfe von ERTS-1-Bildern. Geogr. Helv., Nr. 3: 101-104.

WINIGER, M., 1982: Klimatische Aspekte des Kernkraftwerkbaus (Studie CLIMOD). Das Gebiet des Ober- und Hochrheins. Geogr. Rundschau, 34, Heft 5: 218-227.

WINIGER, M., 1986: Der Luftmassenaustausch zwischen rand-alpinen Becken am Beispiel von Aare-, Rhein- und Saonetal - Eine Auswertung von Wettersatellitenbildern. In: ENDLICHER, W. & GOSSMANN, H., (Hrsg.), 1986: Fernerkundung und Raumanalyse. Klimatologische und landschaftsökologische Auswertung von Fernerkundungsdaten, S. 43-61. Wichmann, Karlsruhe.

WINIGER, M., HEEB, M., NEJEDLY, G., ROESSELET, C., 1989: Regional boundary layer airflow patterns derived from digital NOAA/AVHRR data. Int. J. of Remote Sens., Vol. 10, No. 4/5: 731-741.

WSL (Eidg. Forschungsanstalt für Wald, Schnee und Landschaft), 1989: Sanasilva-Waldschadensbericht 1989. Bern und Birmensdorf.

WSL (Eidg. Forschungsanstalt für Wald, Schnee und Landschaft), 1989: Das Programm Sanasilva 1988-1991. Bern und Birmensdorf.

ZINGG, Th., 1944: Die Nebel- und Hochnebelhäufigkeiten in Dübendorf in den Jahren 1938/44. Ann. der Schw. Met. Zentralanstalt, 81: 7-10.

ANHANG Teil II: Verzeichnis der verwendeten Satellitenbilder

Bedeutung der einzelnen Spalten:

1 Tag
2 Monat
3 Jahr
4 Überflugszeit des Satelliten (1: Nacht, 2: Morgen, 3: Mittag, 4: Abend)
5 Nummer der Wetterlage nach WANNER 1979: 121
6 Bildname auf Datenträger
7 Druckgradient Payerne-Strassburg (hPa)

1	2	3	4	5	6	7
22	9	88	2	0	22098807	9.9
30	12	88	2	0	30128807	0.6
30	12	88	3	0	30128811	0.6
31	12	88	3	0	31128811	1.1
4	1	89	3	3	04018912	2.3
9	1	89	2	39	09018907	2.2
9	1	89	3	39	09018911	2.2
16	1	89	3	4	16018912	-0.2
19	1	89	3	4	19018911	-2.2
20	1	89	3	3	20018911	-0.2
31	1	89	3	27	31018911	-0.9
1	2	89	2	4	01028907	0.2
1	2	89	3	4	01028913	0.2
2	2	89	2	5	02028907	1.7
3	2	89	2	5	03028906	0.4
3	2	89	3	5	03028912	0.4
7	2	89	2	4	07028907	1.5
8	2	89	2	4	08028906	1.4
9	2	89	2	4	09028908	0.6
9	2	89	3	4	09028911	0.6
10	2	89	2	4	10028907	0.6
10	2	89	3	4	10028913	0.6
11	2	89	2	5	11028907	0.3
13	10	89	2	7	13108906	-0.4
13	11	89	3	4	13118912	0.6
14	11	89	2	4	14118908	-0.3
15	11	89	2	24	15118907	0.1
15	11	89	3	24	15118912	0.1
15	11	89	4	24	15118917	0.1
16	11	89	2	39	16118907	-0.7
16	11	89	3	39	16118912	-0.7
17	11	89	1	39	17118902	-1.8
17	11	89	3	39	17118912	-1.8
17	11	89	4	39	17118918	-1.8
18	11	89	2	39	18118906	-0.1
18	11	89	4	39	18118918	-0.1
26	11	89	2	8	26118907	-4.7
1	2	3	4	5	6	7
27	11	89	3	9	27118911	0.0
28	11	89	2	24	28118908	-0.2
29	11	89	2	8	29118907	-2.2
29	11	89	3	8	29118913	-2.2
30	11	89	4	6	30118918	-0.5
1	12	89	3	4	01128912	1.4
1	12	89	4	4	01128918	1.4
2	12	89	3	4	02128912	9.9
2	12	89	4	4	02128918	9.9
3	12	89	2	4	03128907	1.3
4	12	89	2	4	04128907	1.3
4	12	89	3	4	04128912	1.3
5	12	89	2	6	05128907	1.7
6	12	89	2	9	06128906	-0.6
6	12	89	3	9	06128911	-0.6
7	12	89	1	27	07128902	0.7
7	12	89	2	27	07128908	0.7
8	12	89	3	6	08128913	0.2
9	12	89	3	23	09128913	-0.1
25	12	89	2	32	25128907	2.1
27	12	89	4	9	27128918	0.2
28	12	89	2	9	28128906	0.0
29	12	89	4	8	29128917	0.9
30	12	89	2	6	30128907	0.2
30	12	89	3	6	30128912	0.2
30	12	89	4	6	30128917	0.2
31	12	89	2	6	30128907	1.3
31	12	89	4	6	31128918	1.3
2	1	90	2	6	02019008	1.3
3	1	90	2	8	03019007	9.9
3	1	90	3	8	03019012	9.9
4	1	90	2	9	04019007	-0.1
4	1	90	3	9	04019011	-0.1
5	1	90	1	3	05019001	2.8
8	1	90	3	3	08019012	1.2
9	1	90	2	4	09019007	9.9
9	1	90	3	4	09019012	9.9
1	2	3	4	5	6	7
10	1	90	2	1	10019006	9.9
10	1	90	3	1	10019012	9.9
10	1	90	4	1	10019018	9.9
11	1	90	2	1	11019006	1.5
12	1	90	2	5	12019007	9.9
12	1	90	3	5	12019012	9.9
12	1	90	4	5	12019017	9.9
13	1	90	2	2	13019007	2.3
21	1	90	2	2	21019007	3.8
22	1	90	2	2	22019007	1.0
22	1	90	3	2	22019012	1.0
29	1	90	3	10	29019012	0.5

```
 3  2 90  2 19 03029007  2.8
23  2 90  2  3 23029007 -1.2
16  3 90  2  4 16039007 -1.4
31  3 90  2  4 31039006 -3.3
 7 11 90  2  9 07119007  9.9
 7 11 90  3  9 07119013  9.9
29 11 90  2  9 29119007  9.9
29 11 90  3  9 29119012  9.9
 3 12 90  2  9 03129007 -2.2
 4 12 90  2 24 04129007 -2.7
 4 12 90  3 24 04129013 -2.7
 7 12 90  2  8 07129007 -3.0
 7 12 90  3  8 07129012 -3.0
23 12 90  2  4 23129006  2.2

15  1 91  3  4 15019112 -4.8
16  1 91  2 29 16019107 -0.5
16  1 91  3 29 16019112 -0.5
17  1 91  4  4 17019118 -0.2
18  1 91  2  4 18019108  0.5
20  1 91  3  4 20019112  3.0
23  1 91  1  4 23019102 -2.1
23  1 91  2  4 23019107 -2.1
23  1 91  3  4 23019112 -2.1
23  1 91  4  4 23019117 -2.1
24  1 91  2  4 24019107 -1.4
24  1 91  3  4 24019112 -1.4
24  1 91  4  4 24019117 -1.4
25  1 91  2  4 25019107 -2.0
25  1 91  3  4 25019112 -2.0
26  1 91  2  4 26019106  0.5
26  1 91  3  4 26019113  0.5
27  1 91  2 27 27019108 -0.9
27  1 91  4 27 27019117 -0.9
28  1 91  1  3 28019101 -2.9
28  1 91  2  3 28019107 -2.9
28  1 91  3  3 28019113 -2.9
28  1 91  4  3 28019117 -2.9
29  1 91  1 27 29019101 -1.2
29  1 91  2 27 29019107 -1.2
29  1 91  3 27 29019112 -1.2
 1  2  3  4  5    6      7
-------------------------------
29  1 91  4 27 29019118 -1.2
30  1 91  2  3 30019106  0.7
31  1 91  2  6 31019106  0.2
31  1 91  3  6 31019112  0.2
 1  2 91  2  6 01029107 -0.7
 1` 2 91  3  6 01029112 -0.7
 2  2 91  1  6 02029102 -0.3
 2  2 91  2  6 02029107 -0.3
 2  2 91  3  6 02029112 -0.3
 2  2 91  4  6 02029117 -0.3
 3  2 91  3  6 03029113  0.6
```

TEIL III

Nebelbildung, -verteilung und -dynamik in der Poebene - Eine Bearbeitung digitaler Wettersatellitendaten unter besonderer Berücksichtigung anwendungsorientierter Aspekte

mit 79 Figuren und 11 Tabellen

Jörg Bendix

TEIL III

NEBELBILDUNG, -VERTEILUNG UND -DYNAMIK IN DER POEBENE - EINE BEARBEITUNG DIGITALER WETTERSATELLITENDATEN UNTER BESONDERER BERÜCKSICHTIGUNG ANWENDUNGSORIENTIERTER ASPEKTE

Inhaltsverzeichnis Teil III 189
Figurenverzeichnis Teil III 191
Tabellenverzeichnis Teil III 193
Verzeichnis der verwendeten Abkürzungen 193

1. Einleitung 201

1.1 Der Untersuchungsraum 201
1.2 Verwendetes Datenmaterial und Untersuchungszeitraum 202
1.3 Zielsetzung der Untersuchung 202

2. Der Untersuchungsraum 205

2.1 Die naturräumliche Ausstattung des Untersuchungsgebietes 205
2.2 Klimatische Gliederung der Poebene 206
2.2.1 Die solar-thermische Witterung der Poebene im Winter 207
2.2.2 Das mittlere Bodendruck- und Bodenwindfeld der Poebene im Winter ... 208
2.3 Lufthygienische Situation der Poebene 210
2.3.1. Auswirkungen der Luftverschmutzung auf Geo- und Biosphäre 210
2.3.2 Einfluß von Nebel auf die lufthygienische Situation 212
2.3.3 Chemismus von Nebel 212
2.3.3.1 Chemische Zusammensetzung des Nebelwassers 212
2.3.3.2 Dynamik der Schadstoffkonzentration 213
2.3.3.3 Depositionsrate und Schadstoffgehalt 214
2.3.3.4 Nebelpersistenz 214

3. Methodische Grundlagen 216

3.1 Berechnung der Nebel-Häufigkeitskarten 216
3.2 Berechnung der horizontalen Sichtweite 216
3.2.1 Definition horizontale Sichtweite 217
3.2.2 Berechnung der Sichtweite aus T4-T3 Bildern 218
3.2.2.1 Methodik 219
3.2.2.2 Datengrundlage 219
3.2.2.3 Datenanalyse 220
3.2.3 Ergebnisse und Überprüfung der berechneten Sichtweite 221

3.2.4 Fallbeispiele 225
3.3 Berechnung des Flüssigwassergehalts 226
3.3.1 Theoretische Grundlagen.. 229
3.3.2 Flüssigwassergehalt und Verifikation 229

4. Mittlere Nebelverteilung in der Poebene 230

4.1 Mittlere horizontale Nebelverteilung 230
4.2 Mittlere vertikale Nebelverbreitung in der Poebene.. 232
4.3 Mittlere Sichtweitenverhältnisse im Nebel 233
4.4 Mittlerer Flüssigwassergehalt des Nebels 235

5. Jahresgang der Nebelhäufigkeit in der Poebene 238

6. Tagesdynamik der Nebelverteilung in der Poebene 241

6.1 Theorie der Tagesdynamik 241
6.2 Die Tagesdynamik der Nebelverbreitung in der Poebene 245
6.3 Entwicklung von Nebelhöhe und -volumen im Tagesverlauf 250
6.4 Tagesdynamik im Jahresverlauf 254

7. Ausprägung der Klimaelemente im Nebel 256

7.1 Ausprägung der Klimaelemente am Boden 256
7.1.1 Temperatur- und Feuchteverteilung bei Nebel.. 256
7.1.2 Bodendruck- und Bodenwindfeld 259
7.2 Vertikale Differenzierung der Klimaelemente bei Nebel 264
7.3 Fallbeispiele.. 268
7.3.1 Die EUROTRAC-Periode vom 11.11.1989-17.11.1989 268
7.3.2 Fallbeispiel 30.12.1988 275
7.3.3 Fallbeispiel 27.10.1989 278
7.3.4 Fallbeispiel vom 28.11.-29.11.1989 279

8. Nebelwetterlagen der Poebene... 284

8.1 Klassifikation der Nebelwetterlagen 285
8.2 Beschreibung der Einzelwetterlagen 287
8.3 Mittlere Nebelverteilung für die Nebelwetterlagen 291
8.4 Flüssigwassergehalt und Sichtweite im Nebel nach Wetterlagen 293

9. Abschließende lufthygienische Bewertung 296

Figurenverzeichnis Teil III

Fig. 1.1: Karte der verwendeten SYNOP- und Radiosonden-Stationen 203
Fig. 1.2: Ablaufschema der Arbeit 204
Fig. 2.1: Naturräumliche Ausstattung der Poebene 206
Fig. 2.2: Klimagliederung der Poebene 207
Fig. 2.3: Relative winterliche Besonnung in Italien 207
Fig. 2.4: Mittlere Temperatur in der Poebene im Januar 208
Fig. 2.5: Bodendruck- und Strömungsfeld der Poebene für optimale Strahlungswetterlagen 209
Fig. 2.6: Krankenhauseinweisungen aufgrund chronischer Bronchitis in Turin Januar 1975 bis April 1976 und mittlere jährliche Konzentrationen von SO_2 und Staub für Turin 211
Fig. 2.7: Depositionsraten von Schadstoffen aus Nebel- und Niederschlagswasser während der Nebelperiode 1984 214
Fig. 3.1: Spektrale Sichtweite in Abhängigkeit der Tropfengröße 218
Fig. 3.2: Quadratische Regression von T4-T3 und horizontaler Sichtweite 222
Fig. 3.3: Beziehung von horizontaler Sichtweite und Flüssigwassergehalt im Nebel zum spektralen Streukoeffizienten im Bereich 3.7 μm 223
Fig. 3.4: Beziehung von horizontaler Sichtweite und Eindringtiefe im Nebel zum spektralen Streukoeffizienten im Bereich 3.7 μm 224
Fig. 3.5: Abweichung von beobachteter und berechneter Sichtweite für das Modell (1h SYNOP-Meldungen) und einen Kontrolldatensatz (3h SYNOP-Meldungen) 225
Fig. 3.6: Tropfengrößenverteilung im Nebel für den 12.11.1989, S. Pietro Capofiume 227
Fig. 3.7: Vertikalprofil LWC für den 12.11.-13.11.1989 von S. Pietro Capofiume 228
Fig. 3.8: Zusammenhang von LWC und horizontaler Sichtweite 228
Fig. 4.1: Lage der verwendeten Längs- und Querprofile durch die Poebene 231
Fig. 4.2: (a) Häufigkeit verschiedener Nebelobergrenzen und Inversionsuntergrenzen für Milano Linate (b) NOG nur bei Nebel in Linate 232
Fig. 4.3: Querprofile der mittleren horizontalen Sichtweite in der Poebene (11:00-13:00 UTC) 234
Fig. 4.4: Typische Flüssigwasserkonzentrationen für verschiedene Orte der Poebene 11:00-13:00 UTC 235
Fig. 4.5: Längsprofil und Querprofil 200 des mittleren absoluten Flüssigwassergehalts von Nebel pro Bildelement in m3 für 11:00-13:00 UTC 237
Fig. 5.1: Jahresgang verschiedener Sichtweiten ≤ 1000 m für verschiedene Orte der Poebene 1969-1989, 9:00 und 15:00 239
Fig. 6.1: Postphase der Bildung von Strahlungsnebel 242
Fig. 6.2: Meßfahrt durch seichten Talnebel bei Wiedliesbach 243
Fig. 6.3: Frühes Bildungsstadium von Strahlungsnebel 243
Fig. 6.4: Phase der morgentlichen Nebelverdichtung 244
Fig. 6.5: Beginnende Ausgleichszirkulation bei ausreichendem Energiegefälle zwischen Nebelgebiet und nebelfreier Fläche 244
Fig. 6.6: Auflösung des Bodennebels von der Unterlage 245
Fig. 6.7: Mittlere Pseudo-potentielle Äquivalenttemperatur (reduziert auf NN) für Milano Linate und Brescia Ghedi bei Nebel, Periode 1988-1990 247
Fig. 6.8: Nebelhäufigkeiten von Mailand Flughafen (Linate) und Mailand Innenstadt (Piazza Duomo) für 1989 247
Fig. 6.9: Meßfahrt vom 20.11.1990 vom Ufer des Comer Sees (Cernobbio bis zum Gipfel des Monte Bisbino) 7:10-8:10 LT 248

Fig. 6.10: Karte der mittäglichen Verlagerungsgebiete von Nebel 249
Fig. 6.11: Nebelisoplethendiagramm von Torino Bric della Croce 249
Fig. 6.12: Häufigkeit der nebelbedeckten Fläche 250
Fig. 6.13: Längsprofil der mittleren tageszeitlichen Nebelhöhe entlang des Pos 251
Fig. 6.14: Querprofile der mittleren Nebelhöhe 252
Fig. 6.15: Häufigkeit verschiedener Nebelvolumina 253
Fig. 6.16: Nebelisoplethen ausgewählter Stationen 254
Fig. 7.1: Karte der mittleren pseudo-potentiellen Äquivalenttemperatur (=reduziert auf NN) [°C] bei Nebel, 9:00 UTC, Nebelperioden 1988-1990 257
Fig. 7.2: Mittlere Lufttemperatur und relative Feuchte bei Nebel für verschiedene Stationen der Poebene, 6:00 UTC, Nebelperiode 1988-1990 257
Fig. 7.3: Mittlere Temperatur und Feuchtegehalt der Luftmassen unterschiedlicher Windsektoren bei Nebel für Milano Linate (1969-1989) und S. Pietro Capofiume (1989), 12:00 UTC . 258
Fig. 7.4: Nebelisoplethendiagramm von Novi Ligure 259
Fig. 7.5: Mittleres Bodendruckfeld ([hPa] reduziert auf NN) für 3:00 UTC bei Nebel, Periode 1988-1990 260
Fig. 7.6: Mittleres Bodenwindfeld bei Nebel, 9:00 UTC, Periode 1988-1990 261
Fig. 7.7: Mittlere Windgeschwindigkeit bei Nebel 9:00 UTC, Periode 1988-1990 [kn] 262
Fig. 7.8: Mittlere Windrichtung dreier Stationen, Periode 1988-1990 262
Fig. 7.9: Mittlerer tagesperiodischer Windwechsel bei Nebel für 6 Alpenrandstationen, Periode 1988-1990 263
Fig. 7.10: Häufigkeit der Windrichtungen auf drei Standardhöhenniveaus sowie Eigenschaften der Luftmassen für Milano Linate und Udine Rivolto (Periode 1988-1990) und S. Pietro Capofiume (1989), 12:00 UTC bei Nebel 264
Fig. 7.11: Vertikalprofil der unteren Troposphäre bei Nebel für Milano Linate 0:00 und 12:00 UTC, Mittel der Periode 1968-1988 266
Fig. 7.12: Vertikalprofil der unteren Troposphäre bei Nebel für Udine Rivolto 0:00 und 12:00 UTC, Mittel der Periode 1968-1988 266
Fig. 7.13: Mittlere Luftmasseneigenschaften für Udine Rivolto bei Nebel, Periode 1988-1990 267
Fig. 7.14: Temperatur, absolute und relative Feuchte für Milano Linate, Piacenza, Bologna und Treviso Istrana 270
Fig. 7.15: Wetterkarte vom 13.11.1989, 12:00 UTC, Boden und 500 hPa 270
Fig. 7.16: Wetterkarte vom 14.11.1989, 12:00 UTC, Boden und 500 hPa sowie Vertikalprofile von Milano Linate und Udine Rivolto, 14.11.1989, 0:00 UTC und 12:00 UTC 271
Fig. 7.17: Wetterkarte vom 15.11.1989, 12:00 UTC, Boden und 500 hPa 272
Fig. 7.18: Wetterkarte vom 16.11.1989, 12:00 UTC, Boden und 500 hPa 273
Fig. 7.19: Entwicklung von nebelbedeckter Fläche und Volumen der Nebelluft während der Periode 11.11.1989-15.11.1989 274
Fig. 7.20: Inversionsstärke für Milano Linate und Udine Rivolto 11.11.1989-15.11.1989 275
Fig. 7.21: Wetterkarte vom 30.12.1988, 12:00 UTC Boden und 500 hPa-Niveau 275
Fig. 7.22: Radiosondenprofile von Milano Linate, 30.12.1988, 6:00 und 12:00 UTC 276
Fig. 7.23: Tagesgang von Temperatur und Feuchte vom 30.12.1988, Milano Linate 277
Fig. 7.24: Radiosondenprofile von Udine Rivolto, 30.12.1988, 6:00 und 12:00 UTC 277
Fig. 7.25: Wetterkarte vom 27.10.1989, 12:00 UTC Boden und 500 hPa-Niveau 278
Fig. 7.26: Tagesgang von Wind, Temperatur und Feuchte für Treviso San Angelo, 27.10.1989 sowie Vertikalprofil von Udine Rivolto, 27.10.1989, 6:00 UTC 279
Fig. 7.27: Wetterkarte vom 28.11.1989, 12:00 UTC Boden und 500 hPa-Niveau 279
Fig. 7.28: Wetterkarte vom 29.11.1989, 12:00 UTC Boden und 500 hPa-Niveau 280
Fig. 7.29: Sondierung vom 29.11.1989, Milano Linate und Udine Rivolto, 6:00 UTC 281

Fig. 7.30: Sondierung von Milano Linate und S. Pietro Capofiume, 29.11.1989, 12:00 UTC. 282
Fig. 7.31: Tagesgang von Wind, Temperatur und Feuchte für Treviso San Angelo, 29.11.1989 282
Fig. 8.1: Auftrittshäufigkeit von Nebel in Milano Linate bei verschiedenen Großwetterlagen im Vergleich der Perioden 1978-1988 und 1988-1989 sowie Vergleich mit dem vorhandenen NOAA-Bildmaterial.. 285
Fig. 8.2: Dendrogramm der Clusteranalyse aus den Radiosondendaten von Milano Linate und Udine Rivolto 1989-1990, Einteilung in 6 Cluster 286
Fig. 8.3: Auftrittshäufigkeiten der verschiedenen Wetterlagen für den verwendeten Datensatz der digitalen Satellitenbilder.. 290
Fig. 8.4: Auftrittshäufigkeit der lokalen Nebelwetterlagen bei verschiedenen Großwetterlagen nach Hess/Brezowsky für die Nebelperiode 1988-1991 291
Fig. 8.5: Nebelfläche und Nebelvolumen bei verschiedenen Wetterlagen.......................... 292
Fig. 8.6: Längsprofil der mittleren Nebelhöhe 11.00-13:00 UTC bei verschiedenen Wetterlagen entlang des Pos 292
Fig. 8.7: Querprofile 125 und 300 der mittleren Nebelhöhe 11:00-13:00 UTC................... 293
Fig. 8.8: Auftrittshäufigkeit von Flüssigwasserkonzentrationen bei verschiedenen Wetterlagen, 11:00-13:00 UTC 294
Fig. 8.9: Auftrittshäufigkeit von horizontalen Sichtweiten bei verschiedenen Wetterlagen, 11:00-13:00 UTC 294

Tabellenverzeichnis Teil III

Tab. 2.1: Mittlere Luftbelastung in verschiedenen Städten der Poebene 210
Tab. 2.2: Schadwirkungen verschiedener Substanzen 211
Tab. 2.3: Gemessene Stoffkonzentrationen im Nebelwasser für S. Pietro Capofiume 213
Tab. 2.4: Mittlere und maximale Persistenz von Nebel in Stunden 1973-1981 215
Tab. 3.1: Verwendete SYNOP-Stationen der Poebene 220
Tab. 3.2: Beziehung T4-T3 und horizontaler Sichtweite.. 221
Tab. 4.1: Flächenanteile und Flächensummen der Nebelbedeckung für einzelne Häufigkeitsklassen 231
Tab. 4.2: Mittlere Nebelhöhe und Nebelmächtigkeit berechnet für Querprofile der Poebene. 233
Tab. 6.1: Mittlerer Temperaturgradient bei Nebel von Nebel- und Nebelrandstationen 250
Tab. 6.2: Mittlere Nebelhöhe und -mächtigkeit 253
Tab. 6.3: Nebelauflösung und -pesistenz für Milano Linate... 254

Verzeichnis der verwendeten Abkürzungen

AVHRR:	Advanced Very High Resolution Radiometer
DGM:	Digitales Geländemodell
DLR:	Deutsche Forschungsanstalt für Luft- und Raumfahrt
DWD:	Deutscher Wetterdienst
EUROTRAC:	European Experiment on Transport and Transformation of Environmentally Relevant Trace Constituents in the Troposphere over Europe
GCE:	Ground-Based Cloud Experiments
GMT:	Greenwich Mean Time
GWL:	Großwetterlage
IR:	Infrared
IOG:	Inversionsobergrenze
ITAV:	Ispettorato delle Telecomunicazione e dell'Assistenza al Volo

IUG:	Inversionsuntergrenze
LT:	Local Time
LWC:	Liquid Water Content
NOAA:	National Oceanic and Atmospheric Administration
NOG:	Nebelobergrenze
PBL:	Planetary Boundary Layer
Pixel:	Picture Element
PPÄT:	Pseudo-potentielle Äquivalenttemperatur
SYNOP:	Stationsmeldungen von Klimastationen nach dem international genormten Wetterschlüssel
UTC, UT:	Universal Time Code
UTM:	Universal Transverse Mercator Projection
VIS:	visible

Zusammenfassung Teil III:

Der Kenntnisstand zur Nebelklimatologie der Poebene ist noch weitgehend defizitär. Während bereits einige Arbeiten zur mittleren Nebelverteilung für wichtige Orte (meist Flughäfen) der Poebene vorliegen, fehlen Informationen sowohl zur Synoptik der Nebelbildung und -auflösung als auch zur Nebeldynamik. Die vorliegende Arbeit soll einen Beitrag zur Lösung dieser grundlegenden Probleme liefern. Dazu werden sowohl digitale Satellitenbilder als auch Boden- und Radiosondendaten aus der Poebene eingesetzt. Die Wettersatelliten der zweiten Generation zeichnen sich gegenüber den Anfangszeiten (s. Lauer, W. u. Breuer, T. 1972) der Satellitenbildforschung durch eine wesentlich verbesserte spektrale und räumliche Auflösung aus, so daß mit ihrer Hilfe das genaue Bild der Nebelverteilung während verschiedener Wetterlagen für jeden Punkt der Poebene vorliegt.

Über diese grundlegenden Aspekte hinaus werden anwendungsbezogene Fragestellungen bearbeitet. Nebel ist besonders in verkehrstechnischer und lufthygienischer Hinsicht eine äußerst problembehaftete Wettererscheinung. Für den Verkehr spielen vor allem verminderte Sichtweiten eine Rolle, während die lufthygienische Situation besonders vom Flüssigwassergehalt, der Nebelhöhe und der Nebelpersistenz abhängt. Aus diesem Grund wird der Versuch unternommen, aus den digitalen Satellitenbildern die horizontale Sichtweite und den Flüssigwassergehalt im Nebel direkt abzuleiten. Im folgenden werden nun die Ergebnisse der vorliegenden Arbeit zusammenfassend vorgestellt.

Hinsichtlich der mittleren Nebelverbreitung können ganz klar drei Teilregionen unterschieden werden. Die zentrale westliche Poebene zeigt die größte Auftrittshäufigkeit, während die adriatische Küstenebene die geringste Nebelbedeckung verzeichnet. Die östliche Poebene charakterisiert östlich des Gardasees eine Übergangszone zwischen der nebelarmen nordöstlichen Küstenebene und der westlichen Padana. Lokale Abweichungen von den typischen Auftrittshäufigkeiten finden sich vor allem im Bereich des Comer Sees und Mailand. In einem nord-süd verlaufenden Korridor löst sich der Nebel häufig auf. Die Untersuchungen haben gezeigt, daß sowohl das Wärmezentrum am Comer See als auch die winterliche Wärmeinsel des Agglomerationsraums um Mailand für die Nebelarmut dieser Zone verantwortlich sind. Die mittlere Nebelverteilung prägt auch die vertikale Erstreckung der Nebelmeere. Die Nebelmächtigkeit ist im westlichen Teil der Poebene besonders hoch und nimmt zur Adriaküste ab der Höhe des Gardasees stark ab. Die Nebelhöhen zeigen allerdings auch einen regional unterschiedlichen Nord-Südgradient. Während im Westen die größeren Nebelhöhen am Alpensüdfuß auftreten, sind sie im Osten häufiger an der Apenninnordabdachung zu verzeichnen.

Zur Berechnung der horizontalen Sichtweite wurden in einem ersten Schritt Bodendaten der SYNOP-Stationen mit den vom Satelliten annähernd zeitgleich aufgenommenen Pixeln für die einzelnen SYNOP-Stationen verglichen. Dabei wurden verschiedene Regressionsbeziehungen zwischen dem Wert der Temperaturdifferenz T_4-T_3 und der beobachteten Sichtweite getestet. Aufgrund des Zusammenhangs von der über den T_4-T_3-Wert indirekt abgeschätzten Nebeldichte und der horizontalen Sichtweite im Nebel konnte eine quadratische Beziehung abgeleitet werden, mit deren Hilfe die Sichtweiten bei einem mittleren Fehler < 100 m direkt aus dem T_4-T_3 Bild berechnet werden können. Diese Methode ist zur Zeit nur auf NOAA-11 Mittagspassagen anwendbar, da bei einem hohen Anteil von Bildrauschen, wie er für NOAA-10 vorliegt, die ermittelte Beziehung nicht gültig ist. Trotzdem kann dieses Verfahren, aufgenommen in die tägliche Routine der Wetterdienste, Grundlage eines operationellen, räumlich differenzierten Nebelwarnsystems sein. In der vorliegenden Arbeit wurden aus dem gegebenen Datensatz von NOAA-11 Satellitenbildern die mittleren Sichtweiteverhältnisse für die Poebene abgeleitet. Es zeigte sich, daß vor allem der zentrale Trog von schlechten Sichtverhältnissen betroffen ist. Hier, sowie in großen Teilen der westlichen Poebene und am Apenninrand liegen bei Nebel in der Mehrzahl aller Fälle Sichtweiten < 100 Meter vor. Daher sind vor allem die Nord-Süd verlaufenden Verkehrsachsen sowie West-Ost verlaufenden Tangenten am Apenninrand durch schlechte Sichtverhältnisse benachteiligt, während die der Fontanili-Zone folgende Autobahntrasse am Alpenrand im Mittel bevorzugt ist.

Aufgrund der physikalisch begründeten Beziehung von Sichtweite und Flüssigwassergehalt im Nebel konnten aus den Sichtweitebildern über eine exponentielle Regressionsbeziehung Karten der Flüssigwasserkonzentrationen (LWC) berechnet werden. Diese wurden wiederum über die Nebelmächtigkeit jedes Bildelements, ermittelt mit Hilfe von Nebelmaske, DGM und Trendflächenanalyse, in Flüssigwassergehalte des einzelnen Pixels umgerechnet. Vergleiche mit den während der EUROTRAC-Kampagne gemessenen Flüssigwassergehalten zeigten eine erstaunlich gute Übereinstimmung von berechnetem und gemessenem Wert. Die verwendeten Mittagsbilder wurden allerdings durch leichte Nebelauflösungserscheinungen am Boden gekennzeichnet, während der Wassergehalt im Nebel ansonsten über das gesamte Vertikalprofil (bis 50 m ü. Grund) annähernd konstant blieb. Der Vergleich von gemessenem und berechnetem LWC zeigte daher, daß aus dem Sichtweitenbild der über das Profil vorherrschende Flüssigwassergehalt und nicht der herabgesetzte Gehalt im Bodenniveau errechnet wurde. Dieses Ergebnis ist auch für die Sichtweitenberechnung von großer Bedeutung und zeigt die Grenzen des Verfahrens. Da der Satellit nur partiell durch den Nebel "hindurchsehen" kann, führt die Berechnung bei abgehobenem Nebel folglich zu größeren Fehlern. So lassen sich auch die Abweichungen von beobachteter und berechneter Sichtweite vor allem im Bereich der adriatischen Küstenebene erklären, wo vornehmlich Mischungsnebel mit etwas vom Boden abgehobenem Feuchtemaximum auftritt. Der errechnete Flüssigwassergehalt ist vor allem für die Intensität der feuchten Deposition von Bedeutung. Die mittleren Karten zeigen drei Zentren des Flüssigwassergehalts in der Poebene. Das erste Zentrum liegt in der westlichen Poebene im Bereich von Novi Ligure und Alessandria. Die nächste Nachbarschaft zum Golf von Genua und die niedrigen Paßhöhen durch den Apennin lassen darauf schließen, daß der Golf von Genua als Feuchtequelle der Nebelbildung in der westlichen Poebene anzusehen ist. Auswertung der Sichtweitedaten und des Windfeldes unterstützen diese Feststellung. Ein zweites Maximum tritt in bogenförmiger Ausprägung am Alpensüdfuß im Bereich von Brescia und Bergamo auf. Die Form dieses Maximums spricht für eine Stauerscheinung der die Paßhöhen aus SW-S überströmenden feuchten Luftmassen, die am Alpenfuß nach W-NW abgelenkt werden. Hier treten aufgrund des Staus der feuchten Luftmassen in nächster Nähe der Kaltluftquelle starke Kondensationserscheinungen mit daraus resultierenden, hohen Flüssigwasserkonzentrationen auf. Das dritte Maximum koinzidiert mit dem Sichtweitenminimum an der Apenninnordabdachung und ist ein Indiz der Kaltluftströmung. Zusätzlich zu der aufgrund der Asymmetrie der Poebene am Apenninfuß kanalisierten Kaltluftströmung aus dem alpinen Bereich liefern alle Apennintäler ebenfalls Kaltluft, so daß die Kondensation und somit die Flüssigwasserbildung am Apenninrand besonders stark ist.

Der aus Satellitenbildern abgeleitete Jahresgang der Nebelhäufigkeit zeigt ganz eindeutig das thermisch bedingte Nebelmaximum in den strahlungsarmen Monaten Dezember und Januar. In diesen Monaten bildet sich häufig ein geschlossenes Nebelmeer über der ganzen Poebene, der adriatischen Küstenebene und der Adria aus, während in den Übergangsjahreszeiten zumindest die adriatische Küstenebene häufiger nebelfrei ist.

Der Tagesgang der Nebelverteilung zeigt die Bedeutung, die Nebelmächtigkeit, Flüssigwassergehalt und das Windfeld auf die tägliche Nebeldynamik haben. Grundsätzlich löst sich der Nebel vor allem in der Übergangsjahreszeit gegen Mittag an den Rändern auf. Diese thermisch bedingte Auflösung betrifft auch häufig die östliche Poebene, da hier sowohl die Nebelmächtigkeit als auch der Flüssigwassergehalt des Nebels wesentlich geringer ist als im Westteil. Weiterhin machen sich die häufigen Einbrüche von östlichen bis nordöstlichen Winden nebelauflösend bemerkbar. Sie können dabei synoptischer Natur sein oder als subsynoptischer Gradientwind zwischen relativ kühler Poebene bzw. Adria und erwärmten Berghängen der Alpen und des Apennin wirksam werden. Beide Erscheinungen lösen typische Auflösungsmuster hervor. Während bei synoptischer Nordostströmung das Nebelmeer von Norden her aufgelöst wird und sich der Nebel häufig am Apennin staut, löst sich der Nebel bei Einbruch des Counterstroms gleichmäßig von der Adria her auf. Auch die Verbreiterung der Poebene östlich des Gardasees beeinflußt indirekt die bevorzugte Nebelauflösung in der Küstebene, da sich der Kaltluftsee auf einer größeren Fläche verteilen muß und folglich in seiner Mächtigkeit abnimmt. Besonders in den Übergangsjahreszeiten werden bei mächtigen Nebelmeeren und ausreichendem Energiegefälle Nebelbänke dem Druckgradienten folgend kleinräumig in höherliegende Bereiche verlagert. Bevorzugte Verlagerungsgebiete sind der obere Lago Maggiore, das Gardaseetal und der Höhenrücken bei Turin sowie mehrere Talausgänge der Alpen und des Apennin.

Die Analyse der mittleren Ausprägung einzelner Klimaelemente bei Nebel unterstützen die aus den Satellitendaten gewonnenen Ergebnisse. Sowohl über die mittleren Druck- als auch über die mittleren Temperaturverhältnisse läßt sich die anthropogene Wärmeinsel in der Agglomeration Mailand gut dokumentieren. Aufgrund der hohen Temperaturen bildet sich eine zentrales Tiefdruckgebiet aus, das, verbunden mit einem durch den Seewind verstärkten Talaufwind, über die Paßhöhen des Apennin feuchte Luftmassen aus dem Golf von Genua etwa zwischen 15:00 und 0:00 Uhr regelrecht ansaugt. Dementsprechend sind die Luftmassen am Boden bei Südwest und Südströmungen im Bereich von Linate besonders feucht. Dies führt im Bereich von Novi Ligure zu einer vom normalen Jahresgang völlig abgekoppelten Nebelbildung vor Sonnenaufgang und erklärt das Feuchtemaximum in diesem Bereich. Die Kaltluftabflüsse sind in den frühen Morgenstunden am intensivsten und nehmen zum Nebel- und Einstrahlungsmaximum hin kontinuierlich ab, so daß gegen Mittag im Nebel häufig Windstille herrscht. Trotzdem sind die Kaltluftströme bei Nebel so stark, daß sie sich je nach Wetterlage gegenüber dem mittleren winterlichen Windfeld aus westlicher Richtung bis an die Adriaküste fortsetzen und sogar über der Adria bis Triest wirksam werden können. In der nordöstlichen adriatischen Küstenebene um Udine bildet sich fast ausschließlich bei Kaltluftströmen, deren Geschwindigkeit häufig unterhalb der Meßgenauigkeit (< 1 kn) liegt, Nebel aus.

Die Untersuchung des vertikalen Windfeldes zeigt, daß der östliche Counterstrom oft in Höhen bis 800 m ü. NN noch in Mailand wirksam wird. Die starken und hochreichenden Inversionen liefern allerdings im allgemeinen die West- WSW-Strömungen. In Udine Rivolto tritt im allgemeinen nur bei Höhenwinden aus diesem Windsektor überhaupt Nebelbildung ein, während in Linate auch bei Ostwinden Nebel zu verzeichnen ist. Ein Vergleich der Inversionsstärken an den drei Radiosondenstationen der Poebene zeigt, daß die zur Nebelbildung notwendige Stabilität der unteren Troposphäre, die der Stärke der Inversion entspricht, von Westen bis in die nordöstliche adriatische Küstenebene zunimmt, so daß bei schwachen Inversionen, die in Linate bereits zu Nebelbildung ausreichen, Udine in keinem Fall Nebel verzeichnet.

Ein weiteres Ziel der Arbeit war es, verschiedenen Strömungssituationen und typische Nebelmuster in einem regionalen Katalog von Nebelwetterlagen zu systematisieren. Zu diesem Zweck wurden neben den Radiosondendaten auch Wetterkarten sowie die typischen Nebelmuster der binären Nebelmasken untersucht. Eine Clusteranalyse ergab sechs Wetterlagen, von denen fünf antizyklonale Lagen die eigentlichen Nebelwetterlagen darstellen. Die Wetterlage mit der größten Nebeldichte, dem höchsten Flüssigwassergehalt und der größten Persistenz ist die Westlage. Bei ihr führt die westliche Strömung im Mediterranraum zu einem direkten, synoptisch induzierten Überströmen der Paßhöhen bei Genua, so daß sehr feuchte Luftmassen in die Poebene gelangen und dort auf ein ausgeprägtes Kaltluftpolster treffen. Aufgrund des hohen Feuchtegehalts der beteiligten Luftmassen bilden sich Bodennebel mit großer vertikaler Mächtigkeit aus, die sich bis auf die Adria und die adriatische Küstenebene ausdehnen. Auch der Golf von Genua ist partiell nebelbedeckt. In diesen Fällen findet sich häufig eine Verbindung mit dem Nebelmeer in der Poebene über die Paßhöhen (Passo dei Giovi u.a.). Das steuernde Druckzentrum liegt bei dieser Wetterlage über dem westlichen Mittelmeer. Ähnliche Nebelsituationen ruft die Ostlage hervor, wenn die westliche Poebene noch unter dem Einfluß westlicher Höhenwinde liegt. Die nördliche Adria und die nordöstliche adriatische Küstenebene sind aufgrund der Ostströmung in der Regel nebelfrei. Setzt sich die Ostströmung aufgrund eines nach Osten verschobenen mitteleuropäischen Hochs bis Mailand durch, resultieren seichte Nebelmeere, die sich in Verbindung mit dem subsynoptischen Counterstrom an der Adriaküste gegen Mittag in der Regel auflösen. Die Nordostlage rekrutiert sich aus einem nach Westen vordringenden Tief über Rußland, das die Stromlinien auf der Rückseite des mitteleuropäischen Hochs zusammendrängt, so daß über die Wiener Senke kontinentaleuropäische Luftmassen mit höherer Windgeschwindigkeit bis in die östliche Poebene vordringen können. Hier verursachen sie Nebelauflösung und Stauerscheinungen am Apenninrand und den Apennintälern, während die westliche Poebene in der Regel noch nebelbedeckt ist. Aufgrund der an der Nebelbildung beteiligten kontinentalen Luftmassen liegt sowohl bei der Ost- als auch bei der Nordostlage rein thermisch bedingter Strahlungsnebel mit niedrigen Wassergehalten vor, der auch gegenüber schwacher Erwärmung sehr empfindlich ist und daher eine geringere Persistenz aufweist, als der feuchte Westlagennebel. Ein Hoch über Nordafrika verursacht meist eine Südwestströmung mit partieller Nebelauflösung. Die feuchten Luftmassen kondensieren dabei am südlichen ligurischen und toskanischen Apennin, so daß im Lee des Apennins ein leichter Föhneffekt wirksam wird, der die Nebelmeere am Apenninfuß auflöst. Die Südgrenze der Nebelmeere bildet häufig der Po, wobei sich die Nebelauflösung je nach Stärke der Strömung auch bis zum Alpensüdfuß durchsetzen kann. Besonders bedeutend für die Nebelbildung im Bereich der adriatischen Küstenebene und der Adria ist die Südostlage, die bei einem steuernden Hochdruckgebiet mit Zentrum über der Ägäis auftritt. Hier werden feuchte Luftmassen über die Adria bis in die östliche Poebene transportiert und verursachen dort ebenfalls feuchten Mischungsnebel, der auch über der nördlichen Adria persistent bleibt. Im Westen der Poebene treten allerdings nur noch flache Nebelmeere auf, die allerdings aufgrund des hohen Wassergehalts stark reduzierte Sichtweiten verursachen können. Insgesamt liegt das steuernde Druckzentrum für persistente Nebelereignisse, die auf hohe Flüssigwassergehalte angewiesen sind, immer im Mittelmeergebiet, wobei die Südwestlage eine Ausnahme darstellt. Der dabei auftretende Mischungsnebel wird dabei entweder aus der Adria (SE-Lage) oder aus dem Golf von Genua (W-Lage) mit Feuchtigkeit versorgt. Die eher thermisch gebildeten Strahlungsnebel bei Ost- und Nordostlagen treten häufig bei mitteleuropäischen Hochdruckgebieten auf, die kontinentale Luft in den Mittelmeerraum verfrachten. Hier beruht die Kondensation bei relativ trockenen Luftmassen auf einer starken nächtlichen Auskühlung.

Aus lufthygienischer Sicht sind daher vor allem die Westlagen ein besonderes Problem, da sie alle negativen Eigenschaften vereinen. Neben der hohen Persistenz weisen sie die höchsten Flüssigwassergehalte auf, so daß die feuchte Deposition erhöht ist. Die vertikal meist über 1000 Meter mächtige Inversion behindert bei relativ geringer Windgeschwindigkeit am Boden den Luftaustausch massiv. Im Mittel aller Nebellagen ist die westliche Poebene vor allem im Bereich des Apennin lufthygienisch besonders gefährdet. Die Nähe des Agglomerationsraums Mailand mit seiner Konzentration von Emissionsquellen, die Lage der Verkehrsachsen und die Ausprägung des Nebelmeeres sowie der einzelnen Klimaelemente verursachen eine besonders große Gefährdung in den Bereichen südlich von Mailand, bei Alessandria und entlang des Apenninnordfußes.

Summary:

This chapter presents a fog climatology of the Po Valley derived from satellite images and meteorological data with special reference to applications in traffic planning and air quality studies. Procedures will be outlined processing fog frequency maps as well as maps of horizontal visibility and liquid water content from digital satellite data and the results will be discussed.

Due to the interrelation between the reflective part in the channel 3 (AVHRR) signal and the horizontal visibility a relation between observed visibilities and the T_4-T_3 signal could be found. A quadratic equation allows the calculation of horizontal visibilities from NOAA-11 noon overpasses. The mean error is less than 200 m in nearly 80% of all cases. Errors mainly occur under conditions of a turbulent surface layer. The liquid water content of fog can be determined from the visiblity map using KOSCHMIEDER's equation, subject to stable mean droplet spectra in the Po Valley radiation fog of about 5μm. The combination of the thickness of fog derived from the digital elevation model (DEM) and trend surface analysis (see part I) with the liquid water content leads to a map of the total liquid water content of every fog covered pixel. The knowledge of liquid water content is very important for the evaluation of damp deposition.

Concerning to the mean fog distribution the Po Valley can be subdivided into three different regions. The eastern part east of Lake Garda is a transitional zone between the central Po Valley in the west frequently covered by fog and the coastal plain of Friuli in the north-east which is relative sparse in fog. In all parts the mean fog distribution is modified by local effects. In the Milan area e.g. fog disappears very often until noon due to the well developed urban heat island. The thickness of the fog cover generally decreases from the west to the east whereas in north south direction a shift in thickness takes place from greater values at the Alpine slope in the western and thicker layers at the Apennines slope in the eastern Po Valley. Especially the central trough is affected by reduced horizontal visibilities less than 100 m very often. Liquid water contents greater than 300 mg m^{-3} occur in three parts of the Po Valley. One center is the area of Novi Ligure, where transport of moist air from the Gulf of Genoa over the Apennine's passes (e.g. Passo dei Govi) provides humidity for condensation processes. Other centers are the Alpine slope at Bergamo and Brescia as well as the Apennines slope where dynamic effects and intensive cold air drainage flow force condensation.

Radiation fog in the Po Valley mainly is a product of the cold season with maximum frequency in December and January. Of great importance especially for traffic affairs is the daily fog dynamic controling fog dissipation and/or fog movement. Dissipation at the edges of the fog layer is a product of thermal heating especially in the in-between seasons. Due to

the above mentioned gradients in vertical extent of the fog layer and the decreased liquid water content thermal induced fog dissipation occurs first in the eastern part of the Po Valley. The synoptic cold air flow with its origin in Central Europe is able to affect the dissipation in the coastal plain of Friuli and the eastern central trough over the Viennese valley often combined with a regional Counter Current induced by strong pressure gradients between the Adriatic Sea, the Po Valley and the well illuminated Alpine/Apennine-plains.
Fog movement due to strong local thermal gradients ("Fog Waves") between fog covered and the adjacent areas could be found in the Valleys of Lake Maggiore Valley, of Lake Garda, the ridge south-east of Torino as well as the end of several Alpine and Apennines valleys under conditions of great vertical extent of the fog layer.

Also fog occurence in the Po Valley is investigated dependent on different weather situations. By means of a Cluster analysis six different situations could be found. Three of them are forced by relative moist and warm air from the Mediterranean area. The type West (W) causes the most persistant fog situations accompanied by the worst horizontal visibility and the highest liquid water content. Situations with air streams from South-West (SW) and resulting condensation at the south-western slopes of the Apennines (Tuscany) are responsible for a weak Foehn effect on the lee side of the Apennines responsable for fog dissipation in the south of the river Po. The type South-East (SE) is characterized by shallow fog layers, worse horizontal visibility and great amounts of liquid water origined from the Adriatic Sea.
Three other types of fog situations occur under the influence of relative cold and dry airmasses from Middle or East Europe. Compared to the more maritime typ of cold-land advection fog two of this three types are typical radiation fog situations. During East situations an extended fog layer covers the central Po Valley exepted the coastal plain of Friuli. During North-Easterly (NE) situations strong winds form north-east direction as well as the well developed counter stream causes large area fog movement in the eastern part of the Po Valley towards the Apennines foot where the Valleys will be flooded by fog. The third cyclonic weather type produces pre-frontal fog in relation to a cold front moving from Eastern Europe over Yugoslavia and the Adriatic Sea. Low stratus with ceilings of 600-800 m and fog tops of about 1000-1200 m covers the western part of the Po Valley flooding the Alpine Valleys (e.g. Aosta Valley).
From the viewpoint of air quality the West situation is the most dangerousd case because of the persistance over a couple of days and the great amount of liquid water with a resulting high deposition rate.

1 Einleitung

Nebel als meteorologisches Phänomen hat vielfältige Konsequenzen für die Geo- und Biosphäre sowie den Aktionsraum des wirtschaftenden Menschen (s.a. WANNER 1979:27, WINIGER 1975:101). Nebel stellt generell eine Sonderform von Wolken dar, die dem Gelände aufliegen (HENNING 1978:282). Die internationale Definition von Nebel leitet sich aus dem Sichtweitenkriterium ab. Demnach spricht man von Nebel, wenn die horizontale Sichtweite weniger als 1000 Meter beträgt (WANNER 1979:41). In Anbetracht dieser beiden Definitionen wird eine Bergstation, die in einer Wolke liegt, Nebel melden, während eine unter der Wolkendecke liegende Talstation zur gleichen Zeit stratiforme Wolken registriert. Aus diesem Grund wurden verschiedene Bewertungskriterien entwickelt, mittels derer Nebel aus genetischer, substratphysikalischer oder räumlicher Sicht sowie nach verschiedenen Sichtweitegruppen klassifiziert werden kann. Einen sehr guten Überblick über diese Problematik gibt WANNER (1979:67-73, s. auch BACHMANN, Teil II), so daß hier nur auf generelle Unterschiede hingewiesen werden soll. Räumlich zu trennen sind Boden-, Hoch- und Hangnebel, die aus genetischer Sicht z.B. ein Produkt von Ausstrahlungswetter oder Mischungsvorgängen verschieden temperierter oder feuchter Luftmassen sein können.
Für die zentrale Poebene sind zum Großteil Ausstrahlungsvorgänge mit abgehobener Bodeninversion relevant, während im südlichen Teil der adriatischen Küstenebene auch Mischungsnebel entstehen können, wobei beide Prozesse in der Hauptsache Bodennebel verursachen (PAGLIARI & PERSANO 1969:115-116).

1.1 Der Untersuchungsraum

Wie das nördliche Alpenvorland ist auch die Poebene eine Senke mit häufig auftretendem winterlichen Nebel. Der Kenntnisstand über die Nebelverhältnisse ist vor allem in den Bereichen der vertikalen Ausdehnung des Nebels, der Nebeldynamik sowie der strömungsabhängigen Nebelbildung für die Poebene noch weitgehend defizitär. Alle Probleme, die bei Nebel auftreten, gelten auch in der Poebene, wobei zentrale Themen die Reduktion der Sichtweite sowie das Auftreten von Wintersmog sind. Das läßt sich aus den Zeitungsmeldungen norditalienischer Tageszeitungen im Winterhalbjahr täglich ablesen. So finden sich während Nebelperioden häufig Schlagzeilen wie die folgenden (La Provincia, 20.11.1990):

"Nebbia, autostrade bloccate" MILANO-Ancora una giornata difficile al Nord a causa della nebbia....
("Nebel, Autobahn blockiert". Wieder ein schwieriger Tag im Norden aufgrund von Nebel....)

oder wegen der den Nebel begrenzenden Inversion:

"Inquinamento: Milano, aria di chiusura" Oggi un vertice, forse uno stop al traffico per domenica....
("Luftverschmutzung: Mailand unter Luftabschluß" Heute ein Höhepunkt, vielleicht Fahrverbot für Sonntag....)

Nicht zuletzt ist die Frage, ob während Nebelsituationen Verbindungen der Grundschichtzirkulation zwischen Alpennord- und Alpensüdseite vorliegen oder ob die Alpen als Barriere eher umströmt werden, von global-klimatologischem Interesse.

1.2 Verwendetes Datenmaterial und Untersuchungszeitraum

Die vorliegende Arbeit basiert grundsätzlich auf der Auswertung digitaler Satellitenbilder der NOAA-Satelliten 10 und 11. Aus dem gesamten Bildmaterial wurde ein Datensatz von 102 Szenen der Winterhalbjahre 1988/89, 1989/90 und 1990/91 ausgewählt. Auswahlkriterium war die Nebelbedeckung der Poebene.
Zur Verifikation der Ergebnisse und anschließenden Untersuchungen zur Nebelklimatologie wurden Datensätze der norditalienischen SYNOP-Stationen sowie Radiosondendaten eingesetzt. Es handelt sich dabei um stündliche bzw. dreistündliche Sichtweitedaten verschiedener Stationen für den Zeitraum 1959-1989 sowie Daten der Radiosondenstationen Milano-Linate und Udine Rivolto der Termine 0:00 und 12:00 UT für den Zeitraum 1978-1987. Weiterhin konnten die dreistündlichen Datensätze der SYNOP-Stationen für die Termine der vorhandenen Satellitenbilder ergänzt und auf die Klimaelemente Druck, Temperatur, Taupunkt, Windrichtung und -geschwindigkeit ausgedehnt sowie zusätzlich für diese Termine Radiosondendaten der oben aufgeführten Stationen für 0:00, 6:00, 12:00 und 18:00 UT beschafft werden. Auch einzelne Beobachtungen der experimentellen Sonde von S. Pietro Capofiume, nordöstlich von Bologna, konnten verarbeitet werden. Die Daten konnten von der ITAV, Aeronautica Militare in Rom bezogen werden. Wetterkarten des italienischen Militär-Wetterdienstes (ITAV) sowie Daten des OBSERVATORIO DI BRERA, Mailand, Piazza Duomo, wurden mir freundlicherweise im Observatorium zur Verfügung gestellt. Die Lage der SYNOP- sowie der Radiosondenstationen sind Figur 1.1 zu entnehmen.

1.3 Zielsetzung der Untersuchung

Ziel des Teil III ist es, die in Teil I angesprochenen Fragestellungen mittels Satellitendaten und unterstützenden Bodendaten zu bearbeiten. Teil III gliedert sich angelehnt an Teil I in einen weiteren methodischen Teil sowie die klimatologische Auswertung der Datensätze.
Nach einem einleitenden Kapitel zur naturräumlichen Ausstattung der Poebene werden im methodischen Teil zwei weitere Verfahren vorgestellt, die sich mit der Berechnung von Sichtweitekarten sowie Karten des Flüssigwassergehalts aus NOAA-11 Bildern befassen. Weiterhin wird die Berechnungsgrundlage der Häufigkeitskarten erläutert und die mittlere horizontale und vertikale Verteilung des Nebels in der Poebene sowie die mittleren Sichtverhältnisse und Flüssigwassergehalte dargestellt. In den weiteren Kapiteln werden der Jahres- und der Tagesgang des Nebels sowie die meteorologischen Bedingungen der Nebelentstehung beschrieben und letztlich ein System von Nebelwetterlagen abgeleitet.

Auf der Basis der angeführten Methoden werden unter Zuhilfenahme der Methoden aus Teil I verschiedene Produkte aus den vorhandenen Satellitenbildern berechnet, die als digitale Datensätze zur weiteren klimatologischen Bearbeitung zur Verfügung stehen.

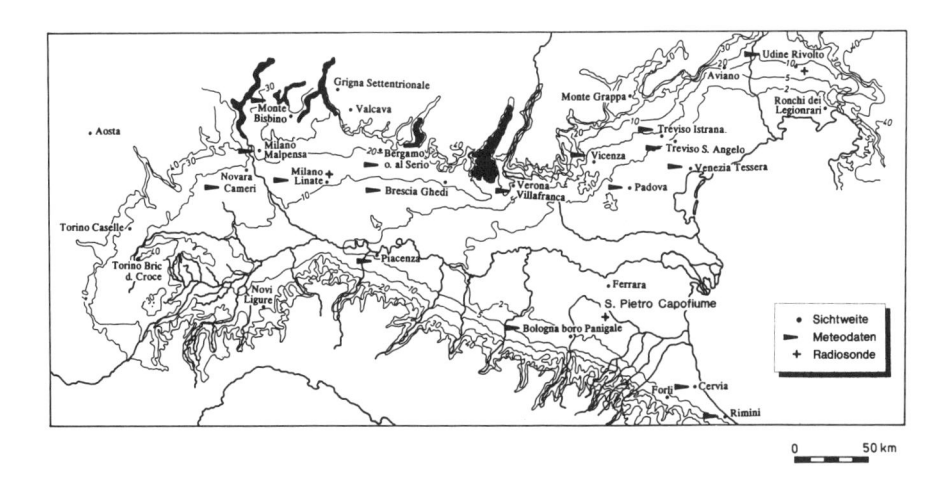

Fig. 1.1: Karte der verwendeten SYNOP- und Radiosonden-Stationen

Das Flußdiagramm 1.2 zeigt die einzelnen Schritte der Datenaufbereitung und die resultierenden Produkte, die Abhängigkeit der einzelnen Datenebenen untereinander und die genaue thematische Zielsetzung der einzelnen Analysen. Prinzipiell können Daten unterschieden werden, die direkt (direkte Linien) und kombiniert mit anderen Daten (Knotenpunkte) thematische Aussagen zulassen oder lediglich zur Verifikation der aus den Satellitendaten gewonnenen Produkte (Pfeile) dienen. Wie aus dem Schema zu ersehen ist, nimmt die klimatologische Fragestellung einen zentralen Punkt ein.
Im klimatologischen Teil dieser Arbeit sollen neben der horizontalen und vertikalen Nebelverbreitung im Jahresmittel auch der Jahres- sowie der Tagesgang eingehend untersucht werden. Dieser Arbeitsschritt kann zum Großteil mit Hilfe von verifizierten Produkten der Satellitenbilder durchgeführt werden. Um eine Wetterlagenabhängigkeit des Nebelaufkommens ableiten zu können, sind Bodendaten sowie die Daten der Radiosonden eine unabdingbare Eingangsgröße, über die das dreidimensionale Windfeld während verschiedener Nebelsituationen erfaßt werden kann. Neben den Meteodaten sind vor allem die berechneten Flüssigwasserkarten sowie die horizontale und vertikale Nebelverbreitung der Einzeltage eine wichtige Kenngröße für die Windfeldanalyse. Alle aufgeführten Analysen im Klimabereich dienen letztlich der Ableitung einer wetterlagenabhängigen Nebelklimatologie für die Poebene.
Neben der klimatologischen Fragestellung sollen weiterhin die zwei anwendungsbezogenen Bereiche untersucht werden, die den Lebensraum in der Poebene besonders negativ beeinflußen. Dies sind die Aspekte der verminderten Sichtweite und der Wirkung des Wintersmogs auf das natürliche und anthropogene Umfeld. Die Berechnung der horizontalen Sichtweite soll dabei die Bedeutung von Satellitenbildern für mögliche satellitengestützte Nebelwarnsysteme aufzeigen. Ferner ist der Flüssigwassergehalt als Agens für die Deposition von Luftschadstoffen besonders aus lufthygienischer Sicht von herausragender Bedeutung, so daß mit der vorgestellten Methode die Grundlage erarbeitet wird, Informationen

über Teilräume der Poebene, die durch Nebelimmissionen besonders gefährdet sind, direkt aus dem Satellitenbild abzuleiten.

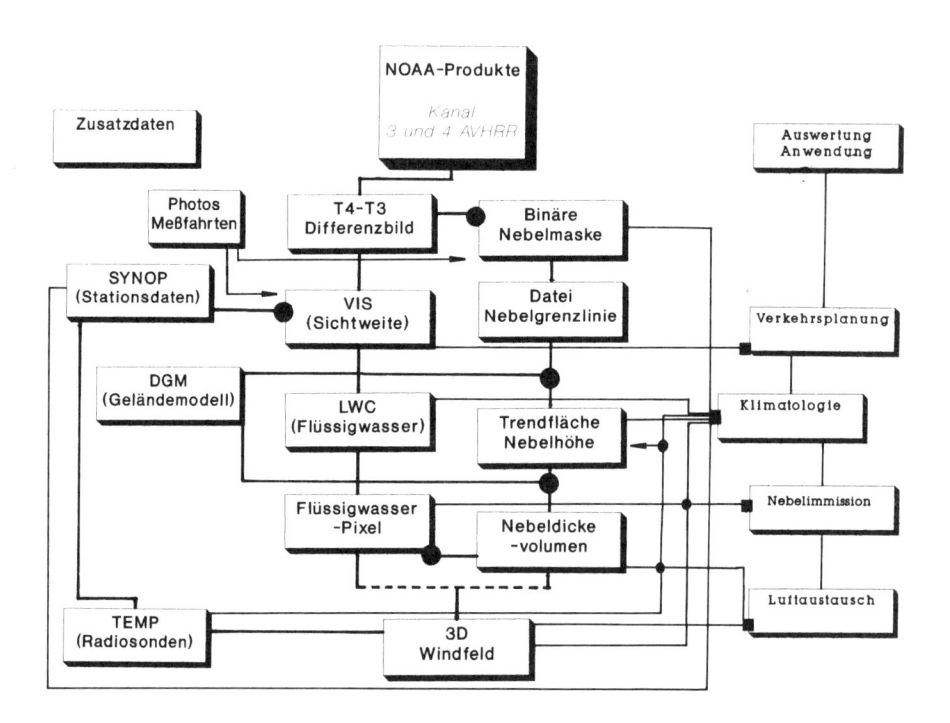

Fig. 1.2: Flußdiagramm und Zielsetzung der Datenanalysen

2 Der Untersuchungsraum

Die naturräumliche Ausstattung der Poebene und hier vor allem die geologisch und morphologisch vorgegebene Struktur sowie die die Ebene umgebenden Gebirgsketten, sind maßgeblich für die Struktur der horizontalen und vertikalen Nebelverbreitung verantwortlich. Orographisch bedingte Kaltluftabflüsse, Barriereneffekte der umgebenden Gebirge sowie der regionale Einfluß des Mittelmeeres beeinflußen die klimatische Großgliederung und rufen im Zusammenspiel mit der hohen winterlichen Luftbelastung ein eigenes "Nebelklima" hervor.

2.1 Die naturräumliche Ausstattung des Untersuchungsgebietes

Die Poebene als miozäner Senkungs- und Akkumulationsraum präsentiert sich als ein von Gebirgen umschlossener Trog, der nach Osten zur Adria hin geöffnet ist und in der adriatischen Küstenebene flach ausläuft. Im Norden und Westen wird die Ebene vom Alpenbogen umschlossen, während sie im Süden durch die Höhen des Apennins begrenzt wird. Diese Gebirgsbarriere verjüngt sich zwischen der Poebene und dem Golf von Genua auf eine Breite von durchschnittlich 40 Kilometern in die einige süd-/südostorientierte Täler mit Paßhöhen von 420 bis 520 Metern eingeschnitten sind. Sowohl erdgeschichtlich als auch hinsichtlich der heutigen Physiognomie muß die Padania besonders im Hinblick auf die Nebelklimatologie differenzierter betrachtet werden (s. Fig. 2.1).

Im Nordwesten der Poebene folgen den von Löß bedeckten jungpleistozänen Schwemmkegeln (zwischen 200 und 300 m ü. NN) im Bereich von Turin die tertiären Hügelländer von Monferrato und der Langhe, die Gipfelhöhen von 715 m ü. NN bei Turin respektive 762 m ü. NN bei Dogliani erreichen. Durch die starken glazialen Schutttransporte und die resultierende quartäre Auffüllung der Ebene ist der Übergang vom Alpenrand zur eigentlichen Poebene ziemlich seicht. An einen Moränengürtel vor den Talausgängen der großen Seen (Comer See, Lago Maggiore und Gardasee) mit Höhen zwischen 200 und 400 Metern über NN schließt sich im Süden das Band der grobschottrigen Alta Pianura (100-200 m ü. NN) an, die durch die Fontanili-Zone getrennt in die Bassa Pianura übergeht. In Relation zur Geländehöhe ist dabei besonders der Moränengürtel um den Talausgang des Gardasees mit Höhen bis zu 206 m ü. NN hervorzuheben. Die aus feinerem Material bestehende Bassa Pianura (50-100 m ü.NN) dringt im Westen bis auf 30 Kilometer an die Apenninnordabdachung vor und zieht sich nach Osten immer weiter zum Alpenrand zurück, bis sie östlich von Verona von den vulkanischen Monti Berici und den Euganeen (444 bzw. 610 m ü. NN) unterbrochen wird. Die Abfolge von Alta und Bassa Pianura setzt sich dann in der adriatischen Küstenebene in einem niedrigeren Niveau fort (Fontanili Zone bei 30 m ü. NN), wodurch die Bassa Pianura an der italienisch-jugoslawischen Grenze fast die Küste erreicht.

Durch die starke quartäre Aufschotterung der westlichen Poebene ist der Po asymmetrisch gegen den Apenninrand verschoben. Vor allem zwischen Voghera und Piacenza grenzt der Apennin daher in steilen Bruchkanten schroff abfallend an die Flußaue des Pos mit Höhendifferenzen von bis zu 400 Metern auf zwei Kilometer Entfernung. Aufgrund der Verbreiterung der Poebene nach Osten konnten auch die aus dem Apennin kommenden Flüsse während des Pleistozäns Schotter sowie Feinmaterial in der Ebene ablagern. Diese Akkumulationsformen werden zur adriatischen Küste hin bis Bologna breiter und laufen dann in einem enger werdenden Band an der Adriaküste aus. Die Schotter- und Schwemmkegel erreichen dabei Höhen zwischen 50 und 100 Metern ü. NN.

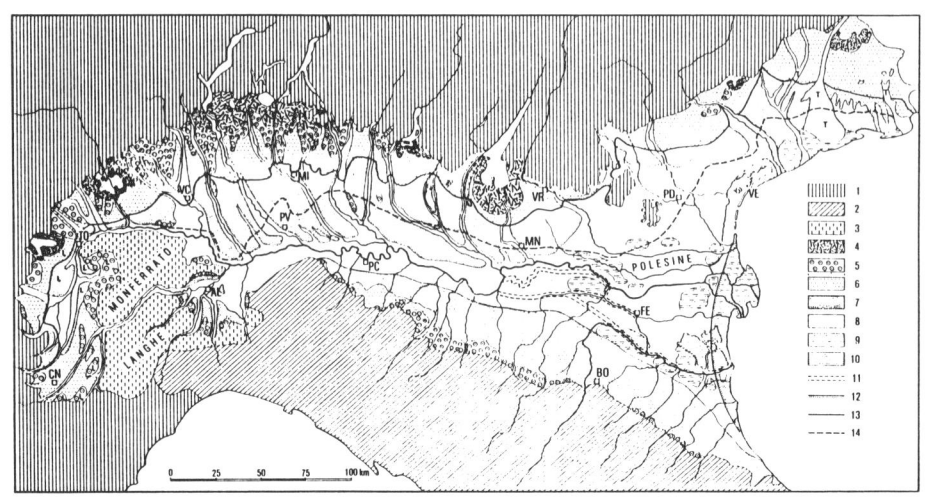

Fig. 2: Die naturräumliche Ausstattung der Padania. Nach LEHMANN 1961a, S. 97.
1 Alpen einschließlich Mti. Berici und Euganeen. 2 Apennin. 3 Tertiärhügelland von Monferrat und der Langhe. 4 Moränenamphitheater. 5 Altpleistozäne Schotter der Pianalti. 6 Jung- und mittelpleistozäne Schwemmkegel der Alta Pianura am Alpenrand mit Gefälle über 2⁰/₀₀ einschließlich des Schwemmkegelsaumes der Emilia zum Teil mit Löß (L.).
7 Größtenteils jungpleistozäne Schwemmkegelschleppen der Bassa Pianura, südlich Turin mit Löß (L). 8 Postglaziale Aufschüttungen der Bassa Pianura und postglaziale Torrentenschotter (T). 9 Organische Böden der Sumpf- und Lagunenzone in der Bassa Pianura. 10 Tote Lagunen. 11 Alte Po-Läufe. 12 Vorgeschichtlicher Strandwall im Mündungsgebiet des Po. 13 Obere Grenze der Fontanilizone. 14 Untere Grenze der Fontanilizone.

Fig. 2.1: Naturräumliche Ausstattung der Poebene (aus TICHY 1985)

Im zentralen Bereich geht die Ebene bei Höhen unter 20 Meter ü. NN. in das Schwemmland der Bassa Pianura und die Lagunenzone der Adriaküste über. Diese doppelte Asymmetrie einer West-Ost- bzw. Nord-Süd-Kippung der Poebene dürfte für die Kanalisierung der Kaltluftströmung eine bedeutende Rolle spielen.

2.2 Klimatische Gliederung der Poebene

Die Poebene kann als klimatischer Übergangsraum zwischen kontinental-europäischem und mediterranem Klima angesehen werden (TICHY 1985:159). Der kontinentale Charakter setzt sich sowohl im Winter als auch im Sommer durch.

Im Winter beherrschen kontinentale Kaltluftmassen das Klima der Poebene, die über die Wiener Senke in den Mittelmeerraum eindringen. Sie sind als kalte Fallwinde unter dem Namen Bora bekannt und werden vor allem im Bereich der adriatischen Küstenebene wirksam (B in Fig. 2.2). Auch in Abwesenheit einer solchen Strömung füllt sich die Ebene mit einem aus den Alpen und dem Apennin angeströmten Kaltluftpolster, das als ein Hauptgrund für die winterliche Nebelhäufigkeit angesehen werden muß (CANTU 1977:137).

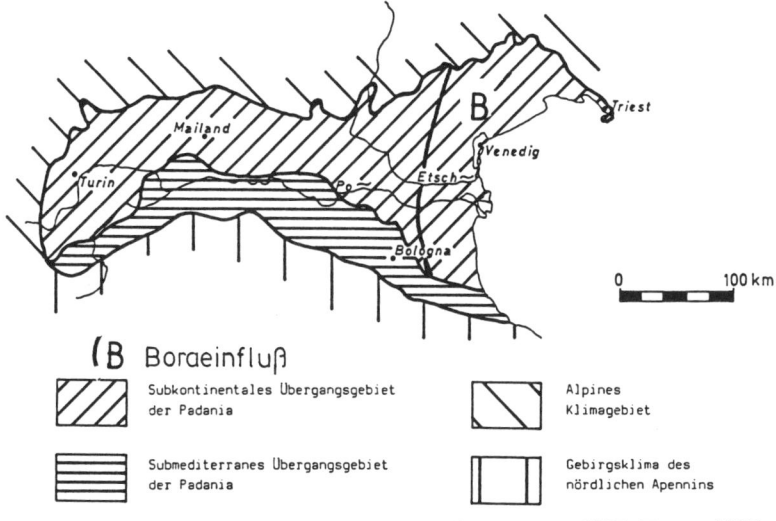

Fig. 2.2: Klimagliederung der Poebene (TICHY 1985, CANTU 1977, FLEIGE 1992).

2.2.1 Die solar-thermische Witterung der Poebene im Winter

Der winterliche Nebelreichtum der Poebene muß sich folgerichtig auch auf die Strahlungs- und Temperaturverhältnisse der Poebene auswirken. Die Einstrahlung ist dabei im westlichen Zentralraum der Poebene am geringsten (Fig. 2.3).

Bedingt durch Nebel empfängt dieser Raum nur noch 20% der potentiellen Besonnung (CICALA 1982:84). Demgegenüber ist der Alpenrand sowohl durch das winterliche Niederschlagsminimum als auch aufgrund von temporären Nord-Föhnlagen (TICHY 1985:144) besonders begünstigt. Mit 50% Besonnung werden Werte erreicht, die erst wieder im äußersten Süden Italiens auftreten. Ein anderer Indikator für den Nebelreichtum ist die Ratio von diffuser und direkter Einstrahlung.

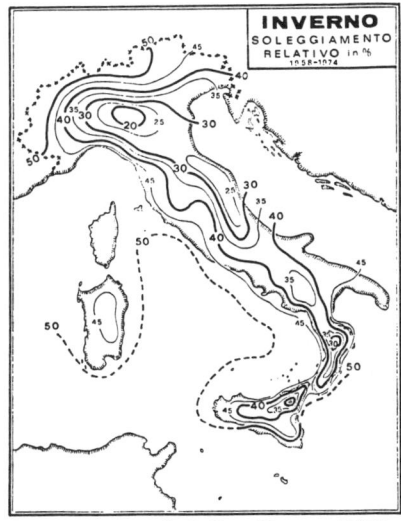

Fig. 2.3: Relative winterliche Besonnung in Italien (CICALA 1982)

Sie zeigt für eine nebelfreie, trockene Atmosphäre typische Werte von 0.1-0.5. Im Winterhalbjahr registriert Mailand aufgrund der im Nebel vorherrschenden diffusen Strahlung Werte von 1.5 (GIULIACCI 1985:6). Die thermische Gliederung der Poebene ist ebenfalls eine Folge der durch Nebel reduzierten Einstrahlungsverhältnisse (s. Fig 2.4).

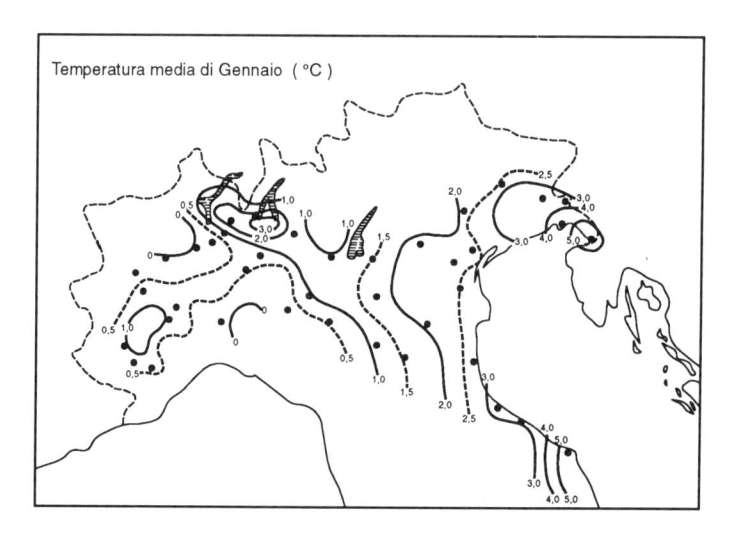

Fig. 2.4: Mittlere Temperatur in der Poebene im Januar (GIULIACCI 1985)

Die Temperaturkarte für den Januar zeigt ein deutliches Temperaturminimum (0-0.5 °C) im Westen der Poebene am Ausgang des Aostatals sowie am Apennin im Bereich von Novi Ligure. Zur Adria nimmt die Mitteltemperatur zu und steigt an der jugoslawisch-italienischen Grenze bis auf 4-5°C an. Die Zunahme ist allerdings asymmetrisch und vollzieht sich im Alpenbereich schneller als am Apenninrand, da die oben angeführte klimatische Begünstigung des Alpensüdrandes vor allem im Bereich der großen Seen Wärmeinseln enstehen läßt, wobei sich das absolute Wärmezentrum mit Temperaturen > 3°C im Bereich des Comer Sees befindet (GIULIACCI 1985:39).

2.2.2 Das mittlere Bodendruck- und Bodenwindfeld der Poebene im Winter

Die Durchlüftung der Poebene während Nebelperioden hängt von der Stärke und Richtung des synoptischen Windes am Boden und von den orographischen Kaltluftabflüssen ab.
Dabei findet auch in der Poebene die Ausbildung von Strahlungsnebel hauptsächlich während gradientschwacher Hochdrucklagen statt, bei denen das lokale, thermisch induzierte Windfeld dominiert (GIULIACCI 1985:182).
Das mittlere winterliche Windfeld der (s. Tafel 3.1) Poebene zeigt im Westen die Dominanz der aus den Kaltluftabflüssen resultierenden nord- bis nordwestlichen Strömung, die im Mittel Geschwindigkeiten < 5 Knoten aufweist, während diese Strömung etwa in Höhe des Gardasees von östlich einfallenden Winden überprägt wird, deren Geschwindigkeitsmaximum mit 8-12 Knoten in der Venetischen Ebene liegt.

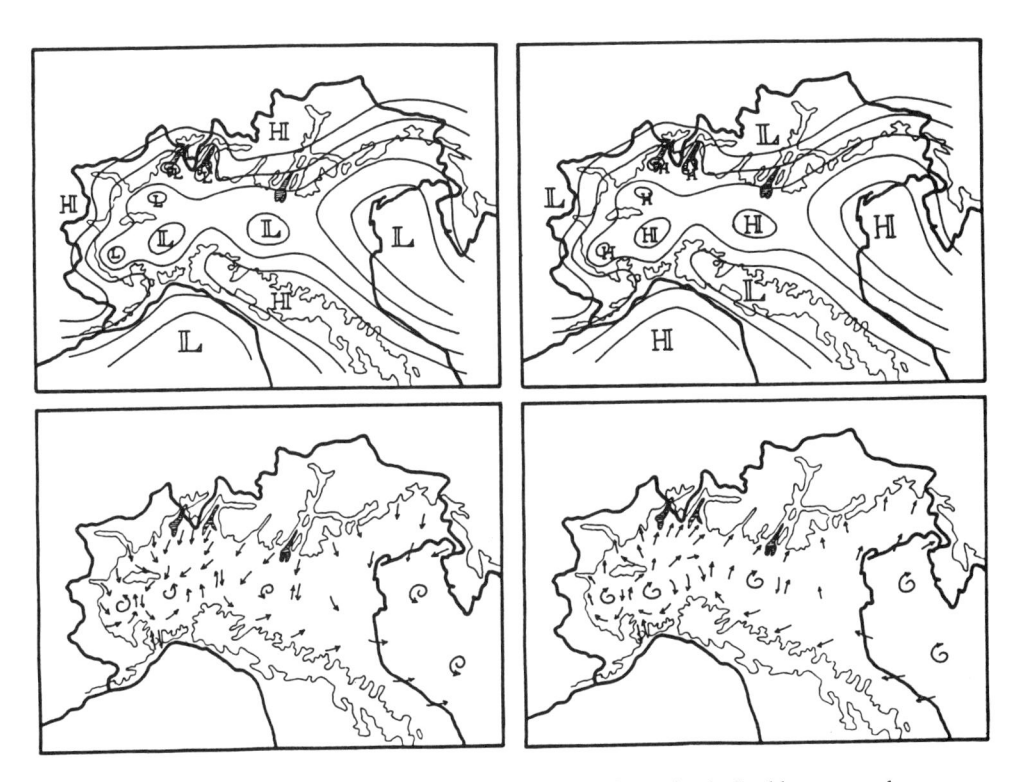

Fig. 2.5: Bodendruck- und Strömungsfeld der Poebene für optimale Strahlungswetterlagen, links 0:00 GMT, rechts 12:00 GMT (BORGHI & GIULIACCI 1982).

Diese Winde werden in Höhe des Gardasees nach Nordwesten abgebogen, so daß im Bereich der südlichen Küstenniederungen Winde aus dem Nordwest-Sektor zu verzeichnen sind. Es zeigt sich wiederum, daß in der Poebene bei ungestörten Hochdrucklagen ein thermisch induziertes Zirkulationssystem ausgebildet wird, das unter optimalen Strahlungsbedingungen einen tagesperiodischen Gang aufweist (Fig. 2.5).

Dabei bildet sich am Tag und in der Nacht aufgrund des thermisch differenten Verhaltens von Ebene, Gebirge und Meer ein gegensätzliches Druckfeld aus. Nachts sind die Gebirge kälter (hoher Druck) als die Ebene (tiefer Druck), so daß über Talachsen sowie über Gebirgshängen Kaltluftströme als Ausgleichswinde wirksam werden. Tagsüber wärmen sich die Gebirge stärker auf als die Ebene, wodurch sich sowohl das Druckfeld als auch der Gradientwind umkehren. Diese Zirkulation ist im Winter aber wesentlich schwächer ausgeprägt, als im Sommer (KOCH 1950:302). Aufgrund der schwachen winterlichen Einstrahlung setzt auch der Umbruch von der Nacht- zur Tageszirkulation erst sehr spät um ca. 15:00 ein und dauert maximal bis 0:00 an (KOCH 1950:300). Bei ungestörter Zirkulation ergeben sich nach Figur 2.5 regionale Zirkulationszellen sowie eine Land-Seewindzirkulation an der Adriaküste. Ein solches Land-Seewindphänomen findet sich allerdings auch an der Ligurischen Küste bei Genua. In Figur 2.5 ist demgegenüber lediglich das Überströmen der Paßhöhen bei Genua in doppelter Richtung angezeigt. Tatsächlich unterliegt dieses

Überströmen einem bestimmten Tagesgang und ist höhenabhängig. Bei herrschendem Landwind (Tag) werden die Pässe bis zu einer Höhe von 800 m ü. NN in Richtung Poebene überströmt, bei Pässen über 800 Meter findet sich die entsprechende Gegenströmung. In der Nacht treten die umgekehrten Flüsse auf (KOCH 1950:307).

2.3 Lufthygienische Situation der Poebene

Die Bedeutung der Poebene im Wirtschaftsgefüge Italiens führt natürlicherweise zu erhöhten Umweltbelastungen, die weltweit für Agglomerationsräume typisch sind. Die Poebene ist die Heimat von 50% der italienischen Gesamtbevölkerung mit zwei Dritteln des gesamtitalienischen Verkehrsaufkommens und der Industrieproduktion (PINNA 1988:7). Hauptverursacher der Luftbelastung sind auch in der Poebene vor allem Kraftwerke, Industrieanlagen, Privathaushalte und der Verkehrsbereich. Dem steht die ungünstige naturräumliche Situation gegenüber. Es treten häufig windschwache Wetterlagen verbunden mit Nebel und ausgeprägten Temperaturinversionen auf, so daß Wintersmog in der Poebene besonders problematisch wird (PINNA 1988:9).

Die Belastung durch Schwefelemissionen liegen in Norditalien mit 50% an der Gesamtemission der BRD besonders hoch. Verursacher sind mit ca. 80% Industrie und Kraftwerke, während an den Stickstoffemissionen vor allem der Verkehr mit ca. 50 % beteiligt ist (PINNA 1988:22). Die norditalienischen Emitenten sind räumlich in der Poebene an bestimmten Stellen konzentriert. Besonders betroffen sind der Großraum Mailand-Pavia, die Gebiete um Turin und Bologna sowie die stark industrialisierte Küstenlandschaft im Bereich von Venedig (Porto Marghera) (Tab. 2.1).

Stadt	SO_2	NO_2^-	Staub
Mailand	41	81	147
Turin	107	140	115
Bologna	21	-	-
Venedig	102	-	62
Reinluftgebiete	< 1	< 1	-

Tab. 2.1: Mittlere Luftbelastung in verschiedenen Städten der Poebene (mg m-3) (MOLINO 1990, Vergleichswerte AKCI 1983.

Während Mailand die höchste Staubkonzentration aufweist, zeigen die Industrieräume um Turin und Venedig die höheren Konzentrationen bei SO_2 und NO_2^-. Insgesamt können die Konzentrationen gegenüber denen von Reinluftgebieten um mehr als das hundertfache erhöht sein.

2.3.1 Auswirkungen der Luftverschmutzung auf Geo- und Biosphäre

Die einzelnen Stoffe haben je nach Reaktivität unterschiedliche Schadwirkungen und sind daher für die verschiedenen Bereiche der Geo- und Biosphäre sensitiv. Die folgende Tabelle 2.2 zeigt die besonders gefährdeten Bereiche geordnet nach Schadstoffgruppen.

Der Zusammenhang von Luftverschmutzung und Krankheitsfällen ist für Turin eindrücklich dokumentiert. Eine Untersuchung in Turin ergab einen deutlichen Zusammenhang von SO_2 und Staubbelastung der Luft sowie dem Auftreten von chronischer Bronchitis (Fig. 2.6).

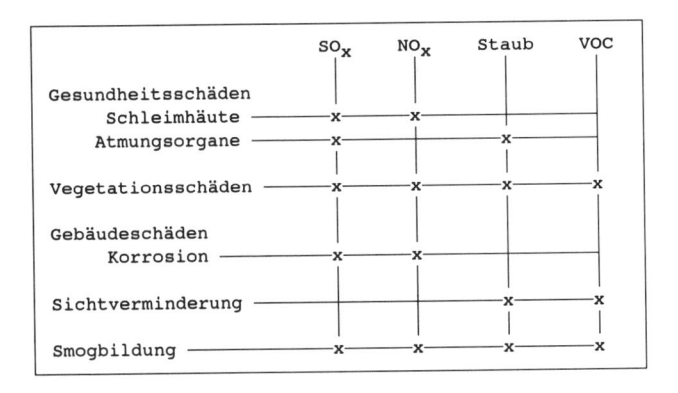

	SO_x	NO_x	Staub	VOC
Gesundheitsschäden				
Schleimhäute	x	x		
Atmungsorgane	x		x	
Vegetationsschäden	x	x	x	x
Gebäudeschäden				
Korrosion	x	x		
Sichtverminderung			x	x
Smogbildung	x	x	x	x

Tab. 2.2: Schadwirkungen verschiedener Substanzen (nach MOLINO 1990, verändert)

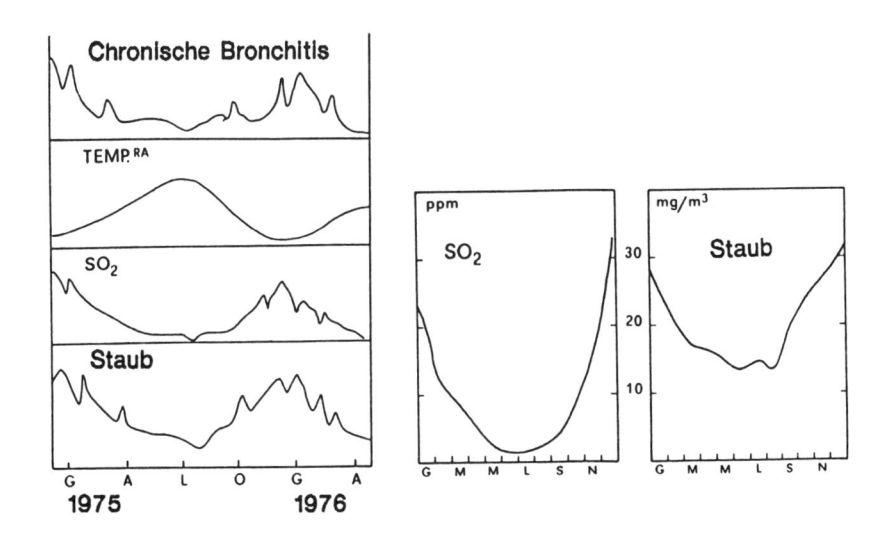

Fig. 2.6: Krankenhauseinweisungen aufgrund chronischer Bronchitis in Turin, Januar (G) 1975 bis April 1976 (nach AROSSA 1978 aus PINNA 1988) und mittlere jährliche Konzentrationen von SO_2 und Staub für Turin (PINNA 1988).

Besonders hervorzuheben ist hier der Jahresgang, der simultane Maxima von Erkrankung und Schadstoffkonzentrationen im Winter anzeigt. Eine Studie des italienischen Gesundheitsministeriums weist daher die Risikoräume für durch Luftverschmutzung bedingte Erkrankungen aus, die sich mit den oben angeführten Agglomerationszentren decken (PINNA 1988).

Das Risiko von Waldschäden scheint nach einer Untersuchung des italienischen Landwirtschaftsministeriums demgegenüber nicht besonders hoch zu sein. In Italien gelten nur 3.5 % des Baumbestandes als geschädigt (PINNA 1988:27). Als Grund wird die größere Resistenz der Vegetation angeführt. Tatsächlich besteht der in der Poebene stockende Baumbestand in den Höhen, die vom Nebel erreicht werden, hauptsächlich aus thermomesophilen Eichen-, Eschen- und Hainbuchenbeständen sowie aus kommerziell genutzten Pappelkulturen (TICHY 1985:230,250), die gegenüber Säureeinträgen resistenter sind als Nadelhölzer (AKCI 1983; 40).

Nicht zu unterschätzen sind allerdings Gebäudeschäden durch Korrosion, die vor allem an den Kulturdenkmälern der Poebene großen Schaden anrichten (PINNA 1988:21). Diese sind mit zunehmender Luftfeuchtigkeit gefährdet (BRBS 1985:50), da aus SO_x und NO_x in wässriger Lösung Schwefel- bzw. Salpetersäure (H_2SO_4 bzw. HNO_3) entsteht. Wenn die Luftbelastung bei entsprechender Feuchte häufig über mehrere Tage konstant bleibt (Nebel), reagieren die Säuren besonders agressiv.

2.3.2 Einfluß von Nebel auf die lufthygienische Situation

In der Poebene spielt der Nebel aus lufthygienischer Sicht eine übergeordnete Rolle. Im Raum Mailand ist häufig das Phänomen zu beobachten, daß sich während antizyklonaler Witterung im Winter eine doppelte Inversion (200/700 m) häufig begleitet von Nebel ausbildet, unter der sich ein Schleier aus schwarzen Staubpartikeln ansammelt. Zum Mittag hin sinkt die Inversion oft ab, so daß die "Schmutzschicht" in tiefere Luftschichten verfrachtet wird (PINNA 1988:12). Bei anhaltender Inversion können diese Verhältnisse auch für den Raum Bologna angenommen werden (BERNER et. al. 1991:25). Im Großraum Venedig sind die höchsten SO_2-Konzentration wie in Turin im Winterhalbjahr gemessen worden. Diese sind bei windschwachen Lagen (< 3 m/s) besonders erhöht, wobei der schwach ausgeprägte Wind aus West bis Nordwest in Richtung Venedig weht (ZANETTI et. al. 1977:606). Allgemein zeigt sich für Venedig im Winter eine zunehmende Luftbelastung mit abnehmender Windgeschwindigkeit. Im Fall von Nebel sind die gemessenen Verschmutzungsgrade doppelt so hoch. Alle untersuchten Smog-Ereignisse mit einer Luftbelastung von > 100 ppb SO_2 und persistenter Konzentration über mindestens sechs Stunden fanden in Venedig innerhalb von Nebelperioden statt (ZANETTI et.al. 1977:614).

2.3.3 Chemismus von Nebel

Die chemischen Verhältnisse im Nebel werden seit 1982 in S. Pietro Capofiume von der Universität Bologna kontinuierlich untersucht. Diese Untersuchungen sind seit 1989 in das EUREKA/EUROTRAC Subprojekt GCE (Ground-based Cloud Experiment) integriert (OGREN 1990).

2.3.3.1 Chemische Zusammensetzung des Nebelwassers

Während einer Feldkampagne vom 15.1.1989 bis zum 31.3.1989 wurden in S. Pietro Capofiume folgende Stoffkonzentrationen im Nebelwasser festgestellt (Tab. 2.3):

Die Tabelle verdeutlicht, daß die höchsten Stoffkonzentrationen bei NO_3^-, SO_4^{2-}, NH_4 sowie H^+ auftreten. Sulfat und Nitrat wirken hierbei als Hauptsäurebildner während Ammoniak (NH_3) den Hauptneutralisator darstellt (FUZZI et. al. 1988:11145). Während der Nebelperiode 1984 wurden maximale Säurewerte (pH) von 2.25 gemessen (FUZZI & MARIOTTI 1985:290). Weiterhin sind im Nebelwasser im Mittel 22 mg l^{-1} Feststoffe enthalten, von denen ca. 1.15 mg l^{-1} Kohlenstoff ausmacht (FUZZI et. al. 1988:11145). Für die gesamte Meßperiode wurde ein mittlerer Flüssigwassergehalt (LWC) von 80 mg m^{-3} registriert (FUZZI et. al. 1988:11146). Vergleicht man die Schadstoffkonzentrationen von Nebel und Niederschlag, so kann festgestellt werden, daß die Deposition aus Nebelwasser wesentlich höher liegt (FUZZI & MARIOTTI 1985:289). Während der Nebelmonate Januar-März und Oktober-Dezember 1984 wurden in der Poebene sowohl die Schadstoffbelastung durch Niederschlagswasser als auch durch Nebelwasser gemessen.

Figur 2.7 zeigt die Depositionsraten im Vergleich. Es wird deutlich, daß in der Summe der Schadstoffeintrag aus Niederschlagswasser für die Poebene wesentlich bedeutsamer ist (FUZZI & MARIOTTI 1985:294) als der aus Nebelwasser. Rechnet man die Immissionen aber auf die tatsächlich deponierte Flüssigwassermenge um, so zeigt sich eindeutig die wesentlich höhere Schadstoffkonzentration im Nebel (Fig. 2.3, links). Dabei sollte auch nicht vergessen werden, daß durch die hohe Persistenz des Nebels ein sehr starker Kontakt von saurem Nebelwasser und umgebender Fläche besteht. Besonders in Vegetationsbeständen, die eine hohe Benetzungsfläche aufweisen, können die im Nebel gemessenen Depositionen doppelt so hoch sein (FUZZI &. MARIOTTI 1985:294).

Components	Min	25° perc	50° perc	75° perc	Max	No. of samples
pH	3.41	4.66	5.69	6.32	7.10	111
NH_4^+ ($\mu eq/l^{-1}$)	620	1440	2940	4340	24,970	95
Na^+ ($\mu eq/l^{-1}$)	7	23	31	52	694	94
K^+ ($\mu eq/l^{-1}$)	3	14	21	33	321	94
Ca^{2+} ($\mu eq/l^{-1}$)	D.L.	24	50	100	257	90
Mg^{2+} ($\mu eq/l^{-1}$)	D.L.	5	9	16	91	90
Cl^- ($\mu eq/l^{-1}$)	D.L.	39	79	150	1130	97
NO_3^- ($\mu eq/l^{-1}$)	140	460	1130	2610	11,480	98
SO_4^{2-} ($\mu eq/l^{-1}$)	140	550	1690	3060	16.910	98
$HCOO^-$ ($\mu eq/l^{-1}$)	13	47	82	178	297	53
CH_3COO^- ($\mu eq/l^{-1}$)	13	42	77	154	297	51
HCHO ($\mu mol/l^{-1}$)	16	99	130	171	567	64
Fe ($\mu mol/l^{-1}$)	D.L.	1.4	2.2	3.2	21.5	93
Mn ($\mu mol/l^{-1}$)	D.L.	0.6	0.9	1.1	4.6	94
Pb ($\mu mol/l^{-1}$)	0.1	0.6	1.1	1.9	4.7	87

* This figure indicates the total number of fog hours during which, according to our fog detector, the conditions existed for fog sampling. In reality, following the meteorological definition of fog (visual range less than 1 km), the actual number of fog hours was much higher.

Tab. 2.3: Gemessene Stoffkonzentrationen im Nebelwasser für S. Pietro Capofiume (FUZZI et al. 1990).

2.3.3.2 Dynamik der Schadstoffkonzentration

Vergleiche von Schadstoffkonzentrationen im Aerosol kurz vor der Nebelbildung ergaben eine deutlich verminderte Konzentration besonders von SO_4^{2-} und einen abrupten Anstieg bei Nebelkondensation (FUZZI et. al. 1988:11148).
Während der Hauptnebelphase lag die mittlere Deposition 1984 bei 5.36/5.26 (NO_3^-/SO_4^{2-}) bzw. 9.41/1.38 (NH_3/H^+) $\mu eq/m^2/h$. Die Effektivität der Deposition wird dadurch angezeigt, daß am Ende der Nebelphase weniger als die Hälfte der Eingangskonzentrationen vorliegen (FUZZI & MARIOTTI 1985:293).

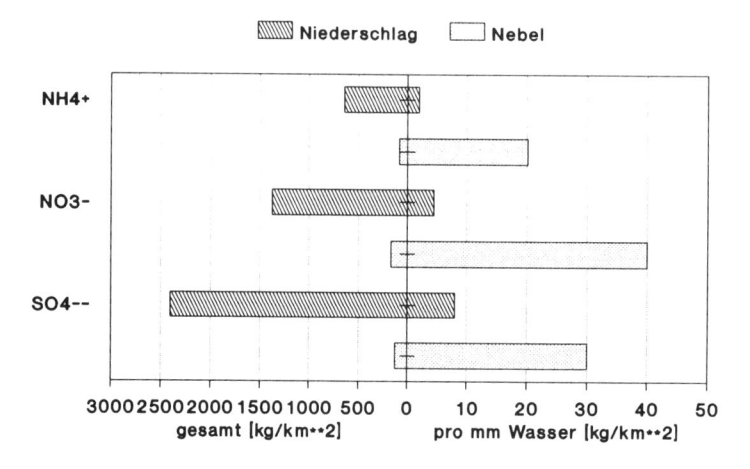

Fig. 2.7: Depositionsraten von Schadstoffen aus Nebel- und Niederschlagswasser während der Nebelperiode 1984 (Daten aus FUZZI et. al. 1985 und TARTARI & MOSELLO 1984).

Änderungen ergeben sich, wenn der Nebel länger anhält. Die Depositionsrate ist dann während des Reifestadiums verbunden mit einer hohen Flüssigwasserkonzentration ebenfalls erhöht, so daß die Stoffkonzentrationen allgemein abnehmen. Vermindert sich die Tropfengröße und somit der Flüssigwassergehalt im Auflösungsstadium, wird weniger deponiert und bei entsprechend langer Dauer können am Ende des Nebelereignisses doppelt so hohe Konzentrationen im Nebelwasser auftreten, wie vor dem Nebelereignis (FUZZI & ORSI 1983:137).

2.3.3.3 Depositionsrate und Schadstoffgehalt

Die Flüssigwasserdeposition aus Nebel ist eng mit dem Schadstoffgehalt und der Azidität des deponierten Wassers verbunden. Untersuchungen im Jahr 1984 haben gezeigt, daß zwischen der Flüssigwasser- und der Schadstoffdeposition ein Zusammenhang besteht, der je nach betrachtetem Stoff bzw. chemischen Gleichgewichtsverhältnis unterschiedlich ausgeprägt ist. Die Deposition von Sulfat nahm im Jahr 1984 z.B. mit steigender Flüssigwasserdeposition zu während die Nitratimmission gleichzeitig abnahm. Der Depositionsmechanismus ist allerdings sehr komplex und vom Entwicklungsstadium, dem chemischen Gleichgewicht im Nebelwasser und einigen weiteren Faktoren abhängig (FUZZI et. al. 1985:293).
Besonders bedeutsam für die betroffenen Oberflächen (Vegetation, Bausubstanz o.ä.) ist die Tatsache, daß mit steigender Depositionsrate der pH-Wert linear abfällt.

2.3.3.4 Nebelpersistenz

Wie in den vorhergehenden Kapiteln bereits angedeutet wurde, kommt der Nebelpersistenz ein hoher Stellenwert zu, da sie die Kontaktzeit zwischen belastetem Nebelwasser und

Landoberfläche anzeigt und somit die Depositionsrate während eines Nebelereignisses bestimmt. Die mittlere Persistenz von Nebelfeldern kann anhand von Tabelle 2.4 für verschiedene Stationen der Poebene gezeigt werden.

	November		Dezember		Januar	
	Mit	Max	Mit	Max	Mit	Max
Aviano	2	33	2	36	3	30
Bergamo	3	72	4	60	3	54
Brescia	10	92	8	90	11	84
Novara	7	84	2	60	8	60
Rimini	6	68	5	54	2	67
Traviso	4	55	5	72	4	36
Verona	5	88	4	86	5	72

Tab. 2.4: Mittlere und maximale Persistenz von Nebel in Stunden 1973-1981 (FANTUZI 1987)

Für die zentrale Poebene läßt sich über alle Monate eine Zunahme der mittleren Persistenz mit abnehmender Geländehöhe der Station feststellen (Brescia-Novara-Verona-Bergamo) während die Stationen der adriatischen Küstenebene generell eine niedrigere Anzahl von mittleren Nebelstunden aufweisen. Betrachtet man die maximale Anzahl der Nebelstunden je Station (Tab 2.4), zeigen sich ähnliche Verhältnisse. Zumindest für die Stationen der zentralen Poebene weist der mittlere Jahresgang ein Maximum im Januar auf. In diesem Monat traten während der Beobachtungsperiode 1973-1981 Nebelereignisse mit Längen von ca. 90 Stunden (= 3.8 Tage, Brescia) auf.

3 Methodische Grundlagen

3.1 Berechnung der Nebel-Häufigkeitskarten

Die meisten Nebelkarten der Poebene, die konventionell mit Hilfe von Stationsdaten erstellt wurden, basieren auf Angaben von Nebeltagen oder Nebelstunden. Sie repräsentieren eine mittlere, langjährige Nebelverteilung, die mit einer dreijährigen Periode, wie sie für die Satellitenbildauswertung vorliegt, nicht zu erreichen ist. Da für die Beobachtungsperiode der Satellitenbilder auch nur ein Teil der gesamten Nebelereignisse vorliegt, macht es wenig Sinn, Nebeltage anzugeben. Vielmehr ist es sinnvoll, relative Häufigkeiten bezogen auf die Gesamtzahl der zur Berechnung verwendeten Bilder zu ermitteln. Zur Berechnung der Nebelkarten werden ausschließlich die binären Nebelmasken eingesetzt. Dabei werden die Nebelhäufigkeiten nach folgender Formel berechnet:

$$Pix = \Sigma \, Bin/n * 100 \tag{3.1}$$

wobei:
Pix   = Relative Nebelhäufigkeit eines Pixels
Σ Bin = Summe der aufgetretenen Nebelfälle pro Pixel
n   = Gesamtzahl der berechneten Bilder

Zur Darstellung von Häufigkeitskarten müssen die einzelnen Häufigkeitsklassen in einer bestimmten Weise abgegrenzt werden. Die Wahl der Klassenbereite kann dabei rein statistisch erfolgen (s. CLAUß & EBNER 1983:47 ff.) oder aufgrund gewisser Bedürfnisse subjektiv festgelegt werden. Im vorliegenden Fall wurde die Einteilung in 10%-Klassen als sinnvoll erachtet.

3.2 Berechnung der horizontalen Sichtweite

Sichtweiten unter 200 m können bei Nebel sowohl für den Luft- wie auch den Straßenverkehr katastrophale Auswirkungen haben. Die Raumvorhersage für das Straßen- und Schienennetz einer Region ist auf der Basis von Stationsbeobachtungen nur unzureichend möglich. Die Messung der Sichtweite ist weiterhin von Station zu Station verschieden. An den meisten Stationen wird sie vom Beobachter anhand feststehender Sichtmarken bzw. Lichtquellen mit einer Genauigkeit von ±100 m abgeschätzt, an Flughäfen stehen häufig Transmissometer der verschiedensten Bauarten zur Verfügung (Funkenlicht, Laser), so daß die aufgeführten Messungen nicht uneingeschränkt vergleichbar sind (FRÜNGEL 1989: 347). Eine satellitengestützte räumliche Erfassung der Sichtweite kann das Nowcasting von Sichtweiteverhältnissen einer Region daher weitgehend verbessern. Allerdings muß es möglich sein, eine Beziehung von horizontaler Sichtweite und der vom Satelliten gesehenen Schrägsichtweite im sichtbaren Bereich oder einer am Radiometer in anderen Spektralbereichen indirekt gemessenen Nebeldichte herzustellen. Dabei ist zu bedenken, daß der Sichtweitegradient im horizontalen Sichtfeld annähernd konstant ist, während die Sichtweite vertikal unterhalb der Nebelobergrenze meist zunimmt. Es erscheint daher sinnvoll, auf Nebeldichten auszuweichen, wenn eine Beziehung zur horizontalen Sichtweite hergeleitet werden kann.

Bevor die hier angewandte Methode diskutiert wird, seien einige theoretische Betrachtungen vorangestellt.

3.2.1 Definition horizontale Sichtweite

Die horizontale Sichtweite ist nach WANNER (1979:43) wie folgt definiert:

Am Tag: Größte Distanz, bei welcher ein vorher bezeichnetes, bodennahes Objekt von schwarzer oder dunkler Farbe und bestimmter Größe noch als solches erkannt werden kann.
In der Nacht: Größte Distanz, bei welcher Lichtquellen von mäßiger Lichtstärke noch als solche erkannt werden können.

Um die horizontale Sichtweite quantitativ erfassen zu können, entwickelte H. KOSCHMIEDER (1924) seine Theorie der Normsichtweite, nach der die Sichtweite eines schwarzen Zieles unter gewissen Voraussetzungen unabhängig von den Beleuchtungsverhältnissen als reziproker Wert der Schwächung der Beleuchtung durch ein bestimmtes Medium (Atmosphäre, Nebel etc.) definiert ist (FOITIZEK 1947:161).

Aus der Schwächung (z, s. WRIGHT 1939:412, MÜLLER 1970:5, MIDDELTON 1951:94) läßt sich nun die auf das menschliche Auge abgestimmte Norm-Sichtweite berechnen (TRABERT 1901:522, MASON 1971:118):

$$V = 3.912/(3/2*Q/r) = 2.608 \; r/Q \tag{3.2}$$

wobei:

Q: Flüssigwassergehalt [g m^{-3}]
r: Mittlerer Tropfenradius [μm]
V: Horizontale Sichtweite [m]

Diese Gleichungen zeigen, daß vor allem die Tropfengröße, -zahl und der Wassergehalt im Nebel, die letztlich auch die Reflexion an der Nebeloberfläche steuern, für die reduzierte Sichtweite verantwortlich sind (ELDRIDGE 1971). Für den Satellitensensor bedeutet dies, daß die reflektierte Strahldichte in den Kanälen des sichtbaren Spektralbereichs (VIS) direkt proportional zur Sichtweite wäre, wenn sich die Reflexion an der Nebelobergrenze weitgehend isotrop verhalten würde. Gerade im VIS-Bereich ist das allerdings nicht der Fall (TAYLOR & STOWE 1984:22 ff.). Demgegenüber verhält sich der reflektierte Anteil im Kanal 3 für Sonnenhöhen >8-9° bei wechselnder Beobachtungsgeometrie durchaus stabil (BENDIX & BACHMANN 1991b), so daß die Berechnung der Sichtweite mit diesem Signal durchgeführt werden soll. Dabei ist zu beachten, daß die Berechnung von V nach Gleichung (3.2) streng genommen nur im Spektralbereich des für das Auge sichtbaren Lichts gilt. Um die Vergleichbarkeit von Sichtweitebeobachtung durch das Auge des Beobachters (also im sichtbaren Spektralbereich) und der Sichtweite im Spektralbereich des Kanals 3 NOAA-AVHRR zu gewährleisten, muß über eine erweiterte Sichtweiteformel die spektrale Sichtweite errechnet werden.

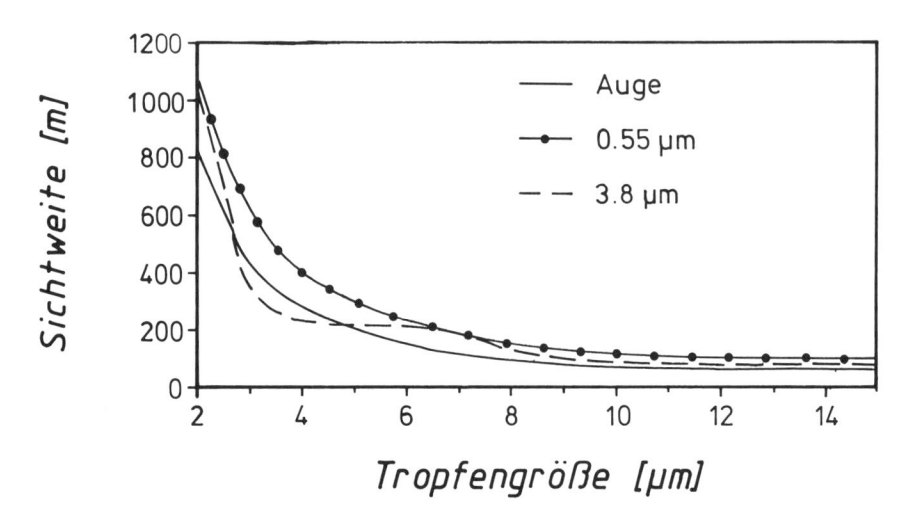

Fig. 3.1: Spektrale Sichtweite in Abhängigkeit der Tropfengröße.

Die spektrale Sichtweite berechnet sich bei konstanter Wellenlänge und einem festgelegten Brechungsindex für Wasser von 1.33 (STRATTON & HPUGHTON 1931: 163) nach folgender Gleichung (FOITIZIK $1950^{1/2}$):

$$z = (N\pi \, wl^2 (x^2 K)) \, (2\pi)/1000 \qquad (3.3)$$
$$x = 2\pi \, r/wl$$
$$K = z'/2\pi \, r^2$$

N: Tropfenzahl [cm^{-3}]
wl: Wellenlänge [cm]
K: s. Tabelle 3 (FOITIZIK 1950^2:326).

Figur 3.1 vergleicht die spektralen Sichtweitekurven für Tropfengrößen von 2-15 μm, die für Strahlungsnebel durchaus typisch sind.
Es zeigt sich deutlich, daß die Unterschiede der spektralen Sichtweiten im VIS-Bereich 0.555 μm sowie nach der vereinfachten Augenformel und der Sichtweite im Bereich des Kanals 3 (3.8 μm) ab 5 μm Tropfengröße < 100 m betragen, wobei die Augenformel die Sichtweite besonders bei kleinen Tropfenradien etwas unterschätzt.
Da das Reflexionssignal von Nebel im Kanal 3 besonders stabil ist, soll nun im folgenden die Ableitung der Sichtweite anhand der vom Sensor indirekt gemessenen Nebeldichte erläutert werden.

3.2.2 Berechnung der Sichtweite aus T_4-T_3 Bildern

Dem folgenden Abschnitt liegt die Arbeitshypothese zugrunde, daß sich zwischen Temperaturdifferenz der NOAA Kanäle 4 und 3 (T_4-T_3), die am Tag letztlich den reflektierten Anteil der solaren Einstrahlung im Bereich 3.8 μm repräsentiert (BENDIX & BACHMANN 1991) und der horizontalen Sichweite aufgrund des physikalischen Zusammenhangs von Flüssigwassergehalt, Tropfengröße und -zahl sowie der Sichtweite im Nebel eine genau definierte Beziehung ableiten läßt. Dabei treten verschiedene theoretische Probleme auf, die die Eignung des T_4-T_3-Wertes für diese Berechnungen in Frage stellen könnten. Vor allem im Sommer kann das Signal der Kanäle 3 und 4 sowie die Information des resultierenden Temperaturdifferenzbildes durch den Wasserdampfgehalt der Atmosphäre gestört werden. Strahlungsnebel in der Poebene ist allerdings ein typisches Winterphänomen (CANTU 1969). Strahlungstransfer-Modelle zeigen, daß die Wasserdampfabsorption im Spektralbereich der Kanäle 3 und 4 NOAA-AVHRR gerade im Winter aufgrund der reduzierten Feuchte der Troposphäre in den mittleren Breiten unter 5% liegt (SAUNDERS 1989). Weiterhin ist zu beachten, daß Nebel in der Poebene hauptsächlich während gradientschwacher Hochdrucklagen auftritt. Bei solchen Wettersituationen ist der Feuchtegehalt der Atmosphäre oberhalb der Nebelmeere so gering, daß er über der Poebene mit den mittleren Verhältnissen des subarktischen Winters vergleichbar ist (TOMASI & PACCAGNELLA 1988). Für diese Feuchteverhältnisse reduziert sich die spektrale Wasserdampfabsorption der Atmosphäre auf weniger als 2%; die Differenz zwischen den beiden Kanälen 3 und 4 AVHRR liegt unter 2 % (SAUNDERS 1989). Verschiedene Wolkenmodelle zeigen, daß die Reflexion im Kanal 3, die durch das T_4-T_3 Signal repräsentiert wird, für Wolken mit einem für Nebel typischen Tropfenspektrum (Modalwert 4 μm) bis zu 40% betragen kann (COAKLEY 1983, GROß 1984, SAUNDER & GRAY 1985, KIDDER & WU 1984), so daß Störungen durch die Wasserdampfabsorption in der über dem Nebel befindlichen Atmosphäre vernachlässigt werden können. Auch die Beobachtungsgeometrie spielt für die Reflexion im Kanal 3 AVHRR keine wesentliche Rolle. Aufgrund des nichtselektiven Reflexionsverhaltens von Nebel im Bereich von 3.7 μm (KRAUS & SCHNEIDER 1988) ist die reflektierte Strahldichte im Kanal 3 AVHRR in der Hauptsache eine Funktion von Tropfenspektrum und Flüssigwassergehalt (SAUNDER & GRAY 1985), von denen auch die horizontale Sichtweite im Nebel abhängt. Bei gleicher optischer Dicke und identischem Flüssigwassergehalt bleibt das am Sensor ankommende Reflexionssignal daher bis zu Sonnenhöhen $>8°$ im Rahmen von $\pm$ 0.5 K stabil.

3.2.2.1 Methodik

Da der Reflexanteil im Kanal 3 AVHRR nur mit aufwendigen Transfermodellen zu berechnen ist, hat die folgende Auswertung das Ziel, eine statistische Beziehung von Temperaturdifferenz (T_4-T_3) und horizontaler Sichtweite zu berechnen. Dazu bedarf es der folgenden Methodik:

-Kalibrierung der Kanäle 3 und 4 NOAA AVHRR und Umrechnung in
 effektive Emissionstemperaturen sowie Berechnung der Temperatur-
 differenzen (T_4-T_3) [4].
-Geometrische Korrektur der Bildausschnitte.
-Extraktion der (T_4-T_3) Werte für die Koordinaten der jeweiligen
 SYNOP-Stationen.
-Regressionsmodell zwischen beobachteter Sichtweite und (T_4-T_3).
-Verifikation, Überprüfen der Genauigkeit.

3.2.2.2 Datengrundlage

Für die folgende Untersuchung wurden 31 Temperaturdifferenzbilder des Mittagssatelliten NOAA-11 der Winterperioden 1988/89, 1989/90 und 1990/91 ausgewählt, die durchweg eine Sonnenhöhe >8-9° aufwiesen. Die verwendeten Bildbeispiele sind dabei für verschiedene Arten der Beobachtungsgeometrie repräsentativ. So befindet sich die Poebene in den verwendeten Bildausschnitten sowohl innerhalb als auch außerhalb des Nadirbereichs. Der Überflugszeitpunkt des Satelliten liegt für den vorhandenen Bildausschnitt der Alpen immer zwischen 11:00 und 14:00 UTC.

ID.-Nr.	Name	1 h	3 h
059	Torino Caselle	*	*
064	Novara Cameri	*	*
066	Milano Malpensa	*	*
076	Bergamo Orio al Serio	*	*
080	Milano Linate	*	*
084	Piacenza	*	*
088	Brescia Ghedi	*	*
090	Verona Villafranca	*	*
094	Vicenza		*
095	Padua		*
098	Treviso Istrana	*	*
099	Treviso San Angelo	*	*
105	Venezia Tessara	*	*
108	Ronchi dei Legionari	*	*
148	Cervia		*
149	Rimini		*

Tab 3.1: Verwendete SYNOP-Stationen der Poebene

Der Datensatz der Stationsbeobachtungen von horizontaler Sichtweite beinhaltet für die Winterperioden 1988 und 1989 stündliche Meldungen für 12 und für den Winter 1990 dreistündliche Beobachtungen für 16 Stationen der Poebene (s. Tab. 3.1).
In den meisten der bearbeiteten Fälle, die den einstündigen Datensatz abdecken, differieren Beobachtunszeitpunkt und Satellitenüberflug um ca. 5 Minuten (Beobachtung 12:00 UTC, Überflug zwischen 11:55 und 12:05 UTC). Im schlechtesten Fall ergab sich eine Zeitdifferenz von 20 Minuten. Die Bildauswahl für den Winter 1990, für den nur dreistündige SYNOP-Meldungen vorlagen, wurde so getroffen, daß der Satellitenüberflug nicht mehr als 30 Minuten vom 12:00 Beobachtungstermin abweicht.
Aufgrund dieser Zeitverschiebung wurden die Daten des einstündigen Datensatzes zur Erstellung des Regressionsmodells und die dreistündigen zu dessen Überprüfung genutzt.

In allen Datensätzen wird die Sichtweite in 100 m Intervallen angegeben, so daß beim späteren Vergleich von beobachteter und berechneter Sichtweite Abweichungen von < 100 m nicht als Rechenfehler eingestuft werden können.

3.2.2.3 Datenanalyse

Zur Extraktion der T_4-T_3 Daten wurden zuerst die Pixelposition der in Tabelle 3.1 angeführten SYNOP-Stationen berechnet. Dabei wurde nicht der Pixelwert direkt, sondern der Median einer 3*3 Umgebung als Differenzwert der jeweiligen Station berücksichtigt. Dieses Verfahren bietet für die Übertragbarkeit von Punktmessungen auf das grobere Flächenraster eines Satellitenbilds folgende Vorteile (ALLAM 1987):

-Fehler durch die Geokorrektur von ±1 Pixel werden relativiert.

-Abweichungen, die beim Resampling vor allem von randlichen Szenen entstehen, werden ausgeglichen.

Die Wertepaare aus Temperaturdifferenz und Sichtweite wurden anschließend mittels verschiedener Regressionsansätze auf ihren Zusammenhang überprüft.

3.2.3 Ergebnisse und Überprüfung der berechneten Sichtweite

Alle Regressionsrechnungen ergaben einen signifikanten Zusammenhang von Temperaturdifferenz und horizontaler Sichtweite (s. Tab. 3.2).
Es ist zu beachten, daß alle Ansätze außer dem quadratischen einen mittleren Fehler von über 100 m aufweisen. Die quadratische Regression liefert mit einem mittleren Fehler von 84 m die beste Anpassung (s. Fig. 3.2).

Regression	r	r²	mittlerer Fehler [m]
lineare	0.86	0.74	139
log	0.84	0.71	123
exp	0.64	0.41	245
quadr	0.91	0.83	84

Tab. 3.2: Beziehung von T_4-T_3 und horizontaler Sichtweite

Unter Berücksichtigung der Problematik der Sichtweitemessung (ALLAM 1987) und der Ungenauigkeit des Ausgangsmaterials (Sichtweitedaten) von ±100 m sowie der zeitlichen Unterschiede von Bodenbeobachtung und Satellitenüberflug kann eine hohe Genauigkeit der Sichtweitebestimmung erzielt werden.
Für die Sichtweiteberechnung aus den Satellitendaten ergibt sich für die Poebene somit folgende Gleichung gültig für das Intervall $(T_4-T_3) \geq -27 \leq -12$ K:

$$z = (d^2 * 5.138926) - (d * 764.494894) + 28453.248817 \qquad (3.4)$$

z: Horizontale Sichtweite [m]
d: Temperaturdifferenz des Pixels (T_4-T_3+100 = 8-Bit Grauwerte)

Die Gleichung zeigt, daß mit zunehmender Reflexion an der Nebelobergrenze im Kanal 3 AVHRR (abnehmender T_4-T_3-Wert), die horizontale Sichtweite im Nebel kleiner wird. Die physikalische Begründung des nichtlinearen Verlaufs der Beziehung von T_4-T_3 und horizontaler Sichtweite liefern die Beziehungen von Tropfenspektrum, Flüssigwassergehalt und Sichtweite sowie horizontaler Sichtweite und vertikaler Eindringtiefe zum spektralen Streukoeffizienten ($\beta_{(3.7)}$) von Nebel. Der spektrale Streukoeffizient ist dabei ein Maß für die eingestrahlte Strahldichte, die vom Nebel reflektiert wird und berechnet sich aus (KRAUS & SCHNEIDER 1988):

$$\beta_{(3.7)} = \beta_{ext(3.7)} - \mu_{(3.7)} \qquad (3.5)$$

wobei:

ß$_{(3.7)}$: Spektraler Streukoeffizient bei 3.7 µm [km^{-1}]
ß$_{ext(3.7)}$: Spektraler Extinktionskoeffizient bei 3.7 µm [km^{-1}]
µ$_{(3.7)}$: Spektraler Absorptionskoeffizient bei 3.7 µm [km^{-1}]

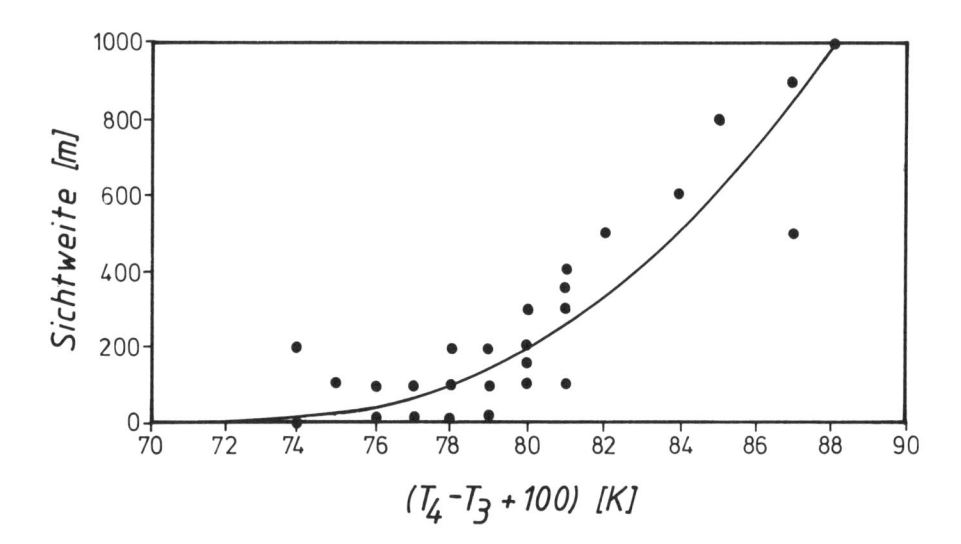

Fig. 3.2: Quadratische Regression von T$_4$-T$_3$ und horizontaler Sichtweite

Die Beziehung von Extinktions- und Absorptionskoeffizient im Spektralbereich von Kanal 3 AVHRR und dem Flüssigwassergehalt (LWC) im Nebel wird in PINNICK et. al. (1979) für Nebel mit 341 unterschiedlichen Tropfenspektren im Spektralbereich des Kanals 3 AVHRR untersucht. Unter der Voraussetzung, daß die spektrale Sichtweite im Bereich des menschlichen Auges und 3.8 µm gut übereinstimmt (s. Fig. 3.1), läßt sich in Anlehnung an (3.2) aus ß$_{ext(3.7)}$ auch die spektrale Sichtweite berechnen (KRAUS & SCHNEIDER 1988):

$$VIS_{(3.7)} = 3.91/ß_{ext(3.7)} \tag{3.6}$$

wobei:

VIS$_{(3.7)}$: Spektrale horizontale Sichtweite bei 3.7 µm [km]
ß$_{ext(3.7)}$: Spektraler Extinktionskoeffizient bei 3.7 µm [km^{-1}]

Figur 3.3 zeigt die horizontale Sichtweite und den Flüssigwassergehalt in Abhängigkeit des spektralen Streukoeffizienten.

Die horizontale Sichtweite nimmt mit zunehmendem spektralen Streukoeffizienten (=abnehmender Reflexion an der Nebelobergrenze) invers zum Flüssigwassergehalt im

Nebel ab. Das berechnete Intervall des Flüssigwassergehalts stimmt dabei mit dem im Nebel der Poebene experimentell gemessenen Intervall (FUZZI et. al. 1983) überein. Da das Tropfenspektrum des Nebels in der Poebene außerordentlich konstant ist (ARENDS et. al. 1990), stellt sich eine eindeutige Beziehung zwischen horizontaler Sichtweite bzw. Flüssigwassergehalt und spektraler Reflexion im Bereich des Kanals 3 AVHRR an der Nebelobergrenze heraus. Dabei ist zu beachten, daß beide Beziehungen ebenfalls nicht linear verlaufen. Sowohl Figur 3.3 als auch Figur 3.4 zeigen, daß bis zu einer Sichtweite von 300 Metern die Reflexion aufgrund des hohen Flüssigwassergehalts im Nebel nur wenig abnimmt. Noch bei einem Flüssigwassergehalt von 100 mg m^{-3} errechnet sich eine Sichtweite von 130 Metern, die mit den experimentellen Messungen während des EUROTRAC-"Po Valley Fog Experiment" im November 1989 übereinstimmen (WOBROCK 1991, Personal Comunication). Bei kleineren Flüssigwassergehalten steigt die Sichtweite zunehmend an.

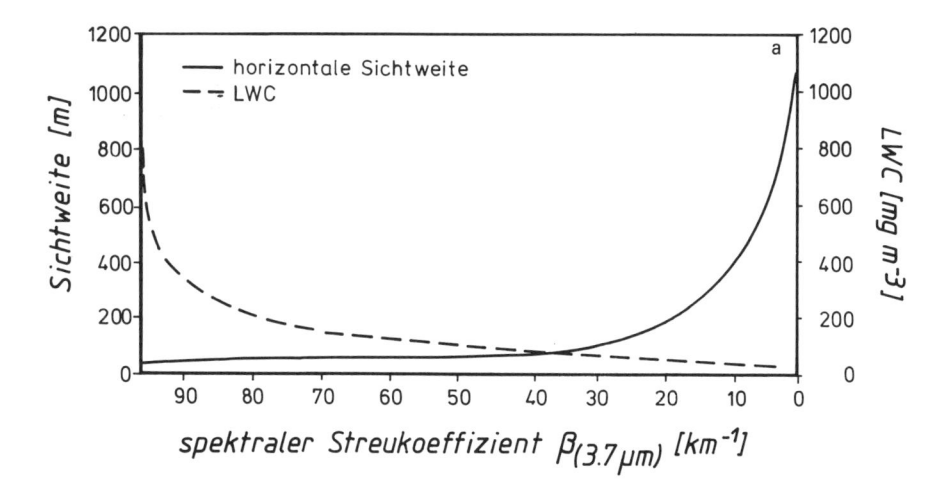

Fig. 3.3: Beziehung von horizontaler Sichtweite und Flüssigwassergehalt im Nebel zum spektralen Streukoeffizienten im Bereich 3.7 μm, berechnet aus ßext(4) und μ(3.8) (PINNICK et. al. 1979) nach (3.5) und (3.6).

Die starke Abnahme der Reflexion an der Nebelobergrenze resultiert letztlich aus der zunehmenden Eindringtiefe der Einstrahlung bei abnehmendem Flüssigwassergehalt. Die spektrale Eindringtiefe berechnet sich dabei direkt aus dem spektralen Absorptionskoeffizienten (KRAUS & SCHNEIDER 1988):

$$x_{e(3.7)} = 1/\mu(3.7) \tag{3.7}$$

wobei:

$\mu(3.7)$: Spektraler Absorptionskoeffizient bei 3.7 μm [km^{-1}]
$x_{e(3.7)}$: Spektrale Eindringtiefe bei 3.7 μm [km]

Figur 3.4 zeigt die horizontale Sichtweite und die spektrale Eindringtiefe als Funktion des Streukoeffizienten. Beide Kurven haben einen ähnlichen Verlauf, wobei die horizontale Sichtweite jeweils kleiner als die Eindringtiefe ist. Weiterhin ist zu beachten, daß die Differenz von horizontaler Sichtweite und Eindringtiefe mit abnehmendem Streukoeffizienten (=niedriger Flüssigwassergehalt, niedrige Reflexion) zunehmend größer wird.

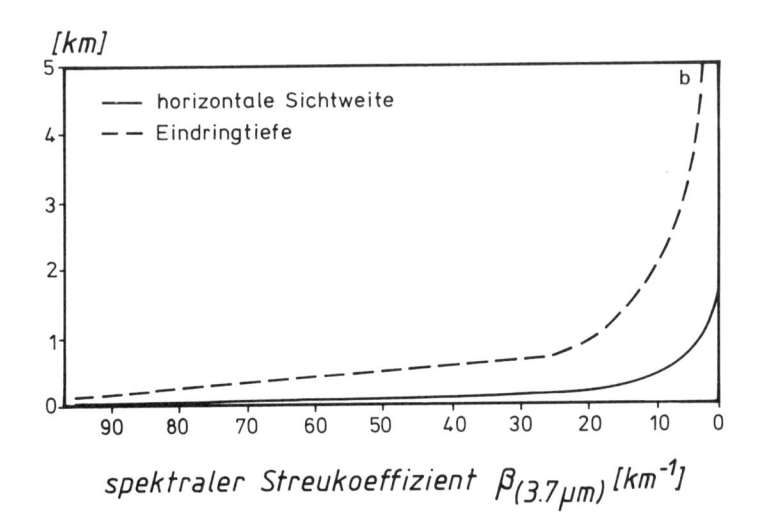

Fig. 3.4: Beziehung von horizontaler Sichtweite und Eindringtiefe im Nebel zum spektralen Streukoeffizienten im Bereich 3.7 μm, berechnet aus ßext(4) und μ(3.8) (PINNICK et. al. 1979) nach (3.5) und (3.6).

Allerdings wird nicht die horizontale aus der vertikalen Sichtweite (Eindringtiefe) abgeleitet, vielmehr ist die horizontale Sichtweite im Strahlungsnebel der Poebene primär eine Funktion des Flüssigwassergehalts, der letztlich sowohl die Absorption als auch die Reflexion im Nebel und damit auch die Eindringtiefe der Einstrahlung bestimmt. Der Zusammenhang von horizontaler Sichtweite und Reflexion an der Nebelobergrenze ist durch die vorgestellten Beziehungen deutlich nichtlinear definiert. Die quadratische Regression stellt somit eine gute Anpassung der horizontalen Sichtweite im Nebel an die spektrale Reflexion (T_4-T_3) der Nebelobergrenze dar.

Zur Fehlerabschätzung der Sichtweitenberechnung wurde für den vom Modell unabhängigen 3-stündigen Datensatz mit dem quadratischen Regressionsmodell berechnete Sichtweiten mit den vorhandenen Stationsbeobachtungen verglichen. Figur 3.5 zeigt die relativen und die Summenhäufigkeiten des aufgetretenen Fehlers für den Modell- und den Kontrolldatensatz. Es zeigt sich deutlich, daß in beiden Fällen mit einer Wahrscheinlichkeit von fast 90% der Fehler kleiner 300 m ist. Eine Abweichung kleiner 100 m ist allerdings im Modelldatensatz mit 57% gegenüber der Kontrolle 41% wahrscheinlicher. In der Summe ist die Wahrscheinlichkeit einer Abweichung < 200 m zwischen Modell und Kontrolle, die ja erst einen realen Fehler darstellt, bereits weitgehend ausgeglichen.

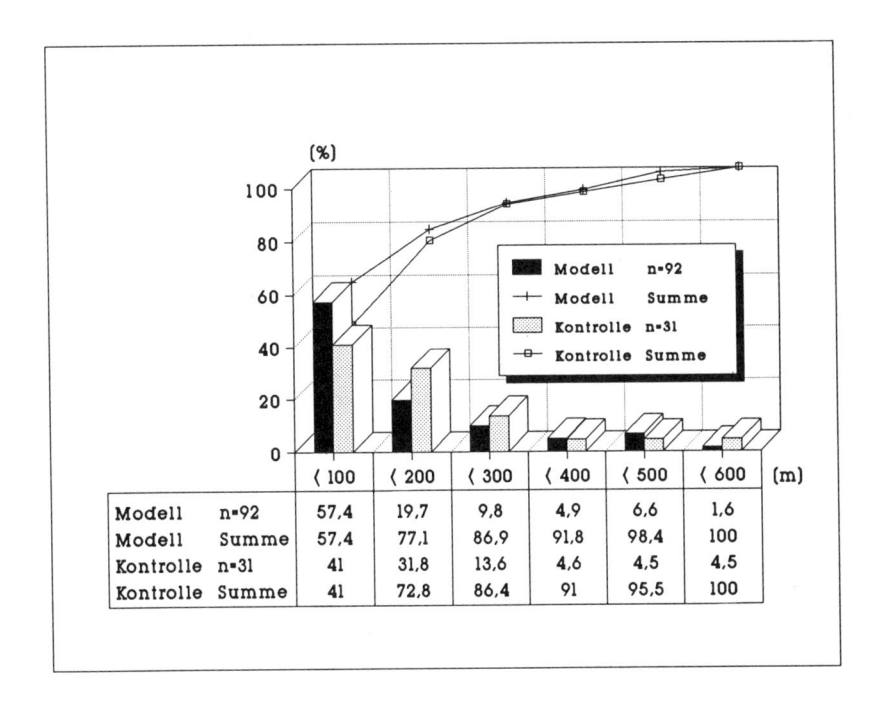

	<100	<200	<300	<400	<500	<600
Modell n=92	57,4	19,7	9,8	4,9	6,6	1,6
Modell Summe	57,4	77,1	86,9	91,8	98,4	100
Kontrolle n=31	41	31,8	13,6	4,6	4,5	4,5
Kontrolle Summe	41	72,8	86,4	91	95,5	100

Fig. 3.5: Abweichung von beobachteter und berechneter Sichtweite für das Modell (1h SYNOP-Meldungen) und einen Kontrolldatensatz (3h SYNOP-Meldungen).

3.2.4 Fallbeispiele

Tafel 3.1 zeigt zwei Beispiele berechneter Sichtweitekarten. Zur Überprüfung sind sowohl die berechneten als auch die beobachteten Sichtweiten für die vorhandenen Klimastationen angegeben. Im Fall des Beispiels a) (30.12.1988, 11:55 UT) handelt es sich um ein ausgeprägtes Nebelereignis mit besonders starker Sichtbehinderung durch mittlere Sichtweiten von < 100 m, die durch die Stationsmeldungen zum Großteil bestätigt werden. Im Bereich der adriatischen Küstenebene nimmt die Sichtweite aufgrund eines schwachen Land-Seewindphänomens (im Mittel 3 m/s (ZANETTI 1977)) etwas zu, wobei anzumerken ist, daß die Adria ebenfalls nebelbedeckt ist. Drei Stationen weisen größere Abweichungen als 100 m zwischen beobachteter und berechneter Sichtweite auf. Verona Villafranca liegt im Bereich des Nebelrands, so daß hier der Mischpixeleffekt zum Tragen kommt. Für Ronchi dei Legionari berechnet das Modell eine zu hohe Sichtweite. Demgegenüber wird für Piacenza eine niedrigere Sichtweite berechnet. Neben den schon erwähnten Effekten wie Lageungenauigkeit des Pixels, Mischpixeleffekte und Fehler bei der Sichtweitebeobachtung kann der Grund für einen Berechnungsfehler auch in der Abhebung des Nebels von der Erdoberfläche liegen. In diesem Fall muß die Berechnung wie auch für Hochnebelereignisse zu größeren Fehlern führen, da das Verfahren aufliegenden von abgehobenem Nebel nicht unterscheiden kann.

Beispiel b) zeigt eine Nebelsituation vom 16.01.1989, 12:25 UTC mit besseren Sichtweiten (um 400 m) für den südlichen Teil der Poebene und das Podelta, während der Alpensüdfuß durch eine stärkere Sichtbehinderung (< 100-200 m) gekennzeichnet wird. Der Vergleich von berechneter und beobachteter Sichtweite zeigt durchweg Abweichungen < 100 m.

Bei der Berechnung der Sichtweitekarten sind bezüglich einer kritischen Bewertung der vorgestellten Ergebnisse zwei Faktoren zu beachten: Vor der Berechnung muß mit Bodendaten geprüft werden, ob es sich tatsächlich um aufliegenden Bodennebel handelt. Im vorliegenden Fall wurde nur eine Gleichung (3.4) zur Berechnung der Sichtweitebilder herangezogen. Für weitere Untersuchungen stellt sich allerdings die Frage, ob nicht bei Vorhandensein von Bodendaten für jedes Bild eine eigene Regressionsgleichung berechnet werden sollte, um den (wenn auch geringen) Einflüssen der unterschiedlichen Tageszeit, Beobachtungsgeometrie und Atmosphärenzusammensetzung gerecht zu werden und so die Genauigkeit der Berechnung zu steigern.

3.3 Berechnung des Flüssigwassergehalts

Neben der Kenntnis der relativen oder absoluten Feuchte der den Nebel verursachenden Luftmassen ist der Flüssigwassergehalt (LWC=Liquid Water Content) eine zentrale Kenngröße für anwendungsbezogene Fragestellungen der Nebelklimatologie. Der Flüssigwassergehalt umschreibt letztlich die flüssige Wasserphase, die nach erfolgter Kondensation in einer Wolke vorliegt. Er ist damit maßgeblich eine Funktion aus absoluter Feuchte (Gasphase) und Lufttemperatur. Der Flüssigwassergehalt resultiert letztlich aus dem mittleren Tropfenradius und der mittleren Anzahl von Tropfen pro Volumeneinheit Luft. Informationen über den Flüssigwassergehalt von Nebel sind in doppelter Hinsicht von Interesse.
-Gleichung (3.2) zeigt den Zusammenhang von Sichtweite, LWC und Tropfengröße. Damit wird der LWC nicht nur für verkehrsplanerische Aufgaben sondern auch für die Klimatologie im Hinblick auf die Herkunft des Wasserdampfs, der für die Nebelbildung verantwortlich ist, interessant.
-Lufthygienische Bedeutung erlangt der Flüssigwassergehalt von Nebel unter anderem in seiner Wirkung als Säurebildner. Das in der Aerosolphase gehaltene SO_2 wird zum Beispiel über das Zwischenprodukt schweflige Säure (H_2SO_3) nach erfolgter Nebelkondensation in der flüssigen Phase zum Hauptsäurebildner Schwefelsäure (H_2SO_4) umgebildet. Die verschiedenen Übergangs- und Lösungsmechanismen sind zur Zeit Untersuchungsschwerpunkte des EUROTRAC Projektes in der Poebene (s. WINKLER U. PAHL 1991:34 ff.). Die Messungen des Flüssigwassergehaltes und der Depositionsrate sind dabei methodisch aufwendig und werden im Rahmen des EUROTRAC-Projekts fortlaufend weiterentwickelt (WOBROCK et. al. 1991, FUZZI 1991).
Da im vorigen Kapitel eine Möglichkeit vorgestellt wurde, aus den T_4-T_3 Daten der Mittagsüberflüge von NOAA-11 Sichtweitekarten abzuleiten, stellt sich nun die Frage, ob aufgrund des definierten Zusammenhangs von Sichtweite und LWC eine Berechnung des Flüssigwassergehalts rekursiv über die berechneten Sichtweitekarten möglich ist.

3.3.1 Theoretische Grundlagen

Die Gleichung (3.2) zur Berechnung der horizontalen Sichtweite zeigt, daß bei der folgenden Konversion die Berechnung des LWC aus der Sichtweite möglich ist:

$$LWC = 2.608 \, r/VIS \qquad (3.8)$$

Als Unbekannte bleibt lediglich der mittlere Tropfenradius (r) des Nebels zum Berechnungszeitpunkt. Die Messung des mittleren Tropfenradius ist methodisch vor allem im Bereich der Tropfengrößen 2-4 µm äußerst schwierig und war ebenfalls ein zentraler Untersuchungsschwerpunkt des EUROTRAC Projektes in S. Pietro Capofiume. Dabei hat sich gezeigt, daß die mittlere Tropfengröße im Nebel in Abhängigkeit des Entwicklungsstadiums einem tropfenspezifischen Tagesgang unterliegt (Fig. 3.6).

Der Nebel besteht demnach hauptsächlich aus zwei Tropfengrößenfraktionen. Am häufigsten treten Tropfen mit einem Maximum bei 5 µm auf, deren Anzahl während der gesamten Nebelperiode durchweg konstant bleibt. Eine sekundäre Häufung von Tropfen liegt im Größenbereich von 20 µm.

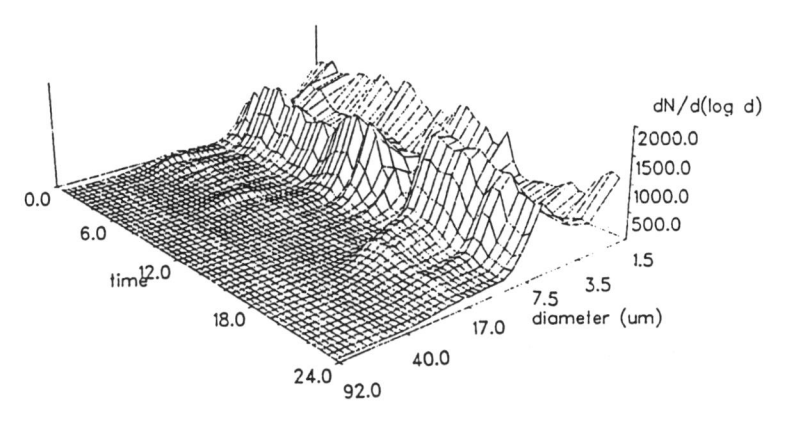

Fig. 3.6: Tropfengrößenverteilung im Nebel für den 12.11.1989, S. Pietro Capofiume (ARENDS et.al. 1991)

Die Anzahl dieser Tropfen geht während der mittäglichen Nebelausdünnung stark zurück und nimmt während der abendlichen Nebelverdichtungsphase wieder zu. In der Folge zeigt sich, daß auch der LWC am Boden etwas abnimmt (s. Fig. 3.7).

Dieser aus der Transmission des Nebels und dem mittäglichen Strahlenumsatz im Boden resultierende Prozess führt auch zu partiellen Sichtverbesserung in den bodennahen Nebelschichten (WOBROCK 1991). Als Ergebnis zeigt sich daher, daß der mittlere Tropfenradius in der zentralen Nebelphasen bei 8-9 µm liegt, während er bei der Nebelausdünnung 5 µm ausmacht. Diese Verhältnisse waren über alle Nebeltage der EUROTRAC Kampagnen konstant (ARENDS et.al. 1991:13).

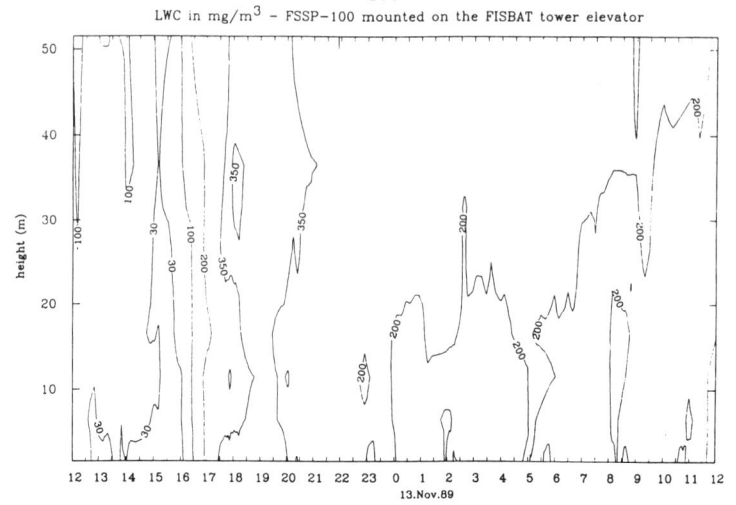

Fig. 3.7: Vertikalprofil LWC für den 12.11.-13.11.1989 von S.Pietro Capofiume (WOBROCK 1991, schriftliche Mitteilung)

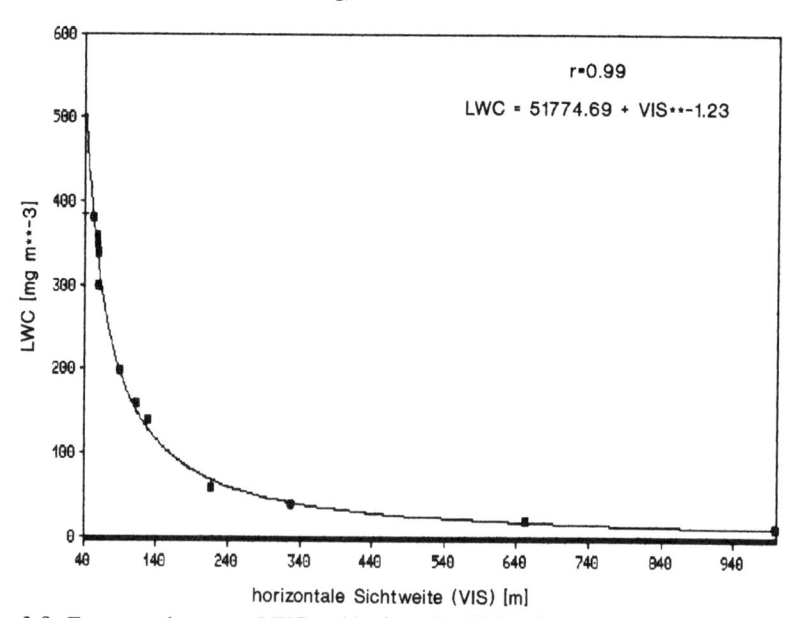

Fig. 3.8: Zusammenhang von LWC und horizontaler Sichtweite

Aus diesem Grund wurde mittels Gleichung (3.8) für den 12.11.1989 aus den mittleren Tropfengrößen und dem gemessenen LWC die Sichtweite berechnet und der Zusammenhang von Sichtweite und tropfengrößenabhängigem LWC mit verschiedenen Regressionsansätzen untersucht. Eine exponentielle Regression zeigt den klaren Zusammenhang (Fig. 3.8) der beiden Größen und weist deutliche Parallelen zur Beziehung von Sichtweite und T_4-T_3 auf (Fig. 3.2). Somit ergibt sich letztlich auch ein Zusammenhang zwischen LWC und den Temperaturdifferenzbildern (T_4-T_3). Die Gleichung aus Figur 3.8 kann nun dazu benutzt werden, aus den berechneten Sichtweitekarten Karten der LWC-Verteilung abzuleiten. Da es sich hierbei um Konzentrationskarten pro Luftvolumen handelt (LWC in mg m^{-3}), können sie unter Einbezug der jeweiligen Karten der Nebelmächtigkeit (s. Teil I) in Karten des absoluten Wassergehaltes bezogen auf ein Pixel (1 km²) umgerechnet werden. Die Umrechnung erfolgt durch Gleichung 3.9:

$$LWC_{pix} = LWC * vol_{pix} \qquad (3.9)$$

wobei:
LWC_{pix}: Flüssigwassergehalt pro Pixel [m^3]
LWC : Flüssigwasserkonzentration pro Pixel [m^3 m^{-3}]
vol_{pix}: Volumen der Nebelluft [m^3]

3.3.2 Flüssigwassergehalt und Verifikation

Für zwei Termine der EUROTRAC-Meßkampagne vom November 1989 lagen Bilder des Mittagsüberflugs von NOAA-11 vor, über die eine Verifikation der Berechnung für das Pixel der Station S. Pietro Capofiume durchgeführt werden kann. Die folgenden Karten (Tafel 3.1) zeigen die berechneten Bilder für den 12.11.1989 und den 13.11.1989 sowie die Diagramme des LWC in den Höhen 1.5 und 25 Meter über NN (Tafel 3.1). Sowohl die berechneten Karten als auch die gemessenen Werte zeigen, daß der Nebel am 12.11.1989 einen höheren Wassergehalt aufweist als am 13.11.1989. Der Vergleich der berechneten und der gemessenen Werte zeigt eine erstaunliche gute Übereinstimmung der Werte. Allerdings wird der Wassergehalt in 25 Meter Höhe durch die Satellitenbilder genauer repräsentiert als der am Boden. Dieses Ergebnis ist auch für die Sichtweiteberechnungen von Interesse, da gerade während starker Nebelauflösung vom Boden her die aus dem Satellitenbild berechneten Sichtweiten etwas zu niedrig sein könnten. Tafel 3.1 präsentiert das über die Nebelmächtigkeit umgerechnete Bild des Wassergehalts. Es zeigt sich, daß trotz vergleichsweise hoher LWC-Konzentration des Nebels im Osten der Poebene der Gesamtgehalt aufgrund der herabgesetzten Dicke des Nebels niedriger ist als bei vergleichbaren LWC-Konzentrationen im Westen der Poebene.

4 Mittlere Nebelverteilung in der Poebene

4.1 Mittlere horizontale Nebelverteilung

Die horizontale Nebelverteilung in der Poebene ist in zwei Arbeiten anhand von Stationsdaten grundlegend untersucht worden (ITAV 1978, GIULIACCI 1985). Diese Arbeiten beinhalten mittlere Nebelkarten für verschiedene Jahres- und Tageszeiten, die zu Vergleichszwecken herangezogen werden können. Aus 59 Satellitenbildern wurde für die Poebene eine Karte der Nebelhäufigkeit berechnet und dabei möglichst nur ein Bild pro Tag verwendet. Wenn für einen Tag mehrere Bilder vorlagen, wurde bei ausreichender Qualität das NOAA-10 Morgenbild verwendet, da um diese Zeit das thermisch bedingte Nebelmaximum zu erwarten ist. Tafel 3.3 zeigt die berechnete Nebelkarte sowie in einer Überlagerung die umgerechnete Häufigkeitskarte aus GIULIACCI (1985). Die Meeresgebiete (Adria, Golf von Genua) wurden in der Mittelkarte aus Gründen der Übersichtlichkeit mit Hilfe des digitalen Geländemodells ausmaskiert.

Grundsätzlich kann man in der gesamten Poebene im Jahresverlauf Nebel festellen. Folgende regionale Verbreitungsmuster sind dabei zu beachten:
-Die größten Nebelhäufigkeiten finden sich im Westen der Poebene zwischen Piacenza und Milano Linate. Der zentrale Trog der Poebene liegt dabei bis zur Adriaküste noch innerhalb der >55% Zone, die sich allerdings in Richtung Adria verjüngt.
-Das Hügelland von Monferrato liegt dabei unterhalb der 55%-Grenze. Auffällig ist die günstige Lage von Turin, das relativ selten von Nebel betroffen ist. Der östlich von Turin gelegene Superga (870 m) sowie der im Hügelland von Langhe gelegene Berg bei Bossolasco (762 m ü. NN) werden in keinem Fall der Untersuchungsperiode von Nebel überströmt.
-Die niedrigsten Nebelhäufigkeiten weist die nordöstliche Küstenebene um Udine auf, wobei die starke Abnahme der Häufigkeiten in etwa östlich der Euganeen und der Monti Berici beginnt.
-Gegenüber den Nebelrandbereichen (<10%) weisen der Gardasee und der Südteil des Lago Maggiores noch erhöhte Nebelhäufigkeiten über 10% auf, während der Comer See über die gesamte Beobachtungsperiode nebelfrei ist. Hier ist zu überlegen, ob das winterliche Wärmezentrum am Comer See einen gewissen Einfluß auf die mittlere Nebelverteilung hat. Am Ausgang des Gardasees befindet sich eine Einbuchtung in der Häufigkeitskarte, die in etwa dem Moränengürtel folgt.
-Eine weitere Einbuchtung befindet sich im Agglomerationsraum Mailand. Hier ist zu prüfen, ob ein gewisser Stadteffekt oder eine Kombination mit dem Wärmezentrum am Comer See eine schnellere Nebelauflösung verursacht.
-Auch die Küste um Genua weist partielle Nebelbedeckung auf. Dabei sind die Paßhöhen (Passo dei Giovi, Turchinopaß etc.) ebenfalls nebelbedeckt.
-Gegenüber den Alpentälern, die aus strömungsdynamischen und thermischen Gründen (WANNER & KUNZ 1983:41) meist nebelfrei sind, weisen einige Apenninntäler eine weit in das Gebirge reichende Nebeldecke auf. Besonders deutlich kann dies im Tal der Trebbia und im Tal des Taro verfolgt werden.
Die der berechneten Karte überlagerten Nebelhäufigkeiten nach GIULIACCI (1985) zeigen demgegenüber ein wenig differenziertes Bild. Interessant sind hier die beiden Maxima im Westen und in der mittleren Poebene, wenn auch das aus den Satellitenbildern berechnete Maximum genau zwischen diesen Zentren liegt. Sollte es sich um reale Häufungen von Nebel handeln, muß dies ein wetterlagenabhängiger Effekt sein. Insgesamt schließt die 85%

Linie in etwa die berechnete 71%-Linie ein, so daß im langjährigen Mittel der Stationsdaten räumlich größere Nebelhäufigkeiten zu verzeichnen sind. Fraglich ist die Linienführung besonders im Bereich der adriatischen Küstenebene bei Udine. Während die aus den Satellitendaten berechneten Häufigkeiten in etwa isohypsenparallel verlaufen, sind die Linien der überlagerten Karte in Gefällerichtung gezeichnet.

Die Flächenanteile der einzelnen Häufigkeitsstufen finden sich in Tabelle 4.1:

Klasse [%]	Fläche [km²]	Summe [km²]
1- 10	11338	60672
11- 25	11696	49334
26- 40	6942	37638
41- 55	8440	30696
56- 70	10819	22256
71- 85	8316	11437
86-100	3121	3121

Tab. 4.1: Flächenanteile und Flächensummen der Nebelbedeckung für einzelne Häufigkeitsklassen.

Es zeigt sich, daß die Gebiete, die sehr oft Nebelbedeckung aufweisen, verhältnismäßig klein sind. Ein erstes Flächenmaximum mit 10819 km² stellt die 56%-Klasse dar. Nebelhäufigkeiten von 26-55% treten in der Flächensumme verhalten auf und bringen wenig Flächenzuwachs. Erst bei den selteneren Nebelfällen von 1-25% zeigt sich dann eine enorme Flächenausdehnung die fast dem Flächenanteil von 41-100% entspricht. Ein interessantes Bild ergibt der Vergleich der mittleren winterlichen Ausprägung einiger Klimaelemente und der berechneten Nebelhäufigkeit (Tafel 3.1).

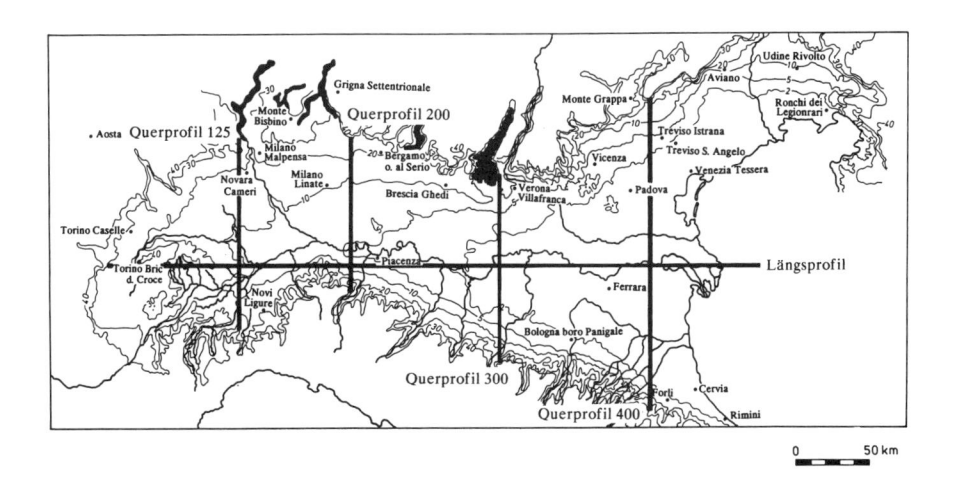

Fig. 4.1: Lage der verwendeten Längs- und Querprofile durch die Poebene.

In den folgenden Kapiteln werden bestimmte Quer- und Längsprofile verschiedener Größen (Sichtweite, LWC) beschrieben. Die Schnitte sind für die einzelnen Teilräume der Poebene repräsentativ und beziehen sich immer auf die in Figur 4.1 eingezeichnete Lage.

Der Vergleich mit dem mittleren Windfeld zeigt, daß die 71%-Linie im Osten genau am Ende des Bereiches liegt, der noch von den kalten Ostwinden über die Wiener Senke erreicht wird. Bezeichnend ist auch die Überlagerung der Häufigkeiten von Tagen mit relativer Feuchte > 90% im Winter, da das berechnete Nebelzentrum mit dem überlagerten Feuchtezentrum räumlich gut koinzidiert. Damit befindet sich die berechnete mittlere Nebelkarte im Einklang mit der langjährigen, mittleren Ausprägung des Winterklimas der Poebene.

4.2 Mittlere vertikale Nebelverbreitung in der Poebene

Die Erfassung der vertikalen Nebelstruktur mit Hilfe von Bodendaten der Sichtweite ist außerordentlich schwierig, da auf der Entfernung zwischen einer Station, die Nebel meldet und einer nebelfreien Referenzstation ein mehr oder weniger großes Höhenintervall ohne Information bleibt und somit Höhenangaben nur für Höhenintervalle möglich sind. Die Berechnung der Nebelhöhe mit Hilfe der Nebelrandliniendatei, des digitalen Geländemodells sowie der Trendflächenanalyse erlaubt es, für jede beliebige 1-km² Umgebung der Poebene Nebelhöhen zu extrahieren. Im folgenden wurden Nebelhöhen für bestimmte Teilgebiete errechnet. Figur 4.2 a zeigt die Häufigkeiten von Nebelhöhen in Milano Linate im Vergleich zu den Inversionsuntergrenzen der jeweiligen Sondierungen.

In diesem Fall wurden auch Nebelereignisse erfaßt, die auf der Höhe von Linate aber in geringeren Geländehöhen (< 104 gpm) flachen Bodennebel verursacht haben. Bei niedrigeren Nebellagen verzeichnet Linate immer noch eine Inversion, die dem Boden aufliegt, während sie bei Nebelfällen in Linate meist abgehoben ist.

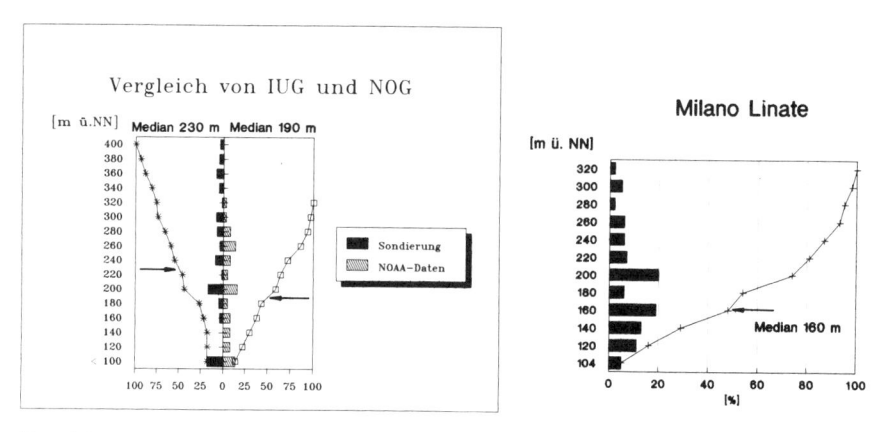

Fig. 4.2: (a) Häufigkeit verschiedener Nebelobergrenzen und Inversionsuntergrenzen für Milano Linate (b) NOG nur bei Nebel in Linate, berechnet aus 59 Höhenflächen.

Wie schon in Teil I erläutert wurde, liegt die NOG meist etwas unterhalb der IUG, so daß der Median der Summenhäufigkeit eine IUG von 230 m und der NOG von 190 m anzeigt.

Die Diagramme stimmen aber insofern gut überein, als daß Häufigkeitsmaxima bei Nebelhöhen unter 100 m und bei 200 m zu verzeichnen sind. Die Analyse der Satellitendaten zeigt noch ein drittes Maximum bei 260 m, das durch die Sondierung nur bedingt (bei 300 m) bestätigt wird. Besonders im Höhenintervall von 340-400 m finden sich noch IUG's, während bei der NOG solche Höhen nicht mehr zu verzeichnen sind. Betrachtet man nur die Höhenverteilungen bei Nebel (Fig. 4.2b), zeigen sich zwei klare Maxima bei 160-179 und 200-219 m, während die Nebelhöhen von 180-199 m relativ selten vorkommen. Die maximale Nebelmächtigkeit in Linate liegt demnach bei 240 Metern. Ein ähnliches Verhalten zeigt die auf der gleichen Isohypse gelegene Stadt Brescia im Osten von Mailand (Beilage). Hier deutet das erste Höhenmaximum bei 140-159 m allerdings schon eine Kippung der Nebelfläche in Richtung Adria an, während die Häufigkeit der NOG bei höheren Ereignissen wie in Linate mit 200-229 m konstant bleibt. Die zwischen diesen beiden Pixeln liegende Stadt Piacenza am Apenninrand hat zwar den gleichen Medianwert wie Linate, zeigt aber schon um 20-40 m niedrigere NOG's als Linate, obwohl die effektive Nebelmächtigkeit aufgrund der Lage am Po größer ist (Maximum 300 m). Hier wirkt sich ganz klar die Asymmetrie der Poebene auf die mittleren Nebelhöhen aus. Zur Adriaküste hin nehmen sowohl die mittlere Nebelmächtigkeit als auch die mittlere Nebelhöhe deutlich ab. Die Stationen Padua und Ferrara (Beilage) haben maximale Nebelmächtigkeiten von 160 bzw. 220 Metern.

Ferrara als zentrale Station der Küstenlage weist dabei das Häufigkeitsmaximum bei sehr flachen Nebelereignissen (20-59 m) auf, während in Padua aufgrund der ungeschützten Lage gegenüber den kalten Ostwinden eher höhere Nebelereignisse bei zentralen Hochdrucklagen auftreten. Daraus ist abzulesen, daß in der adriatische Küstenebene um Udine Nebel nur bei sehr stabilen Wetterlagen auftritt, wobei dann besonders große Nebelhöhen verzeichnet werden.

Tabelle 4.2 zeigt abschließend die mittleren Nebelhöhen sowie die mittleren Nebelmächtigkeiten für die berechneten Quer-Profile, die die Abnahme der Nebelhöhe und der Nebelmächtigkeit verdeutlicht.

	Nebel-höhe [m]	Nebelmächtig-keit [m]
Querprofil 125	296	137
Querprofil 200	200	82
Querprofil 300	155	76
Querprofil 400	107	68

Tab. 4.2: Mittlere Nebelhöhe und Nebelmächtigkeit berechnet für Querprofile der Poebene aus 59 Nebelhöhenflächen.

4.3 Mittlere Sichtweitenverhältnisse im Nebel

Die mittleren Sichtweitenverhältnisse der Poebene wurden anhand von 42 NOAA-11 Mittagsüberflügen ermittelt und beziehen sich daher auf die Tageszeiten 11:00-13:00 UTC. Für Morgenüberflüge von NOAA-10 konnten diese Berechnungen nicht durchgeführt werden, da der starke Rauschanteil den Temperaturdifferenzwert (T_4-T_3) und somit die berechnete Sichtweite extrem beeinflußt. Von besonderem Interesse sind die Sichtweiten, die die Verkehrsverhältnisse nachhaltig beeinträchtigen. Für diese Sichtweiten < 200 m wurde daher eine Karte der Auftrittshäufigkeiten berechnet und mit den Autobahnverbindungen überlagert (Beilage). Die Karte orientiert sich im wesentlichen an der Nebelhäufigkeitskarte, indem die zentrale Poebene durch die größten Sichtbehinderungen gekennzeichnet wird. Vor allem im westlichen Teil östlich des Berglandes von Monferrato liegen die horizontalen Sichtweiten bei fast jedem Nebelereignis unter 200 Metern. Besonders betroffen sind daher die Nord-Süd verlaufenden Autobahntangenten. Die am Nebelrand gelegenen West-Ost Tangenten liegen demgegenüber günstiger, obwohl die am Apennin verlaufende Autobahntrasse größere Sichtbehinderungen aufweist, als die Alpenrand-Tangente.

Zur Adriaküste hin nimmt die Sichtweite so zu, daß die 46-60%-Zone die Küste nicht mehr erreicht. Das gilt auch für große Teile der Hügelländer von Monferrato und der Langhe.

Die nordöstliche adriatische Küstenebene, der untere Gardasee, der untere Abschnitt des Lago Maggiore sowie die Küste von Genua mit den angrenzenden Paßhöhen sind von Sichtweiten unter 200 Metern seltener betroffen. Betrachtet man die mittleren Sichtweiteverhältnisse für verschiedene Querprofile durch die Poebene (Fig. 4.3) bestätigen sich die Angaben der Häufigkeitskarte. Generell nimmt die mittlere Sichtweite östlich der Tertiärhügelländer zur Adria hin zu. Im Mittel über die jeweiligen Profile beträgt diese Zunahme lediglich 75 Meter, mittelt man nur für die zentrale Poebene, beträgt die Zunahme 150-200 Meter. Deutlich ist weiterhin die Zunahme der Sichtweite zum Nebelrand hin zu erkennen, die allerdings regional differenziert werden muß. Auf der Höhe von Piacenza (Querprofil 200) zeigt sich, daß die Sichtweite am Alpenrand nicht über 400 Meter ansteigt, während sie am Apennin bis auf 600 Meter zunimmt.

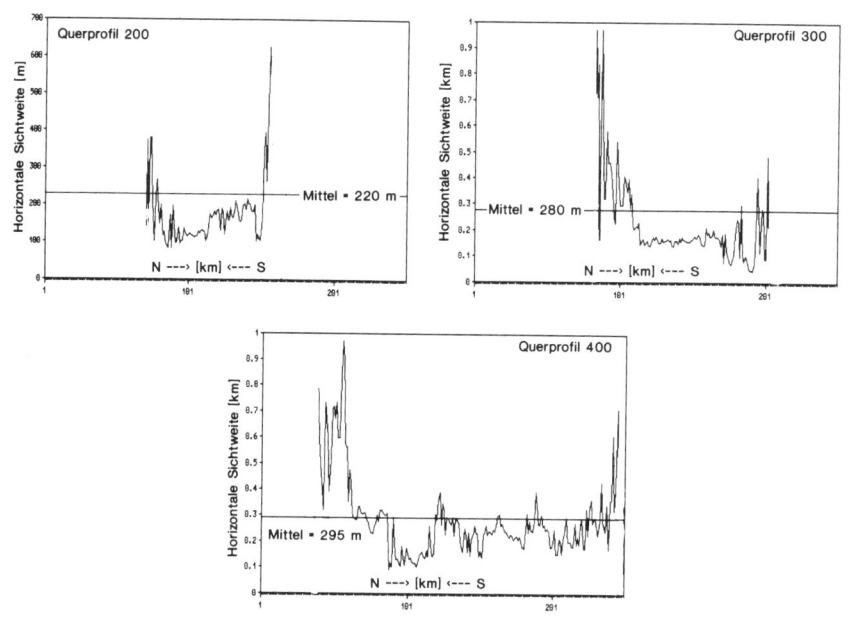

Fig. 4.3: Querprofile der mittleren horizontalen Sichtweite in der Poebene, berechnet aus 42 NOAA-11 Bildern (11:00-13:00 UTC).

Im zentralen Trog der Padana kommt es zu einer leichten Zunahme von Nord nach Süd, die kurz vor dem Apenninfuß unterbrochen wird. Hundert Kilometer weiter östlich kehren sich die Verhältnisse bereits um (Querprofil 300). Hier liegen vor allem am Moränengürtel des Gardasess die Sichtweiten höher als die des Apenninfußes. In der Ebene sind extrem schlechte Sichtverhältnisse unter 50 Metern vor allem in Richtung Apennin zu erkennen. Ob es sich hier um wetterlagenabhängige Änderungen oder um Auswirkungen von Kaltluftabfüssen handelt, müssen die weiteren Untersuchungen ergeben. Das Küstenprofil (Querprofil 400) zeigt deutlich höhere Sichtweiten im Bereich der nordöstlichen Küstenebene die dann im Mittel auf 200 Meter in der zentralen Poebene abnehmen ehe am Apennin eine erneute Sichtverbesserung eintritt.

4.4 Mittlerer Flüssigwassergehalt des Nebels

Der Flüssigwassergehalt von Nebel beeinflußt entscheidend die Sichtweite sowie die lufthygienischen Verhältnisse der Poebene. Er ist dabei eine Funktion aus Temperatur und absoluter Feuchte der beteiligten Luftmasse. Figur 4.4 zeigt exemplarisch einige Summenkurven verschiedener Flüssigwasserhäufigkeiten für Bildpositionen typischer Stationen. Prinzipiell können drei Typen unterschieden werden. Die meisten Stationen zeigen einen ausgeglichenen Gang über alle Häufigkeiten. Der Anstieg der Kurve von Piacenza ist fast linear, so daß alle Flüssigwassergehalte mit nahezu identischer Häufigkeit auftreten. Typen mit einer linksschiefen Verteilung indizieren eher niedrige, Typen mit rechtsschiefer Verteilung eher hohe Flüssigwassergehalte. Typische Stationen mit niedrigen Flüssigwassergehalten sind Mailand und Padua, während besonders im Raum von Alessandria und Novi Ligure, also in nächster Nachbarschaft zum Golf von Genua, sowie auch am Alpensüdrand im Bereich von Brescia generell höhere Werte zu verzeichnen sind.

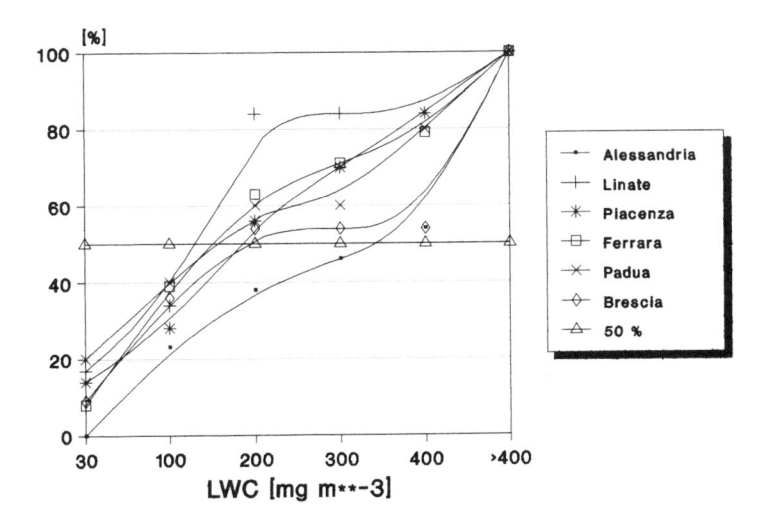

Fig. 4.4: Typische Flüssigwasserkonzentrationen für verschiedene Orte der Poebene 11:00-13:00 UTC, berechnet aus 42 Satellitenbildern

Die Beilage zeigt eine Karte der Auftrittshäufigkeiten sehr großer Flüssigwasserkonzentrationen ($\geq$ 300 mg m^{-3}). Die größten Häufigkeiten finden sich dabei wieder östlich des Hügellands der Langhe im Bereich Alessandrias und Novi Ligures als auch am Alpensüdrand östlich von Mailand bis auf die Höhe Brescias.

Verglichen mit der Karte der Mitteltemperatur sowie der mittleren Minimum- und Maximumtemperatur (GIULIACCI 1985) im Januar verzeichnen diese Stellen eindeutig die geringsten Werte. Dabei ist zu bedenken, daß das gesamte Temperaturfeld auch durch die hohe Auftrittshäufigkeit von Nebel in diesem Gebiet beeinflußt wird (GIULIACCI 1985:38). Weiterhin beeinflußt die größere Geländehöhe die Temperatur nachhaltig. Unabhängig davon sind im angrenzenden Alpen- und Apenninraum besonders intensive Kaltluftabflüsse zu verzeichnen (GIULIACCI 1985:39). Wegen der abgeschlossenen Lage des Beckens um Alessandria bleiben die unteren Schichten des Kaltluftsees auch häufig stationär und fließen erst bei größerer Mächtigkeit ostwärts ab. Ein weiterer bedeutsamer Faktor ist sicherlich, daß dieses Gebiet noch im Einflußbereich des Golfs von Genua liegt (GIULIACCI 1985:39). Hier werden der gesamte Apennin und die Paßhöhen gerade bei der im Winter vorherrschenden SW-Höhenströmung (s. Monte Cimone, TCI o.J.; Tafel 11) häufig überströmt (PAGLIARI 1982:254), so daß feuchte Luft in die Poebene eindringen kann, die in Verbindung mit der starken Abkühlung große Flüssigwasseranteile im Nebel verursachen. Das Maximum östlich von Mailand entsteht wohl dadurch, daß sich die relativ warm-feuchten SW-Winde aus dem Golf von Genua bei westlicher bis südwestlicher Strömungsrichtung im Bereich von Brescia aufstauen und auf die Kaltluftströme der angrenzenden Berghänge treffen, wodurch starke Kondensationserscheinungen ausgelöst werden können. Eine genauere Analyse des Windfeldes kann allerdings nur mit Bodendaten durchgeführt werden, die in einem späteren Kapitel untersucht werden. Auch die Berechnung des absoluten Flüssigwassergehalts mit Hilfe des DGM liefert ähnliche Ergebnisse. Figur 4.5 zeigt das Längsprofil sowie das Querprofil 200 des absoluten Flüssigwassergehalts.

Hier wirkt sich neben der Flüssigwasserkonzentration besonders die topographische Asymmetrie und somit die mittlere Nebelmächtigkeit aus. Der maximale Wassergehalt ist wiederum im Bereich um Alessandria und Novi Ligure zu verzeichnen, wo Nebelmächtigkeit und Kondensation am größten ist. In Richtung Adria nimmt der Wassergehalt des Nebels ab, wobei östlich des Gardasees (km 300) die Abnahme in Folge der stark verringerten mittleren Nebelmächtigkeit besonders deutlich wird. Das Querprofil 200 (Mailand-Piacenza) zeigt auch die Asymmetrie in Nord-Süd Richtung, indem besonders über der Talaue des Pos am Apenninrand die höchsten Wassergehalte erreicht werden. Es ist anzumerken, daß sich diese Asymmetrie auch in den am Apenninrand stark reduzierten Sichtweiten widerspiegelt, die das Auftreten von Kaltluftabflüssen aus dem Apennin während Nebelereignissen wahrscheinlich macht (TICHY 1985:143). Aus lufthygienischer Sicht ist daher der Apenninrand im westlichen Teil der Poebene im Hinblick auf feuchte Depositionen besonders gefährdet, wenn man gleiche Schadstoffkonzentrationen wie im Großraum Mailand voraussetzen würde. Weniger gefährdet sind die Gebiete der adriatischen Küstenebene östlich des Gardasees.

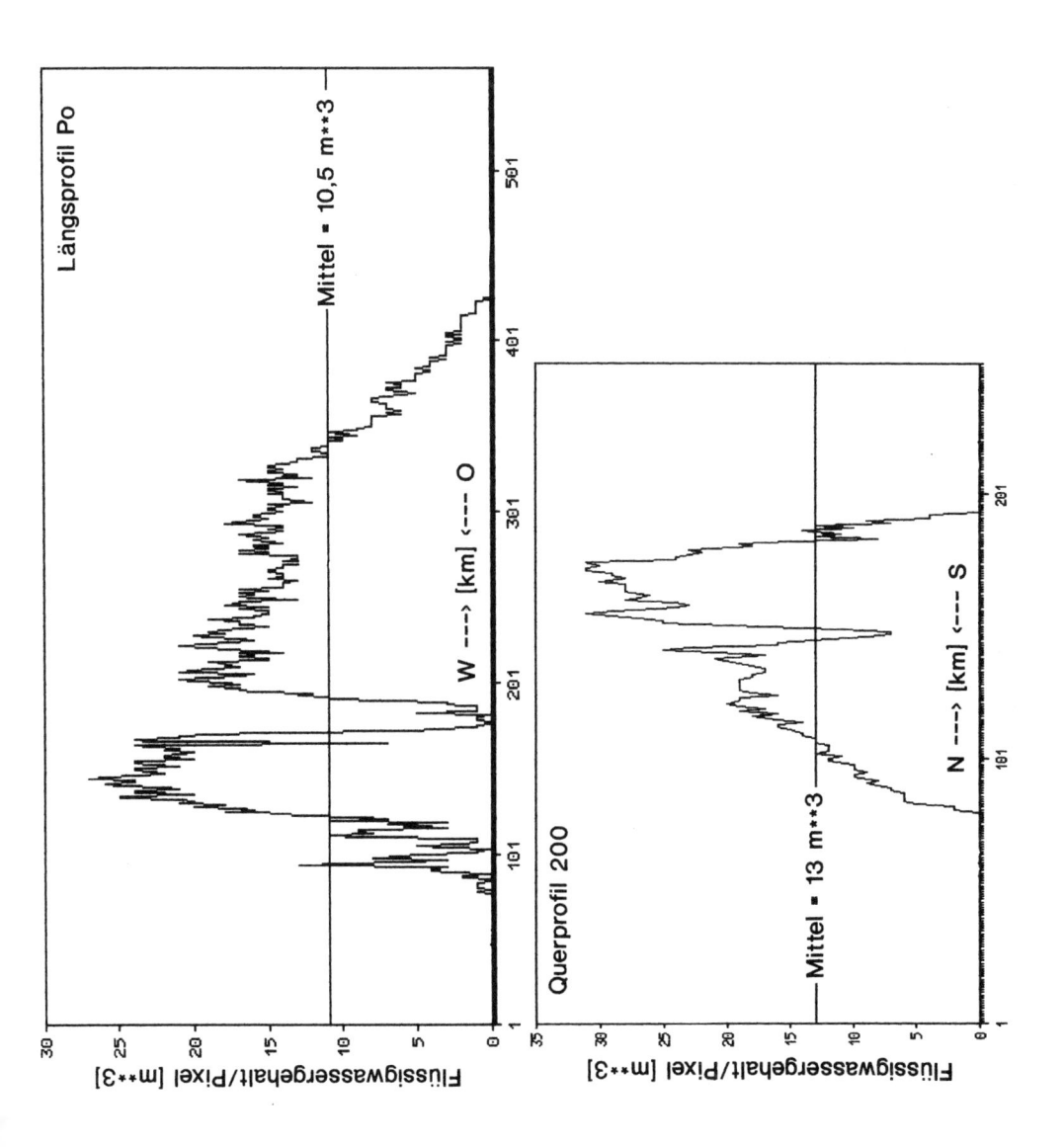

Fig. 4.5: Längsprofil und Querprofil 200 des mittleren, absoluten Flüssigwassergehalts im Nebel pro Bildelement in m^3 für 11:00-13:00 UTC, berechnet aus 42 Satellitenbildern.

5 Jahresgang der Nebelhäufigkeit in der Poebene

Der Jahresgang der Nebelhäufigkeit von Becken- und Hochlagen kann im Alpenbereich grundsätzlich unterschieden werden. WAKONIGG (1978:138) unterscheidet für Österreich fünf Stufen:

- Die Tiefländer mit einem Nebelmaximum im Kernwinter, das direkt aus den Strahlungsverhältnissen resultiert und in höheren Seitentälern abgeschwächt erhalten bleibt.
- Die nebelarme Hügelstufe, die nur noch durch starke Boden- oder Hochnebeldecken erreicht wird und ebenfalls ein Wintermaximum aufweist (ca. 450 m ü. NN).
- Die niedere Berglandstufe (ca. 900 m ü. NN), die nur noch von ausgedehnten Hochnebeldecken erreicht wird. Hier entsteht ein Novembermaximum, da tiefliegende Bewölkung ebenfalls zur Sichtreduktion beiträgt.
- Die eigentliche Berglandstufe (ca. 1400 m ü. NN), die von Hochnebel nicht mehr erreicht und daher ausschließlich durch Hangnebel frequentiert wird. Das Maximum im November ist wie vorher dynamischer Natur. Sommerliche Hangnebel treten kaum auf, da das Kondensationsniveau im Sommer höher liegt.
- Die hochalpine Stufe folgt in ihrem Nebelgang nur noch der jahreszeitlichen Bewölkungshäufigkeit, so daß das Nebelmaximum in den Übergangsjahreszeiten und im Sommer (Mai und August) auftritt.

Für den italienischen Alpenbereich scheint der Jahresgang ziemlich ausgeglichen zu sein. Trotzdem tritt im Gebirge ein leichtes Nebelmaximum im Winter sowie im Herbst auf (CANTU 1969:21). Die zentrale Poebene verzeichnet für die Periode 1960-1969 ebenfalls das erwartete Wintermaximum mit höchsten Werten im Januar (FANCHIOTTI & NANI 1973:25), das gleichzeitig die geringsten Sichtweiten anzeigt (FANCHIOTTI 1975:202). Auch für die adriatische Küstenebene (Treviso Istrana) wird in der Periode 1964-1968 ein Januarmaximum dokumentiert (PAULLILLO 1972:166). Wie Figur 5.1 zeigt, trifft dies auch für die Stationen der Poebene zu.

Die am Rand der Poebene gelegene Station Monte Bisbino gehört sicherlich schon zur Berglandstufe, da die Maxima sowohl morgens als auch mittags in den Übergangsjahreszeiten (Oktober, März) sowie im Februar liegt. Das für die Poebene typische Nebelmaximum von Dezember und Januar zeigt hier die Minimalfrequenz von Nebel an. An den Tieflandstationen ist der Monat des Nebelmaximums allerdings tageszeitenabhängig. In Milano Linate tritt das Januarmaximum sowohl morgens als auch mittags auf, während es in der nebelärmeren Hügelzone (Milano Malpensa) wie auch im Bereich der adriatischen Küstenebene (Treviso Istrana) am Mittag zum Dezember konvertiert. Wie bereits gezeigt werden konnte, liegt Mailand in der nebelärmeren Zone am Ausgang des Comer Sees. Da die beschriebene Konvertierung vom Dezember- zum Januarmaximum für Linate einmalig ist, muß sie folgendermaßen erklärt werden: Im Dezember liegen häufiger mächtige Nebellagen vor, die sich bis in die nebelärmeren Randgebiete (Malpensa, Treviso Istrana) durchsetzen können. Im Januar ist der Nebel eher auf den zentralen Trog konzentriert, dort aber vermutlich aufgrund des größeren Kaltluftpotentials dichter und stabiler, so daß er sich mittags auch noch in den typischen Auflösungsgebieten halten kann. Dieser Effekt sollte ebenfalls wetterlagenabhängig sein. Die Karten in Tafel 3.2 zeigen exemplarisch die Nebelverhältnisse im November und im Kernwinter Dezember-Januar.

Die Karten weisen eindeutig auf die Unterschiede in der Nebelverteilung zwischen Übergangsjahreszeit und Kernwinterphase hin. Im Dezember-Januar liegt die komplette Poebene im Bereich von Häufigkeiten > 50%.

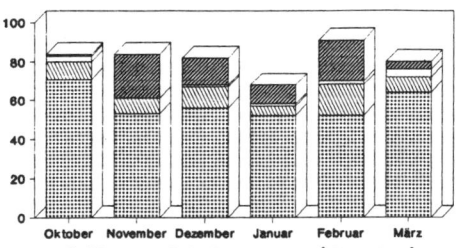

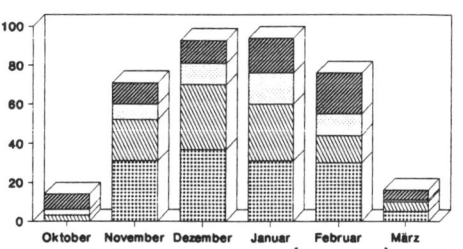

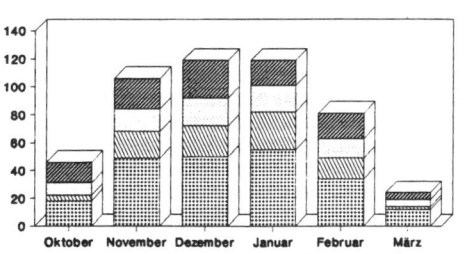

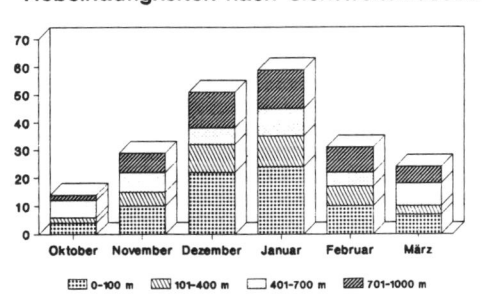

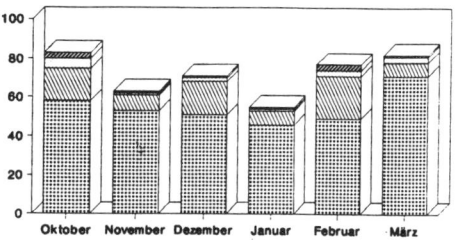

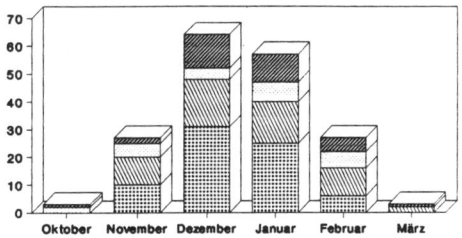

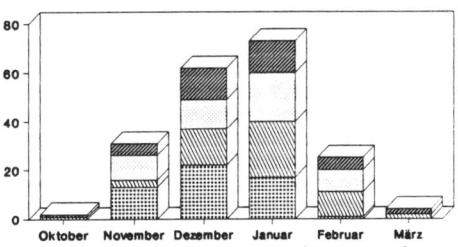

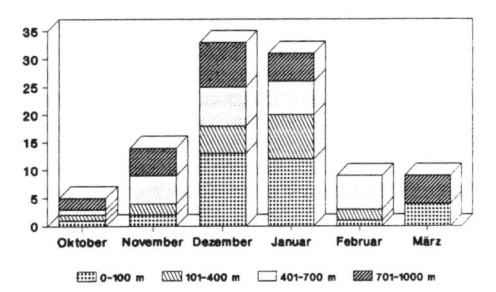

Fig. 5.1: Jahresgang von Sichtweiten ≤ 1000 m für verschiedenen Orte der Poebene 1969-1989, 9:00 und 15:00 (FLEIGE 1992)

Auch die nebelärmeren Zonen werden mit deutlich erhöhter Frequenz von Nebel betroffen. Dies gilt nicht nur für die adriatische Küstenebene sondern auch für den Gardasee, den Südteil des Lago
Maggiore sowie Teile der Tertiärhügelländer im Westen der Poebene. Auffällig ist wiederum der Einbruch der 50% Linie im Bereich von Mailand. Im November zeigen sich auf den ersten Blick die Auflösungserscheinungen im Bereich der adriatischen Küstenebene, wo vom untersuchten Gesamtkollektiv lediglich ein Ereignis partielle Nebelbedeckung aufweist. Auffällig ist weiterhin, daß die Zone mit Häufigkeiten >50% nur noch südlich des Podeltas auf einem ca. 30 km langen Teilstück die Küste berührt.

Demgegenüber werden in vielen Gebieten höherliegende Bereiche überströmt, die im Dezember und Januar nicht von Nebel bedeckt sind. Am Gardasee tritt dieses Phänomen auf, indem die Höhen des Moränenwalls umströmt werden. Auch die Apennintäler zeigen vor allem im Bereich des Taro und der Trebbia hochreichende Nebeleinbrüche. Während am Alpensüdrand noch tagesperiodische Effekte des Energiefeldes den Nebel auf höhere Niveaus verlagern können, zeigt die gesamte Struktur im Ostteil der Poebene ganz eindeutig Ausflösungserscheinungen von Ost bis Nordost, die wiederum wetterlagenabhängig erklärt werden müssen.

Insgesamt bestätigt sich allerdings die Temperaturabhängigkeit des Nebelaufkommens im Jahresgang, da die Monate Dezember und Januar in der Poebene sowohl das Temperaturminimum als auch das Nebelmaximum in Frequenz und Ausdehnung aufweisen.

6 Tagesdynamik der Nebelverteilung in der Poebene

Die Tagesdynamik der Nebelbedeckung als Indikator für Nebelauflösung und energetisch bedingte Verlagerunsvorgänge soll im folgenden untersucht werden. Zuerst werden die theoretischen Grundlagen erläutert, danach sollen Hauptgebiete der Nebelauflösung sowie der Nebelverlagerung und den Tagesgang der Nebelverbreitung beeinflußende synoptische Prozesse für die Poebene herausgearbeitet werden.

6.1 Theorie der Tagesdynamik

Zur Tagesdynamik von Nebel liegen bereits mehrere Arbeiten vor, die hauptsächlich zum Ziel haben, Auftrittswahrscheinlichkeiten von Nebel aus meteorologischen Meldungen des vorhergehenden Tages zu berechnen. Die Modelle versagen allerdings häufig in der Abschätzung der Persistenz und Verlagerung der Nebelmeere. So kommt bei der Überprüfung der Modelle an manchen Punkten Nebel auf, dessen Auftreten nicht thermodynamisch vorhergesagt werden kann, sondern durch advektiven Kaltluft- bzw. Nebellufttransport hervorgerufen wird (LIEBETRUTH 1982:161-162). Das deutet auf ein von der Strömung der höheren Atmosphäre abgekoppeltes PBL-Windfeld, das sich vor allem bei gradientschwachen Hochdrucklagen gut ausbildet (WANNER 1979:162). Dieser Transport von Nebel kann in größeren räumlichen Dimensionen stattfinden, so daß Austauschprozesse zwischen verschiedenen Nebelgebieten möglich sind. Beispielräume sind die Verbindung von Oberrheintal-Berner Mittelland und Saône-Tal (WINIGER 1974), das Oberrhein- und das Maintal (LIEBETRUTH 1982:161) sowie das bayrische Alpenvorland (UNGEWITTER 1984:139 ff.). Kleinräumig können Nebelwellen auch in steilerem Relief entgegen der Schwerkraft verlagert werden, wie dies für das Moseltal beschrieben wird (SCHULZE-NEUHOFF 1987). Wie schon angesprochen, ist das Auftreten von Nebel an folgende elementare Bildungsbedingungen geknüpft (WANNER 1979:65):

- Vorhandensein einer ausreichenden Anzahl aktiver Kondensationskerne.
- Übersteigen des Sättigungsdampfdrucks durch den Dampfdruck je nach Kondensationsprozess bei einer relativen Feuchte von < oder > 100%, also ein Gegensatz von relativer Kalt- und Warmluft sowie ausreichender Luftfeuchtigkeit.

Die Kondensationsverhältnisse können sowohl katabatisch als auch advektiv herbeigeführt werden. Orographischer Kaltluftabfluß ist im allgemeinen an Ausstrahlungswetter und ein für eine größere Kaltluftproduktion geeignetes Relief gebunden. Dieser Prozeß kann regional z.B. durch Kaltluftausfluß aus einigen Alpentälern hervorgerufen werden. Im größeren Maßstab kann Kaltluft im Alpenraum katabatisch verlagert werden (Bora, Mistral), wenn sie, advektiv herbeigeführt, an einem Hindernis wie den Nordalpen aufgestaut wird und dann aufgrund ihrer Masse und dem durch den Stau hervorgerufenen Luftmassenüberschuß über Geländesenken (Rhône-Tal und Wiener Senke) in den Mittelmeerraum abfließen. Diese Kaltluft ist allerdings häufig kontinentalen Ursprungs und daher relativ trocken. Als advektive Fälle sind solche Prozesse zu werten, bei denen relative Warmluft (z.B. Scirocco) stationäre, bodennahe Kaltluft überströmt, relativ geringmächtige Kaltluft unter stationäre Warmluft geschoben wird oder sich zwei unterschiedlich temperierte bzw. feuchte Luftmassen advektiv vermischen. Ein Großteil aller Nebelfälle findet in der Poebene während gradientschwachen Wetterlagen statt, so daß die bodennahen Luftschichten synoptisch relativ ungestört und direkt von den Kaltluftabflüssen aus Apennin und Alpen abhängig sind.

Aus diesem Grund sollten sich für die Poebene typische Eigenschaften von Strahlungsnebel erkennen lassen. Strahlungsnebel entwickelt eine jahreszeitlich und tageszeitlich abhängige Auflösungs- und Verlagerungsdynamik, die im folgenden kurz vorgestellt werden soll.

Schon in der Bildungsphase des Nebelmeers zeigt sich das Einsetzen einer antitriptischen Zirkulation, die je nach Dauer und Intensität des Kaltluftabflusses katabatisch verstärkt wird. Die Entwicklung von Nebel und einer eigenständigen Grundschichtzirkulation wird in den folgenden Figuren dargestellt. Dabei kann eine Aufbauphase in der Nacht und eine Abbauphase am Tag unterschieden werden.

Als Ausgangssituation liegt relative Kaltluft in reliefiertem Gelände vor, die gravitativ in Richtung einer Senke abfließt. Es ist anzumerken, daß die Nebelbildung meist nicht vor 0:00 , häufiger erst zwischen 3:00 und 7:00 Uhr einsetzt (LIEBETRUTH 1982:161). Die Kaltluft sammelt sich in einer Senke und verursacht dort eine Bodeninversion und einsetzende Kondensation. Als Vorbote des Nebels bilden sich an der Inversionsobergrenze häufig mindestens 1/8 flacher Stratus, der im Durchschnitt ca. 115 Minuten vor der eigentlichen Nebelbildung einsetzt (LIEBETRUTH 1982:162).

In der zweiten Phase beginnt die Abhebung der Bodeninversion hervorgerufen durch Turbulenzen der Kaltluftströmung, wobei innerhalb der Nebelschicht häufig noch Isothermie vorherrscht (PEPPLER 1934:49) (s. Fig. 6.1).

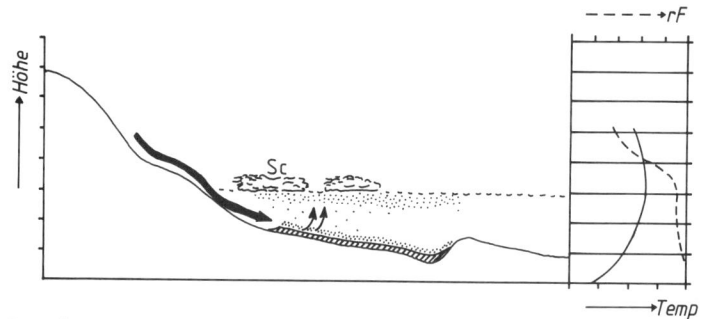

Fig. 6.1: Postphase der Bildung von Strahlungsnebel

Im weiteren Verlauf der Nebelbildung verändert sich die Strahlungsbilanz im Nebel und seiner Umgebung. Die Nebelobergrenze wirkt als Ausstrahlungsfläche, während unter dem Nebel die vom Boden emitierte Wärmestrahlung dem Boden als Gegenstrahlung von der Nebeluntergrenze wieder zugeführt wird. Diese Verhältnisse konnten während der Meßkampagnen bestätigt werden, da die Temperaturen bei Einfahrt in den Nebel im Bereich der Nebelobergrenze immer ein Minimum aufwiesen (Fig. 6.2), während sie im zentralen Nebelbereich in der Regel wieder zunahm. Diese relative Erhöhung der Strahlungsbilanz unter dem Nebel führt zu erneuter Turbulenz und Konvektion. Als Folge bildet sich ein PBL-internes Zirkulationsfeld aus.

Weil die das Nebelgebiet umgebende Luft stärker auskühlt als die Fläche unter dem Nebel, kommt es dem Druckgradienten folgend zu einer direkten Bodenzirkulation vom nebelfreien Gelände zum Nebelgebiet, wobei die das Nebelgebiet erreichende Kaltluft weiterhin turbulent angehoben wird. Bei ausreichendem Feuchteangebot der höheren Schichten unterhalb der Inversion wird Kondensation sowie Verstärkung des Nebels und eine Anhebung der Inversion verursacht (PETKOVSEK 1972:72) (s. Fig. 6.3).

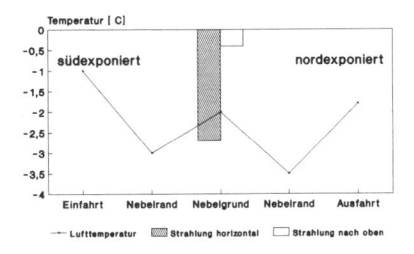

Fig. 6.2: Meßfahrt durch seichten Talnebel (ca. 40 m Mächtigkeit) bei Wiedliesbach, 5.2.1990, 8:40.

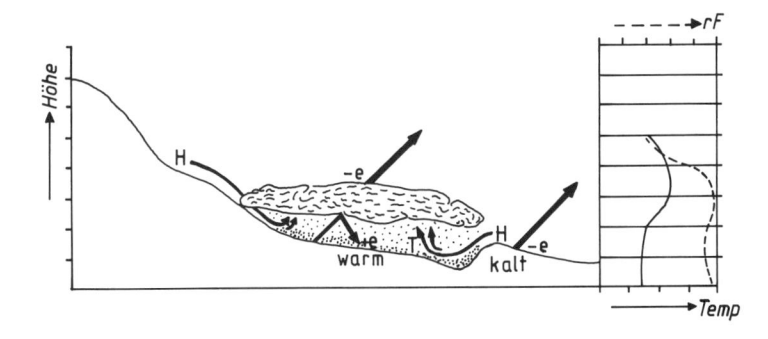

Fig. 6.3: Frühes Bildungsstadium von Strahlungsnebel.

Kurz nach Sonnenaufgang tritt zuerst Nebelverdichtung ein, da durch die einsetzende Erwärmung der Umgebungsluft die für Verdunstungsvorgänge notwendige Energie im nebelfreien Gebiet bereitgestellt wird (WANNER 1979:83). Die Temperatur unter dem Nebel wird dagegen nicht nennenswert angehoben, da der Nebel besonders bei flachem Sonneneinfall eine hohe optische Dicke aufweist, so daß an seiner Obergrenze die einfallende Strahlung fast vollständig reflektiert wird (LIOU & WITTMAN 1979:1265). Somit bleibt die nächtliche Zirkulation vorerst auch am Tag stabil. Das im nebelfreien Gebiet verdunstete Wasser gelangt durch den fortgesetzten Kaltluftabfluß und den daraus resultierenden bodennahen Turbulenzen im Nebel in kältere Nebelschichten, so daß sich der Nebel durch verstärkte Kondensation verdichten kann (Fig. 6.4).

Im weiteren Verlauf der Erwärmung ändert sich die Strahlungsbilanz zwischen Nebel und seiner Umgebung deutlich. Die nebelfreien Gebiete erhalten nun einen hohen Strahlungsgenuß, während die Nebeldecke weiterhin als Ausstrahler wirkt und die Luftschicht unterhalb des Nebels im Vergleich zum nebelfreien Umland deutlich abkühlt. Die Folge ist eine zur

Nachtsituation inverse, direkte Zirkulation vom Nebel zum Umland am Boden und umgekehrt in der Höhe.

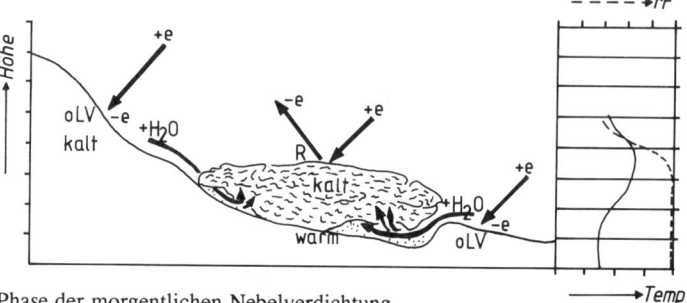

Fig. 6.4: Phase der morgentlichen Nebelverdichtung

Es ist anzumerken, daß diese Zirkulation nur bei ausreichender Einstrahlung einsetzt. Vor allem im Kernwinter können auch tagsüber Kaltluftabflüsse wie in Figur 6.4 persistent bleiben (WANNER & KUNZ 1983:43). Tritt eine solche Zirkulation bei ausreichendem Energiegefälle ein, wird die kalte Nebelluft durch den rückströmenden, absteigenden Ast der Zirkulation zu Boden gedrückt, wobei sie sich adiabatisch erwärmt und die Sicht am Boden durch Abnahme der Kondensation auch im Hinblick auf zunehmende Transmission bei höherem Sonnenstand wieder etwas besser wird. Die dadurch hervorgerufene Erwärmung des Bodens kann bei flachen Nebellagen auch schon am Vormittag einsetzen. Die Meßfahrt in Wiedliesbach zeigt (Fig. 6.2), daß die mit einem Radiometer gemessene Transmissionstemperatur ca. 2.5 K höher ist, als die horizontal gemessene Strahlungstemperatur der Nebeltröpfchen. Die aus der Transmission resultierende Energiezufuhr macht sich daher am Boden durch erhöhten Wärmeumsatz bemerkbar.

Als Folge der divergenten Zirkulation wird die Inversion und somit die Nebeloberfläche bei stabilen Nebelwetterlagen abgesenkt (HADER 1937:61, PETKOVSEK 1972:72) und die Nebelluft fließt hautsächlich in Richtung des größten Druckgradienten aus. Das Luftvolumen unterhalb der Inversion bleibt dementsprechend in etwa gleich und die Nebeldecke kann sich in Extremfällen horizontal um mehr als die Hälfte der vorherigen Fläche ausdehnen (UNGEWITTER 1984:141).

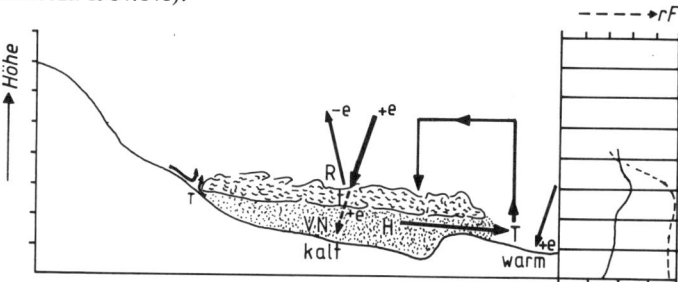

Fig. 6.5: Beginnende Ausgleichszirkulation bei ausreichendem Energiegefälle zwischen Nebelgebiet und nebelfreier Fläche.

An den Nebelgrenzen findet Konvektion statt, da hier der noch vorhandene Kaltluftabfluß sowie die Ausgleichswinde oberhalb der Nebelschicht zusammenfließen. Es entsteht ein zentrales Tief, wie es während einiger Meßfahrten festgestellt werden konnte (s. Teil I).

Dieses Tief geht mit einem Windminimum einher und ist somit auch aus Wetterkarten gut abzuleiten (Fig. 6.5).

Aufgrund der dünneren Nebelschicht und der besseren Bodensicht wird nun als Folge die Strahlungsbilanz am Boden erhöht, so daß von der Unterlage her eine weitere Verbesserung der Sicht durch verminderte Kondensation und Verdunstung eines Anteils von Nebeltröpfchen sowie der Veränderung des Tropfenspektrums herbeigeführt wird und in günstigen Fällen nur noch Hochnebel vorherrscht (Fig. 6.6) oder sich der Nebel und somit auch die Inversion sowohl vom Boden als auch von der Inversionsuntergrenze auflöst.

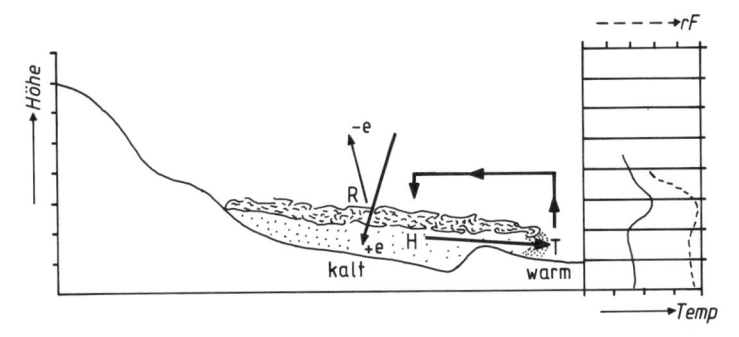

Fig. 6.6: Auflösung des Bodennebels von der Unterlage.

Hat sich der Nebel nicht aufgelöst, sondern bleibt über den ganzen Tag bestehen, kommt die beschriebene Zirkulation nach Sonnenuntergang im Verlauf von mehreren Stunden zum Erliegen und kann sich bei entsprechender synoptischer Situation und/oder erneutem Kaltluftzufluß wieder umkehren, so daß sich die Nebelintensität erneut verstärken kann.

Es ist noch einmal darauf hinzuweisen, daß eine Tageszirkulation wie die oben aufgeführte eine thermisch direkte Zirkulation ohne großen Einfluß des Coriolisparameters darstellt. Sie ist allerdings energetisch an einen Punkt gebunden: Die Temperaturdifferenz zwischen Nebel- und Umgebungsluft muß 3°C überschreiten (UNGEWITTER 1984:141). Als Konsequenz davon finden wir diese Strömungssituationen der PBL hauptsächlich in den Übergangsjahreszeiten, da im Winter die Einstrahlung häufig zu gering ist, um diese Temperaturunterschiede und damit das Solenoidfeld aufbauen zu können. So verschiebt sich auch die mittlere Dauer bis zur Auflösung von September 10.15 Uhr auf Oktober 12.00 Uhr (PEPPLER 1934:58). Im Kernwinter bleibt der Nebel meist den ganzen Tag oder über mehrere Tage stabil und wird nur bei Änderung der synoptischen Situation aufgelöst (DRIMMEL 1958:412). Weiterhin sind größere Nebelfelder bzw. -meere zur Ausbildung des tageszeitlichen Windwechsels notwendig, da sich kleine Nebelgebiete (z.B. Talnebel o.ä.) bis zum Eintreten der Zirkulation schon aufgelöst haben.

6.2 Die Tagesdynamik der Nebelverbreitung in der Poebene

Ungestörter Strahlungsnebel zeigt auch in der Poebene einen normalen Tagesgang der Nebelbildung und -auflösung. Die normale Nebelbildung liegt für Linate in den frühen Morgenstunden zwischen 4:00 und 8:00, während die Auflösungsphase bei kurzen Nebelereignissen schon nach Sonnenaufgang (6:00-8:00) eintreten kann. Sie kann sich bei längeren Nebelereignissen bis 16:00 verzögern. Bei Extremereignissen mit einer Persistenz > 24

Stunden bildet sich der Nebel demgegenüber schon in den Abendstunden (18:00-24:00) und löst sich meist auch erst zum Spätnachmittag auf (ROBERTI 1963[2]:57 ff.). In Tafel 3.2 sind die Nebelkarten für den Morgen- (6:00-8:00 UTC), den Mittags- (11:00-13:00 UTC) sowie den Abendüberflug (17:00-19:00 UTC) von NOAA-10 bzw. 11 dargestellt. Für die Berechnung der Morgen- und Mittagskarten konnten 22 Bildpaare mit übereinstimmendem Datum eingesetzt werden. Zur Berechnung der Abendkarte standen lediglich 11 Bilder zur Verfügung, so daß vor allem im Bereich der adriatischen Küstenebene keine uneingeschränkte Vergleichbarkeit gegeben ist, da vor allem die Abendbilder fehlen, die dort tagsüber Nebel aufweisen. Ein Vergleich der Morgen- und Mittagskarte zeigt deutliche Auflösungserscheinungen zum Mittag hin, die regional differenziert werden müssen. Die Abendkarte weist aber auch bei unzureichender Überdeckung der Termine auf ein partielle Nebelverdichtung gegen Abend hin.

Im Osten der Poebene betrifft die mittägliche Nebelauflösung vor allem die adriatische Küstenebene um Udine sowie den Bereich des Podeltas. Auf dem 51-75%-Niveau findet die Nebelauflösung sogar bis auf die Höhe von Brescia Ghedi statt. Diese Linie ist von besonderem Interesse, da dort sowohl die mittlere Nebelmächtigkeit als auch der Flüssigwassergehalt in besonderem Maße gegenüber den westlichen Bereichen zurückgehen. Vor allem die Flüssigwasserreduktion führt dazu, daß bei gleichzeitig herabgesetzter Mächtigkeit mehr Strahlung durch den Nebel transmittiert wird und sich dieser dann aufgrund des Wärmeumsatzes am Boden schneller auflösen kann. Weiterhin deckt sich diese Linie mit dem Einflußbereich der östlichen Luftströmung, so daß subsynoptische Einflüsse auf die Nebelauflösung nicht ausgeschlossen werden können. Ein Indikator für die aus Nord-Ost initiierte Nebelauflösung sind die Monti Berici, die morgens unter Nebelbedeckung liegen, während sie für die betrachteten Bildpaare mittags immer nebelfrei sind. In der Abendkarte weisen sie wieder partielle Nebelbedeckung auf, so daß eine erneute, thermisch induzierte Nebelverdichtung auch für den östlichen Teil der Poebene deutlich wird.

Eine weitere Zone der Nebelauflösung sind die Tertiärhügelländer von Monferrato und der Langhe. Besonders begünstigt hinsichtlich Nebelauflösung ist Turin, das mittags für alle Bildpaare nebelfrei erscheint. Zum Abend verdichtet sich der Nebel allerdings bei Turin in 51-75% aller beobachteten Fälle.

Ein besonders interessantes Phänomen ist die mittägliche Zone besonderer Nebelarmut im Bereich von Mailand. Diese nebelfreie Zone ist in 95% des gesamten Bildmaterials der Mittagspassagen von NOAA-11 vorhanden. In den meisten Fällen ist sie als Korridor ausgeprägt, der sich aus Nord-Westen vom Moränenwall des Comer Sees bis nach Mailand ausdehnt. In einigen Fällen von höherer Nebelverbreitung wird Mailand allerdings regelrecht von Nebel umströmt. Die verstärkte Auflösung hat zwei Gründe. Einerseits spielt hier das Wärmezentrum am Comer See eine gewisse initiale Rolle, andererseits trägt auch die städtische Wärmeinsel der Agglomeration Mailand zur Nebelauflösung bei. Figur 6.7 zeigt den Temperaturverlauf während Nebel für die zwei benachbarten Stationen Milano Linate und Brescia Ghedi, die bezüglich ihrer mittleren Sichtweiteverhältnisse hoch korreliert sind ($r > 0.75$, MONTEFINALE et. al. 1970[2]:212). Linate weist dabei einen durchwegs ausgeglichenen Tagesgang der Temperatur auf sehr hohem Niveau auf, während Brescia den für das Winterhalbjahr typischen Tagesgang der Temperatur zeigt. Dementsprechend wirkt Linate als Tiefdruckzentrum, das aus dem Comer See-Bereich zusätzlich Luftmassen anzieht. Die Wirkung des Stadteffektes auf die Nebelbildung bzw. -auflösung muß dabei in zweifacher Hinsicht beachtet werden.

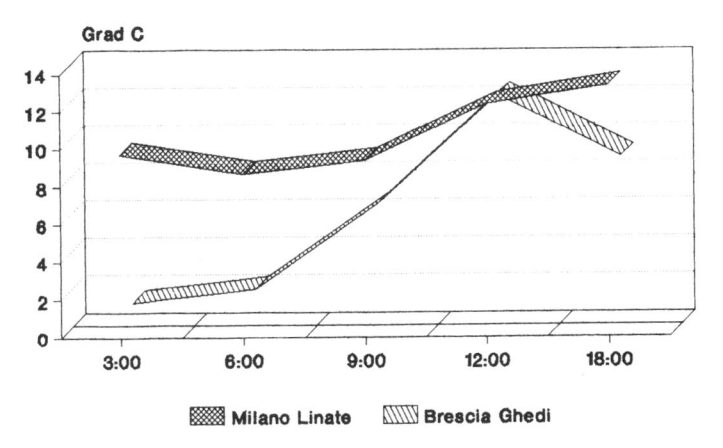

Fig. 6.7: Mittlere Pseudo-potentielle Äquivalenttemperatur (reduziert auf NN) für Milano Linate und Brescia Ghedi bei Nebel, Periode 1988-1990.

Morgens und abends bildet sich trotz der vergleichsweise hohen Temperatur aufgrund der großen Luftbelastung (Kondensationskerne) zu den Hauptbelastungszeiten Nebel aus (MONTEFINALE 1970[1]:179), der sich mittags aufgrund der stärkeren Konvektion und Turbulenz im Stadtbereich (Wärmeinsel) in Kombination mit dem Einstrahlungsmaximum auflöst (s. auch ERIKSEN 1975:58), während er im wenig kälteren Brescia (0.5°C kühler) noch persistent sein kann. Der Stadteffekt läßt sich auch daran ablesen, daß ein Nebelhäufigkeitsgradient vom Stadtrand zur Innenstadt von Mailand bei übereinstimmender Höhenlage beider Stationen besteht (Fig. 6.8).

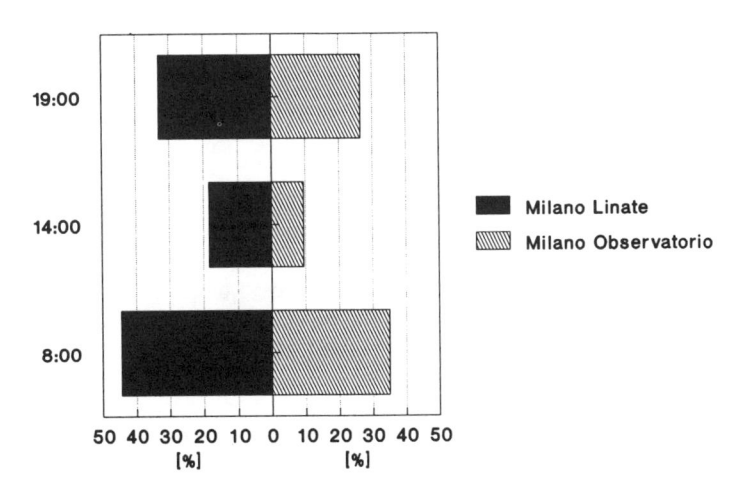

Fig. 6.8: Nebelhäufigkeiten von Mailand Flughafen (Linate) und Mailand Innenstadt (Piazza Duomo) für 1989.

Während Linate am Ostrand der Stadt auch Mittags noch häufig im Nebelrandbereich liegt, löst sich der Nebel im Mailänder Innenstadtbereich meist auf. Dabei ist zu bemerken, daß die Innenstadt generell niedrigere Nebelhäufigkeiten verzeichnet als der Flughafen am östlichen Stadtrand. Trotzdem ist die Abnahme zum Mittag hin mit 73% für den Innenstadtbereich um 23% größer als für die Stadtrandlage (Linate). Weiterhin zeigt Linate im Mittel um 1 Knoten höhere Windgeschwindigkeiten als Brescia und die nähere Umgebung, die hauptsächlich mit nördlichem bis nordwestlichem Windvektor aus dem Comer See Gebiet wehen. Daß diese Winde auch im Winter bodennah eher relativ warme Luftmassen bringen, zeigen Wind- und Temperaturbeobachtungen des Talbeckens (SCHELLENBERG 1865:109). Wie die noch folgende Windfeldanalyse zeigen wird, sind diese Winde aber relativ trocken, so daß sie begünstigend auf die Nebelauflösung wirken können.

Dieses bodennahe Polster relativ warmer Luft ist ca. 300 Meter mächtig, in denen nahezu Isothermie herrscht (Fig. 6.9) und wird scheinbar erst darüber von relativ kälterer Luft überströmt, die am Monte Bisbino durch eine Inversion auf ca. 800 Metern über NN begrenzt wird. Allerdings scheinen westliche Winde aus dem Becken des Lago Maggiore für Mailand noch eine gewisse Bedeutung als Feuchtequellen für die Nebelbildung zu haben (MONTEFINALE 1970[1]:179).

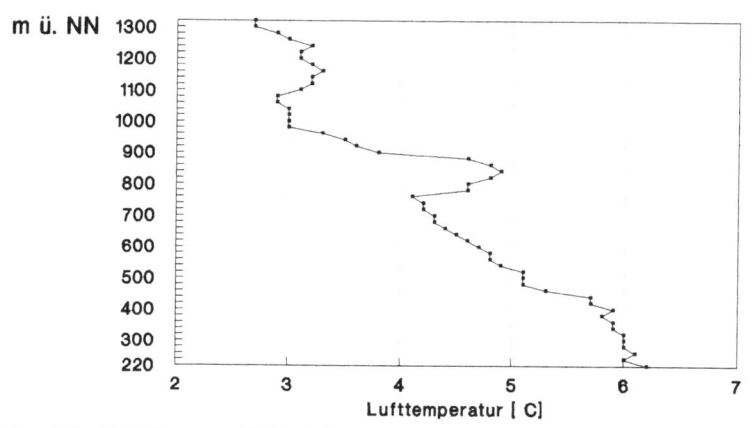

Fig. 6.9: Meßfahrt vom 20.11.1990 vom Ufer des Comer Sees (Cernobbio bis zum Gipfel des Monte Bisbino) 7:10-8:10 LT.

Um die Nebelverlagerung zu erfassen, die entgegen dem Gefälle während des Wärmemaximums auftritt, wurde für die Bildpaare eine Karte der Verlagerungsgebiete berechnet. Dabei wurden die Fälle berücksichtigt, die in > 25% des Kollektivs mittags Nebel aufwiesen und morgens nicht. Das Ergebnis zeigt (Fig. 6.10), daß diese Verhältnisse vor allem bei hohen Nebellagen auftreten, die an steileres Relief grenzen und durch ihre Hangneigung eine ausreichende Besonnung garantieren.

Besonders auffällig zeigt sich dies im Bereich des Gardasees und des Lago Maggiore (2,3 in Fig. 6.10), die erst mittags im oberen Teil ihr Nebelmaximum erreichen. Im Gardaseebereich ist dieser Nebeleinbruch so stark, daß er sich auch gegen den teilweise heftig wehenden Kaltluftabfluß (Tramontana) durchsetzen kann (LEHMANN 1949:58). Weiterhin tritt diese Erscheinung im Bereich des Höhenrückens von Turin auf (1 in Fig. 6.10), der in den meisten Fällen hohen Nebels umströmt wird. Der strahlungsabhängige Effekt dieser Nebelverlagerung kann an der Station Torino Bric della Croce, die in 710 Metern ü. NN auf dem erwähnten Bergrücken liegt, nachvollzogen werden.

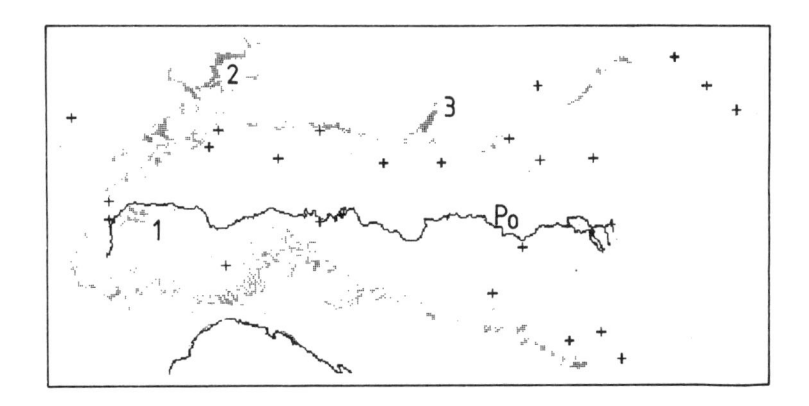

Fig. 6.10: Karte der mittäglichen Verlagerungsgebiete von Nebel, berechnet aus 22 Satellitenbildpaaren.

Das Nebelisoplethendiagramm (Fig. 6.11) zeigt, daß das Nebelmaximum klar in den Übergangsmonaten in der Zeit der höchsten Einstrahlung des Winterhalbjahres liegt.

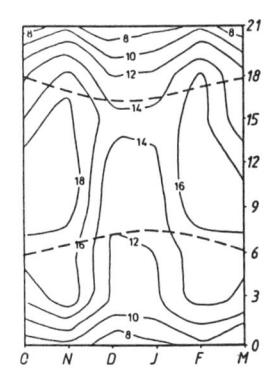

Fig. 6.11: Nebelisoplethendiagramm von Torino Bric della Croce (FLEIGE 1992).

Dabei werden Oktober und März bevorzugt, da sie strahlungsreicher sind als die Monate Februar und November (GIULIACCI 1985:9 ff.). Während im Oktober und März die Verlagerung schon früher einsetzen kann, wird sie vor allem im Februar teilweise erst in den Abendstunden wirksam, wenn sich ein ausreichendes Solenoidfeld aufgebaut hat. Weitere Verlagerungsgebiete sind einige Täler des Apennin und Hänge bei Bergamo, die Talausgänge von Biella und des Aostatals sowie Hangbereiche der adriatischen Küstenebene westlich von Udine. Die Forderung eines Temperaturgradienten von > 3° C zwischen Nebelgebiet und nebelfreier Zone zeigt sich in diesen Bereichen zum Teil schon zwischen Nebel- und Nebelrandgebieten (Tab. 6.1). Die Sichtung aller Morgen- und Mittagspaare ergab, daß diese Verlagerungserscheinungen in den Übergangsjahreszeiten am stärksten ausgeprägt sind.

Bei seichten Nebellagen, die nicht an steileres Relief grenzen, ist demgegenüber die mittägliche Nebelauflösung in Nebelrandbereichen vor allem während gradientschwacher Hochdrucklagen die Regel.

Nebel	PPÄT	Nebelrand	PPÄT	PPÄT Diff.
Brescia 103 m ü. NN	12.2	Bergamo 243 m ü. NN	17.9	5.7
Padua 14 m ü. NN	13.1	Treviso I. 36 m ü. NN	19.8	6.7

Tab. 6.1: Mittlerer Temperaturgradient bei Nebel von Nebel- und Nebelrandstationen für 1988-1990. (PPÄT = pseudo-potentielle Äquivalenttemperatur = bezogen auf NN).

Diese Nebelauflösungserscheinungen wirken sich dementsprechend auch auf die Flächenverteilung der Nebelmeere in der Poebene aus (s. Fig. 6.12).

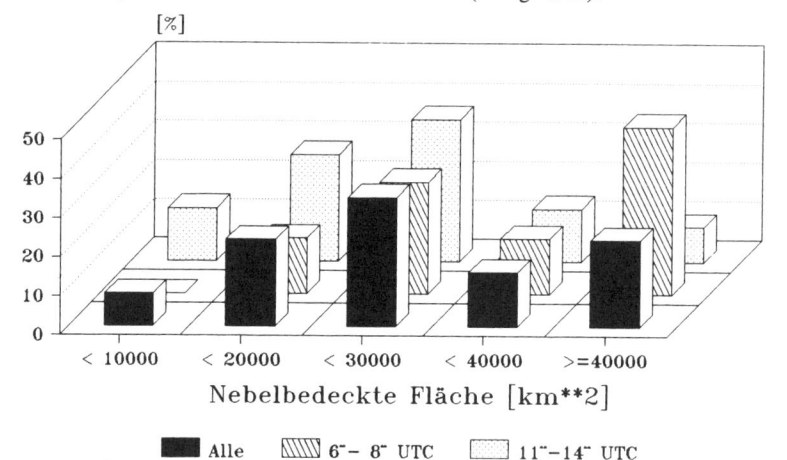

Fig. 6.12: Häufigkeit der nebelbedeckten Fläche, berechnet aus je 30 NOAA-10 und NOAA-11 Bildern.

Während am Morgen besonders häufig Flächen von 20000-30000 und von > 40000 km² auftreten, geht der Flächenanteil von Lagen > 40000 km² mittags stark zurück. Im Tagesmittel ergeben sich daher zwei Häufigkeitsmaxima für nebelbedeckte Flächen von > 10000, < 30000 km² (ca. 50% aller Fälle) und > 40000 km² (ca. 20% aller Fälle) wie sie auch bei den Nebelhöhen auftreten. Damit manifestiert sich die eindeutige Beziehung zwischen nebelbedeckter Fläche und Nebelhöhe erneut.

6.3 Entwicklung von Nebelhöhe und -volumen im Tagesverlauf

Wie schon angesprochen wurde, ist die Nebelhöhe einerseits ein thermodynamisches Produkt, andererseits können bei stärkerer Windströmung im bodennahen Windfeld Staueffekt an Hindernissen und Windschub in hügeligem Gelände die Nebelobergrenze lokal erhöhen oder bei Nebelauflösung in ebenem Gelände auch erniedrigen. Um diese Unterschiede herauszuarbeiten, wurde aus den 44 Nebelhöhenflächen (22 Morgen-/Mittagspaare) ein Profil der mittleren täglichen, morgentlichen und mittäglichen Nebelhöhe extrahiert. Für die Querprofile ist anzumerken, daß diese mittleren Nebelhöhen nur für die jeweilige x-Achsen-Position vergleichbar sind, da das Mittel der Nebelhöhe z.B. im Zentrum von Querprofilen natürlich niedriger liegen muß als am Nebelrand, weil dort wesentlich mehr seichtere Nebellagen in die Mittelung eingehen, die am Nebelrand fehlen. Figur 6.13 zeigt das Längsprofil der mittleren Nebelhöhe von den Tertiärhügelländern bis zur Adriaküste.

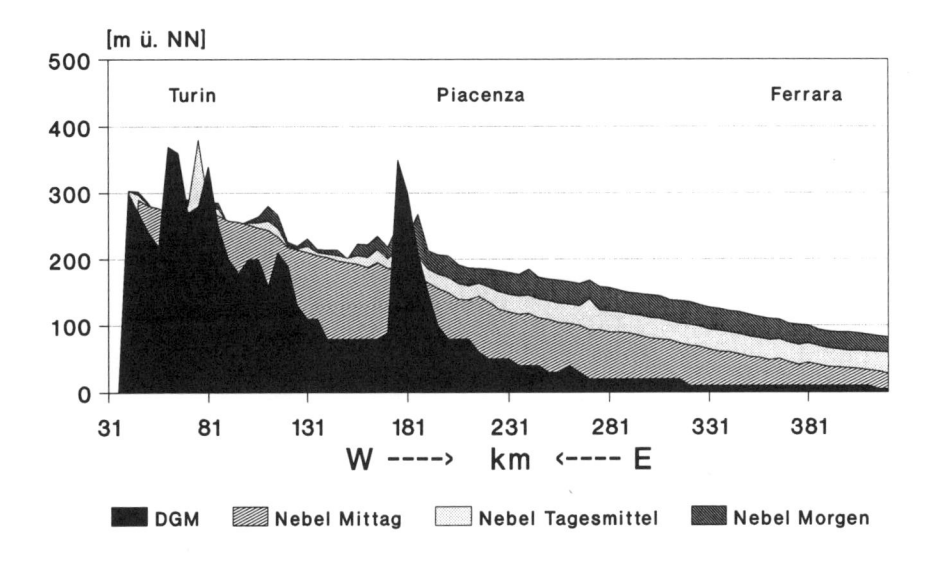

Fig. 6.13: Längsprofil der mittleren tageszeitlichen Nebelhöhe entlang des Pos, berechnet aus 22 Paaren von Nebelhöhenflächen.

Während sich im westlichen Teil der Poebene der Nebel zum Mittag im Mittel nur wenig auflöst und sich damit die mittlere Nebelhöhe am Morgen und am Mittag kaum unterscheidet, steigt die Differenz der tageszeitlichen Nebelhöhen östlich von Piacenza stark an.
Die Querprofile in Figur 6.14 zeigen dabei eine Nord-Südasymmetrie, die regional differenziert werden muß. Der energetisch bedingte Verlagerungseffekt von Nebel ist im Profil 125 besonders deutlich ausgeprägt. Während die Apenninnordabdachung bei Novi Ligure die normalen Nebelauflösungserscheinungen verbunden mit einer Absenkung der NOG zum Mittag verzeichnet, verlagern sich die Nebelfelder am thermisch begünstigten Alpensüdrand (Novara, Lago Maggiore) auf größere Höhenlagen gegenüber der morgentlichen Nebelobergrenze. Auch im Querprofil 200 kann dieser Effekt in abgeschwächter Form erkannt werden. An der schon erwähnten Grenzlinie des Ostwindeinflusses (Querprofil 300) kehren sich diese Verhältnisse ganz klar um. Hier liegt die Nebelobergrenze im Mittel am Apennin wesentlich höher als am Alpensüdfuß. Während sie sich am Alpenrand gegen Mittag im Mittel um die Hälfte absenkt, bleibt sie am Apenninrand nahezu auf konstanter Höhenlage. Da ein solches Verhalten am Apenninnordrand nur bedingt thermisch erklärt

werden kann (falsche Exposition), müssen vor allem dynamische Effekte wie Windschub aus dem nordöstlichen Sektor in Betracht gezogen werden.

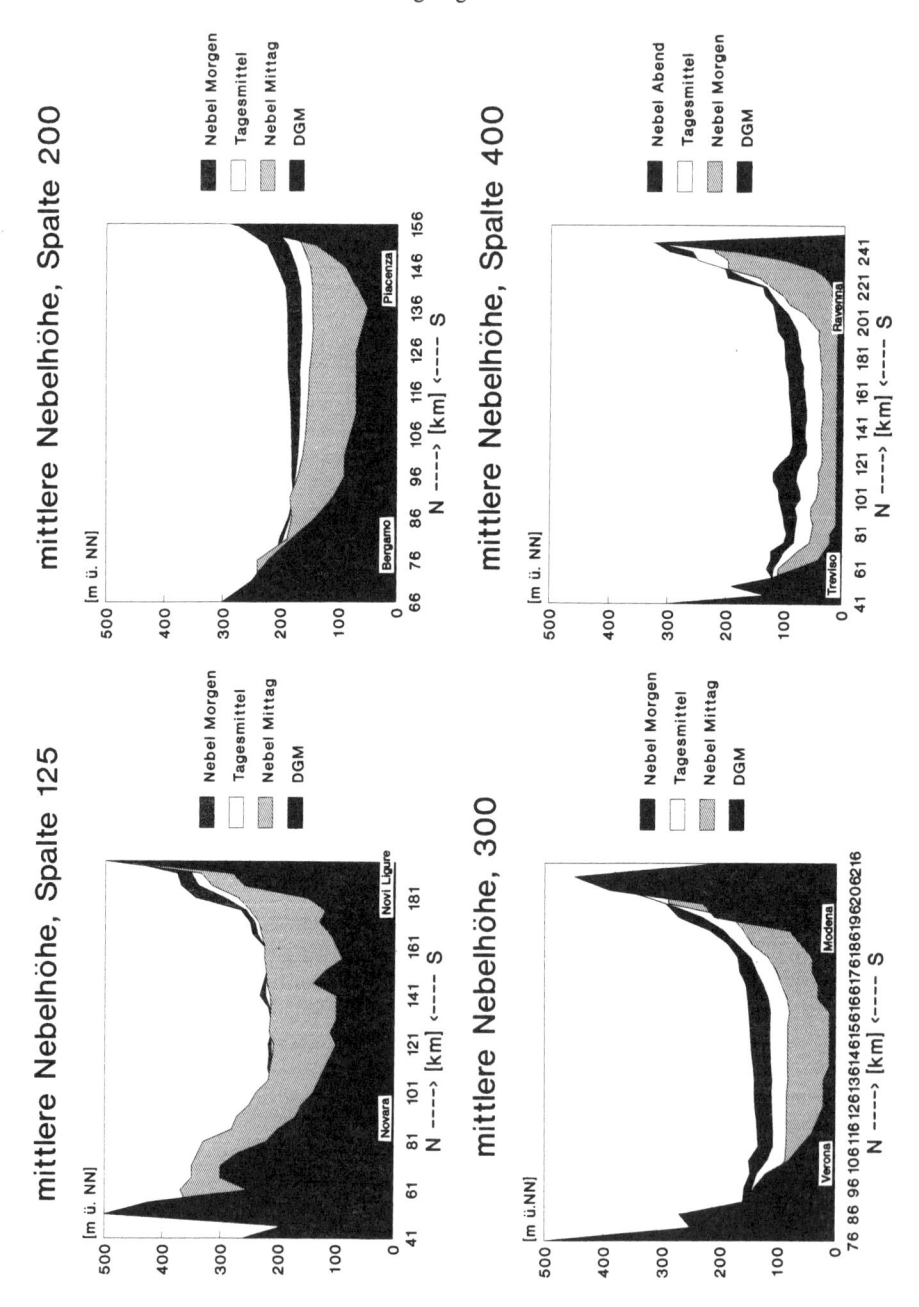

Fig. 6.14: Querprofile der mittleren Nebelhöhe, berechnet aus 22 Paaren von Nebelhöhenflächen.

Im Bereich der adriatischen Küstenebene (Querprofil 400) ist die Nord-/Süd-Asymmetrie des Profils 300 noch in abgeschwächter Form vorhanden, wobei allerdings auch am Alpenrand die NOG Mittags durchaus stabil bleibt. Dies resultiert in gewissem Maße aus den im Bereich von Treviso festgestellten mittäglichen Verlagerungserscheinungen. Wichtiger ist allerdings die Tatsache, daß in diesem Bereich nur bei sehr stabilen Witterungsbedingungen meist mächtige Nebeldecken auftreten, die dann im Tagesgang auch persistenter sind als Flachnebellagen.

Für die aufgeführten Profile können im Mittel die folgenden Nebelhöhen und Nebelmächtigkeiten berechnet werden (Tab. 6.2).

Profil	Längs	125	200	300	400
Tagesmittel NOG	153	269	200	155	107
Mächtigkeit		137	82	76	68
Morgen NOG	173	259	209	172	126
Mächtigkeit		100	90	76	68
Mittag NOG	129	335	191	123	80
Mächtigkeit		176	72	44	41

Tab. 6.2: Mittlere Nebelhöhe und -mächtigkeit berechnet aus 22 Paaren von Nebelhöhenflächen.

Aus lufthygienischer Sicht ist damit besonders die westliche Poebene gefährdet, die neben der höchsten Depositionsrate mit den größten Nebelhöhen auch gleichzeitig die höchsten Inversionsuntergrenzen aufweist. Zum Abschluß des vorliegenden Kapitels zeigt Figur 6.15 die bedeutende Auswirkung der Tagesdynamik auf das Gesamtvolumen der Nebelluft.

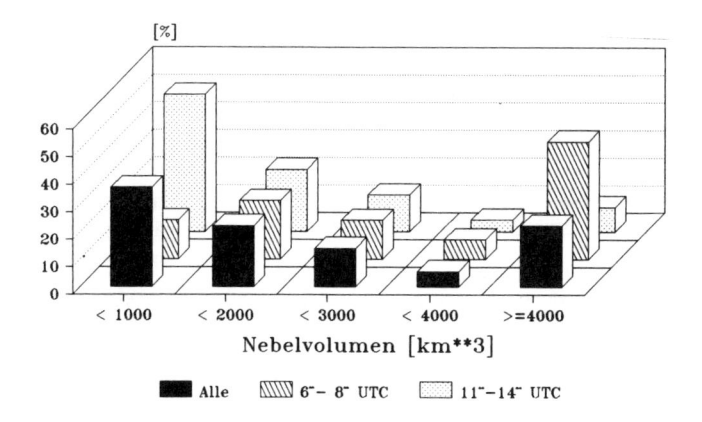

Fig. 6.15: Häufigkeit verschiedener Nebelvolumina, berechnet für je 30 NOAA-10 und NOAA-11 Bilder.

Während die Volumenklassen 1000-4000 km³ sowohl morgens als auch mittags übereinstimmende Häufigkeiten aufweisen, finden sich morgens besonders häufig ausgedehnte Nebelmeere mit Volumina > 4000 km³, während mittags der Anteil der flachen Nebelmeere mit Volumina < 1000 km³ deutlich überwiegt.

Dies ist besonders aus lufthygienischer Sicht bedenklich, da genau zur Hauptbelastungszeit (Berufsverkehr, Aufheizen von gewerblich genutzten Räumen etc.) die Inversionshöhen entsprechend hoch sind.

6.4 Tagesdynamik im Jahresverlauf

Die mittlere Tagesdynamik der einzelnen Teilräume der Poebene im Jahresverlauf läßt sich am besten anhand von ausgewählten Nebelisoplethendiagrammen darstellen (Fig. 6.16).
Die Diagramme von Milano Linate und Brescia Ghedi stehen stellvertretend für die westliche Poebene und zeigen das Hauptnebelmaximum im Kernwinter kurz nach Sonnenaufgang. Im Dezember und Januar kommt es dann ab 12:00 Uhr häufig zur Nebelauflösung, die in etwa bis zum Sonnenuntergang andauert. Nach Sonnenuntergang findet bei den meisten Stationen häufig erneute Nebelverdichtung statt, so daß wie im Fall von Brescia Ghedi ein zweites Maximum kurz nach Sonnenuntergang (18:00) eintritt.

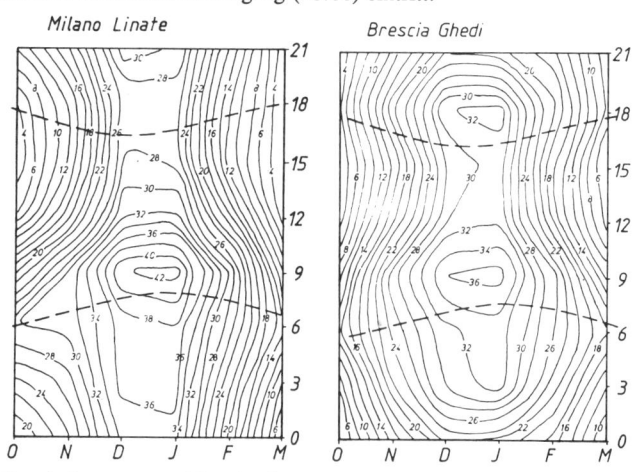

Fig. 6.16: Nebelisoplethen ausgewählter Stationen (FLEIGE 1992)

Aufgrund der anthropogenen Überprägung in Form des veränderten Temperaturgangs findet diese Nebelverdichtung im Bereich von Mailand erst wesentlich später ab 21:00 statt.

	Nebelbildung	Nebelauflösung	mittlere Persistenz
Oktober	4:00- 6:00	8:00-14:00	6-12 h
November	6:00- 8:00	6:00-12:00	6-12 h
Dezember	4:00- 8:00	14:00-16:00	6-24 h
Januar	16:00-18:00	14:00-16:00	> 24 h

Tab. 6.3: Nebelauflösung und -persistenz für Milano Linate (nach ROBERTI 1963[2])

In den Übergangsjahreszeiten sind die Nebelereignisse weniger häufig und zeigen eine geringere Persistenz (Tab. 6.3). Abgesehen von der herabgesetzten Nebelhäufigkeit findet sich dieser typische Tagesgang auch an der adriatischen Küste sowie in der östlichen adriatischen Küstenebene wieder (Fig. 6.16, Rimini, Udine). Dieses Verhalten zeigt, daß zumindest die Nebelbildung im Kernbereich der Poebene thermisch induziert ist und somit das bodennahe, orographisch geprägte Windfeld bis an die adriatische Küste bedeutsam wird.

7 Ausprägung der Klimaelemente im Nebel

Im folgenden Kapitel sollen die Nebelereignisse der Poebene auch aus der Sichtweise der konventionellen Klimatologie betrachtet werden, da wichtige Informationen vor allem strömungsdynamischer Natur nicht allein aus Satellitenbildern abgeleitet werden können. In einem ersten Teil wird daher kurz auf die Ausprägung der Klimaelemente am Boden eingegangen, bevor im zweiten Teil das vertikale Atmosphärenprofil untersucht wird. In einem dritten Teil dieses Kapitels werden dann ausgesuchte Fallbeispiele mit typischer Nebelverteilung eingehend untersucht, um die Ergebnisse der ersten beiden Teile zu überprüfen und abzusichern. Letztlich sollen diese Analysen im abschließenden Kapitel in einer Synopse zu Nebelwetterlagen verarbeitet werden.

7.1 Ausprägung der Klimaelemente am Boden

7.1.1 Temperatur- und Feuchteverteilung bei Nebel

Die Temperaturverteilung ist für die Nebelverhältnisse sowohl direkt als auch indirekt von Bedeutung. Direkt beeinflußt die Temperatur den relativen Feuchtegehalt, also die Kondensationsbereitschaft des in der Luft vorhandenen Wasserdampfs oder die Verdunstung von Flüssigwasser im Nebel, so daß sie einen wichtigen Faktor für Nebelbildung bzw. -auflösung darstellt. Indirekt können sich bei größeren thermischen Gegensätzen lokale Druckzentren etablieren, die den Kalt- bzw. Warmlufttransport steuern und die Nebelbildung ebenfalls beeinflussen.
Die Karte der pseudo-potentiellen Äquivalenttemperatur (Fig. 7.1) zeigt deutlich eine Asymmetrie der Temperaturverteilung bei Nebel. Im Mittel sind die Kaltluftabflüsse aus dem Alpenbereich stärker als aus dem Apennin, so daß sich ein Wärmezentrum im Osten der Poebene am Apenninrand ausbildet, das im östlichen Teilgebiet durch den Einfluß der Adria als relative Wärmequelle geringfügig verstärkt werden kann. Für die nördliche Adriaküste scheint sich dieser Einfluß weniger auszuwirken, da hier die Wassertiefe wesentlich geringer ist (GIULIACCI 1985:38). Der Alpenrand weist im Mittel um 2°C niedrigere Temperaturen auf, wobei der Gardasee und der Comer See mit relativ hohen Temperaturen eine Ausnahme bilden. Ein weiteres Wärmezentrum ist ganz klar der Großraum Mailand, dessen Temperaturen um 10°C erst wieder an der südlichen Adriaküste und im Bereich Bologna erreicht werden. Die adriatische Küstenebene um Udine ist dagegen bei Nebel thermisch klar benachteiligt. Hier setzt sich wieder der Einfluß von großräumigeren Kaltluftströmen aus Nordosten durch.

Trotz der höheren Temperaturen am Apenninrand ist die Kaltluftproduktion des Apennin nicht zu unterschätzen. Untersuchungen im Tal der Secchia südwestlich von Modena und anderen Apennintälern haben ergeben, daß Kaltluftabflüsse fast regelmäßig in jedem Apennintal vor allem bei Strahlungswetterlagen auftreten (NUCCIOTTI et.al. 1982:302). Die Abwinde erreichen dabei bis zu 21 m/s und beginnen im Winterhalbjahr meist zwischen 0:00 und 6:00 Uhr.
Je nach Einstrahlungsverhältnissen kann ab etwa 12:00 Uhr am Boden eine wesentlich schwächere Gegenströmung eintreten. Die nächtlichen Kaltluftabflüsse haben ungefähr eine Mächtigkeit von 70-150 Metern, die Inversionsobergrenze in den Tälern liegt meist bei etwa 250 Metern und wird durch einen entgegengesetzten Wind aus der Ebene verursacht (NUCCIOTTI et.al. 1982:309).

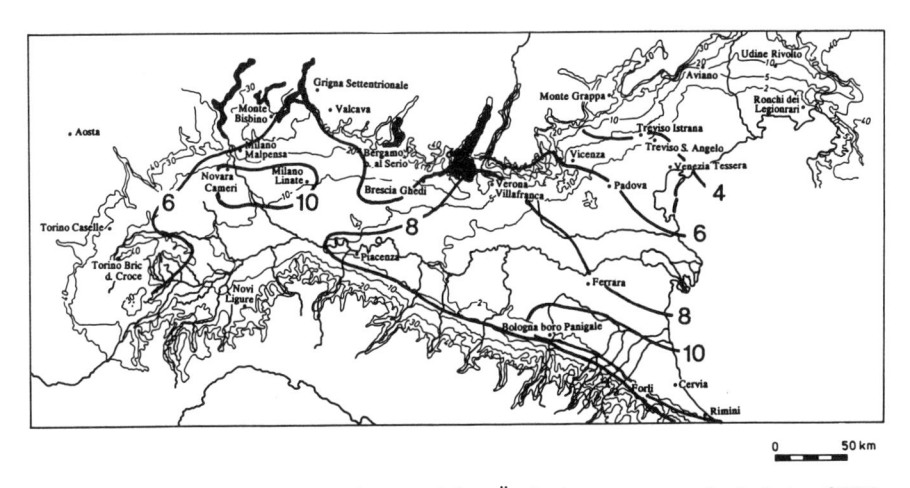

Fig. 7.1: Karte der mittleren pseudo-potentiellen Äquivalenttemperatur (reduziert auf NN) [°C] bei Nebel, 9:00 UTC, Nebelperioden 1988-1990.

Aufgrund der relativ kleinen Einzugsgebiete der Apennintäler kann sich der Kaltluftfluß allerdings nicht gegen die in der Poebene herrschende Bodenwindströmung (meist NW) durchsetzen, so daß er an den Talausgängen in den meisten Fällen nur noch bis zur 200 m-Isohypse feststellbar ist. Trotzdem spielen diese lokalen Kaltluftquellen eine wichtige Rolle für die Nebelbildung. Wie die Satellitenbildauswertung gezeigt hat, koinzidiert das Temperaturmaximum zumindest im westlichen Bereich des Apenninfußes mit einem Häufigkeitsmaximum des Flüssigwassergehalts ($\geq$ 300 mg m^{-3}) gegenüber dem Alpenrand. Das Temperaturmaximum rekrutiert sich daher aus intensiven Kondensationsvorgängen, die durch die Kaltluftabflüsse aus dem Apennin forciert werden. Die erhöhten Temperaturen am westlichen Apenninrand sind damit auch ein Produkt freiwerdender Kondensationswärme und stehen somit im Gegensatz zum weitgehend anthropogen verursachten Wärmezentrum im Großraum Mailand.

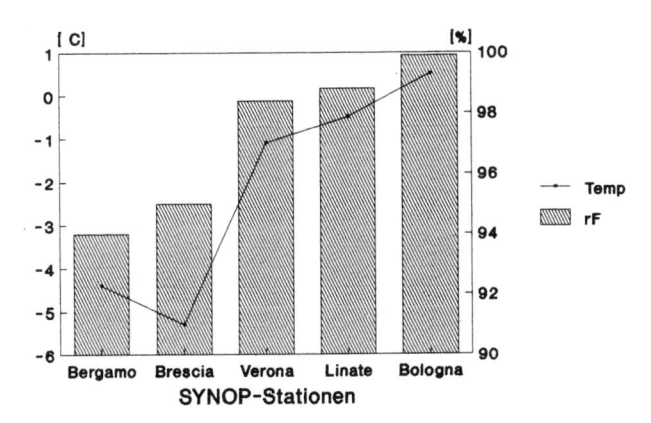

Fig. 7.2: Mittlere Lufttemperatur und relative Feuchte bei Nebel für verschiedene Stationen der Poebene, 6:00 UTC, Nebelperiode 1988-1990.

Je nach Gehalt von Kondensationskernen in der Luft, Lufttemperatur und anderen Faktoren kann Kondensation und damit der Beginn der Tropfenbildung schon bei relativen Feuchten >80% einsetzen (WANNER 1979:56). Figur 7.2 zeigt, daß auch für verschiedene Stationen der Poebene ein Zusammenhang von Temperatur, relativer Feuchte und Nebelbildung besteht. Mit fallender Temperatur kann im Mittel schon bei geringerer relativer Luftfeuchte Kondensation und Nebelbildung einsetzen. Daher ist die relative Feuchte kein guter Indikator, um den Feuchtetransport verschiedener Luftmassen zu untersuchen. Um die Richtung des Feuchtetransports abschätzen zu können, wurden für zwei Radiosondenstationen die Bodenwinde hinsichtlich ihres absoluten Feuchtegehalts untersucht. Die absolute Feuchte aF ist definiert als die Menge Wasserdampf in g, die in $1m^3$ Luft enthalten ist. Zur Berechnung siehe PRENOSIL (1989:22).

Figur 7.3 zeigt die Werte, die sich bei Nebel für Linate (Periode 1969-1989) und S. Pietro Capofiume (1989) ergeben. Für Linate bestätigt sich die Annahme, daß die aus dem Comer Seebereich einströmenden Luftmassen (N, NW) zwar relativ warm aber ziemlich trocken sind und somit eher zur Nebelauflösung beitragen. Feucht und warm sind demgegenüber Luftmassen, die aus dem südlichen Windsektor nach Mailand einströmen.

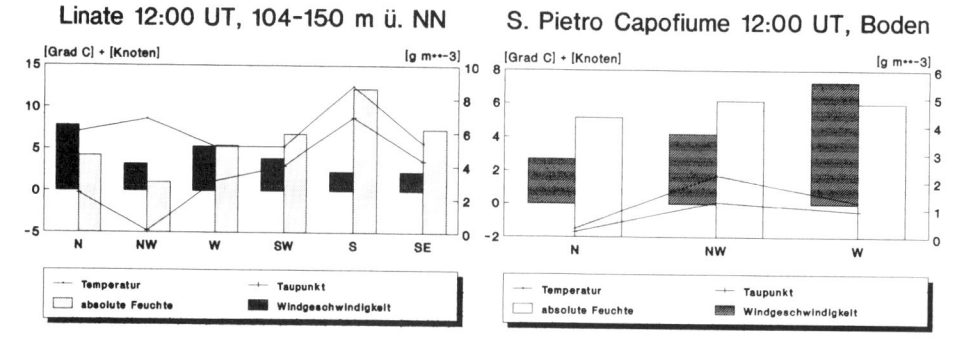

Fig. 7.3: Mittlere Temperatur und Feuchtegehalt der Luftmassen unterschiedlicher Windsektoren bei Nebel für Milano Linate (1969-1989) und S. Pietro Capofiume (1989), 12:00 UTC.

Während es sich bei den Westwinden am Boden unter anderem um relativ feuchte Kaltluftabflüsse aus dem Lago Maggiore Gebiet handelt, fließen die Süd- und Südostwinde aus dem Bereich um Novi Ligure nach Mailand ein. Diese Region zeichnet sich bei Nebel durch die absolut höchsten Flüssigwassergehalte aus und es stellt sich damit die Frage der Herkunft dieses Wasserdampfs. Das Nebelisoplethendiagramm von Novi Ligure (Fig. 7.4), einer Station, die am Ausgang des Tals zum Passo dei Giovi liegt, zeigt deutlich, daß hier ein Überströmen des Passes und ein resultierender Feuchtetransport aus dem Golf von Genua stattfinden muß, wobei noch fraglich ist, ob dieses Überströmen thermisch oder synoptisch begründet ist.

Man erkennt ein Nebelmaximum in der Nacht, das unabhängig vom Monat gegen 3:00 auftritt, also keinen Jahresgang aufweist. Dieser Typ ist einzigartig für die gesamte Poebene. Er zeigt erst nach Sonnenaufgang wieder den normalen Jahresgang der Nebelhäufigkeit mit Maximum im Dezember und Januar. Dies läßt sich dahingehend interpretieren, daß die Luft sehr feucht sein muß, so daß trotz merklich höherer Temperaturen im Oktober und März (GIULIACCI 1985, Fig. 1 ff.) nachts permanent Kondensation und Nebelbildung eintritt.

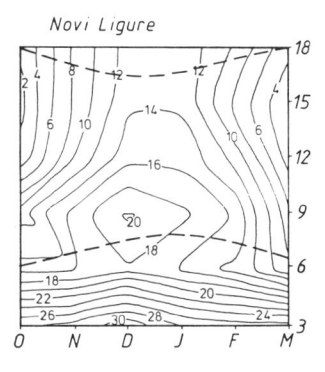

Fig. 7.4: Nebelisoplethendiagramm von Novi Ligure (FLEIGE 1992).

In den Übergangsjahreszeiten löst sich dieser Nebel nach Sonnenaufgang meist auf, während er im Dezember und Januar in der Regel erhalten bleibt. Ähnliche Feuchteverhältnisse finden sich auch an benachbarten Stationen (Govone, s. FLEIGE 1992) und im Passo dei Giovi selbst (PALAGIANO 1974:76). Ob ein Überströmen letztlich synoptische oder thermische Ursachen hat, soll im nächsten Kapitel im Rahmen des Bodenwindfeldes diskutiert werden. Da der ligurischen Küste zugewandte Pässe mit winterlichem SW-Windmaximum ebenfalls dieses Verhalten zeigen (Monte Cimone, Passo della Cisa, Passo della Porreta: s. dazu PALAGIANO 1974:80), ist zumindest bei Südwestlagen eine synoptische Steuerung des Überströmens zu erwarten.

Im Südosten der Poebene im Bereich von S. Pietro Capofiume treten während Nebel nur noch drei Bodenwindrichtungen auf, die letztlich alle aus den Kaltluftabflüssen der Alpen resultieren. Aus dem NW- bzw. W-Sektor wehen dabei die feuchteren Winde. Setzt sich Nord als Windrichtung durch, sind die Luftmassen etwas trockener. Im Vergleich zu Linate zeigen West- und Nordwind in etwa übereinstimmende Feuchtegehalte, während der Nordwestsektor etwa 2 g m^{-3} mehr Luftfeuchte bringt als in Linate. Dies ist ein weiteres Indiz dafür, daß die Luftmassen im Bereich von Novi Ligure mit Feuchtigkeit angereichert und zusammen mit den Kaltluftabflüssen aus den Alpen nach Nordwest verlagert werden.

7.1.2 Bodendruck- und Bodenwindfeld

Sowohl das mittlere Bodendruck- als auch das mittlere Bodenwindfeld ist für die Dynamik der Kaltluftverlagerung ein bedeutsames Faktum. Figur 7.5 zeigt das Druckfeld von 3:00 UTC, also zur Hauptzeit des Kaltluftabflusses. Zwei Tiefdruckzentren sind besonders auffällig. Das zentrale Tiefdruckzentrum besteht im Raum von Bologna und ein sekundäres Tiefdruckzentrum hat sich im Raum Mailand vor allem durch den Stadteffekt gebildet. Drei klare Hochdruckzentren finden sich im Raum von Bergamo, Vicenza und dem ligurischen Apennin. Diese Räume entsprechen den bekannten Kaltluftabflußgebieten wie z.B. dem Etschtalabwind (KOCH 1950:304) oder den großräumigen Hangabwinden bei Verona und Vicenza (KOCH 1950:305).

Dabei zeigen die weiteren Untersuchungen, daß beide Tiefdruckzentren im Mittel über den ganzen Tag persistent bleiben, während sich das Hochdruckgebiet bei Bergamo um 12:00 Uhr in ein lokales Tiefdruckzentrum umwandelt. Das resultierende Bodenwindfeld (Fig. 7.6) bleibt allerdings bei Nebel im Mittel ebenfalls den ganzen Tag bestehen, wobei im Kernwinter die Kaltluftabflüsse stark dominieren, während sich in den Übergangsjahreszeiten öfters Gegenströmungen ausbilden. Das Bodenwindfeld orientiert sich im östlichen Teil deutlich an der Asymmetrie der Poebene, da sich die großmaßstäbigen Kaltluftabflüsse aus den Alpen bis an die Apenninnordabdachung durchsetzen können.

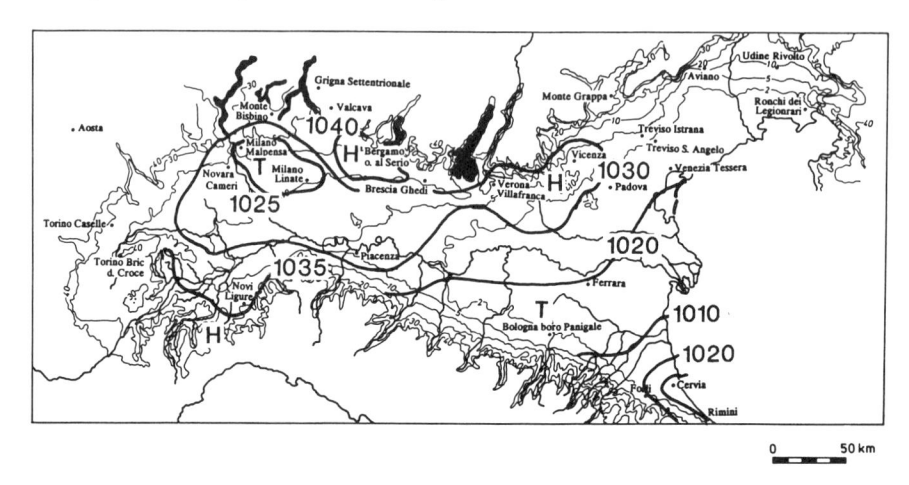

Fig. 7.5: Mittleres Bodendruckfeld ([hPa] reduziert auf NN) für 3:00 UTC bei Nebel, Periode 1988-1990.

Während die Kaltluftflüsse aus dem westlichen Teil der Poebene noch aus NW wehen, weisen vor allem die Etschtalabwinde, die sich bis Bologna durchsetzen, schon einen nördlichen Richtungsvektor auf. Deutlich wird auch der Einfluß der Trennlinie zwischen Poebene und adriatischer Küstenebene (Euganeen und Monti Berici) auf das Windfeld. Nebel entsteht hier nur bei Winden aus dem Nord- bis Südsektor. Bei Ostströmungen wird in keinem Fall Nebel registriert.

Die aus dem Druckfeld resultierende Karte der Windgeschwindigkeit (Fig. 7.7) zeigt, daß in der adriatischen Küstenebene bei Nebel zum Großteil Windstille herrscht. Auffällig sind die vergleichsweise hohen Windgeschwindigkeiten im Großraum Mailand, die auf die regionale Wärmeinsel zurückgeführt werden können. Im Bodenwindfeld sind weiterhin die eher trockenen, relativ warmen Winde aus dem Comer Seegebiet, sowie eine gewisse Feuchtezufuhr aus dem Gebiet des Lago Maggiore, des Iseosees und des Gardasees, wie sie auch in der Literatur beschrieben wird, eingezeichnet. Insgesamt setzen sich die Kaltluftabflüsse besonders im Kernwinter den ganzen Tag über durch.

Allerdings ist besonders in den Übergangsjahreszeiten ein gewisser thermisch induzierter Windwechsel, etwas verzögert zum Einstrahlungsmaximum, zu erkennen und verändert das Windfeld besonders im Bereich des Alpenrandes. Figur 7.8 zeigt die mittlere Auftrittshäufigkeit von Windrichtungen um 15:00 UTC. Gegenüber den 9:00 Verhältnissen zeigt sich sowohl für Linate als auch für Brescia eine Verstärkung der südlichen und süd-östlichen Windkomponente, die als thermisch induzierte Gegenströmung in Folge der Aufheizung der Berghänge interpretiert werden kann.

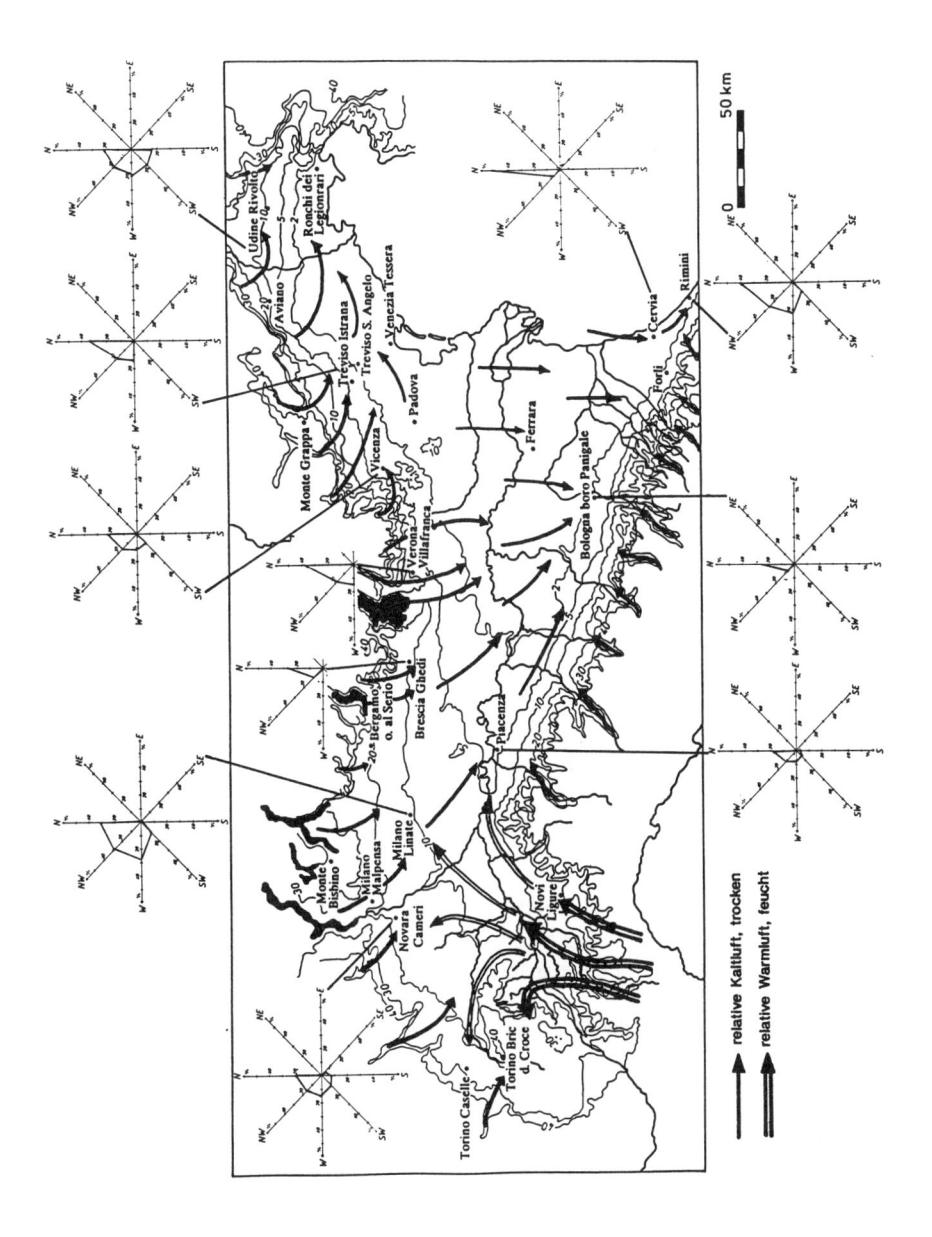

Fig. 7.6: Mittleres Bodenwindfeld bei Nebel, 9:00 UTC, Periode 1988-1990.

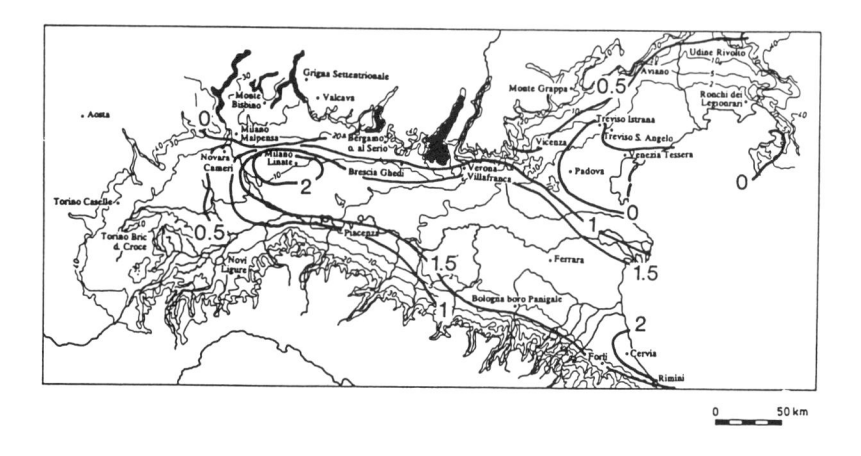

Fig. 7.7: Mittlere Windgeschwindigkeit [kn] bei Nebel 9:00 UTC, Periode 1988-1990.

Wie die Häufigkeiten zeigen, tritt eine solche Strömung allerdings nur selten ein. Auch für Bologna kann eine solche Gegenströmung zum Ebrotal-Abwind (KOCH 1950:305) angenommen werden, da sich die Nordkomponenten um 20% gegenüber 9:00 verstärkt hat.

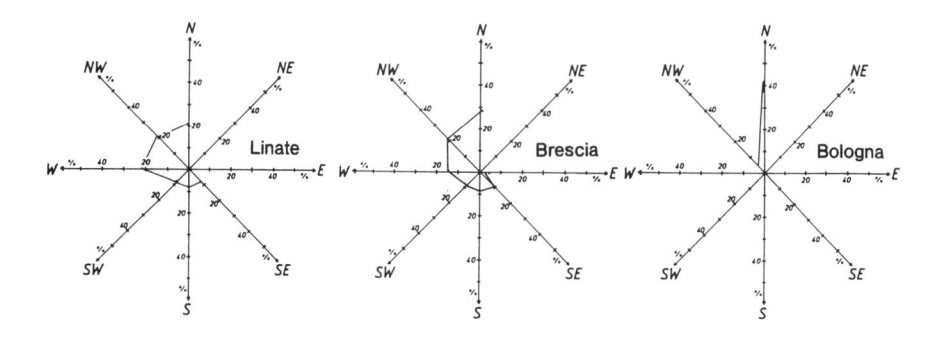

Fig. 7.8: Mittlere Windrichtung dreier Stationen, Periode 1988-1990.

Weil allerdings die Richtung der Ausgleichsströmung und die des Kaltluftflusses übereinstimmen, kann dies nicht letztlich geklärt werden. Figur 7.9 verdeutlicht den Windwechsel im Mittel von sechs Alpenrandstationen. Die Kaltluftabflüsse aus Nord-Nordwest erreichen dabei um 3:00 Uhr ihren Höhepunkt und flachen zum Nebelmaximum etwas ab. Dieser Effekt läßt sich damit erklären, daß die Randstationen bei hohen Nebellagen kurz vor dem Nebelmaximum häufig im windschwachen Nebelrandbereich liegen, so daß die Winde zum Nebelmaximum wieder zunehmen. Erst ab 15:00 deutet sich der etwas schwächere Ausgleichswind an, der um 21:00 sein Maximum erreicht und im Mittel bis 0:00 Uhr andauert.

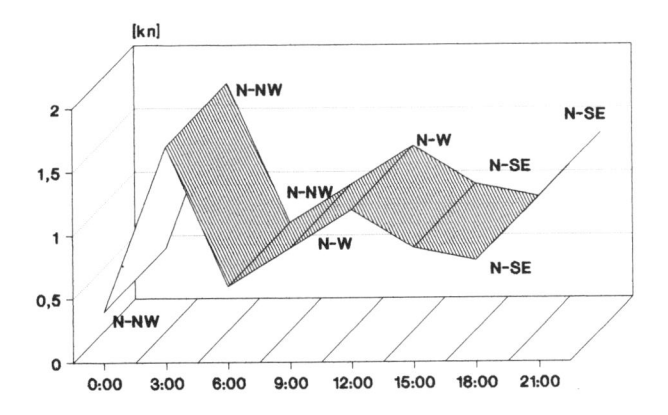

Fig. 7.9: Mittlerer tagesperiodischer Windwechsel bei Nebel für 6 Alpenrandstationen, Periode 1988-1990.

Dieser Ausgleichswind ist aber sehr bedeutsam für das Überströmen der Apenninpässe. Das Tiefdruckzentrum um Mailand vergrößert sich nämlich bis zum Abend (18:00 UTC) auf die Bereiche Novara und Bergamo und erreicht in seinem Zentrum im Mittel um 5 hPa niedrigere Druckwerte (< 1020 hPa) gegenüber den 3:00 Verhältnissen. Für den gradientschwachen Klimaraum des Mittelmeeres ist diese Tiefdruckbildung über Oberitalien typisch (KOCH 1950:300) und wird im Bereich Mailand noch anthropogen verstärkt. Das führt im allgemeinen zu einem durch Talwinde verstärkten Seewind vom Golf von Genua aus südwest-süd-südöstlichem Windsektor, der bis auf 800 m Höhe mit einer Stärke > 10 km/h an den Sondierungen von Genua feststellbar ist (KOCH 1950:307). In der Mitte des Giovi Passes kann er am Monte Cappellino Geschwindigkeiten von 20 km/h (ca. 12 kn) erreichen, so daß zusätzlich eine relativ hohe Durchflußgeschwindigkeit gegeben ist (BOSSOLASCO 1972:183). Der feuchte, kombinierte See- Talwind überströmt den Giovi Paß und andere Paßhöhen im Winter von etwa 12:00 bis 0:00 (KOCH 1950:302). Zur Zeit des Kaltluftabflusses dreht der Wind sowohl im Paß als auch an der Küste häufig um, so daß Genua einen kombinierten Berg- Landwind registriert und sich auch in Novi Ligure Kaltluftabflüsse aus Westen gegen die sonst vorherrschenden Süd-Südostwinde durchsetzen können. Somit läßt sich letztlich die Struktur des Nebelisoplethendiagramms von Novi Ligure (Fig. 7.4) erklären, da die feuchten Luftmassen bis kurz vor Auftreten des Temperaturminimums in die Poebene transportiert werden. Wie einige Satellitenbilder zeigen, treten auch Nebelfelder im Golf von Genua auf, die über die Paßhöhen mit einem besonders intensiven Nebelfeld in der Poebene verbunden sind. Das Beispiel vom 9.1.1989 ist symptomatisch für eine typische West-Strömung über der Poebene, die sich aus einer Südwestströmung im Mittelmeerbereich rekrutiert und an der Westküste Italiens besonders häufig Inversionen mit begleitendem Nebel oder Hochnebel verursacht (KOCH 1950:300). In diesen synoptisch begründeten Fällen kann der Wasserdampftransport in die Poebene über die Pässe auch den ganzen Tag anhalten.

7.2 Vertikale Differenzierung der Klimaelemente bei Nebel

Im folgenden Kapitel sollen das dreidimensionale Windfeld und die Eigenschaften der jeweiligen Luftmassen untersucht werden, um Aussagen über eine synoptische Steuerung der Nebelereignisse zu ermöglichen. Figur 7.10 zeigt die mittlere Windrichtung und die Luftmasseneigenschaften an den drei Radiosondenstationen der Poebene für die Standardniveaus Boden, 1000 hPa und 850 hPa. In Milano Linate zeigt sich am Boden erneut der verstärkte Einfluß der Strömungen aus dem Südwestsektor, während sich im Bereich der Nebelobergrenze (1000 hPa) überdurchschnittlich oft eine Oststromung ausbildet, die aber im Mittel von einer Südweststromung überlagert wird (850 hPa). Während das 1000 hPa-Niveau in etwa die Inversionsuntergrenze darstellt, zeigt sich, daß die Obergrenze im Mittel unter der 850 hPa-Fläche liegen muß. Den größten Feuchtegehalt haben allerdings die bodennahen SW-Luftmassen. Im Südosten der Poebene finden sich am Boden die schon angesprochenen NW-Kaltluftabflüsse aus der westlichen Poebene. Erstaunlicherweise ist hier das Überströmen der Ostwinde auf dem 1000 hPa-Niveau weniger ausgeprägt, sondern durch kältere Luftmassen aus Norden überlagert, die eindeutig auch trockener sind, als die aus NW herangeführten Luftmassen aus dem Bereich um Novi Ligure. Erst im 850 hPa-Niveau zeigt sich ein eindeutiges Windmaximum aus östlichem bis nordöstlichem Windsektor.

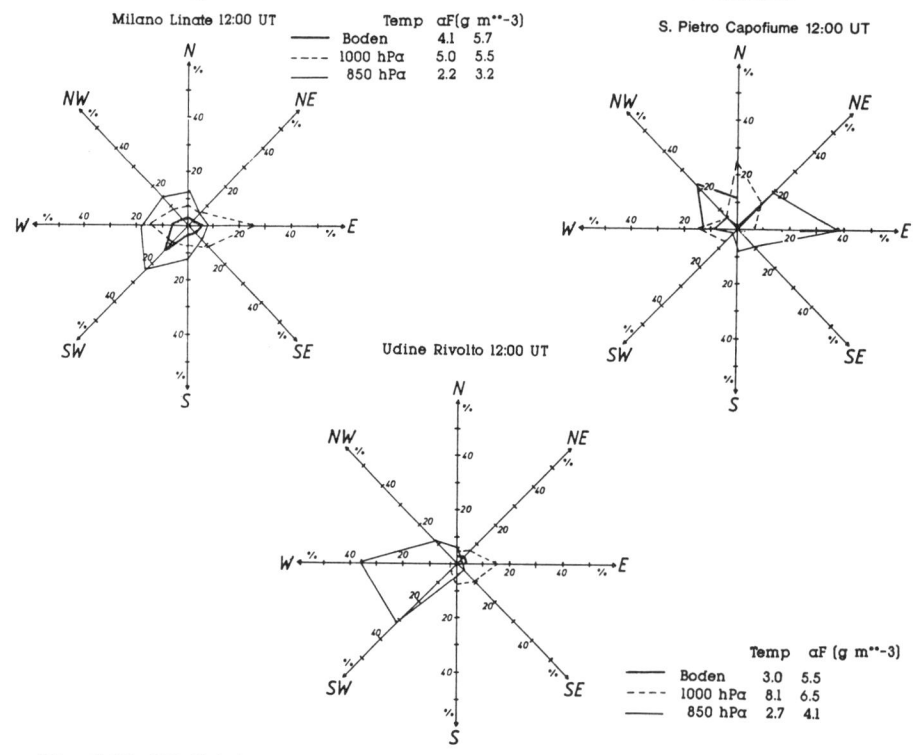

Fig. 7.10: Häufigkeit der Windrichtungen auf drei Standardhöhenniveaus sowie Eigenschaften der Luftmassen für Milano Linate und Udine Rivolto (Periode 1988-1990) und S. Pietro Capofiume (1989), 12:00 UTC bei Nebel.

Die Daten sind allerdings nicht unbedingt mit denen für Udine und Linate vergleichbar, da lediglich 30 Sondierungen (12:00 UTC) für die Nebelperiode 1989 vorlagen. Sowohl für Linate als auch für S. Pietro Capofiume ist nur eine geringe Temperaturdifferenz von < 1° C zwischen Boden und 1000 hPa-Niveau für die Nebelbildung notwendig. Anders verhält sich die über 5°C starke Inversion bei Udine. Es zeigt sich deutlich, daß in der nord-östlichen adriatischen Küstenebene nur bei sehr stabilen Situationen Nebel ausgebildet wird. Neben der starken Temperaturinversion werden die Nebelverhältnisse im allgemeinen durch Windstille gekennzeichnet. Während der Nebel auf dem 1000 hPa-Niveau wieder von Winden aus dem Ostsektor überströmt wird, zeigt sich, daß Nebel ausschließlich bei Bodenwindrichtungen zwischen 180° und 360° vorkommt. Es ist weiterhin anzumerken, daß die absolute Feuchte in zwei Meter Höhe geringer ist, als im Bereich der Nebelobergrenze. Diese Tatsache ist ein Indiz dafür, daß in Udine in der Hauptsache Mischungsnebel auftritt, dessen Feuchtigkeit advektiv über dem bodennahen Windminimum herbeigeführt wird. Um einen genauen vertikalen Überblick zu erhalten, wurden für alle Nebeltage von 1968-1988 die mittleren Druck-, Temperatur-, Feuchte- und Windverhältnisse für Linate und Udine berechnet. Für Linate ergeben sich sowohl für 0:00 als auch 12:00 UTC zwei Inversionsuntergrenzen, die typisch für die beiden aus den Satellitendaten ermittelten Nebelobergrenzen sind (Fig. 7.11), so daß die Inversionsuntergrenzen der unteren Inversionen von 12:00 UTC sehr gut mit den beiden aus den Satellitendaten berechneten Höhenmaxima übereinstimmen. Den zwei Inversionsuntergrenzen sind im Mittel drei typische Niveaus von Inversionsobergrenzen zuzuordnen. Die erste Obergrenze tritt bei Flachnebellagen in einer Höhe von etwa 400 Metern auf. Die meisten Inversionen werden dabei von Luftmassen aus dem Westsektor verursacht, die die östliche Strömung über dem Nebel begrenzen. Ein zweites Niveau der Inversionsobergrenze liegt bei 700 Metern und ist mit einem mittleren Temperatursprung von 2-2.5°C am besten ausgeprägt, während das dritte in 850 m Höhe mit 0.5-1°C wesentlich schwächer ist. Die hohen Inversionen werden dabei ausschließlich von Luftmassen aus dem Westsektor verursacht. Weiterhin ist zu erkennen, daß bei Flachnebellagen um 0:00 UTC die untere Inversion im Mittel noch nicht abgehoben ist, wie dies für 12:00 zu verzeichnen ist. Interessant sind auch die mittleren Strömungsverhältnisse. So ist in den unteren 50 Metern bei Wind eine ganz klare Dominanz von Winden aus Südwest zu erkennen, die dem Bereich Novi Ligure entstammen. Besonders um 12:00 findet man daher einen Feuchtesprung von der bodennahen Schicht zur überlagernden trockneren Luftmasse von 0.7 g m^{-3}. Die absolute Feuchte nimmt wie auch in nebelfreien Situationen (Tomasi & Paccagnella 1988:100) mit steigender Höhe tendentiell ab, so daß die Feuchtequelle der Nebelbildung eindeutig der bodennahe SW-Wind darstellt. Dabei ist die Nebelbildung bei südwestlicher Bodenströmung verbunden mit der feststellbar stärkeren Inversion bei Westlagen häufig umso intensiver, je größer die Durchflußgeschwindigkeit ist und steht damit im Gegensatz zur allgemeinen Tendenz der Nebelauflösung bei Winden mit höheren Geschwindigkeiten. Ein gutes Beispiel davon konnte im Dezember 1959 in Linate dokumentiert werden (Roberti 1963[1]:26). Um 5:00 GMT begann die Nebelbildung mit Sichtweiten von 700 Metern bei Westwind mit 4 Knoten Geschwindigkeit. Der Nebel verdichtete sich um 6:00 GMT von 500 Meter Sichtweite bei auffrischenden Winden von 6 Knoten. Um 7:00 GMT fand dann ein Windwechsel auf Südwest (230°) statt, der anfangs mit Geschwindigkeiten von 12 Knoten den Nebel weiter verdichtete und am Ende bei 22 Knoten Sichtweiten < 100 Meter verursachte.

Ein weiteres Phänomen ist die im Mittel überdurchschnittlich ausgeprägte Zone der Ostwinde, die den Nebel im Höhenintervall von 200 bis 600 Metern überströmt und als Ausgleichsströmung gegenüber dem die Poebene abfließenden bodennahen Kaltluftstrom interpretiert werden kann. Am Tag kann sie zeitweise die darüberliegende Weststömung nach oben hin verdrängen und erreicht damit Höhen von 800-900 Metern. Dieser großräumige Ausgleichswind wird von KOCH (1950:307 ff.) für Strahlungswetterlagen beschrieben, der zwischen 17:00 und 19:00 einsetzt und sich in Bologna häufig auch bis zum Boden durchsetzt. Es handelt sich dabei um einen klaren, regionalen Luftkörperwechsel mit bis zu 7° C kälteren Temperaturen, der nach KOCH (1950:312) noch in Piacenza auf Höhen von 800 m feststellbar ist.

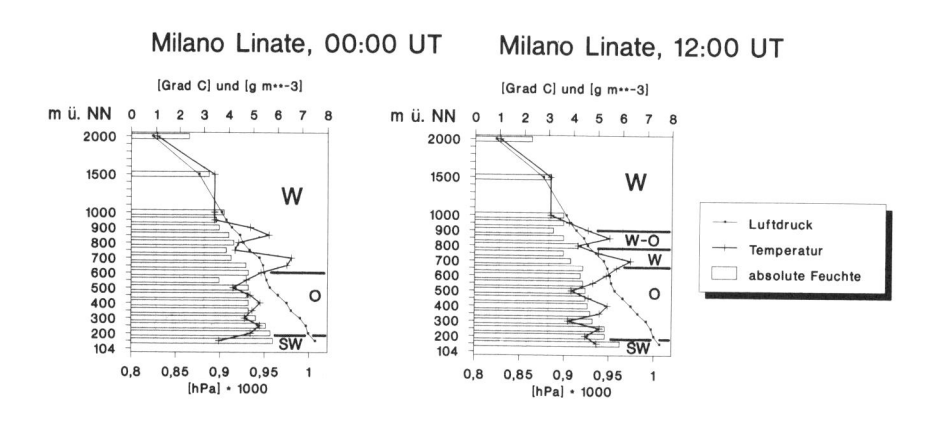

Fig. 7.11: Vertikalprofil der unteren Troposphäre bei Nebel für Milano Linate 0:00 und 12:00 UTC, Mittel der Periode 1968-1988.

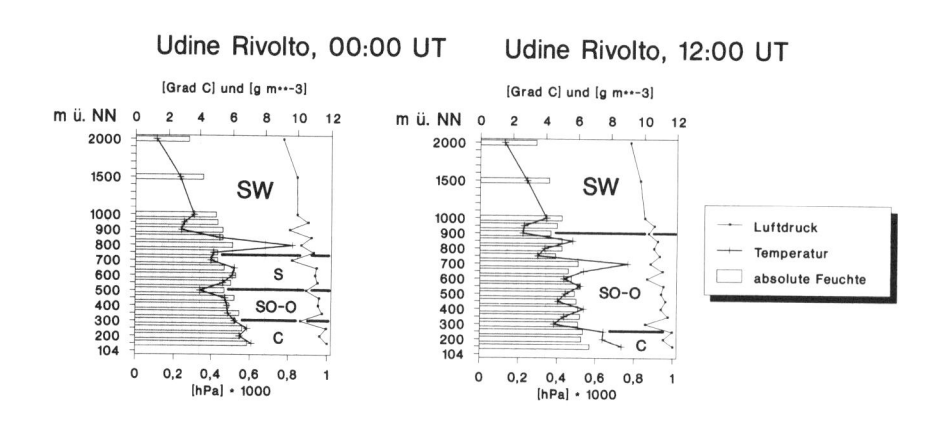

Fig. 7.12: Vertikalprofil der unteren Troposphäre bei Nebel für Udine Rivolto 0:00 und 12:00 UTC, Mittel der Periode 1968-1988.

Er verstärkt sich besonders nach dem Einstrahlungsmaximum, wenn sich Apennin und Alpen aufgewärmt haben. Zwischen dem Nord-Süd Druckgefälle von Poebene und erwärmten Apennin verläuft der Ausgleichsstrom dann isobarenparallel von Ost nach West. Da er sich schnell aufwärmt, wird er besonders trocken und neigt daher zu Nebelauflösung, kann aber auch oft inversionsbildend wirken. Häufig wird dieser Wind auch synoptisch überprägt. Besonders wenn Kaltluftabflüsse über die Wiener Senke aus Nordost in die Poebene eindringen, kommt es in ihrem östlichen Teil (Bologna) zu Stauerscheinungen am Apennin (HESS 1954:182), wie es auch die Satellitenbildauswertung ergeben hat.

In den Übergangsjahreszeiten resultiert daher aus diesem lokalen Luftmassenwechsel eine höhere Nebelauflösungsrate als im Kernwinter.

Häufig wird der Nebel auch synoptisch überprägt und aus nordöstlicher Richtung gegen den Apennin gedrängt, wobei Staunebel an den Hängen und in den Apennintälern die Folge ist, während die Nebelfelder am gegenüberliegenden Alpenrand ausgeblasen werden. In der nordöstlichen adriatischen Küstenebene sind die Verhältnisse komplizierter gestaltet. Figur 7.12 zeigt die zu Linate vergleichbaren mittleren Profile der unteren Troposphäre für Udine Rivolto, 0:00 und 12:00 UTC.

Wie schon angedeutet, bildet sich in Udine nur bei sehr stabilen Wetterlagen Nebel, der durch weitgehende Calmen in den unteren 250 Metern angezeigt wird. Allerdings haben Versuche mit ein Meter langen Stoffahnen an der Station Trevisio Istrana, westlich von Udine, ergeben, daß häufig ein leichter, mit Anemographen nicht feststellbarer Südwestwind mit Geschwindigkeiten < 1 Knoten weht (PAULILLO 1972:170). Dieser Wind tritt im Winter sehr häufig auf und ist unter der Regionalbezeichnung "Garbin" bekannt. Er stammt meist aus der Ägäis und strömt aus Süd- Südost über die Adria nach Nordost-Italien, wodurch er seinen warm-feuchten Charakter erhält. An der adriatischen Küste wird er dann am Boden abgelenkt, so daß er meist aus südwestlicher Richtung weht. Die Inversion muß im Mittel eine Intensität von 6°C aufweisen, damit sich Nebel bilden kann. Figur 7.13 verdeutlicht die Ausprägung der Klimaelemente der einzelnen Luftmassen über dem Nebel und im Mittel von 1000-1500 m.

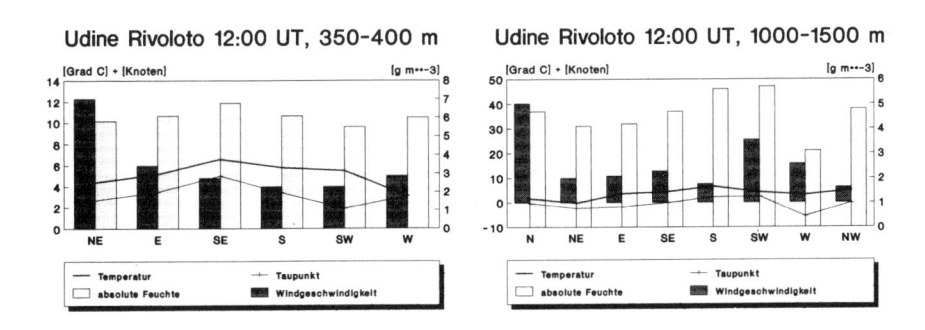

Fig. 7.13: Mittlere Luftmasseneigenschaften für Udine Rivolto bei Nebel, Periode 1988-1990

In der nordöstlichen Küstenebene scheinen generell zwei Nebelwetterlagen vorzuliegen, wobei sich verschiedene Kombinatiosmöglichkeiten von Inversionsuntergrenze und Inversionsobergrenze feststellen lassen. Bei allen Wetterlagen herrscht am Boden im Mittel Windstille.

Bei Südostlagen entstehen meist Flachnebellagen, wobei die Inversion durch Überströmen von warmer Luft aus südlicher Richtung herbeigeführt wird. Diese Nebellagen verursachen besonders dichte Nebelfelder (PAULILLO 1972:170), da sie sehr feuchte Luftmassen transportieren. Die notwendige Feuchte zur Nebelbildung wird dabei aus Höhen bis zu 300 Metern geliefert, so daß das Feuchtemaximum nicht am Boden liegt. Bei diesem Typ handelt es sich daher um reinen Mischungsnebel.

Besonders mächtige Nebelereignisse finden bei west- südwestlicher Höhenströmung statt, die noch auf 1000 Metern einen starken Feuchtetransport aufweist und die stärksten Inversionen hervorruft.

Nebelauflösung provozieren dabei alle Wetterlagen aus dem Nordsektor sowie die meisten Ost-Lagen. Hierbei handelt es sich um sehr kalte, relativ trockene Luftmassen, die zusätzlich die höchsten Windgeschwindigkeiten aufweisen (Fig. 7.13). Diese katabatischen Kaltluftabflüsse (Bora u.ä.), die über die Wiener Senke abgeführt werden, können dabei bis zum Apennin wirksam werden (CADEZ 1982:161).

7.3 Fallbeispiele

In den vorherigen Kapiteln wurde weitgehend auf die mittlere sowie die relative Ausprägung von Nebelfläche, -höhe, -volumen und deren Steuerung durch das Klima eingegangen. Um eine wetterlagenabhängige Nebelklimatologie ableiten zu können, müssen typische Verteilungsmuster von Nebel hinsichtlich der klimatologischen Bildungsmechanismen in ihrer regionalen Differenzierung untersucht werden. Hierzu werden im folgenden eine Gesamtperiode sowie typische Einzeltage vorgestellt. Die Gesamtperiode soll dabei einen Überblick über den Lebenszyklus des Nebels von der Bildung bis zur Auflösung geben, während die Einzeltage ergänzend für bestimmte Nebelmuster und Wetterlagen angeführt werden sollen.

7.3.1 Die EUROTRAC-Periode vom 11.11.1989-17.11.1989

Im November 1989 wurde in der Poebene im Rahmen des Eurotrac-Projektes eine Meßkampagne zur Physiognomie und zum Chemismus des Nebels durchgeführt. Eine meteorologische Beschreibung dieses Ereignisses liegt für den Raum um S. Pietro Capofiume vor (WOBROCK et. al. 1992). In diesem Kapitel soll mit Hilfe weiterer Boden- und Radiosondenbeobachtungen die Nebelverbreitung und die synoptische Steuerung für die gesamte Poebene untersucht werden.

11.11.1989: Am 10.11.1989 und 11.11.1989 entwickelt sich über Mitteleuropa eine Hochdruckbrücke, so daß die Poebene am 11.11.1989 den ganzen Tag eine partielle Nebeldecke aufweist (Tafel 3.3). Die Kaltluftproduktion in der Nacht vom 10.11-11.11.89 ist dabei mäßig (Abb 7.14 a,b), so daß sich der Nebel vor allem gegen Mittag aufgrund der höheren Temperaturen größtenteils auflösen kann. Am 11.11. herrschen bodennah den ganzen Tag West- und Nordwestwinde vor, die von Ost- Nordostwinden überströmt werden (850 hPa), wobei sich diese in der nordöstlichen adriatischen Küstenebene bis zum Boden durchsetzen und dort die Nebelbildung verhindern. Die mittägliche Aufwärmung der Randhöhen führt weiterhin zum Kentern des Bodenwindfeldes am Alpenrand, wo im Bereich von Verona und dem Lago Maggiore die nächtlichen Kaltluftabflüsse (N-NW) durch die täglichen Ausgleichswinde (S-SE) gegen die Alpen ersetzt werden (Tafel 3.3).

12.11.1989: Am 12.11.1989 ist die Ausbildung der mitteleuropäischen Hochdruckbrücke abgeschlossen und es besteht eine Verbindung zur russischen Antizyklone. Am Boden wehen bis zum Mittag weiterhin Winde aus West- und Nordwest, so daß sich der Nebel bei etwas geringeren Temperaturen verdichtet (Tafel 3.3). Gegen Mittag setzt sich dann im Norden der Poebene über dem Nebel eine östliche Strömung von Udine bis Linate durch, die an der adriatischen Küste Nebelauflösung zur Folge hat, da die einströmenden Luftmassen gegenüber denen im Norden der Poebene um ca. 10°C wärmer sind (Fig. 7.14 a-c). Am Apenninrand bleibt demgegenüber die bodennahe Nordwestströmung weiterhin konstant, so daß der Nebel an der südlichen Adriaküste in einem schmalen Band thermisch induziert erhalten bleibt (Tafel 3.3). Die Ausbildung des großräumigen Counter-Stroms wird dabei synoptisch verstärkt nur im Norden der Poebene bodennah entwickelt. Auch die starke nächtliche Abkühlung in der Nacht vom 11.11. zum 12.11.1989 reicht zur Kondensation im Bereich von Treviso Istrana nicht aus. In der zentralen Poebene (Linate, Piacenza) löst sich der Nebel dagegen auch zwischen 13:00 und 15:00 UTC nicht mehr auf.

13.11.1989: Am 13.11.1989 hat sich das Hochdruckgebiet über Mitteleuropa weiter ausgedehnt (Fig. 7.15) und bis ins 500 hPa-Niveau durchgesetzt, so daß ein Blocking entstanden ist. Da die Temperatur in der Poebene im Tagesmittel weiterhin fällt (Fig. 7.14), kann sich der Nebel erneut verdichten (Tafel 3.3). Dabei verläuft der tägliche Zyklus analog zum 12.11.1989, wobei sich der Nebel gegen Mittag an der adriatischen Küste initialisiert von der vorherrschenden Ostströmung komplett auflösen kann.
Der Grund dafür liegt in der zunehmenden Erwärmung und der daraus resultierenden Trockenheit der über dem Nebel anströmenden Luftmassen (Fig. 7.14). Gegen Abend nehmen die Temperaturen am Apenninrand besonders stark ab, wo sie das Minimum der ganzen Periode erreichen. Dementsprechend kommt es zur stärksten Nebelbildung im betrachteten Zeitraum (Tafel 3.3). Auch an diesem Tag löst sich der Nebel in der zentralen Poebene nicht mehr auf, da die Netto-Strahlungbilanz bereits negativ ist (WOBROCK et. al. 1992:14).

14.11.1989: Am 14.11.1989 hat sich der Nebel aufgrund der starken nächtlichen Abkühlung am frühen Morgen sogar bis östlich der Euganeen ausgebildet (Tafel 3.3). Wie die Radiosondenprofile von Udine und Linate zeigen, hat sich die NW-Kaltluftströmung entgegen den vorhergehenden Tagen bis Udine durchgesetzt (Fig. 7.16). Gegen Mittag hat sich dann das Druckbild großräumig umgebildet, woraus ein Luftmassenwechsel und Nebelauflösung resultieren (Tafel 3.3). Verantwortlich ist die Ausbildung eines Tiefs über dem Schwarzen Meer und der Ägäis (Fig. 7.16), das eine Ost- bzw. Südostströmung in die Poebene verursacht.

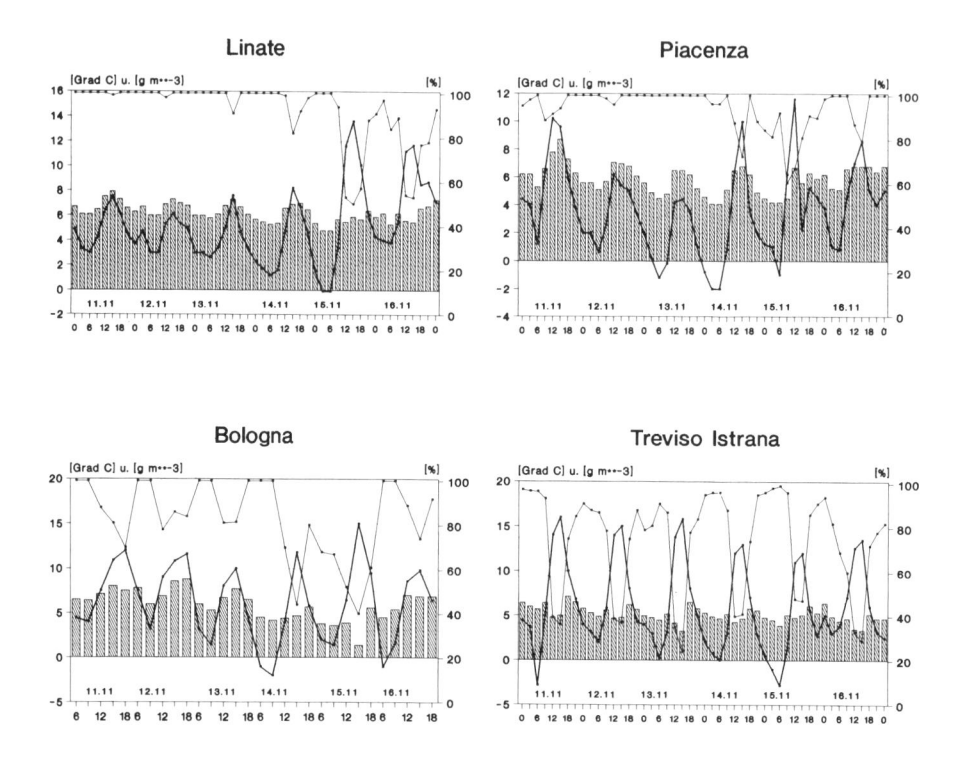

Fig. 7.14: Temperatur, absolute und relative Feuchte für (a) Milano Linate, (b) Piacenza, (c) Bologna und (d) Treviso Istrana.

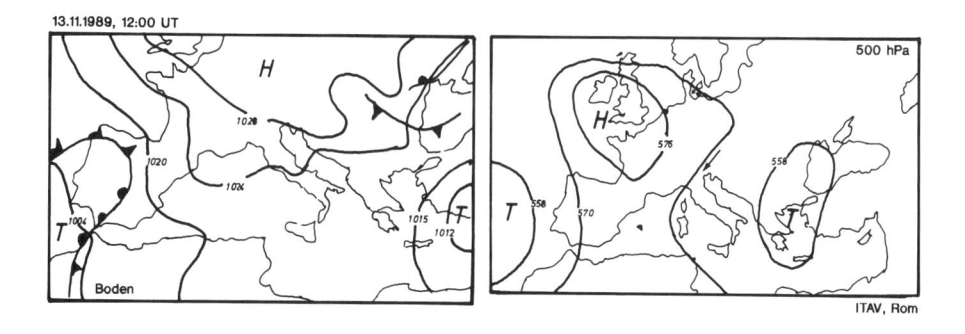

Fig. 7.15: Wetterkarte vom 13.11.1989, 12:00 UTC , Boden und 500 hPa (Quelle: ITAV, Rom)

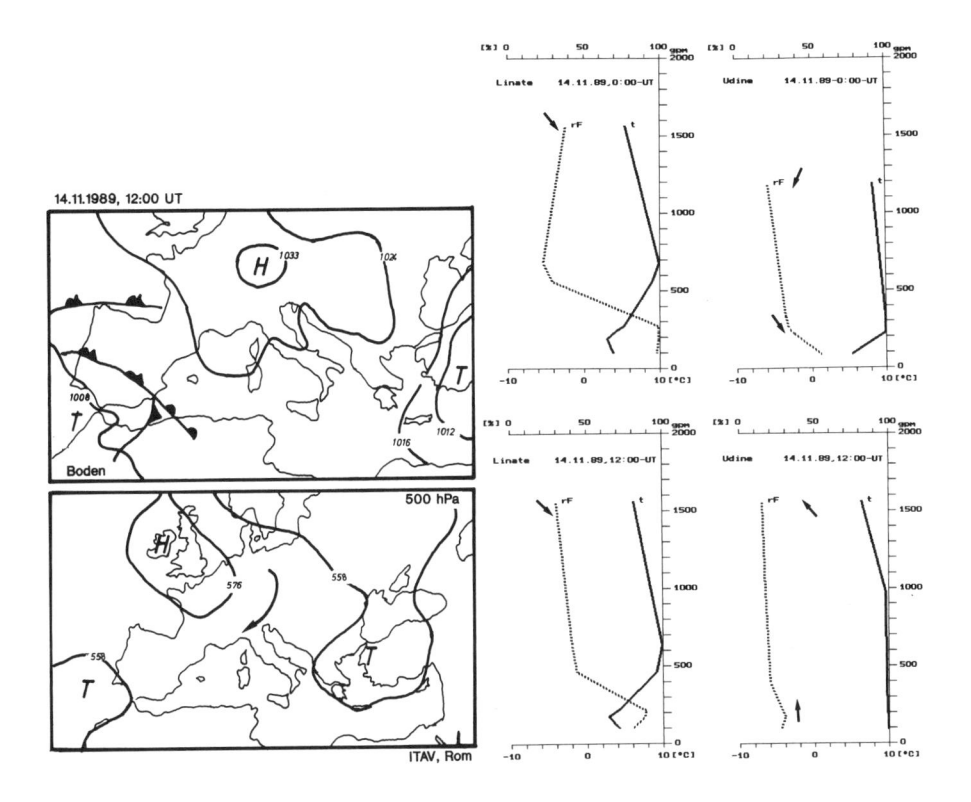

Fig. 7.16: Wetterkarte vom 14.11.1989, 12:00 UTC , Boden und 500 hPa (Quelle: ITAV, Rom) sowie Vertikalprofile von Milano Linate und Udine Rivolto, 14.11.1989, 0:00 UTC und 12:00 UTC.

Dem Apenninrand werden kurzfristig trockenere Luftmassen zugeführt (Fig. 7.16). Wie das Radiosondenprofil von Udine zeigt (Fig. 7.16), werden um 12:00 UTC im Bodenniveau Winde aus Süden und im Höhenniveau Winde aus Südost gemessen, während der NW-Windvektor von Linate den ganzen Tag über stabil bleibt. Für die zentrale Poebene ergibt sich aufgrund des Luftmassenwechsels eine starke Erwärmung, die bei gleichbleibender absoluter Feuchte Nebelauflösung südlich des Pos verursacht (Tafel 3.3). Diese asymmetrische Nebelauflösung läßt vermuten, daß am Apenninrand ein leichter Föhneffekt in der Initialphase durch süd- südöstliche Höhenwinde, die den Apennin überströmen, gegeben ist, der an den Bodenwindstationen noch nicht feststellbar ist. Auch in der folgenden Nacht bleiben die Temperaturen daher relativ hoch, so daß kaum noch relative Feuchten von > 90% erreicht werden.

15.11.1989: Am 15.11. hat sich die Hochdruckbrücke am Boden zum größten Teil aufgelöst und ist in zwei zentrale Hochdruckgebiete aufgegliedert (Fig. 7.17).

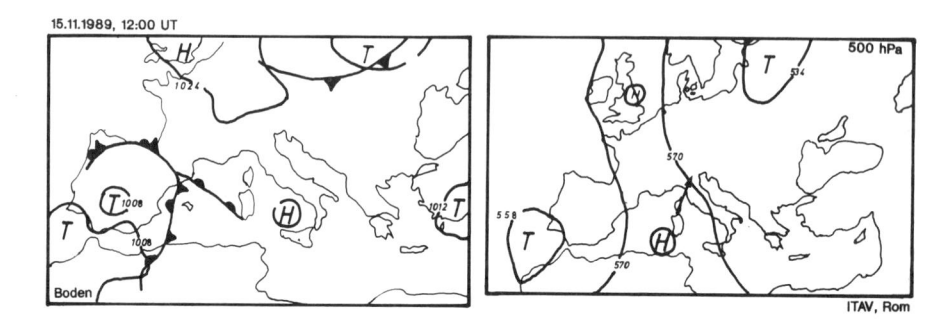

Fig. 7.17: Wetterkarte vom 15.11.1989, 12:00 UTC, Boden und 500 hPa (Quelle: ITAV, Rom)

Während im 500 hPa-Niveau noch ein schmales Hochdruckband nord-südwärts von den Britischen Inseln bis zum westlichen Mittelmeer verläuft, steuern am Boden zwei zentrale Hochs über Südengland und der nordafrikanischen Küste das jeweilige Wettergeschehen. Für die Poebene wird das Hoch südwestlich von Sardinien wetterbestimmend und verursacht in der gesamten Poebene eine mehr oder weniger ausgeprägte West- Südwestströmung, die sich bis ins Bodenniveau durchsetzt und auch im Bereich der adriatischen Küstenebene wirksam wird (Tafel 3.3). Diese Luftströmung bedingt wiederum eine Erhöhung der Lufttemperatur, die sich in Linate am Mittag mit 6°C gegenüber den Mittagstemperaturen vom 14.11.1989 bemerkbar macht (Fig. 7.14). Allerdings führt die sehr starke nächtliche Auskühlung in der nördlichen Poebene (Linate, Treviso) dazu, daß sich am Morgen nördlich des Pos ein dichtes Nebelfeld ausbilden kann, welches im Mittel der gesamten Periode am weitesten nach Osten reicht und sich bis auf die Adria und die nordöstliche Küstenebene ausdehnen kann. Am Apenninrand sind allerdings schon deutliche Föhneffekte zu erkennen. Hier herrscht besonders im Bereich von Bologna eindeutig eine den Apennin überströmende Südwestströmung vor (Tafel 3.3), die gegen 15:00 Uhr zu einem enormen Feuchtedefizit in Bologna führt (Fig. 7.14) und die stärkste mittägliche Temperaturerhöhung in der zentralen Poebene (Linate, Piacenza, Bologna) seit dem 11.11.1989 verursacht. Dies führt dazu, daß die Nebelfelder in der Poebene zum NOAA-11 Mittagsüberflug (12:23 UTC) vollständig aufgelöst sind und sich auch bis zum Abendüberflug (17:43 UTC) kein neuer Nebel ausbilden kann.

16.11.1989: Die erneute nächtliche Abkühlung führt zu einer schwachen Nebelbildung gegen 3:00 UTC, die vor allem in der Flußaue des Pos (Piacenza), bei Bologna als auch an der adriatischen Küste stattfindet (Tafel 3.3). Gegen Morgen wird dann die Nebelperiode endgültig durch eine in den südosteuropäischen Raum eindringende Kaltfront beendet (Fig. 7.18).

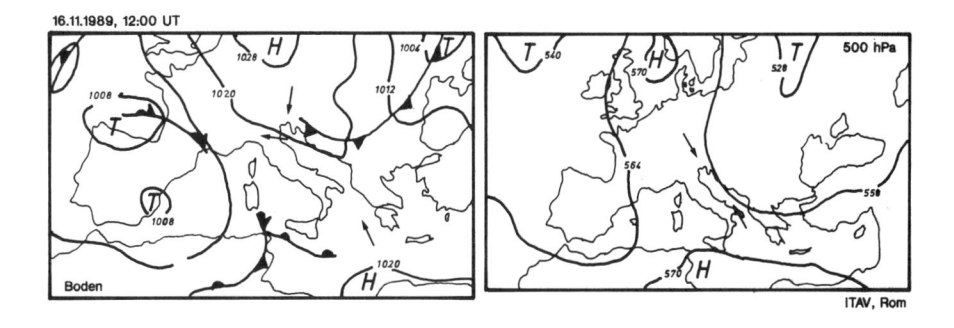

Fig. 7.18: Wetterkarte vom 16.11.1989, 12:00 UTC, Boden und 500 hPa (Quelle: ITAV, Rom)

Auf der Rückseite dieser Kaltfront können Luftmassen aus Nordosten bis Udine vordringen, während sich die zentrale Adria im Einflußbereich von Luftmassen aus Südost befindet, die aus dem Hoch über dem Golf von Tunis bis zur Poebene vordringen. Linate verzeichnet daher sowohl im 1000 hPa-Niveau als auch in größerer Höhe (850 hPa) durchweg Oststömung, die bis zum Morgen des 17.11.1989 anhält. Wolkenausläufer der Kaltfront über Nord-Jugoslawien werden dabei in die Poebene hereingepreßt und bleiben aufgrund ihrer geringen Höhe (Obergrenze 1200-1500 Meter) als Staubewölkung im Alpenbogen hängen (Tafel 3.3), wobei das Aostatal sowie die Täler des Lago Maggiores und des Comer Sees Staubewölkung und daraus folgend Hangnebel melden. Aufgrund der stabilen Schichtung bleibt diese niedrige Stratusdecke den ganzen Tag über bestehen und verdichtet sich in der Nacht durch weitere Ausläufer der Kaltfront, so daß sie am Morgen des 17.11.1989 die gesamte nordwestliche Poeben bedeckt und bei anhaltender Oststömung weiter in die Täler hereindrückt wird, so daß auch Aosta Nebel meldet.

Zusammenfassend kann die beschriebene Periode in drei verschiedene Wetterlagen unterteilt werden. Vom 11.11.1989 bis zum 14.11.1989 mittags handelte es sich um eine Wetterlage, die auf dem 1000 hPa-Niveau durch Strömungen aus dem Ostsektor bis nach Linate charakterisiert wurde. Am Boden, vor allem am Apenninrand, waren dabei durchweg Kaltluftabflüsse aus West- und Nordwest wirksam, während sich in der Küstenebene um Udine die Nordoststömung bis ins Bodenniveau durchsetzen konnte. Dabei war die Windgeschwindigkeit in der zentralen Poebene so gering, daß häufig auch Calmen zu verzeichnen waren. Die Entwicklung des Strahlungsnebels war von einer zunehmenden Auskühlung bis zum 14.11.1989 gekennzeichnet, so daß die Netto-Strahlungsbilanz dementsprechend bis zum 13.11. negativ wurde. Die Tagesdynamik war während dieser Periode typisch ausgeprägt. In der Nacht führten die Kaltluftabflüsse trotz Abnahme der absoluten Feuchte zur Kondensation, während das Bodenwindfeld am Tag besonders am Alpenrand häufig thermisch induzierte Ausgleichswinde zwischen nebelbedecktem und nebelfreiem Gebiet anzeigte. Mit steigender Tagestemperatur nahm zwar auch die absolute Feuchte zu, aber trotzdem konnte sich der Nebel vor allem an flachen Stellen gegen Mittag auflösen. Auch hier wurde die Asymmetrie der Poebene deutlich. Während am Apenninrand der Nebel vor allem am 12.11. mittags noch unter dem Einfluß der NW-Kaltluftabflüsse (auch 1000 hPa) bestehen konnte, löste er sich am östlichen Alpenrand aufgrund der mittäglichen Einstrahlung und der schon auf dem 1000 hPa-Niveau relevanten synoptisch und thermisch (Counter-Strom) induzierten Nordost- Ostströmung auf. Mit zunehmender Abkühlung in der Nacht wurde auch das mittägliche Druckgefälle zwischen Gebirge, Adria und Nebelfläche und somit auch der östliche Counter-Strom stärker, so daß am 13.11.1989 der Nebel am Mittag an der gesamten Adriaküste aufgelöst werden konnte, bevor gegen Abend die größte Nebelausbreitung der gesamten Periode stattfand.

Der beschriebene Ablauf läßt sich auch anhand der Entwicklung von nebelbedeckter Fläche und Volumen der Nebelluft nachvollziehen (Fig. 7.19). Die berechneten Größen nehmen bis zum Abend des 13.11.1989 mit den durch die Nebelauflösung bedingten mittäglichen Einbrüchen zwischen 12:00 und 15:00 UTC kontinuierlich zu und erfahren erst am 14.11.1989 den synoptisch begründeten Einbruch.

Dieser Einbruch kennzeichnet einen klaren Luftmassenwechsel, der durch den Abbau der zentraleuropäischen Hochdruckbrücke von Osten her gekennzeichnet ist und bis zum 15.11.1989 mittags die vollständige Nebelauflösung verursacht. Bereits in der Nacht vom 14.11. zum 15.11. findet ein Wechsel zu einer aus dem Westsektor geprägten Wetterlage statt, die im Norden der Poebene sowohl in der Höhe als auch am Boden Nordwestwinde aufweist. Ab Piacenza werden diese allerdings von Winden aus Südwest überprägt, die beim Überströmen des Apennins einen Föhneffekt auslösen, so daß sich der Nebel am Apenninrand auflöst, während er sich in der nordöstlichen Küstenebene und auf der Adria ausbilden kann. Das ungewöhnliche Verschieben der Nebelfelder in die nordöstliche Küstenebene kann am Verlauf der Inversionsstärke für die Gesamtperiode abgeleitet werden (Fig. 7.20).

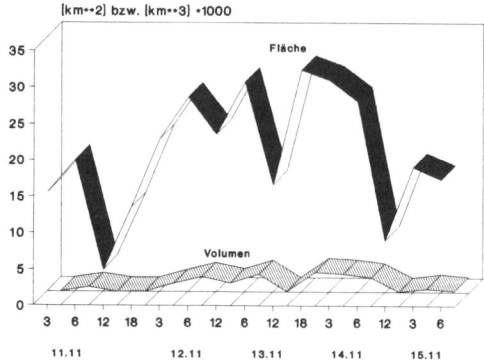

Fig. 7.19: Entwicklung von nebelbedeckter Fläche und Volumen der Nebelluft während der Periode 11.11.1989-15.11.1989.

Bis zum 14.11.1989 stimmt die Intensität der Inversion von Linate und Udine nahezu überein. Erst am 15.11. nimmt die Inversion von Udine aufgrund der überströmenden Südwestwinde um 6°C gegenüber Linate zu, was die überaus stabilen Verhältnisse über der Adria und der nordöstlichen Küstenebene und somit die Nebelbildung erklärt. Wie in den vorherigen Kapiteln angeführt, ist zur Nebelbildung in der nordöstlichen Küstenebene eben eine solche, vergleichsweise zum zentralen Bereich der Poebene stabilere Schichtung der Atmosphäre absolute Voraussetzung. Gegen 12:00 UTC haben sich die warmen SW-Winde sowohl in Linate als auch in Udine bis zum Boden hin durchgesetzt und die Auflösung von Inversion und Nebel herbeigeführt.

Inversionsstärke

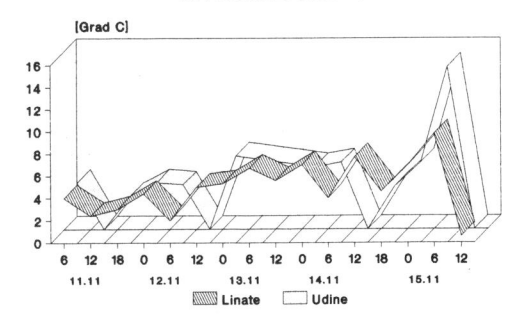

Fig. 7.20: Inversionsstärke für Milano Linate und Udine Rivolto 11.11.1989-15.11.1989.

Am 16.11.1989 ab 6:00 UTC ist mit dem Einbruch der Kaltfront aus Nordosten die antizyklonale Nebelperiode der Poebene weitgehend beendet. Allerdings befindet sich die Poebene direkt im Einflußbereich zweier Luftmassen, wobei die Kaltfrontbewölkung aus Nordost- Ost in die westliche Poebene gelangt und dort im Alpenbogen Staunebel verursacht, während für die flachen Teile der Poebene eine geschlossene Stratusdecke gemeldet wird, die aufgrund einer Inversion der aus Südost heranströmenden Luftmassen bis zum 17.11.1989 konstant bleibt und sich durch den weiteren Einfluß der Kaltfront, die sich am 17.11.1989 bis in die östliche Poebene verlagert hat, noch verdichtet.

7.3.2 Fallbeispiel 30.12.1988

Die Nebellage vom 30.12.1988 ist typisch für einen Tag mit starker und persistenter Nebelbedeckung in der gesamten Poebene einschließlich der nordöstlichen Küstenebene um Udine. Die Wetterkarte vom 30.12.1988, 12:00 UTC zeigt ein ausgedehntes Hoch über Mitteleuropa mit einem Ausläufer ins nordwestliche Mittelmeer (Fig. 7.21).

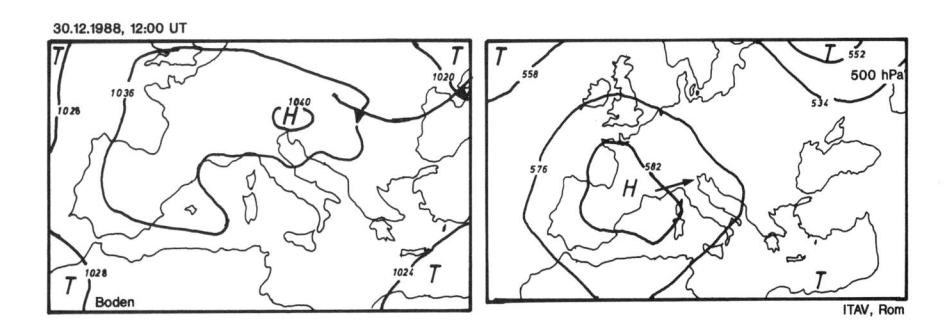

Fig. 7.21: Wetterkarte vom 30.12.1988, 12:00 UTC Boden und 500 hPa-Niveau (ITAV, Rom).

Dieser Hochdruckausläufer am Boden setzt sich dynamisch bis ins 500 hPa-Niveau durch und steuert das Windfeld in der zentralen Poebene. Tafel 3.3 verdeutlicht die überlagerten Nebelmasken vom 30.12.1988, 8:05 UTC und 11:55 UTC. Das Bodenwindfeld ist den ganzen Tag über durch Winde aus dem Westsektor (SW-NW) geprägt. Man sieht deutlich, daß sich das Nebelfeld bis zum Mittag kaum verkleinert. Nebelauflösung findet lediglich am Moränenwall des Gardasees, am östlichen Apenninrand, im Bereich von Udine und in weiteren Nebelrandbereichen statt. Aufgrund der Ende Dezember stark herabgesetzten Einstrahlung bilden sich auch keine thermisch induzierten Ausgleichsströme von der nebelbedeckten Ebene zu den nebelfreien Hanglagen aus.

An der italienisch-jugoslawischen Küste herrscht im Bodenniveau dabei Windstille, so daß auch die gesamte nördliche Adria nebelbedeckt ist. Dies ist darauf zurückzuführen, daß die Kaltluftabflüsse bei solchen gradientschwachen Wetterlagen bis zur Adria wirksam werden können.

Die Radiosondenprofile von Linate verdeutlichen die sehr stabile Schichtung der Atmosphäre (Fig. 7.22). Am Morgen herrschen in Linate oberhalb der Inversion ganz klar Winde aus dem Westsektor vor, die eine Inversion von 8°C Stärke verursachen. In der gesamten Westwindschicht ab 800 Meter ü. NN herrscht nahezu Isothermie. Am Boden ist die Inversion abgehoben und weist eine Untergrenze von ca. 240 Meter ü. NN auf, die in etwa mit der Nebelmeerobergrenze zusammenfällt (s. Profil rF). Unterhalb der Inversionsuntergrenze herrschen ganz klar Winde aus dem SSW-Sektor vor, die zur Wasserversorgung des Nebels beitragen. Über dem Nebel können sich bis zur eigentlichen Isothermie leichte Winde aus dem Ostsektor durchsetzten, die sich aus dem Bodenhoch rekrutieren, das sich bis zum Mittag an der italienisch-jugoslawischen Küste ausgebildet hat (Fig. 7.22). Zum Mittag verstärkt sich die Inversion um ca. 1°C, da sich aufgrund der hohen Abstrahlung an der Nebelobergrenze die Inversionsuntergrenze etwas anhebt. Das Windfeld zeigt in den unteren 2000 Metern nur noch schwache Aktivität; unterhalb von 800 Metern herrscht Windstille.

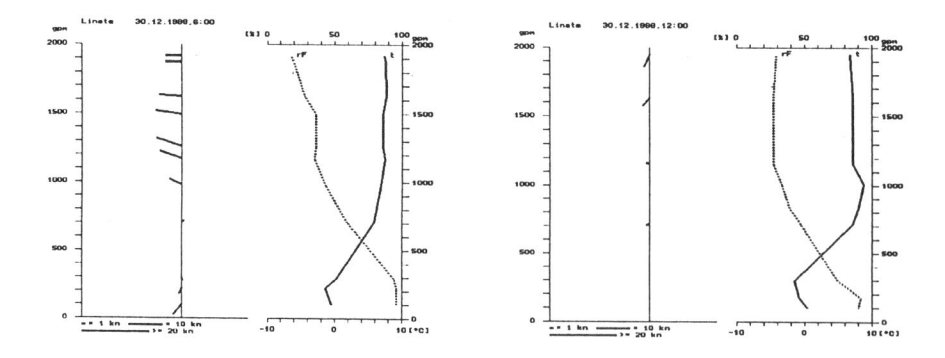

Fig. 7.22: Radiosondenprofile von Milano Linate, 30.12.1988, 6:00 und 12:00 UTC.

Der Temperatur- und Feuchteverlauf am Boden spiegelt die Entwicklung des bodennahen Windfeldes im Tagesverlauf wider (Fig. 7.23).

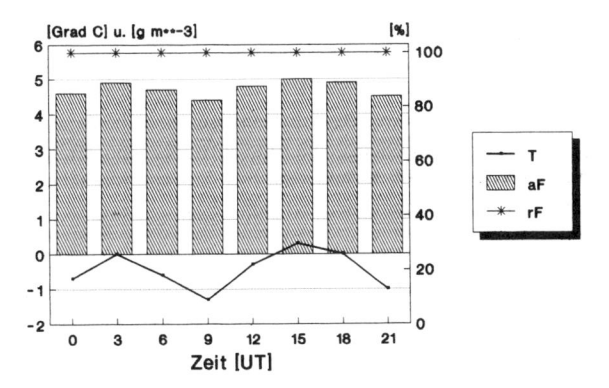

Fig. 7.23: Tagesgang von Temperatur und Feuchte vom 30.12.1988, Milano Linate

Von 3:00 bis 6:00 UTC erreicht die bodennahe SSW-Strömung ihr Maximum und transportiert aus dem Bereich von Novi Ligure durch das synoptisch verstärkte Überströmen der Paßhöhen warme und feuchte Luftmassen mit relativ hoher Durchflußgeschwindigkeit (bis 5 kn) nach Mailand. Nach 6:00 nimmt die Windgeschwindigkeit bis zur Windstille ab, so daß sich die Temperatur am Boden bis 9:00 UTC um 1°C abkühlt und damit der Nebel trotz niedriger absoluter Feuchte der Luftmasse bestehen bleibt (rF weiterhin 100%).

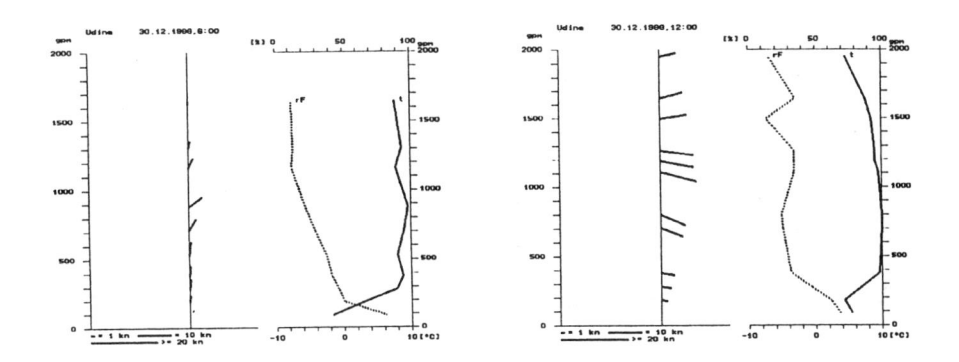

Fig. 7.24: Radiosondenprofile von Udine Rivolto, 30.12.1988, 6:00 und 12:00 UTC.

Mit zunehmender Sonneneinstrahlung und Transmission erwärmt sich der Boden bis 15:00 Uhr, wobei die Verdunstung am Boden die absolute Feuchte wieder ansteigen läßt, während die relative Feuchte konstant bei 100% bleibt. Die gesamte Poebene, die Adria sowie ein Großteil der adriatischen Küstenebene sind den ganzen Tag nebelbedeckt. Das nebelfreie Udine liegt dagegen bereits im Einflußbereich des östlichen Bodenhochs (Fig. 7.21). Während um 6:00 UTC am Boden Calmen und von 200-500 Metern Kaltluftabflüsse aus dem Nordsektor wirksam werden und eine aufliegende Bodeninverion von 10°C verursachen, überprägt das Bodenhoch das Windfeld um 12:00 UTC maßgeblich. Das etwa 100 m mächtige Kaltluftpolster wird dabei von Winden aus dem Ostsektor überströmt, die in den unteren 1000 Metern noch eine leichte Südkomponente aufweisen und somit die Inversion mit 8°C verursachen, während ab 1500 Metern eine Nordkomponente kältere Luftmassen aus dem kontinental-europäischen Raum herbeiführt (Fig. 7.24).

7.3.3 Fallbeispiel 27.10.1989

Die Nebelverbreitung vom 27.10.1989 zeigt ein ähnliches Muster, wie dies für den 30.12.1988 feststellbar ist (Tafel 3.3). Die Adria ist noch weit im Südosten und bis zur jugoslawischen Küste nebelbedeckt. Auch die adriatische Küstenebene zeigt eine geschlossene Nebeldecke, die ungefähr bis zur 60 m-Isohypse reicht. Für die zentrale Poebene ergibt sich allerdings eher eine Flachnebellage, die wiederum asymmetrisch ausgeprägt ist. Während am Alpenrand noch Nebelhöhen von etwa 100 Metern erreicht werden, ist vor allem im Westen der Po als Nebelgrenze anzusehen. Das Bodenwindfeld zeigt dabei im Einflußbereich der adriatischen Küste deutlich eine nordwest gerichtete Strömung, die am Alpenrand einer S-SSW-Strömung weicht, der aufgrund der hohen Einstrahlung im Oktober eindeutig einen Ausgleichswind vom Nebel zu den erwärmten Hängen darstellt.

Wetterbestimmend ist ein Hochdruckgebiet über dem östlichen Südeuropa, das im 500 hPa-Niveau bis in die südliche Adria reicht (Fig. 7.25).

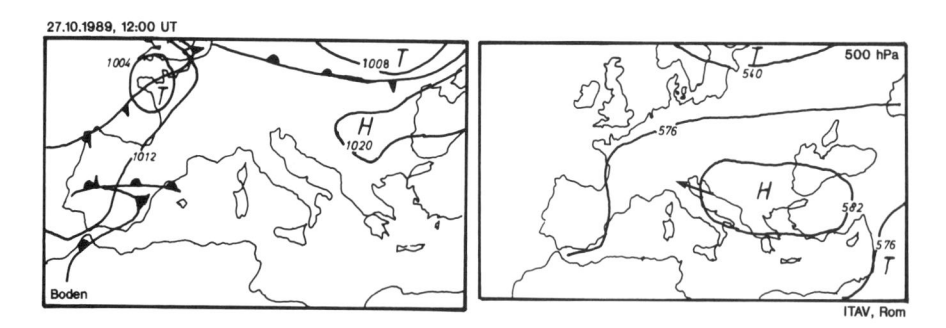

Fig. 7.25: Wetterkarte vom 27.10.1989, 12:00 UTC Boden und 500 hPa-Niveau (ITAV, Rom).

Figur 7.26 veranschaulicht am Beispiel der Station Treviso San Angelo, daß sich diese Südostströmung gegen Mittag bis zur adriatischen Küstenebene durchsetzt und dort trotz höherer Feuchtigkeit der Luftmassen kurzfristig thermisch bedingt Nebelauflösung zur Folge hat. Die Nebelbildung resultiert dabei eindeutig aus nächtlichen Kaltluftabflüsse aus W-NW, die gegen 6:00 UTC ihr Maximum erreichen und mit Einsetzen der Einstrahlung aufhören, so daß um 9:00 UTC bei anhaltendem Nebel Calmen zu verzeichnen sind. Nach

12:00 UTC setzt sich die südöstliche Höhenströmung bis ins Bodenniveau durch. Die um 15:00 UTC klar synoptisch induzierte Südostströmung bringt feuchtere aber auch sehr warme Luftmassen von der Adria, die kurzfristig Nebelauflösung hervorrufen und sich bis 18:00 UTC, resultierend aus der starken Erwärmung von Apennin und Alpen, unter erneuter Nebelbildung (rF=100%) in den östlichen Counter-Strom umbilden, dem um 21:00 UTC im Bodenniveau erneut Calmen folgen.

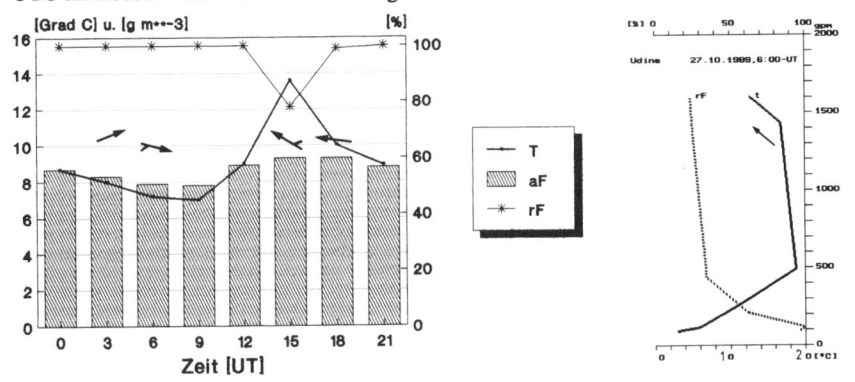

Fig. 7.26: (a) Tagesgang von Wind, Temperatur und Feuchte für Treviso San Angelo, 27.10.1989 sowie (b) Vertikalprofil von Udine Rivolto, 27.10.1989, 6:00 UTC.

Die Radiosonde von Udine 6:00 UTC (Fig. 7.26) zeigt, daß zur Nebelbildung im Bereich der adriatischen Küstenebene im Oktober eine überaus starke Inversion notwendig ist, die von den südöstlichen Winden verursacht wird und 16°C beträgt.

7.3.4 Fallbeispiel vom 28.11.-29.11.1989

Das folgende Fallbeispiel vom 28.11.-29.11.1989 steht exemplarisch für einen Wetterlagenwechsel von einer Westlage zu einer Nordost-Ostlage mit folgender Nebelauflösung in großen Teilen der Poebene. Der 28.11.1989 ist durch eine klare Westlage gekennzeichnet, die sich aus dem großräumigen Druckbild (Fig. 7.27) ergibt.

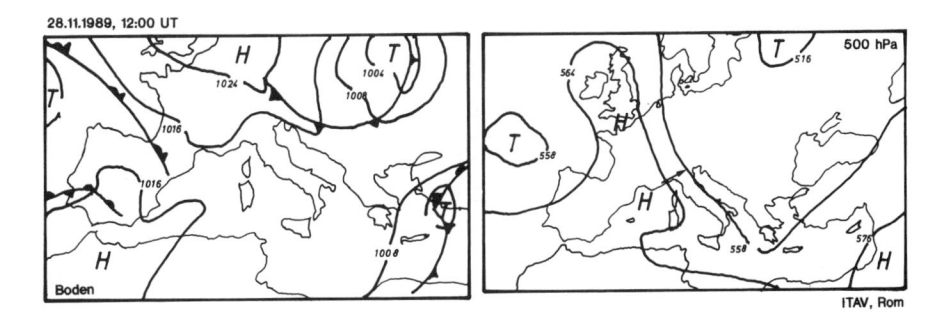

Fig. 7.27: Wetterkarte vom 28.11.1989, 12:00 UTC Boden und 500 hPa-Niveau (ITAV, Rom).

Der Mittelmeerraum liegt im Bereich einer Hochdruckbrücke, die von den Azoren bis zu den Britischen Inseln reicht. Das für die Poebene signifikante Druckgebilde ist der Hochdruckkern über der Küste Südfrankreichs, der in der Poebene eine klare westliche Höhenströmung (Tafel 3.3) mit starker Inversion (7.7°C S.P. Capofiume 0:00 UTC // 8.6°C Linate 6:00 UTC // 6.3°C Udine 6:00 UTC) verursacht. Die Hochdruckbrücke wird im Westen und im Osten von zwei Tiefdruckgebieten begrenzt, von denen das östliche am 29.11.1989 für die Poebene wetterwirksam werden wird.

Die Nebelverteilung in der Poebene zeigt für den Morgen des 28.11.1989 das typische Bild einer Westlage mit einer hochreichenden Bodennebeldecke, die sich bis auf die Adria und zur adriatischen Küstenebene fortsetzt. Dementsprechend werden auch in der adriatischen Küstenebene Kaltluftflüsse aus nordwestlicher Richtung wirksam, während im westlichen Teil der Poebene die Paßhöhen des Apennin bei Genua überströmt werden (s. SSW-Wind Turin Bric della Croce, Tafel 3.3). Die Höhenströmung auf dem 850 hPa-Niveau zeigt dabei eine klare Westströmung an und koinzidiert in etwa mit der Inversionsobergrenze. Auch der Golf von Genua und die ligurische Küste weisen lokale Nebelbänke auf. Die Auflösungserscheinungen des Nebels im nördlichen Adriabereich resultieren daraus, daß sich die wärmere Westströmung aus dem 850 hPa-Niveau aufgrund der ungeschützten Lage gegen Westen stärker ins Bodenniveau durchsetzt, so daß, wie schon oben angeführt, die Inversion nicht ganz so stark ist wie in der zentralen Poebene.

Zum 29.11.1989 gerät die östliche Poebene in den Einflußbereich des Tiefdruckkeils über Rußland, der sich unter Abschwächung der Hochdruckbrücke gegenüber dem 28.11.1989 leicht nach Westen verschoben hat (Fig. 7.28). Von der Abschwächung der Hochdruckbrücke ist besonders das Hoch über der südfranzösischen Küste betroffen, so daß dessen steuernder Charakter für die Poebene ausfällt. Die Luftmassen fließen nun vielmehr auf der Rückseite des Tiefs über Nordfrankreich und dem Ärmelkanal aus Nord-Nordost über die Wiener Senke in den Mediterranraum ein und verursachen eine nord- nordöstliche Höhenströmung, die sich bis nach Mailand durchsetzt.

Die Nebelverteilung verändert sich daher im Laufe des Tages sehr stark (Tafel 3.3). Schon am Morgen (6:00 UTC) reißt ein Großteil des die östliche Adria bedeckenden Nebels regelrecht von dem Nebelmeer der Poebene ab und driftet mit der Nordostströmung nach Süden.

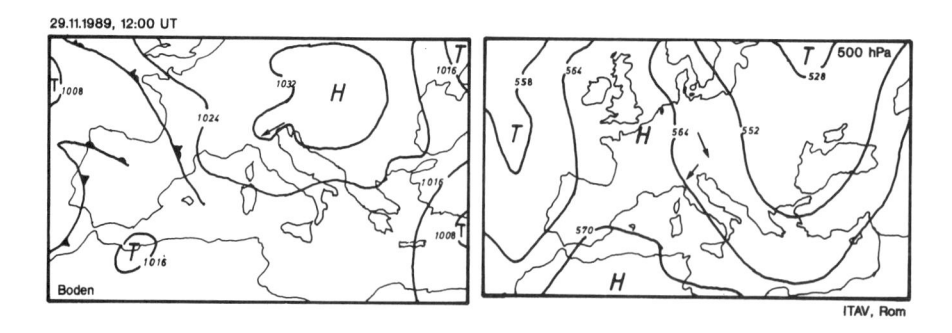

Fig. 7.28: Wetterkarte vom 29.11.1989, 12:00 UTC Boden und 500 hPa-Niveau (ITAV, Rom).

Auch die Nebelbänke in der adriatischen Küstenebene haben sich gegenüber dem 28.11.1989 um 6:00 UTC bis westlich der Euganeen und den Monti Berici zurückgezogen. Hier wird der Barriereneffekt dieser beiden Vulkanstöcke gegen die Ostwinde deutlich, da sich westlich bis 6:00 UTC die normalen Kaltluftabflüsse aus West- Südwest durchsetzen können. Allerdings wird der Nebel bereits um 6:00 UTC von Ostwinden überströmt, wie sowohl die Radiosondenprofile von Linate (Fig. 7.29) sowie die Windrichtung des Monte Bisbino am Comer See verdeutlichen.

Die 6:00 Sondierungen von Linate und Udine zeigen, daß sich in Linate noch eine schwache, abgehobene Inversion von 3°C ausgebildet hat, die aus den Ostwinden resultiert, während in Udine nur noch eine Bodeninversion in den unteren 40 Metern aufgrund von westlichen Kaltluftabflüssen zu finden ist, die zur Nebelbildung nicht mehr ausreicht.

Gegen Mittag hat sich die den Nebel überlagernde Ostströmung bis in den äußersten Westen der Poebene durchgesetzt (s. Turin Bric d. Croce, Tafel 3.3). Vor allem im südöstlichen Bereich der zentralen Poebene wehen die Winde aus Nordost mit so hoher Geschwindigkeit (Cervia, Rimini, Tafel 3.3), daß sich der Nebel im Nordosten bis zur Linie des Gardasees vollständig auflöst, während im süd-östlichen Teil ein verbleibender Nebelstreifen gegen den Apennin gedrängt wird, so daß vor allem die Täler (s. Taro, Tafel 3.3) des Apennin aufgrund von Stauerscheinungen stärkeren Nebel verzeichnen. Zwar verstärkt sich die Inversion in der Poebene um 12:00 UTC geringfügig auf 4°C (Fig. 7.30), sie reicht allerdings im Bereich von Mailand nicht mehr aus, den Wärmeinseleffekt zu kompensieren, so daß das Mailänder Stadtgebiet um 13:06 UTC nebelfrei ist.

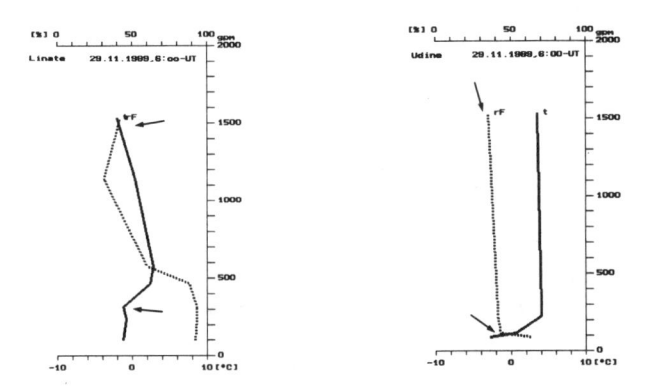

Fig. 7.29: Radiosonden vom 29.11.1989, Milano Linate und Udine Rivolto, 6:00 UTC.

Am Alpenrand im Bereich von Bergamo und Brescia werden mittags aufgrund der Nähe von Nebelgrenze und steilerem Relief Nebelwellen dem thermisch induzierten Druckgefälle folgend in die Hangbereiche verlagert. Dieser Effekt findet sich auch in der westlichen Poebene bei Turin, dem Aostatal sowie in anderen Bereichen, wobei die Verlagerung sicherlich durch einen gewissen Windschub der den Nebel überströmenden östlichen Winde unterstützt wird.

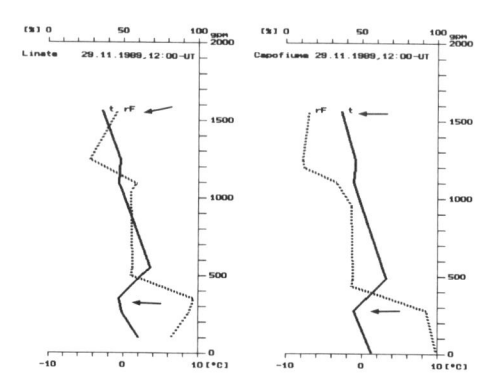

Fig. 7.30: Radiosonden von Milano Linate und S. Pietro Capofiume, 29.11.1989, 12:00 UTC.

Der Verlauf der Nebelauflösung von Osten und der synoptische Steuerungsmechanismus können gut aus dem Tagesgang von Wind, Temperatur und Feuchte von Treviso San Angelo abgelesen werden (Fig. 7.31). Bereits gegen 0:00 UTC haben sich Nordwinde ins Bodenniveau durchgesetzt und dort die Nebelauflösung forciert. Diese Winde werden zunehmend kälter aber auch trockener und weisen ab 9:00 UTC durch die zunehmende Erwärmung eine weiter herabgesetzte relative Feuchte auf. Zwischen 9:00 und 12:00 UTC dreht dann der Wind und mit Temperaturspitzen werden die sehr trockenen Winde um 12:00 UTC nach Westen in die zentrale Poebene verfrachtet, die sich im Westen als Counter-Strom bis nach Turin durchsetzen.

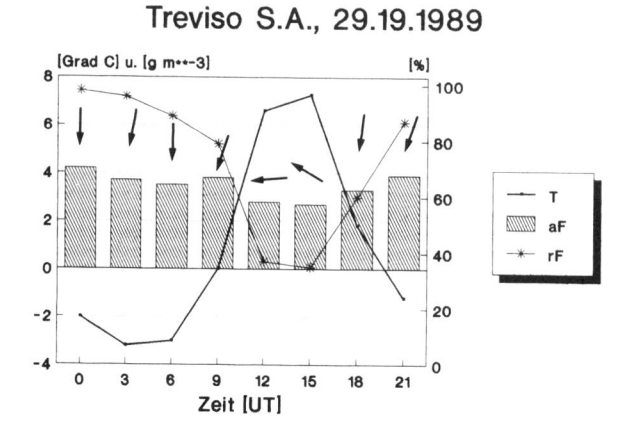

Fig. 7.31: Tagesgang von Wind, Temperatur und Feuchte für Treviso San Angelo, 29.11.1989.

Dieser Counter-Strom dreht um 15:00 UTC nach Südost und wird nach Sonnenuntergang von auffrischenden Nordwestwinden verdrängt. Die weiteren, an dieser Stelle nicht aufgeführten Nebelmasken und Wetterkarten zeigen, daß sich die Hochdruckbrücke am 30.11.1989 wieder nach Osten ausdehnen kann, so daß erneut eine Nebelverdichtung eintritt. Am 1.12.1989 führt allerdings eine Ostverlagerung der gesamten Hochdruckbrücke um 12:55 UTC wiederum zur Nebelauflösung aus Nord-Nordost nach dem Muster vom 29.11.1989, 13:06 UTC.

8 Nebelwetterlagen der Poebene

Für die Nebelprognose ist die Kenntnis der synoptischen Steuerung von Nebelereignissen unabdingbar. Es gilt daher typische Wetterlagen zu ermitteln, die eine spezifische Nebelverteilung im jeweiligen Untersuchungsraum hervorrufen. Für Europa liegen verschiedene Wetterlagenklassifikationen vor, die allerdings alle Witterungsfälle abdecken und nicht speziell auf das Nebelproblem ausgerichtet sind. Für Deutschland ist die Klassifikation von HESS & BREZOWSKY (1977) ausschlaggebend, während im Alpenraum die Alpenwetterstatistiken von SCHÜEPP (1968) für die Westalpen und die von LAUSCHER (1958) für die Ostalpen Verwendung finden. Diese Wetterlagen werden in Deutschland, der Schweiz und in Österreich in einem Katalog täglich festgehalten und sind zumindest für Deutschland auf Datenträger erhältlich. Für Italien liegt ein kontinuierlicher Wetterlagenkatalog nicht vor. GENTILLI (1977) stellt einen älteren Klassifikationsansatz von URBANI (1961) im Vergleich zu HESS & BREZOWSKY (1977) und LAUSCHER (1958) vor, der sich stark an der Klassifikation des DWD orientiert und zum Phänomen Nebel wenig spezifische Aussagen zuläßt. Lediglich für zwei Wetterlagen wird Nebel beschrieben. So führen die Lagen Hz und h nach LAUSCHER (= HM n. HESS & BREZOWSKY) zu flachem Bodennebel, während die SE (HESS & BREZOWSKY) bzw. HiE-Lagen (LAUSCHER) ausgedehnte Nebeldecken in der Poebene verursachen (GENTILLI 1977:152). Eine neuere Klassifikation für die Poebene (GIULIACCI 1985), basierend auf der 850 hPa Karte (0:00 UT) des DWD, stellt 12 Wetterlagen vor, die für die Witterung der Poebene relevant sind. Auch hier führt die fehlende Ausrichtung auf das Phänomen Nebel zu einer sehr beschränkten Verwendbarkeit. Lediglich für eine Wetterlage (V_2) wird häufige Nebelbildung berichtet (GIULIACCI 1985:267).
WANNER (1979) adaptiert das System von SCHÜEPP (1968) und kann aufgrund der regionalen Ausrichtung des Wetterlagenkatalogs für die Schweiz bessere Ergebnisse hinsichtlich der Verwendbarkeit im Bereich der Nebelprognose erzielen. Insgesamt haben aber alle aufgeführten Wetterlagenkataloge mehrere Nachteile.
1. Die Beschränkung auf die mittlere Andauerzeit von 2-3 Tagen ist für Phänomene wie Nebel, die im Mittel sehr kurzfristig sind, nicht ausreichend.
2. Die Klassifikationen sind darauf ausgerichtet, alle Witterungsphänomene (Gewitter, Schneefall etc.) zu erfassen, so daß eine Ausrichtung auf das Phänomen Nebel nicht in ausreichendem Maße möglich ist.
3. Die Klassifikationen sind bestrebt, typische mittlere Druckfelder für große Räume (Mitteleuropa, HESS & BREZOWSKY) oder für spezielle Gebiete (Nordalpen/Ostalpen, SCHÜEPP/LAUSCHER) zu erfassen, so daß eine Übertragbarkeit auf den Mediterranraum nicht uneingeschränkt gegeben ist.

Vergleiche der Nebeltage in Milano Linate und dem Wetterlagenkatalog von HESS & BREZOWSKY zeigen daher, daß im Mittel von 1978-1988 von den 29 Großwetterlagen mehr als die Hälfte (16) in der Poebene Nebel verursachen (Fig. 8.1). Davon weisen allerdings nur 5 Wetterlagen Häufigkeiten > 5% auf, wobei die Westlagen (Wa, Wz) und die Hochdruckbrücken über Mitteleuropa (HM u. BM) klar dominieren. Vergleiche mit der Nebelperiode 1988-1989 zeigen allerdings, daß Häufigkeiten, die bei einer längeren Zeitreihe auftreten, nicht identisch mit denen einer kurzen Beobachtungsperiode sind. Vor allem die Lagen Wa und HM haben in der Periode 1988-1989 eine größere Bedeutung gegenüber dem langjährigen Mittel. Vergleiche mit dem in dieser Arbeit verwendeten Bildmaterial zeigen, daß vor allem die Wz und die HM-Lagen im Datensatz unterrepräsentiert und BM-Lagen überdurchschnittlich vertreten sind. Die Verwendbarkeit des Wetterlagenkatalogs von HESS & BREZOWSKY ist daher nur für eine größere Übersicht ausreichend.

Aus diesem und den anderen oben angeführten Gründen werden in zunehmendem Maße spezielle Wetterlagensysteme für bestimmte Witterungsphänomene entwickelt, die einerseits regional gültig sind und andererseits auch für den Zeitraum eines Tages Aussagen zulassen. Ein gutes Beispiel eines solchen Systems ist die auf Hochwasserereignisse ausgerichtete Klassifikation von WEHRY (1967). Im folgenden soll daher auf der Basis von Radiosondendaten und Wetterkarten des italienischen Militärwetterdienstes (ITAV) ein System von Nebelwetterlagen, gültig für die Poebene, entwickelt werden.

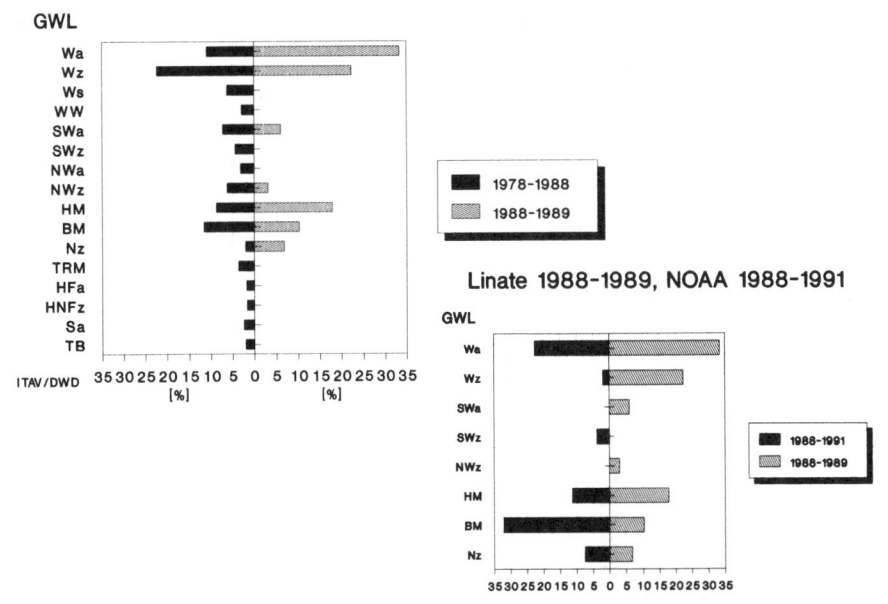

Fig. 8.1: Auftrittshäufigkeit von Nebel in Milano Linate bei verschiedenen Großwetterlagen (links) im Vergleich der Perioden 1978-1988 und 1988-1989 sowie (rechts) Vergleich mit dem vorhandenen NOAA-Bildmaterial.

8.1. Klassifikation der Nebelwetterlagen

Wie die Untersuchung der Fallbeispiele gezeigt hat, sind für die Nebelbildung der Poebene verschiedene Kriterien von Bedeutung. Während das Bodenwindfeld im allgemeinen durch Calmen bzw. schwache Kaltluftabflüsse gekennzeichnet ist, ist das Windfeld über dem Nebel (~1000 hPa) und im Bereich der Inversionsobergrenze (~850 hPa) von besonderer Bedeutung. Das Windfeld über dem Nebel ist synoptisch und/oder subsynoptisch (Counter-Strom) beeinflußt und steuert daher häufig sowohl in thermischer als auch in dynamischer Hinsicht die regionale Auflösung bzw. Verlagerung der Nebelfelder und der Inversionsuntergrenze. Im 850 hPa-Niveau werden in der Regel die zur Inversionsbildung notwendigen, warmen Luftmassen an die Poebene herangeführt, wobei sich das Höhenwindfeld in bestimmten Situationen auch bis zum Boden durchsetzen kann und partielle Nebelauflösung (Föhn) oder Nebelverdichtung (Wasserdampfzufuhr) verursacht. Die Verteilungsmuster der Nebeldecken im verwendeten Bildmaterial zeigen weiterhin, daß aufgrund der Größe der Poebene (560 km W-E-Erstreckung) verschiedene Strömungsmuster vor allem im Bereich der adriatischen Küstenebene und der westlichen Poebene inverse Nebelverhältnisse hervorrufen können. Außerdem konnte gezeigt werden, daß sich das Nebelfeld auch im Laufe eines Tages dramatisch verändern kann. Diese Veränderungen haben selten rein thermische Ursachen, sondern können häufig einem eindeutigen Luftmassen- bzw. Wetterlagenwechsel zugeordnet werden.

Aus diesem Grund wurden in einem ersten Versuch mehrere Clusteranalysen mit variablen Eingangsparametern durchgeführt und deren Ergebnisse mit den durch die binären Nebelmasken dokumentierten Verbreitungsmustern verglichen. Die besten Ergebnisse lieferte die Analyse mit folgenden Eingangsparametern:
-Windrichtung und -geschwindigkeit für 1000 hPa Milano Linate
-Windrichtung und -geschwindigkeit für 1000 hPa Udine Rivolto
-Windrichtung und -geschwindigkeit für 850 hPa Milano Linate
-Windrichtung und -geschwindigkeit für 850 hPa Udine Rivolto
-Stärke der Inversion zwischen der Inversionsunter- und -obergrenze in °C für Milano Linate und Udine Rivolto.

Figur 8.2 verdeutlicht, daß die beste Klasseneinteilung sechs Wetterlagen ergibt, wobei fünf antizyklonale und die sechste zyklonale Eigenschaften aufweisen.

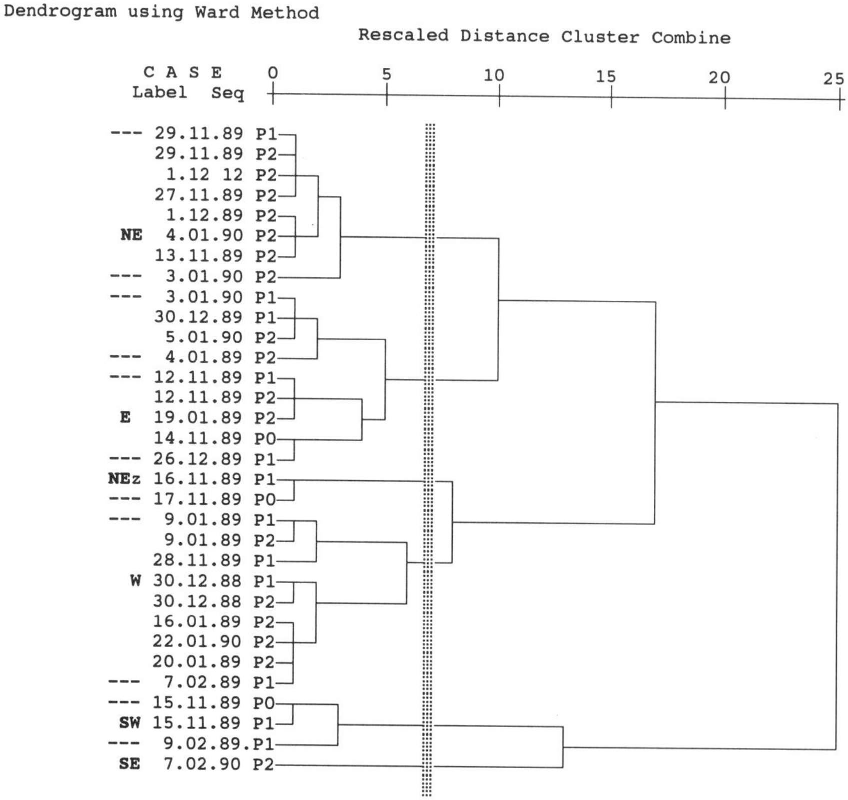

```
Dendrogram using Ward Method
                          Rescaled Distance Cluster Combine

         C A S E      0        5       10       15       20       25
         Label  Seq   +--------+--------+--------+--------+--------+

         --- 29.11.89 P1─┐
             29.11.89 P2─┤
              1.12 12 P2─┤
             27.11.89 P2─┤
              1.12.89 P2─┤
          NE  4.01.90 P2─┤
             13.11.89 P2─┤
         ---  3.01.90 P2─┤
         ---  3.01.90 P1─┤
             30.12.89 P1─┤
              5.01.90 P2─┤
         ---  4.01.89 P2─┤
         --- 12.11.89 P1─┤
             12.11.89 P2─┤
          E  19.01.89 P2─┤
             14.11.89 P0─┤
         --- 26.12.89 P1─┤
         NEz 16.11.89 P1─┤
         --- 17.11.89 P0─┤
         ---  9.01.89 P1─┤
              9.01.89 P2─┤
             28.11.89 P1─┤
          W  30.12.88 P1─┤
             30.12.88 P2─┤
             16.01.89 P2─┤
             22.01.90 P2─┤
             20.01.89 P2─┤
         ---  7.02.89 P1─┤
         --- 15.11.89 P0─┤
          SW 15.11.89 P1─┤
         ---  9.02.89.P1─┤
          SE  7.02.90 P2──
```

P0=Nachtüberflug, P1=Morgenüberflug, P2=Mittagsüberflug

Fig. 8.2: Dendrogramm der Clusteranalyse aus den Radiosondendaten von Milano Linate und Udine Rivolto 1989-1990, Einteilung in 6 Cluster.

Die antizyklonalen Wetterlagen werden dabei nach der für die Nebelbildung bzw. Nebelauflösung wichtigen Störmungsrichtung benannt und sollen im folgenden anhand von mittleren Druckkarten beschrieben werden.

Die mittleren Druckkarten wurden dabei mit Hilfe des täglich erscheinenden Cartello Meteorologico des italienischen Militärwetterdienstes (ITAV, Rom) erstellt. Für die Nebelperioden 1988-1990 liegen für 76 Nebeltage Wetterkarten vor, die gleichzeitig Meldungen über das Nebelaufkommen von sechs oberitalienischen Stationen verschiedener Höhenlagen enthalten (Udine, Milano, Verona, Venezia, Triest, Piacenza), so daß neben dem Boden- und Höhendruckfeld auch die Ausdehnung der Nebeldecke abgeschätzt werden kann. Basierend auf den Ergebnissen der oben angeführten Clusteranalyse wurden die Wetterkarten für die ermittelten Wetterlagen sortiert und die mittlere Lage der steuernden Druckzentren in die typisierten Wetterlagenkarten (500 hPa) übernommen sowie die für die Nebelbildung relevante Strömung eingezeichnet.

8.2 Beschreibung der Einzelwetterlagen

Die Wetterlage mit der größten lufthygienischen Bedeutung stellt die **Westlage (W)** dar, die neben der größten Nebelausdehnung auch die höchste Nebelpersistenz aufweist, da Westströmungen vor allem in den strahlungsarmen Monaten Dezember und Januar auftreten (ROBERTI 1963[1]:26). Tafel 3.4 zeigt die mittlere Nebelbedeckung und das mittlere Druckbild einer typischen Westlage. Sie ist geprägt durch ein ausgedehntes Hoch über Mitteleuropa wobei das für die Poebene relevante Hochdruckzentrum immer über dem westlichen Mittelmeer zu finden ist. Die Lage der Antizyklone variiert dabei von der spanischen Küste (Breite ~4° West) bis nach Südfrankreich (Breite ~6° Ost), wobei sie auf die Längenkreise 40-45° N beschränkt ist. Bei dieser Lage fließt feucht-warme Luft aus westlicher Richtung in die Poebene ein, die das bodennahe Kaltluftpolster überlagert und bis zur jugoslawischen Küste wirksam wird. Die Karte der Auftrittshäufigkeiten von Nebel zeigt, daß ein hochreichendes, weit ausgedehntes Nebelmeer die Folge ist und sogar die gesamte nördliche Adria in mehr als 75% aller Fälle nebelbedeckt ist. Auch die adriatische Küstenebene weist eine überdurchschnittliche Nebelbedeckungsrate auf. In 25-50% aller Fälle ist auch der Golf von Genua von Nebel bedeckt und es besteht eine Verbindung zum Nebelmeer der Poebene über die Paßhöhen des Apennin (z.B. Passo dei Giovi). Diese Verbindung zeigt gleichzeitig an, daß sich das Höhenwindfeld bei Westlagen häufig bis zum Boden durchsetzt und dort aus süd-südwestlicher Richtung feuchte Luftmassen bis nach Mailand vordringen können. Aus diesem Grund bilden die Westlagen keine reinen Strahlungsnebel, sondern in der Mehrzahl der Fälle Mischungsnebel aus. Die Inversionsobergrenze liegt dabei häufig zwischen 900 und 1000 gpm. Die Intensität der Inversion ist aufgrund der hohen Feuchtezufuhr relativ gemäßigt und liegt in Linate im Mittel bei 2-3°C und in Udine bei etwa 6°C.

Als Folge einer Westlage oder bei Abschwächung einer meridional verlaufenden Hochdruckbrücke von Nordwestafrika zu den Britischen Inseln bildet sich häufig eine **Südwestlage (SW)** aus, die in Teilen der Poebene Nebelauflösung hervorruft. Das für die Poebene wetterwirksame Hochdruckgebiet liegt dabei im Mittel im südwestlichen Mittelmeer vor der Küste Tunesiens und reicht bis an die Südküste Sardiniens. Es ist ziemlich lagestabil, so daß es nur im Längen- und Breitenkreisintervall von 6-12° Ost und 35-40° Nord auftritt. Auch in diesem Fall werden verhältnismäßig warm-feuchte Luftmassen in Richtung Poebene verlagert, die sich allerdings an der Südwestabdachung des Apennin aufstauen und an den Bergen wie am Monte Cimone Staunebel verursachen (PALAGIANO

1974:99). Im Lee des Apennins entsteht häufig ein leichter Föhneffekt, aus dem sich eine asymmetrische Verteilung des Nebels ergibt (Tafel 3.4).

Südlich des Pos setzt sich dieser Apenninföhn im Großteil aller Fälle durch, so daß die Nebelhäufigkeit hier unter 25% liegt. Auch die Nebelfelder im Bereich der südlichen Adria werden von diesem Effekt beeinflußt. Je nach Stärke der durch die Südwestwinde hervorgerufenen Inversion, die in Udine im Mittel eine Obergrenze von 700 gpm aufweist, und der Intensität des verbleibenden Kaltluftpolsters kann nördlich des Pos, in der nördlichen Adria und im Bereich von Udine noch Nebel auftreten, wobei das Nebelzentrum westlich der Monti Berici und der Euganeen liegt. Setzt sich der Föhneinfluß bis an den südlichen Alpenrand durch, ist Nebelauflösung die Folge.

Eine häufig vertretene Nebellage ist die **Ostlage (E)**, die sowohl hohe als auch niedrige Nebelmeere hervorbringen kann. Dabei hängt die Intensität der Nebelbildung entscheidend von der Lage der steuernden Druckzentren ab. Das steuernde Hochdruckgebilde liegt bei der Ostlage nicht im Mediterranraum, sondern nördlich der Alpen. Im abgebildeten Beispiel (Tafel 3.4) wird ein Hochdruckausläufer des Azorenhochs über Süddeutschland wirksam. Aus dieser Lage im Bereich zwischen etwa 48-52° Breite und 5-12° östlicher Länge resultieren meist Flachnebellagen, die nur die zentrale Poebene betreffen. Hierbei wird die bodennahe Kaltluft von einer östlichen Luftströmung häufig verstärkt durch den lokalen Counter-Strom überprägt, die im Bereich von Mailand meist flache Inversionen mit Obergrenzen von etwa 400 gpm mit einer mittleren Intensität von 1-2°C verursacht. Diese Nebellagen koinzidieren in etwa mit der Auftrittshäufigkeit > 50% und bleiben auf die zentrale Poebene beschränkt. Die adriatische Küstenebene östlich der Monti Berici sowie die Adria selbst sind im allgemeinen nebelfrei. Liegt das steuernde Hoch weiter nordwestlich im Bereich von 0-10° östlicher Länge und 55-52° Breite, werden im Westteil der Poebene häufig noch Westwinde wirksam, so daß der Einfluß der überströmenden Ostwinde meist auf die Bereiche östlich des Gardasees beschränkt bleibt. Daraus resultiert für Linate eine stärkere Inversion mit einer mittleren Obergrenze von 700 Metern und einer mittleren Intensität von 3-4°C, so daß verhältnismäßig ausgedehnte Nebelmeere die Folge sind. Dabei wird das W-NW orientierte bodennahe Kaltluftwindfeld häufig von einem östlichen Counter-Strom mit geringfügiger Mächtigkeit überströmt, der aber nur bis Piacenza wirksam wird. Das Kaltluftfeld kann sich allerdings noch bis auf die südliche Adria ausdehnen und dort lange Nebelfahnen verursachen, die bis an die südjugoslawische Küste reichen. Die adriatische Küstenebene sowie die nördliche Adria werden allerdings auch in diesem Fall aufgrund der von Osten einfallenden, relativ kühl-trockenen Luftmassen kontinentalen Ursprungs von der Nebelbildung verschont.

Als Folge einer Ostlage beginnt die Nebelauflösung häufig mit einer starken Strömung aus Nordost. Diese **Nordostlage (NE)** tritt auf, wenn das kontinentaleuropäische Hoch durch ein Tief im Osten nach Westen gedrückt wird (Tafel 3.4). Dabei liegt das steuernde Hoch ähnlich wie bei der Ostlage im Bereich von 0-10° östlicher Länge und 55-52° Breite, so daß in der westlichen Poebene durchaus noch hochreichender Nebel auftreten kann. Das im Osten liegende Tiefdruckzentrum ist allerdings gegenüber der Ostlage um etwa 10 Breitengrade nach Westen auf eine Position zwischen 35-45° östlicher Länge und 48-54° Breite verschoben, so daß das Hoch auf seiner Rückseite abgedrängt wird. Besonders im Bereich des 15. Breitengrades Ost erfolgt ein Zusammendrücken der Stromlinien, so daß auf der Vorderseite des Tiefs Luftmassen mit verhältnismäßig hoher Windgeschwindigkeit aus Nordosten in den adriatischen Klimaraum eindringen und, nach Osten abgelenkt, auch in der zentralen Poebene wirksam werden. Zwei typische Stadien der Nebelauflösung können dabei der Figur 8.6 entnommen werden. In der Initialphase dieser Strömung bleibt das Nebelmeer der Poebene noch weitgehend ungestört, wie dies in < 26% aller Fälle zu beobachten ist. Allerdings reißt der östliche Teil der auf die Adria reichenden Nebelfahne regelrecht ab und driftet in die südliche Adria, wo sich der Nebel von der Unterlage her auflöst. Bei weiterer Intensivierung der Nordost-Störmung wird die Inversion auch im Bereich der nordöstlichen Poebene zerstört. Teile des Nebels werden gegen den Apenninrand gedrängt, wo sie in die großen Täler gedrückt werden (Taro, Secchia etc.) und dort zu Nebelverdichtung führen. Ist der Windschub sehr stark, können Nebelfelder auch im Westteil der Poebene in höhere Hanglagen verfrachtet werden. Auf dem Niveau > 50% hat sich der Nebel allerdings in etwa bis zur Linie des Gardasees aufgelöst, wobei auch die verbleibenden Nebelreste in der westlichen Poebene Nebelhöhen von 100 Metern ü. NN selten überschreiten.

Das steuernde Druckzentrum der **Südostlage (SE)** liegt im Bereich von Südosteuropa. Es handelt sich um ein Hoch über der Ägäis und dem westlichen Schwarzmeer, dessen Kern im Mittel über der Ägäis liegt. Die Lage des Hochdruckzentrums kann allerdings bis etwa 43° Breite nach Norden verschoben sein. Über Süditalien hat sich häufig ein lokales Tief ausgebildet, das die Hochdruckbrücke vom Azorenhoch über Nordafrika bis zum Schwarzmeer unterbricht und einen Ausläufer eines westeuropäischen Tiefs über Nordspanien darstellt (Tafel 3.4). Dadurch strömen sehr warme und feuchte Luftmassen über die Adria aus Südosten in den Bereich der östlichen Poebene ein und treffen dort auf das bodennahe, stationäre Kaltluftpolster.

Die Häufigkeitskarte zeigt, daß sowohl die nördliche Adria als auch die nordöstliche Küstenebene überdurchschnittlich oft von Nebel bedeckt sind, wobei in der zentralen Poebene eher ein flaches Nebelmeer zu verzeichnen ist. In diesem Fall handelt es sich eindeutig um Mischungsnebel, in dem der Feuchteeintrag sowie die Inversion aus der Südostströmung resultiert und die bodennahe Kaltluft Kondensation hervorruft. Aus diesem Grund findet sich das Feuchtemaximum und das Sichtweitenminimum in Udine häufig nicht am Boden, sondern erst einige Meter über Grund.

Die Intensität der Inversion liegt dabei in Udine im Mittel bei 8°C und wird von den Luftmassen aus Südost verursacht. Die relativ flachen Nebel in der zentralen Poebene resultieren je nach Strömungssituation aus einer schwachen Inversion hervorgerufen durch östliche Luftmassen oder einem divergenten Überströmen des Apennin aus SSE, wodurch eine flache Inversion ausgebildet wird.

Eine ähnliche synoptische Steuerung wie die Nordostlage weist die einzige zyklonale Wetterlage, die **zyklonale Nordostlage (NEz)** auf. Sie ist eigentlich keine direkte Nebelwetterlage, da sie lediglich niedrige, aber persistente Stratusdecken in der Poebene verursacht, während sich der Bodennebel meist auflöst. Da sich diese Wetterlage aber häufig im Anschluß an eine Nebelperiode ausbildet und zumindest in den westlichen Alpentälern (z.B. Aostatal) Nebel verursacht, soll sie in diesem Kapitel aufgeführt werden. Wie Tafel 3.4 verdeutlicht, entsteht diese Wetterlage, wenn sich eine meridional verlaufende Hochdruckbrücke, wie sie auf Tafel 3.4 dargestellt ist, über Mitteleuropa auflöst. Diese Wetterlage ist daher oft eine Folge von Südwest- oder Ost/Nordostlagen. Dabei verlagern sich die Hochdruckzentren in die nordöstliche Nordsee und die kleine Syrte. Das nach Westen ausgedehnte Tief über Rußland bildet am Boden eine Kaltfront aus, die entlang der ebenfalls verengten Stromlinien aus Nordosten nach Südosteuropa eindringt und mit ihrem westlichen Ausläufer die adriatische Küstenebene tangiert. Das Hoch über der kleinen Syrte und dem östlichen Nordafrika führt dabei noch warm-feuchte Luftmassen aus Südosten an die Poebene heran, die die Kaltfront überlagern und in etwa 1000-1500 Metern Höhe eine starke Inversion verursachen. Die resultierende homogene, sehr stabile Stratusdecke wird dabei von der abgelenkten Nordostströmung von Osten in die westliche Poebene verfrachtet und staut sich im Alpenbogen, wo die Täler (Lago Maggiore, Comer See, Veltlintal, Aostatal etc.) durch Staunebel beeinträchtigt werden. Die Häufigkeitskarte zeigt, daß vor allem der westliche Teil der Poebene und die oben angeführten Täler in >50% aller Fälle von dieser Stratusdecke bzw. den Staunebeleinbrüchen betroffen sind, während sich die Stratusdecke in der zentralen Poebene nur während des Durchzuges nach Westen hält. Die Stratusdecke bleibt je nach Konstanz der Inversion aus Südost über mehrere Tage persistent und löst sich unter zunehmendem Hochdruckeinfluß durch Absinken der Inversion von oben langsam auf. Das letzte Stadium der Auflösung (=76-100% Fläche Tafel 3.4) zeigt meist ein ca. 20 km schmales Hangnebelband, daß sich im Alpenbogen auf Höhen von ca. 700-900 Metern langsam auflöst.

Wie die Auftrittshäufigkeiten für das vorhandene Bildmaterial (1988-1991) zeigen (Fig. 8.3), sind vor allem die West- und die Ostlagen am häufigsten vertreten. Die Auftrittshäufigkeiten für NE- und SW-Lagen sind ebenfalls noch recht hoch, während die Südost- bzw. NEz-Lagen nur noch einen geringen Anteil der verarbeiteten Bilder ausmachen. Leider liegt kein langjähriger Vergleich für die Poebene vor, so daß nicht geklärt werden kann, ob die Zusammensetzung des Bildmaterials in etwa der langjährigen Auftrittshäufigkeit der Nebelwetterlagen entspricht.

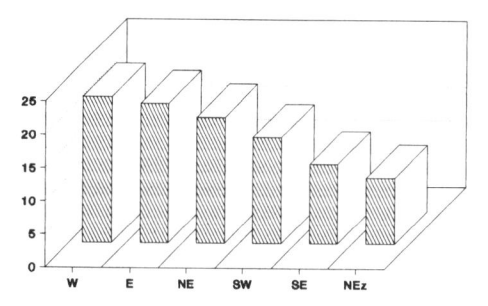

Fig. 8.3: Auftrittshäufigkeiten der verschiedenen Wetterlagen für den verwendeten Datensatz der digitalen Satellitenbilder.

Ein Vergleich bei welchen mitteleuropäischen Wetterlagen die lokalen Nebelwetterlagen im Beobachtungszeitraum auftraten, zeigt, daß lediglich die Westlagen (Wa, Wz) nach HESS & BREZOWSKY typische Strömungsmuster für die Poebene verursachen. So führt der Großwettertyp West in den meisten Fällen ebenfalls zu einer Westströmung über der Poebene (Fig. 8.4). Die Großwetterlage SWz war im Untersuchungszeitraum lediglich für lokale SE-Lagen verantwortlich. Die größte Streubreite weist die BM-Lage auf, die außer den reinen lokalen Westlagen alle anderen lokalen Nebelwetterlagen zu annähernd gleichem Prozentsatz hervorbringt. Spezifisch für die NEz-Lage ist die Großwetterlage HFa, die im Untersuchungszeitraum keinen Bodennebel in der Poebene verursachte.

Vergleicht man die langjährigen und kurzfristigen Auftrittshäufigkeiten der Großwetterlagen nach HESS/BREZOWSKY (Fig. 8.1) mit der Zuordnung der regionalen Wetterlagen, so führt die erhöhte Frequenz der HM- und BM-Lagen in der Untersuchungsperiode zu einer leichten Überschätzung gegenüber dem langjährigen Mittel der Auftrittshäufigkeit der lokalen E-, NE-, SW- und SE-Lagen. Die lufthygienisch bedenklichen Westlagen treten daher im langjährigen Mittel häufiger auf, als dies durch die Untersuchungsperiode angezeigt wird.

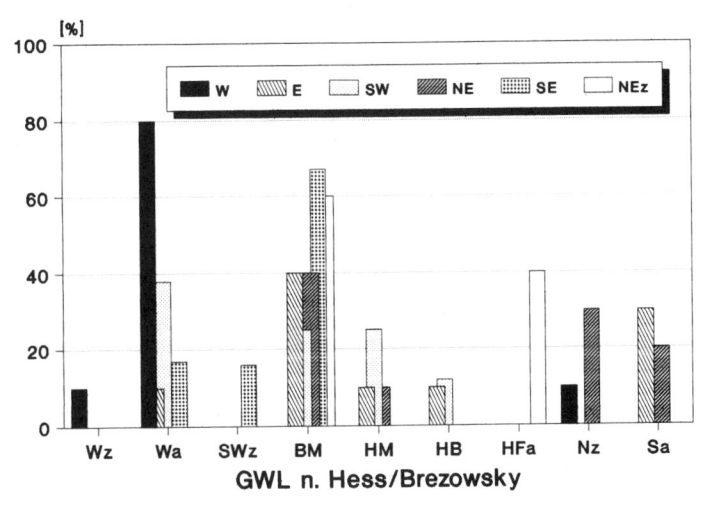

Fig. 8.4: Auftrittshäufigkeit der lokalen Nebelwetterlagen bei verschiedenen Großwetterlagen nach HESS & BREZOWSKY für die Nebelperiode 1988-1991.

8.3 Mittlere Nebelverteilung für die Nebelwetterlagen

In Figur 8.5 wird die Auswirkung der verschiedenen Wetterlagen auf die Nebelfläche und das Volumen der Nebelluft vorgestellt. Dabei wurden drei Gruppen der typischen Wetterlagen gebildet. Es zeigt sich deutlich, daß die Westlagen die Nebellagen mit der größten Flächenausdehnung und den größten Luftvolumina ausmachen. Die Ost- und Nordostlagen nehmen eine Mittelstellung ein, weisen aber auch noch einen relativ hohen Anteil mächtiger Nebelmeere auf, die hauptsächlich bei ungestörten Ostlagen mit Westströmung in der westlichen Poebene auftreten. Die Wetterlagen aus dem Südsektor verzeichnen die geringste Flächenausdehnung und die kleinsten Luftvolumina, da vor allem die Südwestlage eine typische Nebelauflösungslage darstellt.

Um einen regionalen Überblick über die Nebelhöhe zu erhalten, wurde für die häufigsten Wetterlagen West und Ost-Nordost ein Vergleich der mittleren Höhenprofile, berechnet aus 32 Mittagsbildern von NOAA 11, durchgeführt. Es wird deutlich, daß die Ost-Nordostlagen im Bereich der Adria deutlich kleinere Höhen aufweisen, während in der westlichen Poebene im Bereich von Turin die Nebelobergrenzen im Mittel etwas höher liegen (Fig. 8.6). Die niedrigen Nebelhöhen im Bereich der Adriaküste resultieren dabei aus der zunehmenden Tendenz zur Nebelauflösung vor allem bei Nordost-Ostlagen mit höheren Windgeschwindigkeiten.

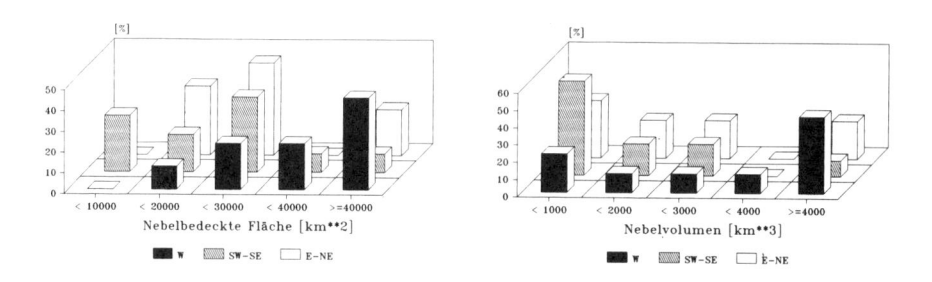

Fig. 8.5: Nebelfläche und -volumen bei verschiedenen Wetterlagen, berechnet für 61 Satellitenbilder.

Die größeren Nebelhöhen im Westen der Padana rekrutieren sich zum Großteil aus kleinräumigen Verlagerungserscheinungen ("Nebelwellen") des Nebels in höherliegende Geländebereiche. Dieses Phänomen erklärt sich aus dem Vorherrschen von Ostströmungen in den strahlungsreichen Monaten (Oktober, November), während die Westströmungen vorzugsweise im Dezember und Januar auftreten (ROBERTI 1963[1]:26).

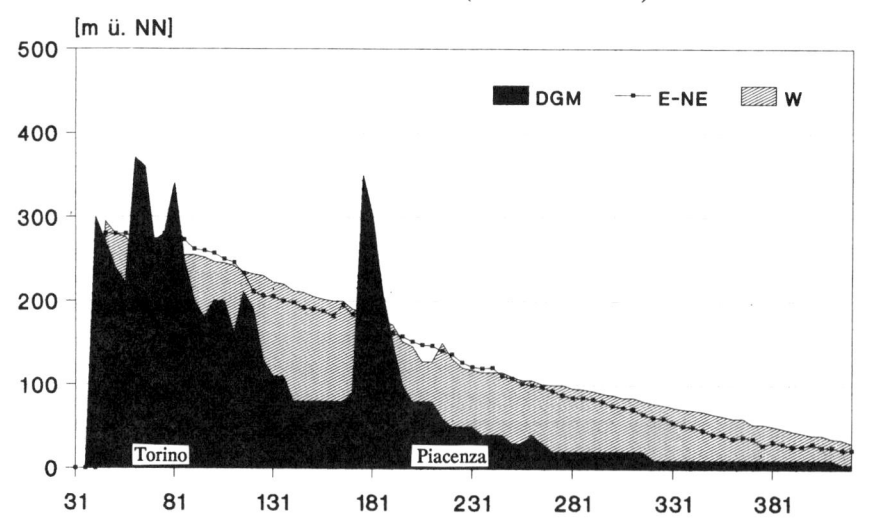

Fig. 8.6: Längsprofil der mittleren Nebelhöhe 11.00-13:00 UTC bei verschiedenen Wetterlagen entlang des Pos, berechnet aus 21 Nebelhöhenflächen.

Zwei typische Nord-Südprofile zeigen, daß die Nebelhöhen je nach Wetterlage asymmetrisch ausgeprägt sind (Fig. 8.7). Im Westen der Poebene (Querprofil 125) unterscheiden sich Alpen- und Apenninrand besonders deutlich. Während aufgrund der oben angeführten, thermisch induzierten Nebelverlagerung am südexponierten Alpenrand im Bereich des Lago

Maggiore in den Monaten Oktober und November die Ost-Nordostlagen eine wesentlich größere mittlere Nebelhöhe verursachen als die Westlagen, verhält sich die mittlere Nebelhöhe im Bereich des Apenninrandes invers. Hier ergeben sich bei Westlagen deutlich höhere Nebelobergrenzen über 500 Meter, da der Nebel bis in den Bereich der Paßhöhen zum Golf von Genua reicht, die bei Westlagen oft überströmt werden und von Nebel bedeckt sind. Das Querprofil 300 im Bereich des Gardasees zeigt übereinstimmende mittlere Nebelhöhen am Alpenrand im Bereich des Moränenwalls, da bei allen Wetterlagen der mit hoher Geschwindigkeit wehende Talabwind die Nebelgrenze beeinflußt. Am Apennin setzt sich dagegen die Stauerscheinung besonders bei Nordostlagen mit einer gegenüber den Westlagen deutlich erhöhten mittleren Nebelobergrenze durch.

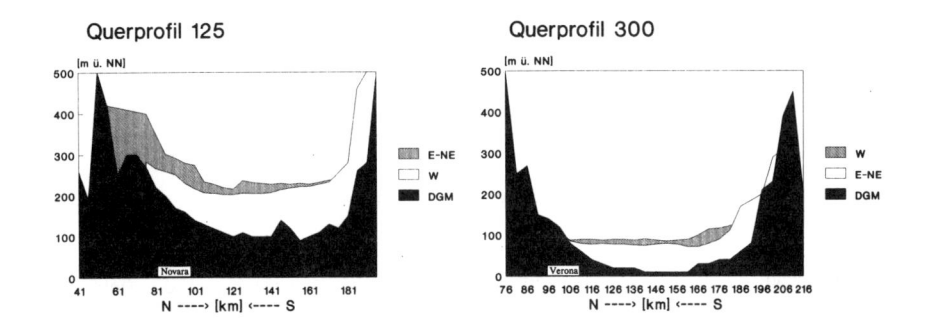

Fig. 8.7: Querprofile 125 und 300 der mittleren Nebelhöhe 11:00-13:00 UTC, berechnet für 21 Nebelhöhenflächen.

8.4 Flüssigwassergehalt und Sichtweite im Nebel nach Wetterlagen

Um Informationen über die Verkehrsverhältnisse und die lufthyhgienische Situation bei verschiedenen Wetterlagen zu erhalten, wurden weitere Häufigkeitsberechnungen durchgeführt. Der Flüssigwassergehalt ist bei allen betrachteten Wetterlagen unterschiedlich ausgeprägt (Fig. 8.8). Die höchsten Flüssigwasserkonzentrationen weist die Nebelluft erwartungsgemäß bei den Westlagen auf, da hier die feuchtesten Luftmassen aus dem westlichen Mittelmeerraum transportiert werden. Bei Südwestlagen treten dagegen kaum noch Flüssigwassergehalte > 300 mg m^{-3} auf, da die warmen, föhnverstärkten Südwestwinde eher die Verdunstung des Nebelwassers fördern.

Auch die Ostlagen werden wegen der meist relativ trocken-kontinentalen Luftmassen durch eine herabgesetzte Wasserphase gekennzeichnet. Nur im Fall der gemischten West-Ostlage treten vor allem im Westen der Poebene auch stärkere Flüssigwasserkonzentrationen > 400 mg m^{-3} auf. Die Südostlagen werden durch einen mittleren Nebelwassergehalt charakterisiert, der vor allem aus der zentralen Poebene resultiert, wo der Nebel durch die über dem Apennin häufig wirksame Südströmung von der Inversion her ausgetrocknet wird. Die relativ hohen Wasserkonzentrationen von 300-400 mg m^{-3} treten daher zum Großteil in der adriatischen Küstenebene auf, da die von der Adria wehenden, warm-feuchten Südostwinde ungehindert wirksam werden können.

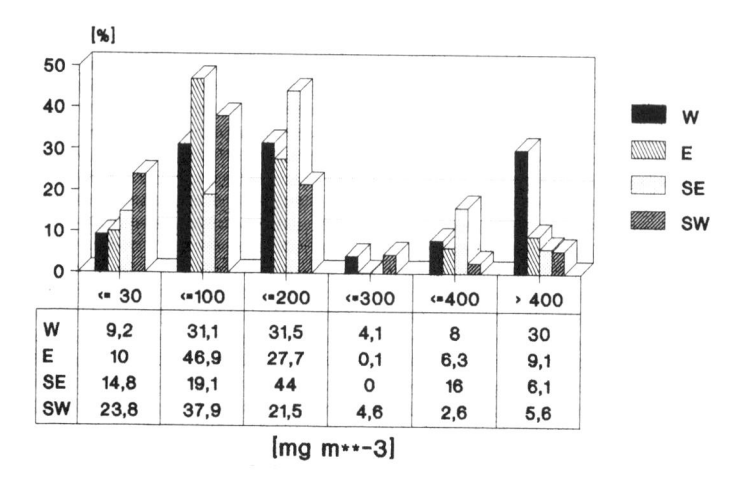

	<= 30	<=100	<=200	<=300	<=400	> 400
W	9,2	31,1	31,5	4,1	8	30
E	10	46,9	27,7	0,1	6,3	9,1
SE	14,8	19,1	44	0	16	6,1
SW	23,8	37,9	21,5	4,6	2,6	5,6

[mg m**-3]

Fig. 8.8: Auftrittshäufigkeit von Flüssigwasserkonzentrationen bei verschiedenen Wetterlagen, 11:00-13:00 UTC, berechnet aus 37 Satellitenbildern.

Entsprechend der Flüssigwasserkonzentration im Nebel verhalten sich auch die Sichtweiten (Fig. 8.9).

	100	200	300	400	500	1000
W	46,1	26,7	11,3	9,9	1,8	4,2
E-NE	27,9	35,1	18,3	11,6	1,7	5,4
SE	45,4	31,4	4,9	6,2	2,6	9,5
SW	22,4	33,3	14,5	11,1	4,3	14,4

Horizontale Sichtweite [m]

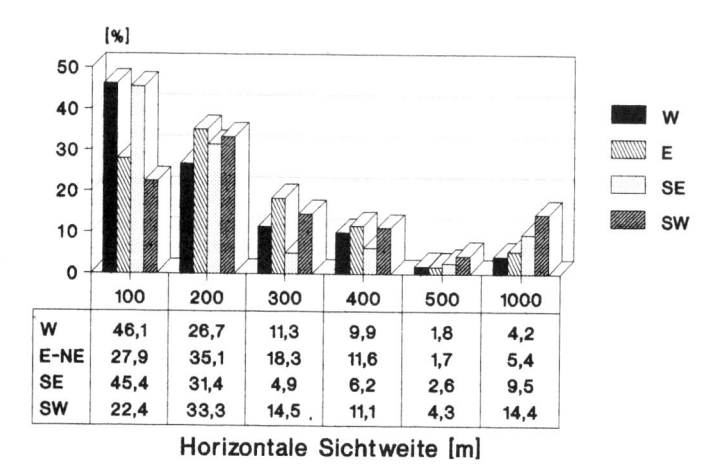

Fig. 8.9: Auftrittshäufigkeit von horizontalen Sichtweiten bei verschiedenen Wetterlagen, 11:00-13:00 UTC, berechnet aus 37 Satellitenbildern.

Die schlechtesten Sichtverhältnisse finden sich bei den West- und den Südostlagen, wobei diese Sichtverschlechterung im Fall der Westlagen in der gesamten Poebene, im Fall der Südostlagen hauptsächlich im Bereich der adriatischen Küstenebene wirksam wird. Die Südwestlagen weisen aufgrund des geringen Wassergehaltes im Nebel die besten Sichtverhältnisse auf, während die Ostlagen im mittleren Feld hauptsächlich Sichtweiten < 300 Meter verursachen.

9 Abschließende lufthygienische Bewertung

Die vorliegende Arbeit hat gezeigt, daß große Teile der Poebene von Nebel betroffen sind, wobei sowohl hinsichtlich der Auftrittshäufigkeiten von Nebel, der mittleren Nebelhöhe als auch des Flüssigwassergehalts regional differenziert werden muß. Aus diesem Grund wurde eine abschließende Karte der potentiellen Immissionsgefährdung berechnet, der die bei Nebel lufthygienisch besonders bedenklichen Gebiete der Poebene entnommen werden können. Zur Berechnung dieser Karte wurde die Mittelkarte der Auftrittshäufigkeiten von Nebel mit der Karte des mittleren Flüssigwassergehalts pro Pixel multipliziert und als Grauwert dargestellt (Beilage). Dabei wird vorausgesetzt, daß der Flüssigwassergehalt und somit die Fallgeschwindigkeit der Tropfen bei gleichbleibender Schadstoffkonzentration der hauptsächliche Depositionsmechanismus ist (s. Kap. 2). Der Flüssigwassergehalt wird für jedes Bildelement aus der Nebelmächtigkeit und der Flüssigwasserkonzentration eines Pixels berechnet. Damit ist die mittlere Karte des Flüssigwassergehalts ein Indikator für die Nebelhöhe und die Inversionsuntergrenze, die für den vertikalen Luftaustausch bedeutsam ist. Unter der oben angeführten Prämisse ist sie damit auch ein Indikator für die Gefährdung durch feuchte Deposition. Gewichtet mit der Auftrittshäufigkeit von Nebel pro Pixel ergibt sich eine Karte der potentiellen Immissionsgefährdung. Berechnet wurde die Karte nach folgender Gleichung:

$$\text{pix} = (\text{LWC} * \text{freq})/50 \qquad (9.1)$$

wobei:

pix: 8-Bit Grauwert
LWC: Flüssigwassergehalt pro Pixel [m^3]
freq: Nebelhäufigkeit pro Pixel [%]

Der Divisionsfaktor 50 dient lediglich zur Umrechnung des Ergebnisses in die 8-Bit Skala (Grauwert 0..255). Als Ergebnis wurden Grauwerte von 1 bis 75 berechnet, die in fünf Klassen (1-15 / 15-30 / 31-45 / 46-60 / >60) eingeteilt wurden und die potentielle Immissionsgefährdung der einzelnen Regionen der Poebene charkterisieren (1=niedrig, 75=sehr hoch). Neben den Parametern wie Inversionshöhe, Flüssigwassergehalt und Nebelhäufigkeit ist die Lage der industriellen Ballungszentren besonders wichtig, um Aussagen über die aktuelle Immissionsgefährdung machen zu können. Aus diesem Grund wurden drei wichtige Emitentengruppen (Erdölraffinerien, Eisenverhüttung, Autobahnen) in die Karte eingetragen, die stellvertretend für die Agglomeration von Bevölkerung, Stromproduktion und andere lufthygienisch wirksame Bereiche stehen.

Die Beilage zeigt, daß vor allem die westliche Poebene und der Apenninrand lufthygienisch benachteiligt sind, während die adriatische Küstenebene und der obere Teil der Bassa Pianura am Alpenrand zu den weniger gefährdeten Räumen zählen. Die Verteilung der Emitenten in der Poebene ist aus zwei Gründen besonders bedenklich: In der zentralen Poebene herrscht im Nebel sehr häufig Windstille, so daß Schadstoffe auch unterhalb der Inversionsuntergrenze in horizontaler Richtung wenig mobil sind. Setzen sich allerdings die Kaltluftabflüsse aus westlicher und nordwestlicher Richtung durch, werden die hohen Schadstoffkonzentrationen, die vor allem im Bereich der Agglomeration Mailand zu finden sind, aufgrund der Asymmetrie des Kaltluftwindfeldes gerade in die besonders gefährdeten Bereiche verfrachtet.

Sehr häufig liegen die Industriewerke und auch die Stromproduktion aufgrund des Kühlwasserbedarfs in Flußauen (Ticino, Po), wo die Nebelmächtigkeit und somit die Höhe der Inversionsuntergrenze größer ist, als im umgebenden Gebiet.
Ein gutes Beispiel dafür ist die Flußaue des Ticino, in der zwei Erdölraffinerien und drei Hüttenwerke angesiedelt sind. Auch die am Apenninrand von West nach Ost verlaufende Autobahntrasse führt durch den besonders stark gefährdeten Bereich. Extrem gefährdet ist die Region um Alessandria und Novi Ligure, die nach den vorliegenden Informationen nur eine geringe Dichte lufthygienisch wirksamer Emissionsquellen (Industrie, Verkehr, Hausbrand) aufweist. Hier können die in der Beilage vorgestellten Karten raumplanerisch relevant werden, indem die Ansiedlung von stark emitierenden Industriezweigen, die Anlage von Straßen und anderen lufthygienisch bedenklichen Einrichtungen in diesem Gebiet nicht gefördert wird. Die potentielle Gefährdung von Teilräumen der Poebene kann weiterhin nach Wetterlagen differenziert werden. Westlagen sind dabei besonders belastend, da sehr hohe und stabile Inversionen (IOG ~1000-1300 m und höher) den Nebel begrenzen. Dementsprechend ist die Nebelpersistenz auch aufgrund der Häufung von Westlagen in den strahlungsarmen Monaten Dezember und Januar am höchsten. Weiterhin führt der enorme Flüssigwassergehalt zu einer erhöhten feuchten Depositionsrate. Ähnliche Verhältnisse bringen die Ostlagen mit westlicher Strömung im Westen der Poebene, während Ostlagen mit östlicher Strömung und Südostlagen in der zentralen Poebene eher niedrige Inversionen verursachen. Bei Nordostlagen ist vor allem im Bereich der östlichen Poebene und der adriatischen Küstenebene aufgrund der im allgemeinen erhöhten Windgeschwindigkeit am Boden eine bessere Durchlüftung gegeben. Diese Wetterlage führt wie auch die Südwestlage in der Regel zu Nebelauflösung, so daß die Gefahr der feuchten Deposition gebannt ist. Regional ist bei West-, Ost- und Nordostlagen die Belastung im Westen der Poebene am größten. Südwestlagen beeinträchtigen vor allem den Raum um Verona und Padua, während Südostlagen vor allem für die adriatische Küstenebene größere lufthygienische Relevanz aufweisen.

LITERATURVERZEICHNIS Teil III:

AKCI (Hrsg.) 1983: Das Waldsterben. Arbeitskreis Chemische Industrie/Katalyse Umweltgruppe. Köln.

Allam, R. 1987: The detection of fog from satellites. Reprints for Works. Sat. and Rad. Imagery Interpret., Met. Off. Coll., Reading, England 20-24 July; 495-505.

Arends, B.G. u.a. 1991: Chemical and physical measurments in fog and clouds. EUROTRAC Annual Report 1990; 11-15. Garmisch Partenkirchen.

Arossa, W. u.a. 1978: Ospedalizzazione per bronchite cronica ed inquinamento atmosferico nella citta di Torino. Medicina del Lav. Vol. 19, N. 4; 542-551.

Berner, A. u.a. 1991: Study of interstitial aerosol. EUROTRAC Annual Report 1990; 21-26. Garmisch-Partenkirchen.

Bocola, W. u. Cirillo, M.C. 1989: Air pollutant by combustion processes in Italy. Atm. Environ. 23, No. 1; 17-24.

Borghi, S. u. Giuliacci, M. 1982: L'Apennino come fattore condizionante della circolazione atmosferica sulla Valle Padana. Atti del Primo Convegno di Meteorologia Appenninica, Reggio Emilia 7-10 aprile 1979; 167-183.

Bossolasco, M. u.a. 1972: On the winds at Mount Capellino (Genoa, Italy). Bericht XII Int. Tagung Alp. Met., Sarajevo, 11-16. IX 1972; 181-187.

BRBS (Hrsg.) 1985: Gebäudeschäden durch Luftverschmutzung. Schriftenreihe des Bundesministers für Raumordnung, Bauwesen und Städtebau, Nr. 04.

Cadez, M. 1982: Sul moto delle masse di aria fredda sul mare adriatico. Atti del Primo Convegno di Meteorologia Appenninica, Reggio Emilia 7-10 aprile 1979; 161-166.

Cantu, V. 1969: Sulla distribuzione della Nebbia in Italia. Riv. Met. Aeron. XXIX, No. 4; 14-22.

Cantu, V. 1977: The climate of Italy. World Survey of Climatology, Vol. 6, Wallen, C.C. (Hrsg.): Climates of Central and Southern Europe; 127-174.

Cicala, A. 1982: La radiazione solare e il soleggiamento in relatione con modelli di circolazione delle masse d'aria sull'Italia. Atti del Primo Convegno di Meteorologia Appenninica, Reggio Emilia 7-10 aprile 1979; 77-94.

Clauß, G. u. Ebner, H. 1983: Grundlagen der Statistik. Berlin-Ost.

Drimmel, J. 1958: Theorie und Vorhersage der Hochnebelbildung im Wiener Becken. Arch. f. Met., Geoph. u. Biokl., Ser. A, Bd. 10; 410-414.

Eldridge, R.G. 1971: The relationship between visibility and liquid water content of fog. J. Atm. Sci., Vol. 28; 1183-1186.

Eriksen, W. 1975: Probleme der Stadt- und Geländeklimatologie. Erträge der Forschung, Bd. 35. Darmstadt.

Fanchiotti, S. u. Nani, L. 1973: Limiti operativi visibilità sugli aeroporti die Milano Linate e Malpensa nel decennio 1960-1969. Riv. Met. Aeron. Vol. XXXIII, No. 1; 23-36.

Fanchiotti, S. 1975: Gli indici di visibilità: Un'applicazione all'esame delle condizioni degli aeroporti Milanesi. Riv. Met. Aeron. Vol. XXXV, No. 3; 199-205.

Fantuzi, A. 1987: La persistenza della nebbia su alcuni aeroporti delle pianure dell'Italia settentrionale. Riv. Met. Aeron. XLVII, N. 2; 117-124.

Fleige, A. 1992: Nebelklimatologie der Poebene in ihrer regionalen Differenzierung. Diplomarbeit Univ. Bonn. Unveröffentlicht.

Flohn, H. 1949: Zur Kenntnis des jährlichen Ablaufs der Witterung im Mittelmeergebiet. Geof. pura e appl. Vol. XIII; 1-24.

Foitzik, L. 1947: Theorie der Schrägsicht. Z. f. Met. H.6; 161-175.

Foitzik, L. 1950[1]: Zur meteorologischen Optik von Dunst und Nebel. Teil 1. Z. f. Met. Bd. 4, H.10; 289-297.

Foitzik, L.1950[2]: Zur meteorologischen Optik von Dunst und Nebel. Teil 2. Z. f. Met. Bd. 4, H.11; 321-329.

Früngel, F. 1989: Bodengebundene Messung von Wolken, Nebel und Sichtweite. Die Geowissenschaften 7, Nr. 12; 343-350.

Fuzzi, S. u. Orsi, G. 1983: Radiation fog liquid water acidity at a field station in the Po Valley. J. Aerosol Sci. Vol. 14, No. 2; 135-138.

Fuzzi, S., Orsi, G. u. Mariotti, M. 1985: Wet deposition due to fog in the Po Valley, Italy. J. Atmos. Chem. 3; 289-296.

Fuzzi, S. u.a. 1988: Heterogeneouse Processes in the Po Valley radiation fog. J. Geoph. Res. Vol. 93, No D9; 11141-11151.

Fuzzi, S. 1990: An automatic station for fog water collection. Atmosph. Environ. Vol. 24A, No. 10; 2609-2614.

Fuzzi, S. u.a. 1991: Multiphase atmospheric processes in cloud and fog. EUROTRAC Annual Report 1990; 16-20. Garmisch Partenkirchen.

Gentilli, G. 1977: I climi del Prescudin. Venezia.

Giuliacci, M. 1985: Climatologia statica e dinamica della Valpadana. CNR AQ/3/18, Coll. del Prog. Final. "Promozione della qualita dell'ambiente". Milano.

Granath, L.P. u. Hulburt, E.O. 1929: The absorption of light by fog. Phys. Rev. Vol. 34; 140-144.

Hader, F. 1937: Zur Geographie des Nebels in Österreich. Mitt. Geogr. Ges. Wien 80; 53-79.

Henning, I. 1978: Nebelklimate und Nebelwälder. Erdwiss. Forsch. Bd. XI; 281-312.

Hess, P. u. Brezowsky, H. 1977: Katalog der Großwetterlagen Europas. Ber. DWD Nr. 113, Bd. 15. Offenbach a. Main.

Hesse, W. 1954: Nebel- und Sichtverhältnisse in Ober- und Mittelitalien. Geof. pura e appl. 27; 179-189.

Houghton, H.G. 1931: The transmission of visible light through fog. Phys. Rev. Vol. 38; 152-158.

Huttary, J. 1950: Die Verteilung der Niederschläge auf die Jahreszeiten im Mittelmeergebiet. Met. Rdsch.; H. 5/6: 111-119.

ITAV (Hrsg.) 1978: Visibilita orizzontale inferiore a 1000 m sulle pianure dell'Italia settentrionale - frequenze in giorni al mese. ITAV Aeronautica Militare Italiana C.D.U. 551.582.3. Roma.

Koch, H.G. 1950: Tagesperiodische Winde in Oberitalien. Z. f. Met. Bd.4 H.10; 299-313.

Koschmieder, H. 1924: Theorie der horizontalen Sichtweite. Beitr. Phys. fr. Atm. 12, 33; 171.

Lauer, W. u. Breuer, T. 1972: Wettersatellitenbild und klimaökologische Zonierung. Erdkunde XXVI; 81-98.

Lauscher, F. 1958: Studien zur Wetterlagen-Klimatologie der Ostalpen. Wetter und Leben 10; 79-83.

Lehmann, H. 1949: Der Gardasee und sein Jahr. Die Erde 1949, 1; 46-59.

Liebetruth, S. 1982: Ein statistisches Verfahren zur Vorhersage von Strahlungsnebel am Rhein-Main-Flughafen. Met. Rdsch. 35, H. 5; 158-162.

Liou, K.-N. u. Wittman, D. 1979: Parametrization of the radiative properties of clouds. J. Atmos. Sciences, Vol. 36; 1261-1273.

Lovett, G.M. 1984: Rates and mechanisms of cloud water deposition to a subalpine balsam fir forest. Atm. Environ. Vol. 18, No. 2; 361-371.

Mason, B.J. 1971: The physics of clouds. Oxford.

Middelton, W.E. 1951: Visibility in Meteorology. In: Malone, T.F.(Edt.): Compendium of Meteorology; 91-97. Boston.

Molino, D. 1990: L'inquinamento atmosferico urbano da autoveicolo. L'Universo LXX, No. 4; 498-517.

Montefinale, A. u.a. 1970[1]: Preliminary test on large-scale suppression of warm fog by means of giant monodisperse particulates. Part II. An extensive systematic experiment in the Ghedi-Monte Orfano area. Pageoph Vol. 83, VI; 173-181.

Montefinale, A.C. u.a. 1970[2]: On ground-level visibilities in the Po-valley during winter, and on their intercorrelations. Pageoph. Vol. 83, VI; 201-221.

Müller, E. 1970: Versuch einer Abschätzung der Verteilung der Luftverunreinigung in Deutschland aus Sichtweitebeobachtungen. Met. Abh. FU Berlin Bd 89.

Nucciotti, F. u.a. 1982: Profilo climatico del comprensorio di Sassulo in funzione di uno studio sull'inquinamento atmosferico. Atti del primo Conv. Met. Appen., Reggio Emilia, 7-10 ap. 1979; 287-311.

Orgen, J. 1990: Eurotrac Subproject "GCE": A summary. Proc. EUROTRAC Symp. '90; 249-250.

Pagliari, M. u. Persano, A. 1969: Nota sulla distributione della frequenza della nebbia in stazioni della Valle Padana. Atti del Conv. Annuale XVIII, Assoc. Geof. Ital. Napoli 1-2-3-4 Ott. 1969, Prt. 1; 113-121.

Pagliari, M. 1982: La stabilita atmosferica nella Valle Padana ed il regime di brezza a Parma. Atti del Primo Convegno di Meteorologia Appenninica, Reggio Emilia 7-10 aprile 1979; 245-255.

Palagiano, C. 1974: La nebbia come fattore geografico. Pub. dell'Ist. Geogr. Univ. Roma, Ser. A., Bd. 19.

Paulillo, L. 1972: La nebbia sull'aeroporto di Treviso Istrana al quinquennio 1964-1968. Riv. Met. Aeron. Vol. XXXII, No. 2; 165-170.

Peppler, W. 1934: Studie über die Aerologie des Nebels und Hochnebels. Ann. d. Hydr. u. Mar. Met. LXII; H. II; 49-59.

Petkovsek, Z. 1972: Dissipation of the upper layer of all-day radiation fog in basins. XII. Int. Tagung f. Alp. Met., Darajevo 11.-16. IX 1972; 71-74.

Pinna, M. 1988: L'Inquinamento atmosferico in Italia. Bol. Soc. Geogr. Ital. Ser. XI, Vol. V; 3-33.

Prenosil, T. 1989: Einführung in die synoptische Meteorologie, Teil 1. Amt für Wehrgeophysik, Bericht Nr. 89134. Traben-Trarbach.

Roberti, R. 1963[1]: Climatologia delle nebbie dell'aeroporto di Milano-Linate, parte I. Riv. Met. Aeron. XXIII, No. 3; 18-27.

Roberti, R. 1963[2]: Climatologia delle nebbie dell'aeroporto di Milano-Linate. Riv. Met. Aeron. XXIII, No. 4; 55-67.

Schellenberg, D. 1865: Das Klima am Comer See. PGM 1865; 108-111.

Schüepp, M. 1968: Kalender der Wetter- und Witterungslagen im zentralen Alpengebiet. Veröff. Schwz. Met. Zentr., H. 11.

Schulze-Neuhoff, H. 1976: Nebelfeinanalyse mittels zusätzlicher 420 Klimastationen. Taktische Analyse 1:2 statt 1:5 Mill. Met. Rdsch. 29, H. 3; 75-84.

Schulze-Neuhoff, H. 1987: Hangaufwärtige "Nebelwellen" nach Sonnenaufgang. Mit. DMG 3/87; 21-24.

Stratton, J.A. u. Houghton, H.G. 1931: A theoretical investigation of the transmission of light through fog. Phys. Rev. Vol. 38;159-165.

Tartari, G. u. Mosello, R. 1984: Caratteristiche chimiche delle acque di pioggia: stato della ricerca e prospettive future. Proceedings Le Piogge Acide, Milano; 45-59.

Taylor, V. R. und Stowe, L. L. 1984: Atlas of refectance patterns for uniform earth and cloud surfaces. NOAA Tech. Rep. NESDIS 10. Washington.

TCI (Hrsg.) o.J.: Atlante tematico d'Italia. Touring Club Italiano.

Tichy, F. 1985: Italien. Wissenschaftliche Länderkunde Bd. 24. Darmstadt.

Tomasi, C. u. Paccagnella, T. 1988: Vertical distribution of atmospheric water vapour in the Po Valley area. Pageoph, Vol. 127, No. 1; 93-115.

Trabert, W. 1901: Die Extinktion des Lichtes in einem trüben Medium. (Sehweite in Wolken). Met. Z. Nov. 1901; 518-524.

Urbani, M. 1961: Una classificazione di tipi di tempo sull'Europa e sul Mediterrano. Roma.

Ungewitter, G. 1984: Zur Vorhersage von Nebeleinbrüchen im Alpenvorland. Met. Rdsch. 37, H. 5; 138-145.

Wakonigg, H. 1978: Das Klima der Steiermark. Arb. Inst. Geogr. Univ. Graz, H. 23. Graz.

Wanner, H. 1979: Zur Bildung, Verteilung und Vorhersage winterlicher Nebel im Querschnitt Jura-Alpen. Geographica Bernensia 7.

Wanner, H. u. Kunz, S. 1983: Klimatologie der Nebel- und Kaltluftkörper im Schweizerischen Alpenvorland mit Hilfe von Wetterstallitenbildern. Arch. Met. Geoph. Biocl., Ser. B; 31-56.

Wehry, W. 1967: Hochwasser-Wetterlagen in den Alpen. Ber. 9. int. Tagung alp. Met., Brig 1966. Ver. Schw. Met. Zentr. 4; 179-188.

Winiger, M. 1974: Die raum-zeitliche Dynamik der Nebeldecke aus Boden- und Satellitenbeobachtungen. Info. u. Beitr. zur Klimafor. Nr. 12; 24-29.

Winiger, M. 1975: Untersuchungen der Nebeldecke mit Hilfe vonr ERTS-1 Bildern. Geogr. Helv. Nr.3; 101-104.

Winkler, P. u. Pahl, S. 1991: Deposition of acid and other trace substances by fog. EUROTRAC Annual Report 1990; 34-36. Garmisch Partenkirchen.

Wobrock, W. u.a. 1991: The dynamical behaviour of pollutants in fog and captive clouds. EUROTRAC Annual Report 1990; 50-55. Garmisch Partenkirchen.

Wobrock, W. u.a. 1992: A meteorological description of the Po Valley Fog experiment 1989. Schriftliches Manuskript, unveröffentlicht.

Wright, L.A. 1939: Atmospheric opacity: a study of visibility observations in the British Isles: Quart. J. Roy. Met. Soc. 65; 411-438.

Zanetti, P. u.a. 1977: Meteorological factors affecting SO_2 pollution levels in Venice. Atm. Environ. Vol. 11; 605-616.

BONNER GEOGRAPHISCHE ABHANDLUNGEN

Heft 4: *Hahn, H.:* Der Einfluß der Konfessionen auf die Bevölkerungs- und Sozialgeographie des Hunsrücks. 1950. 96 S. DM 4,50

Heft 5: *Timmermann, L.:* Das Eupener Land und seine Grünlandwirtschaft. 1951. 92 S. DM 6,--

Heft 6: *Pfannenstiel, M.:* Die Quartärgeschichte des Donaudeltas. 1950. 85 S. DM 4,50

Heft 15: *Pardé, M.:* Beziehungen zwischen Niederschlag und Abfluß bei großen Sommerhochwassern. 1954. 59 S. DM 4,--

Heft 16: *Braun, G.:* Die Bedeutung des Verkehrswesens für die politische und wirtschaftliche Einheit Kanadas. 1955. 96 S. DM 8,--

Heft 19: *Steinmetzler, J.:* Die Anthropogeographie Friedrich Ratzels und ihre ideengeschichtlichen Wurzeln. 1956. 151 S. DM 8,--

Heft 21: *Zimmermann, J.:* Studien zur Anthropogeographie Amazoniens. 1958. 97 S. DM 9,20

Heft 22: *Hahn, H.:* Die Erholungsgebiete der Bundesrepublik. Erläuterungen zu einer Karte der Fremdenverkehrsorte in der deutschen Bundesrepublik. 1958. 182 S. DM 10,80

Heft 23: *von Bauer, P.-P.:* Waldbau in Südchile. Standortskundliche Untersuchungen und Erfahrungen bei der Durchführung einer Aufforstung. 1958. 120 S. DM 10,80

Heft 26: *Fränzle, O.:* Glaziale und periglaziale Formbildung im östlichen Kastilischen Scheidegebirge (Zentralspanien). 1959. 80 S. DM 9,20

Heft 27: *Bartz, F.:* Fischer auf Ceylon. 1959. 107 S. DM 10,--

Heft 30: *Leidlmair, A.:* Hadramaut, Bevölkerung und Wirtschaft im Wandel der Gegenwart. 1961. 47 S. DM 10,--

Heft 31: *Schweinfurth, U.:* Studien zur Pflanzengeographie von Tasmanien. 1962. 61 S. DM 8,50

Heft 33: *Zimmermann, J.:* Die Indianer am Cururú (Südwestpará). Ein Beitrag zur Anthropogeographie Amazoniens. 1963. 111 S. DM 19,70

Heft 37: *Ern, H.:* Die dreidimensionale Anordnung der Gebirgsvegetation auf der Iberischen Halbinsel. 1966. 132 S. DM 19,50

Heft 38: *Hansen, F.:* Die Hanfwirtschaft Südostspaniens. Anbau, Aufbereitung und Verarbeitung des Hanfes in ihrer Bedeutung für die Sozialstruktur der Vegas. 1967. 155 S. DM 22,--

Heft 39: *Sermet, J.:* Toulouse et Zaragoza. Comparaison des deux villes. 1969. 75 S. DM 16,--

Heft 41: *Monheim, R.:* Die Agrostadt im Siedlungsgefüge Mittelsiziliens. Erläutert am Beispiel Gangi. 1969. 196 S. DM 21.--

Heft 42: *Heine, K.:* Fluß- und Talgeschichte im Raum Marburg. Eine geomorphologische Studie. 1970. 195 S. DM 20,--

Heft 43: *Eriksen, W.:* Kolonisation und Tourismus in Ostpatagonien. Ein Beitrag zum Problem kulturgeographischer Entwicklungsprozesse am Rande der Ökumene. 1970. 289 S. DM 29,--

Heft 44: *Rother, K.:* Die Kulturlandschaft der tarentinischen Golfküste. Wandlungen unter dem Einfluß der italienischen Agrarreform. 1971. 246 S. DM 28,--

Heft 45: *Bahr, W.:* Die Marismas des Guadalquivir und das Ebrodelta. 1972. 282 S. DM 26,--

Heft 47: *Golte, W.:* Das südchilenische Seengebiet. Besiedlung und wirtschaftliche Erschliessung seit dem 18. Jahrhundert. 1973. 183 S. DM 28,--

Heft 49: *Thiele, A.:* Luftverunreinigung und Stadtklima im Großraum München. 1974. 175 S. DM 39,--

Heft 50: *Bähr, J.:* Migration im Großen Norden Chiles. 1977. 286 S. DM 30,--

Heft 51: *Stitz, V.:* Studien zur Kulturgeographie Zentraläthiopiens. 1974. 395 S. DM 29,--

Heft 52: *Braun, C.:* Teheran, Marrakesch und Madrid. Ihre Wasserversorgung mit Hilfe von Quanaten. Eine stadtgeographische Konvergenz auf kulturhistorischer Grundlage. 1974. 160 S. DM 32,--

Heft 54: *Banco, I.:* Studien zur Verteilung und Entwicklung der Bevölkerung von Griechenland. 1976. 297 S. DM 38,--

(Fortsetzung siehe letzte Seite)

BONNER GEOGRAPHISCHE ABHANDLUNGEN *(Fortsetzung)*

Heft 55: *Selke, W.:* Die Ausländerwanderung als Problem der Raumordnungspolitik in der Bundesrepublik Deutschland. 1977. 167 S. DM 28,--

Heft 56: *Sander, H.-J.:* Sozialökonomische Klassifikation der kleinbäuerlichen Bevölkerung im Gebiet von Puebla-Tlaxcala (Mexiko). 1977. 169 S. DM 24,--

Heft 57: *Wiek, K.:* Die städtischen Erholungsflächen. Eine Untersuchung ihrer gesellschaftlichen Bewertung und ihrer geographischen Standorteigenschaften - dargestellt an Beispielen aus Westeuropa und den USA. 1977. 216 S. DM 19,--

Heft 58: *Frankenberg, P.:* Florengeographische Untersuchungen im Raume der Sahara. Ein Beitrag zur pflanzengeographischen Differenzierung des nordafrikanischen Trockenraumes. 1978. 136 S. DM 48,--

Heft 61: *Leusmann, Ch.:* Strukturierung eines Verkehrsnetzes. Verkehrsgeographische Untersuchungen unter Verwendung graphentheoretischer Ansätze am Beispiel des süddeutschen Eisenbahnnetzes. 1979. 158 S. DM 32,--

Heft 62: *Seibert, P.:* Die Vegetationskarte des Gebietes von El Bolsón, Provinz Río Negro, und ihre Anwendung in der Landnutzungsplanung. 1979. 96 S. DM 29,--

Heft 63: *Richter, M.:* Geoökologische Untersuchungen in einem Tessiner Hochgebirgstal. Dargestellt am Val Vegorness im Hinblick auf planerische Maßnahmen. 1979. 209 S. DM 33,--

Heft 65: *Böhm, H.:* Bodenmobilität und Bodenpreisgefüge in ihrer Bedeutung für die Siedlungsentwicklung. 1980. 261 S. DM 29,--

Heft 66: *Lauer, W. u. P. Frankenberg:* Untersuchungen zur Humidität und Aridität von Afrika - Das Konzept einer potentiellen Landschaftsverdunstung. 1981. 127 S. DM 32,--

Heft 67: *Höllermann, P.:* Blockgletscher als Mesoformen der Periglazialstufe - Studien aus europäischen und nordamerikanischen Hochgebirgen. 1983. 84 S. DM 26,--

Heft 69: *Graafen, R.:* Die rechtlichen Grundlagen der Ressourcenpolitik in der Bundesrepublik Deutschland - Ein Beitrag zur Rechtsgeographie. 1984. 201 S. DM 28,--

Heft 70: *Freiberg, H.-M.:* Vegetationskundliche Untersuchungen an südchilenischen Vulkanen. 1985. 170 S. DM 33,--

Heft 71: *Yang, T.:* Die landwirtschaftliche Bodennutzung Taiwans. 1985. 178 S. DM 26,--

Heft 72: *Gaskin-Reyes, C.E.:* Der informelle Wirtschaftssektor in seiner Bedeutung für die neuere Entwicklung in der nordperuanischen Regionalstadt Trujillo und ihrem Hinterland. 1986. 214 S. DM 29,--

Heft 73: *Brückner, Ch.:* Untersuchungen zur Bodenerosion auf der Kanarischen Insel Hierro. 1987. 194 S. DM 32,--

Heft 74: *Frankenberg, P. u. D. Klaus:* Studien zur Vegetationsdynamik Südosttunesiens. 1987. 110 S. DM 29,--

Heft 75: *Siegburg, W.:* Großmaßstäbige Hangneigungs- und Hangformanalyse mittels statistischer Verfahren. Dargestellt am Beispiel der Dollendorfer Hardt (Siebengebirge). 1987. 243 S. DM 38,--

Heft 76: *Kost, K.:* Die Einflüsse der Geopolitik auf Forschung und Theorie der politischen Geographie von ihren Anfängen bis 1945. 1988. 467 S. DM 46,--

Heft 77: *Anhuf, D.:* Klima und Ernteertrag - eine statistische Analyse an ausgewählten Beispielen nord- und südsaharischer Trockenräume - Senegal, Sudan, Tunesien. 1989. 177 S. DM 36,--

Heft 78: *Rheker, J.R.:* Zur regionalen Entwicklung der Nahrungsmittelproduktion in Pernambuco (Nordostbrasilien). 1989. 177 S. DM 35,--

Heft 79: *Völkel, J.:* Geomorphologische und pedologische Untersuchungen zum jungquartären Klimawandel in den Dünengebieten Ost-Nigers (Südsahara und Sahel). 1989. 258 S. DM 39,--

Heft 80: *Bromberger, Ch.:* Habitat, Architecture and Rural Society in the Gilân Plain (Northern Iran). 1989. 104 S. DM 30,--

Heft 81: *Krause, R.F.:* Stadtgeographische Untersuchungen in der Altstadt von Djidda / Saudi-Arabien. 1991. 76 S. DM 28,--

(Fortstzung umseitig)

BONNER GEOGRAPHISCHE ABHANDLUNGEN *(Fortsetzung)*

Heft 82: *Graafen, R.:* Die räumlichen Auswirkungen der Rechtsvorschriften zum Siedlungswesen im Deutschen Reich unter besonderer Berücksichtigung von Preußen, in der Zeit der Weimarer Republik. 1991. 283 S. DM 64,--

Heft 83: *Pfeiffer, L.:* Schwermineralanalysen an Dünensanden aus Trockengebieten mit Beispielen aus Südsahara, Sahel und Sudan sowie der Namib und der Taklamakan. 1991. 235 S. DM 42,--

Heft 84: *Dittmann, A. and H.D. Laux (Hrsg.):* German Geographical Research on North America - A Bibliography with Comments and Annotations. 1992. 398 S. DM 49,--

Heft 85: *Grunert, J. u. P. Höllermann, (Hrsg.):* Geomorphologie und Landschaftsökologie. 1992. 224 S. DM 29,--

In Kommission bei Ferd. Dümmlers Verlag, Bonn

Nicht genannte Nummern sind vergriffen.